普通高等教育“十三五”规划教材

Java 网络编程原理与 JSP Web 开发核心技术

（第二版）

马晓敏　姜远明　曲霖洁　编著

中国铁道出版社有限公司
CHINA RAILWAY PUBLISHING HOUSE CO., LTD.

内容简介

本书针对学习了 Java 语言编程的基础知识以后，进一步学习 Java 网络编程原理和 JSP Web 开发技术的读者而编写。本书简要清晰地介绍了计算机网络连接和网络通信的基本原理，详细讲解了 Java 语言相关网络编程技术以及各种网络应用协议的实现技术；详尽介绍了 JSP Web 网络编程的基本原理、基本操作以及各种核心开发技术和网络编程应用模式。

本书的内容主要分为两大部分。第一部分讲解 Java 网络编程原理，包括网络编程概述、Java 的多线程机制、Socket 编程技术、网络协议的 Java 实现等内容；第二部分围绕 JSP 开发技术讲解 Web 开发核心技术，包括 JDBC 技术、Web 前端开发技术、JSP 基础技术、JSP 核心技术之 JavaBean、JSP 核心技术之 Servlet、Web 高级开发技术等内容。

本书侧重于 Java 网络编程原理和应用协议的实现以及 JSP 相关的 Web 核心开发技术，同时力求重点突出、覆盖面广，各章均提供了丰富的实例和练习。全书内容由浅入深、实例生动、易学易用，可以满足不同层次读者的需求。

本书适合作为普通高等院校本科计算机、软件工程以及相关专业的课程教材，也可作为软件开发人员和计算机技术爱好者的参考用书。

图书在版编目（CIP）数据

Java 网络编程原理与 JSP Web 开发核心技术/马晓敏，姜远明，曲霖洁编著. —2 版. —北京：中国铁道出版社，2018.8（2021.12 重印）
普通高等教育“十三五”规划教材
ISBN 978-7-113-24737-9

Ⅰ.①J… Ⅱ.①马… ②姜… ③曲… Ⅲ.①JAVA 语言-程序设计-高等学校-教材②JAVA 语言-主页制作-程序设计-高等学校-教材 Ⅳ.①TP312.8②TP393.092

中国版本图书馆 CIP 数据核字（2018）第 157866 号

书　　名： Java 网络编程原理与 JSP Web 开发核心技术
作　　者： 马晓敏　姜远明　曲霖洁

策　　划： 周海燕　　　　　　**编辑部电话：**（010）63549501
责任编辑： 周海燕　徐盼欣
封面设计： 刘　颖
责任校对： 张玉华
责任印制： 樊启鹏

出版发行： 中国铁道出版社有限公司（100054，北京市西城区右安门西街 8 号）
网　　址： http://www.tdpress.com/51eds/
印　　刷： 三河市宏盛印务有限公司
版　　次： 2010 年 3 月第 1 版　2018 年 8 月第 2 版　2021 年 12 月第 4 次印刷
开　　本： 787mm×1092mm　1/16　**印张：** 21　**字数：** 518 千
书　　号： ISBN 978-7-113-24737-9
定　　价： 55.00 元

PREFACE

前言（第二版）

Java 已经发展成为 Internet 时代伟大的计算机语言之一，它具有跨平台、直接面向对象、适合于单机和网络编程等诸多优点。对于 B/S 模式和 C/S 模式的应用开发，Java 语言提供了简单而卓有成效的解决方案。Java 技术逐渐成为网络编程开发的主流技术之一。

本书的特点是将 Java 网络编程与 JSP Web 开发技术有机地结合起来进行介绍，使读者对于在 Internet 上从底层通信、数据传输、应用协议实现，到高级应用层面的 JSP Web 开发核心技术有一个全面的了解。随着近几年网络编程技术的发展以及 Internet 开发技术的不断更新，本书在内容结构上对第一版做了修改，增加了关于 Web 开发的前端开发技术和 Java Web 开发框架技术的介绍；去掉了关于 JavaME 移动编程技术的介绍。

本书内容分为两大部分。第一部分（第 1 章至第 4 章）是 Java 网络编程原理与技术，从计算机网络的基本结构入手，介绍了 Java API 提供的 TCP 协议套接字、UDP 协议套接字和组播套接字等多种用于网络通信的概念与应用，包括数据包和数据流技术。应用这些技术，可以实现 SMTP 和 POP3、FTP、HTTP 等高层应用协议以及 C/S 模式；第二部分（第 5 章至第 10 章）是 JSP Web 开发核心技术，包括 Web 开发的前端技术、JSP、Servlet、JavaBean、JSP 数据库技术、JSP 扩展技术、MVC 模式及 Struts、jQuery 等技术框架。

目前 Java 技术框架非常庞大，MVC 模式（模型—视图—控制器）是 Xerox PARC 在 20 世纪 80 年代为编程语言 Smalltalk-80 开发的一种软件设计模式，至今已被广泛使用。本书对基于 MVC 模式的开发框架 Struts 技术的应用也进行了简要介绍。

全书分为 10 章，具体内容如下：

第 1 章介绍了网络程序设计的基础知识以及 Java 相关的网络设计技术，包括网络基本概念和 OSI 体系结构，网络程序设计的开发模式以及 Java 相关的数据流技术。

第 2 章介绍了 Java 多线程机制的原理及实现，包括多线程的概念及实现技术以及多线程同步技术的应用。

第 3 章介绍了 Socket 网络编程原理，包括 Socket 技术概念及 TCP 和 UDP 协议的 Java 实现。

第 4 章介绍了各种 Internet 高层应用协议，包括 HTTP、FTP、SMTP 和 POP3 的 Java 技术实现。

第 5 章介绍了 JDBC 的工作原理，以及 JDBC API 中相关接口和类的使用。

第 6 章介绍了 Web 开发前端相关技术的原理与应用，包括 HTML 基本结构、HTML5 的基本应用、CSS 应用技术和 JavaScript 技术应用。

第 7 章介绍了 JSP 技术的基础知识和体系结构，包括 JSP 的工作原理、基本语法及内置对象的使用。

第 8 章介绍了 JavaBean 的基本概念，介绍如何编写、编译和部署 JavaBean，以及如何在 JSP 页面中对 JavaBean 进行调用和应用。

第 9 章介绍了 Servlet 的基本概念、生命周期、Servlet 常用类和接口的使用，以及 Servlet 配置和调用。

第 10 章介绍了 JSP Web 高级开发应用技术，着重介绍了 EL 表达式及标签技术、Ajax 技术、jQuery 框架技术和 Java EE 相关框架技术的原理及应用。

本书内容新颖，知识涵盖全面。同时力求重点突出，层次清晰，语言通俗易懂。本书适合作为高等院校本科（含部分专科、高职类）计算机、软件工程以及相关专业课程的教材，也可作为软件开发人员和计算机技术爱好者参考使用。

本书由马晓敏、姜远明和曲霖洁编著。具体编写分工如下：第 1、3、4 章由曲霖洁编写，第 2、6、7 章由马晓敏编写，第 5、8、9、10 章由姜远明编写，全书由马晓敏统编、定稿。

在编写过程中，我们力求精益求精，投入了大量的时间和精力，但由于水平有限，难免存在一些不足之处，欢迎读者在使用本书时，不吝提出宝贵意见，请发 E-mail 至 netgramming2018@163.com。

编　者

2018 年 4 月

CONTENTS

目录

第一部分　网络编程原理

第二部分 JSP Web 开发核心技术

第一部分 网络编程原理

第 1 章 网络编程概述

21 世纪是一个以网络为核心的信息时代，它的重要特征就是数字化、网络化和信息化。要实现信息化必须依靠完善的网络，因为网络可以非常迅速地传递信息，因此网络现在已经成为信息社会的命脉和发展知识经济的重要基础。网络对社会生活的很多方面以及社会经济的发展都产生了不可估量的影响。

随着计算机网络特别是 Internet 的迅猛发展，网络应用越来越普及。那么，如何通过计算机网络实现用户之间的通信？如何开发基于网络的应用系统（如协议分析、网络计费、网络监控、防火墙、网络入侵检测等）？如何有效地管理网络？如何减少因网络使用带来的不良影响？……解决上述问题的关键是网络编程和网络协议分析。通过网络编程可以实现数据包的接收与发送，通过网络协议分析可以解释接收到的数据包，进而根据不同的应用需求编制程序实现相应的功能。

本章首先介绍计算机网络的体系结构，接着对网络程序设计的两种开发模式：C/S 模式和 B/S 模式进行概述，最后讨论 Java 的数据流技术，包括数据流的概念及工作方式，与 Java 数据流相关的 API，以及 Java 对象的持久性和序列化。

1.1 计算机网络体系结构

1.1.1 网络体系结构和协议

计算机网络是一个非常复杂的系统。它要为通信的计算机提供数据传输的通路，要保证传送的数据在通路上的正确发送和接收，对出现的各种差错和意外，如数据传送错误、重复或丢失，网络中某个结点出现故障等，都应该有可靠的措施保证接收方计算机最终能接收到正确的数据。除此以外，还有许多其他工作要做。由此可见，相互通信的计算机系统必须高度协调才能工作，而这种“协调”是相当复杂的。为了设计这样复杂的计算机网络，早在最初的 ARPANET 设计时，就提出了分层的方法。“分层”可以将庞大而复杂的问题转化为若干较小的局部问题，而这些较小的局部问题就比较容易解决了。

在计算机网络中，分层次的体系结构是最基本的。在这种分层结构中，每层都是建筑在它的前一层基础上，每层之间有相应的通信协议，相邻层之间的通信约束称为接口。每一层都规定有明确的服务及接口标准。在分层处理后，每一层仅与其相邻上、下层通过接口进行通信，除了最高层和最低层外，中间的每一层都向上一层提供服务，同时又是下一层服务的使用者。

网络体系结构中的每一层都定义了相应的功能，这些功能的实现都是通过程序的执行来完成的。这些完成各层功能的程序就是网络协议。网络协议是计算机网络中为了有条不紊地交换数据，而事先约定好的一些规则。

准确来说，网络协议（Network Protocol）是为进行网络中的数据交换而建立的规则、标准或约定，简称协议。协议由以下 3 个要素组成：

（1）语法，即数据与控制信息的结构或格式；

（2）语义，是控制信息每个部分的意义的解释，即需要发出何种控制信息，完成何种动作以及做出何种响应；

（3）同步，即事件实现顺序的详细说明，也称时序。

我们可以形象地把这 3 个要素描述为：语义表示要做什么，语法表示要怎么做，时序表示做的顺序。

计算机网络的各层及其协议的集合就是网络的体系结构（Network Architecture）。换句话说，计算机网络体系结构就是计算机网络及其构件所应完成功能的精确定义。需要强调的是：这些功能究竟是用何种硬件或软件完成的，是一个体系结构的实现问题。也就是说，体系结构是抽象的，是功能的描述，不关心具体实现；而实现是具体的，是遵循这种体系结构的前提下用何种硬件或软件完成这些功能的问题，是真正运行在计算机上的硬件和软件。

网络体系结构是通信系统的整体设计，它定义了计算机设备和其他设备如何连接在一起形成一个允许用户共享信息和资源的通信系统，为网络硬件、软件、协议、存取控制和拓扑提供了标准。

1.1.2 OSI 体系结构

1974 年美国 IBM 公司按照分层的方法制定了系统网络体系结构 SNA（System Network Architecture）。SNA 已成为世界上较广泛使用的一种网络体系结构。现在用 IBM 大型机构建的专用网络仍在使用 SNA。不久后，其他一些公司也相继推出了自己公司的体系结构，如 DEC 公司的 DNA（DEC 网络体系结构，1975 年）和 NAS（网络应用支持环境，1988 年），Sun 公司（现已被 Oracle 公司收购）的 SUN 等。

不同的网络体系结构出现后，按照同一体系结构生产的网络设备可以很好地互连、互通和互操作。但由于网络体系结构的多样化和差异性，难以实现不同厂商、不兼容系统之间的互连、互通和互操作。

然而，全球经济的发展使得不同体系结构的用户迫切要求能相互交换信息。为了使不同体系结构的计算机网络能互连，国际标准化组织 ISO 于 1977 年成立专门的机构研究这个问题。1978 年，ISO 提出了“异种机连网标准”的框架结构，这就是著名的开放系统互连基本参考模型 OSI/RM（Open System Interconnection/Reference Model），简称 OSI。“开放”是指非独家垄断的，因此，只要遵循 OSI 标准，一个系统就可以和位于世界上任何地方的、也遵循同一标准的其他任何系统进行通信。OSI 是网络发展史上的一个里程碑。

OSI 体系结构将网络通信问题分为了 7 层。这 7 层自下而上依次为物理层（Physical Layer）、数据链路层（Data Link Layer）、网络层（Network Layer）、传输层（Transport Layer）、会话层（Session Layer）、表示层（Presentation Layer）、应用层（Application Layer）。其中，低 4 层完成数据传送服务，高 3 层面向用户。对于每一层，至少制定两项标准：服务定义和协议规范。前者给出了该层所提供的服务的准确定义，后者详细描述该层协议的动作和各种有关规程，以保证服务的提供。

OSI 的七层体系结构如图 1-1 所示。

OSI 体系结构各层的功能定义简单介绍如下：

1）应用层

应用层是体系结构的最高层，它为操作系统或网络应用程序提供访问网络服务的接口。对于不同的网络应用需要不同的应用层协议。

图 1-1　OSI 体系结构

2）表示层

表示层主要解决用户信息的语法表示问题。由于网络环境的异构性，不同的硬件和软件平台所表示的数据格式不同。表示层将欲交换的数据从适合于某一用户的抽象语法，转换为适合于 OSI 系统内部使用的传送语法，即提供通用的数据格式，以便在不同系统的数据格式之间进行转换。

3）会话层

会话层不参与具体的传输，它为通信双方提供建立、维护和结束会话连接的功能，提供包括访问验证和会话管理在内的建立和维护应用之间通信的机制。

会话层、表示层和应用层数据传送的单位统称报文（Message）。

4）传输层

传输层将会话层生成的数据分段（Segment）。

传输层的任务是负责向两台主机中进程之间的通信提供通用的数据传输服务。传输控制协议 TCP 和用户数据报协议 UDP 是著名的传输层协议。

5）网络层

网络层负责为网络中的不同主机提供通信服务。在发送数据时，网络层将传输层产生的报文段封装成包或分组（Packet）进行传送。包或分组的首部含有源站点和目的站点的网络逻辑地址，即 IP 地址。网络层要根据目的 IP 地址，选择一条合适的路，将数据从一个网络传送到另一个网络，直至目的地，即实现网络间的路由选择。无连接的网际协议 IP 协议是网络层最著名和最常用的协议，它可以实现异构网络的互连。

6）数据链路层

数据链路层常简称链路层，它负责将网络层的数据包封装成数据帧（Frame）。数据帧的首部含有源站点和目的站点的物理地址（Mac 地址）。数据链路层在不可靠的物理介质上提供可靠的传输。

7）物理层

物理层所传输的数据单位是比特（bit）。

物理层提供计算机及网络设备物理接口的机械、电气、功能和过程特性。

要注意的是传输信息所需要的传输媒体，如双绞线、同轴电缆、光缆或无线信道等，并不属于物理层。

图 1-2 说明了相互通信的应用进程的数据在各层之间传递所经历的变化。

虽然应用进程 A 的数据要经过图 1-2 所示的自上而下逐层增加首部，然后再自下而上的逐层剥去首部的复杂过程才能到达终点应用进程 B，但这些复杂的过程对用户来说却都被屏蔽了，以致用户觉得应用进程 A 直接把数据交给了应用进程 B。我们把图中水平虚线所连接的两个同样的层次称为对等层。如主机 A 的网络层和主机 B 的网络层就是对等层。前面所提到的各层的协议，实际上就是各个对等层之间传递数据时的规定。所以，协议是“水平的”。但是，服务是“垂直的”，即服务是由下层向上层通过层间接口提供的。上层必须通过与下层交换一些命令来使用下层所提供的服务。这些命令称为服务原语。

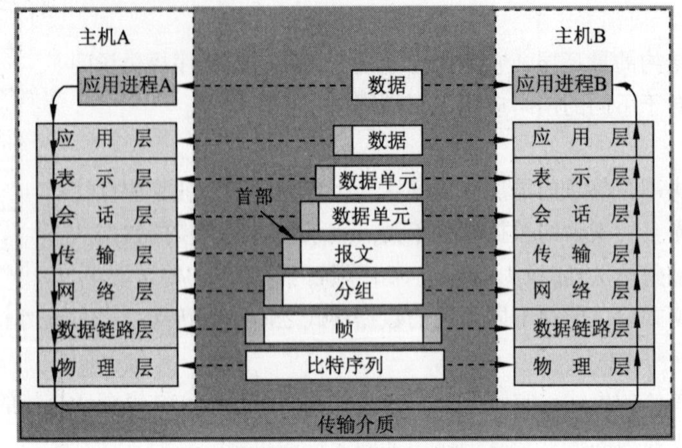

图 1-2 数据在各层之间的传递过程

综上所述，OSI 参考模型的主要特征总结如下：

（1）OSI 是一种将异构系统互连的分层结构，提供了控制互连系统交互规则的标准框架，定义了抽象结构而并非具体实现的描述。

（2）对等层之间的通信必须遵循相应层的协议，如网络层协议、传输层协议等。

（3）相邻层之间的接口定义了服务原语和下层向上层提供的服务。

（4）所提供的公共服务是面向连接的或无连接的数据通信服务。

OSI 只是一个参考模型，其作用只是提供概念性和功能性结构，同时确定研究和改进标准的范围，并为维持所有有关标准的一致性提供了共同的参考。因此，OSI 参考模型及其有关标准只是技术规范，而不是工程规范。实际实现中，一般只取 OSI 中的一部分并有所变化，至今并没有一个与 OSI 完全一致的体系得以实现。这正说明了这个标准的开放性和它的优越性。

1.1.3 TCP/IP 体系结构

OSI 的七层体系结构概念清楚，理论也比较完整，但是它实现起来过分复杂，且运行效率很低；层次划分也不太合理，有些功能在多个层次中重复出现；而且 OSI 标准的制定周期太长，因而使得按 OSI 标准生产的设备无法及时进入市场，在市场化方面 OSI 失败了。

1974 年 Vinton Cerf 和 Robert Kahn 开发了 TCP/IP 协议，Internet 采用的就是 TCP/IP 协议。随着 Internet 的飞速发展，TCP/IP 协议也成为事实上的工业标准。TCP/IP 协议实际上是一组协议，是因其两个著名的协议 TCP（Transmission Control Protocol，传输控制协议）和 IP（Internet Protocol，网际协议）而得名的。TCP/IP 协议体系和 OSI 参考模型一样，也是一种分层结构。它是由基于硬件层次上的 4 个概念性层次构成，即网络接口层、网际层、传输层和应用层。TCP/IP 体系结构如图 1-3 所示。

应用层	各种应用层协议 （HTTP、FTP、SMTP、Telnet 等）
传输层	TCP、UDP
网际层 （网络层）	ICMP、IGMP IP ARP
网络接口层	与各种网络的接口
	物理硬件

图 1-3 TCP/IP 体系结构

1）网络接口层

网络接口层是 TCP/IP 体系结构的底层，提供了与各种通信子网的接口，屏蔽了不同物理网络的细节。但是，TCP/IP 协议并没有严格定义该层，它只是要求主机必须使用某种协议与网络连接，以便能在其上传递 IP 分组，功能上相当于 OSI 模型中的物理层和数据链路层。

2）网际层

网际层（Internet Layer），也称网络层、IP 层。其主要功能是要完成网络中主机间“分组”（Packet）的传输。网络层负责独立地将分组从源主机送往目的主机，为分组提供最佳路径选择和交换功能。它接收来自传输层的请求，把数据封装到 IP 数据报中，将源和目的 IP 地址填入数据报的头部（也称报头），然后将数据报送到网络中。网络中的路由器根据路由表和目的 IP 地址为该数据报选择最佳路由。该层还处理接收到的数据报，检验其正确性，使用路由算法来决定数据报是在本地进行处理还是继续向前传送。

3）传输层

传输层的基本任务是提供应用进程之间的通信，即端到端的通信。根据不同应用进程的不同需求，传输层提供了两种不同的协议：面向连接的 TCP（Transmission Control Protocol）和无连接的 UDP（User Datagram Protocol）。

4）应用层

在应用层，用户调用应用程序来访问网络提供的多种服务，应用程序将数据按要求的格式传送给传输层。应用层为用户提供网络应用，并为这些应用提供网络支撑服务，把用户的数据发送到低层，为应用程序提供网络接口。

应用层包括了众多的应用与应用支撑协议。常见的应用层协议有：文件传输协议 FTP（File Transfer Protocol）、超文本传输协议 HTTP（Hyper Text Transfer Protocol）、简单邮件传输协议 SMTP（Simple Mail Transfer Protocol）、远程登录 Telnet（Telecommunications Network）。常见的应用支撑协议包括域名服务 DNS（Domain Name System）和简单网络管理协议 SNMP（Simple Network Management Protocol）等。

TCP/IP 体系结构中常用协议的相互关系可以用图 1-4 描述。

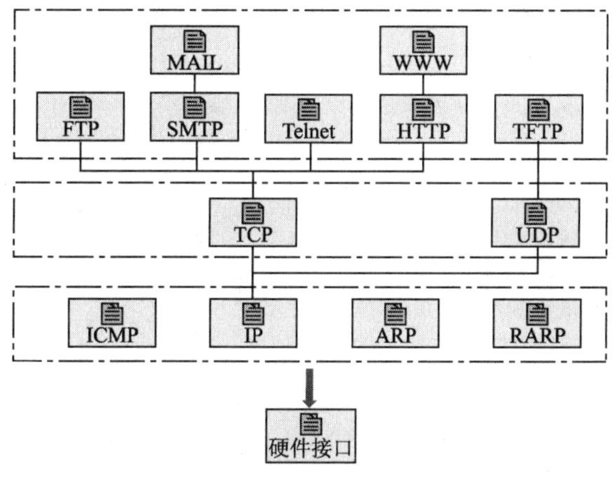

图 1-4　TCP/IP 体系结构中常用协议的相互关系

还有另外一种通过具体协议表示 TCP/IP 体系结构的方法，如图 1-5 所示。这种表示方法的特点是两头大而中间小。这种很像沙漏计时器形状的 TCP/IP 体系结构表明：TCP/IP 协议可以为各种各样的应用提供服务，即 everything over IP；同时允许 IP 协议在各种各样的网络构成的 Internet 上运行，即 IP over everything，可以看出 IP 协议在 Internet 网中的核心作用。正是因为如此，Internet 才会发展到今天的这种全球规模。

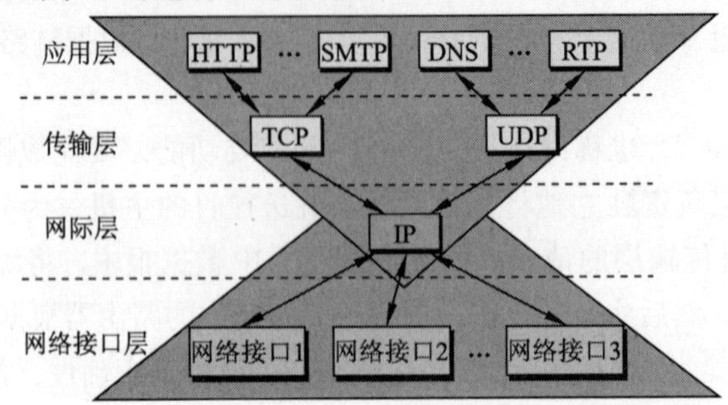

图 1-5 沙漏计时器形状的 TCP/IP 体系结构示意图

TCP/IP 使跨平台或称为异构的网络互连成为可能。归纳起来，它具有如下几个方面的特点：

（1）开放的协议标准，可以免费使用，并且独立于特定的计算机硬件与操作系统。

（2）独立于特定的网络硬件，可以运行在局域网、广域网，更适用于互联网中。

（3）统一的网络地址分配方案，使得整个 TCP/IP 设备在网中都具有唯一的地址。

（4）标准化的高层协议，可以提供多种可靠的用户服务。

1.1.4 TCP/IP 与 OSI 模型的对比

OSI 参考模型有 7 层，而 TCP/IP 只有 4 层。TCP/IP 与 OSI 参考模型的对应关系如图 1-6 所示。从图中可以看出，TCP/IP 的应用层包含了 OSI 的应用层、表示层和会话层；网际层和传输层分别对应 OSI 模型中的网络层和传输层，而网络接口层对应 OSI 的物理层和数据链路层。但是，这样的对应关系并不是绝对的，它只有参考意义，因为 TCP/IP 各层功能和 OSI 模型的对应层还是有一些区别的。

7 应用层	应用层（HTTP、SMTP、FTP、Telnet、DNS、SNMP等）
6 表示层	
5 会话层	
4 传输层	传输层（TCP或UDP）
3 网络层	网际层（IP、ARP、ICMP、IGMP）
2 数据链路层	网络接口层（SLIP、PPP）
1 物理层	

图 1-6 TCP/IP 与 OSI 参考模型的对应关系

OSI 参考模型与 TCP/IP 模型的共同之处是：都采用了层次结构的概念，但是二者在层次划分与使用的协议上有很大差别。

OSI 参考模型与 TCP/IP 参考模型的主要差别：

（1）TCP/IP 一开始就考虑到多种异构网的互连问题，并将网际协议 IP 作为 TCP/IP 模型的重要组成部分。但 OSI 最初只考虑到使用一种标准的公用数据网将各种不同的系统互连在一起。

（2）TCP/IP 一开始就对面向连接和无连接并重，而 OSI 在开始时只强调面向连接的服务。

（3）TCP/IP 有较好的网络管理功能，而 OSI 到后来才开始注重这个问题。

1.2　网络程序设计开发模式

网络中“主机 A 和主机 B 进行通信”，实际上是指：“运行在主机 A 上的某个程序和运行在主机 B 上的另一个程序进行通信”，即“主机 A 的某个进程和主机 B 上的另一个进程进行通信”，或简称“计算机之间通信”。主机中应用进程的通信模式可以分为 C/S 模式、B/S 模式和对等模式。

1.2.1　C/S 模式

C/S（Client/Server）即客户/服务器模式，即大家熟知的客户/服务器结构。

客户（Client）和服务器（Server）都是指通信中所涉及的两个应用进程。客户/服务器模式所描述的是进程之间服务和被服务的关系。客户是服务的请求方，服务器是服务的提供方。

客户软件被用户调用后运行，在打算通信时主动向远地服务器发起通信（请求服务），因此客户程序必须知道服务器程序的地址。客户软件比较简单，不需要特殊的硬件和很复杂的操作系统。

服务器软件是一种专门用来提供某种服务的程序，可同时处理多个远程或本地客户的请求。系统启动后即自动调用并一直不断地运行，被动地等待并接收来自各地的客户的通信请求，因此服务器程序不需要知道客户程序的地址。服务器软件一般需要强大的硬件和高级的操作系统支持。

C/S 模式是软件系统体系结构，通过它可以充分利用两端硬件环境的优势，将任务合理分配到 Client 端和 Server 端来实现，降低了系统的通信开销。目前大多数应用软件系统都是 C/S 模式的两层结构。

Client 和 Server 常常分别处在相距很远的两台计算机上，Client 程序的任务是将用户的要求提交给 Server 程序，再将 Server 程序返回的结果以特定的形式显示给用户；Server 程序的任务是接收客户程序提出的服务请求，进行相应的处理，再将结果返回给客户程序。

典型的 C/S 模式如图 1-7 所示。

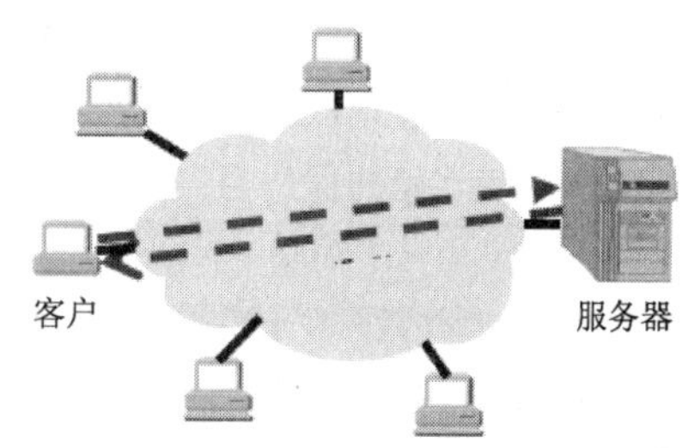

图 1-7　典型的 C/S 模式

传统的 C/S 体系结构虽然采用的是开放模式，但这只是系统开发一级的开放性，在特定的应用中无论是 Client 端还是 Server 端都需要特定的软件支持。C/S 结构的软件需要针对不同的操作系统开发不同版本的软件，未能提供用户真正期望的开放环境，加之产品的更新换代十分快，已经很难适应百台计算机以上局域网用户同时使用，而且代价高，效率低。

C/S 架构软件的优势与劣势：

1）应用服务器运行数据的负荷较轻

最简单的 C/S 体系结构的数据库应用由两部分组成，即客户应用程序和数据库服务器程序。

二者可分别称为前台程序与后台程序。运行数据库服务器程序的机器也称应用服务器。一旦服务器程序被启动，就随时等待响应客户程序发来的请求。客户应用程序运行在用户自己的计算机上，当需要对数据库中的数据进行任何操作时，客户程序向服务器程序发出请求，服务器程序根据预定的规则做出应答，送回结果。

2）数据的存储管理功能较为透明

在数据库应用中，数据的存储管理功能是由服务器程序和客户应用程序分别独立进行的。这些对于工作在前台程序上的最终用户是“透明”的，他们无须知道（通常也无法干涉）背后的过程，就可以完成自己的一切工作。

3）C/S 架构的维护成本高昂且投资大

C/S 架构中，网络管理工作人员既要对服务器维护管理，又要对客户端维护和管理，这需要高昂的投资和复杂的技术支持，维护成本高，维护任务量大。

1.2.2 B/S 模式

B/S（Browser/Server）即浏览器/服务器模式。首先必须强调的是 B/S 和 C/S 并没有本质的区别：C/S 可以使用任何通信协议，而 B/S 是基于特定通信协议（HTTP）的 C/S 架构，也就是说 B/S 包含在 C/S 中，是特殊的 C/S 架构。之所以在 C/S 架构上提出 B/S 架构，是为了满足瘦客户端、一体化客户端的需要，最终目的是节约客户端更新、维护等的成本及广域资源的共享。

B/S 模式是随着 Internet 技术的兴起，对 C/S 结构的一种变化和改进的结构。从本质上说，B/S 结构也是一种 C/S 结构，它可看作一种由传统的二层模式 C/S 结构发展而来的三层模式 C/S 结构在 Web 上应用的特例。

在这种结构下，Web 浏览器是客户端最主要的应用软件，系统功能实现的核心部分集中到服务器上。客户机上只要安装一个浏览器，如 Netscape Navigator 或 Internet Explorer，服务器安装 SQL Server、Oracle、MySQL 等数据库。浏览器通过 Web Server 同数据库进行数据交互。这样就大大简化了客户端载荷，减轻了系统维护与升级的成本和工作量，降低了用户的总体成本。

以目前的技术看，局域网建立 B/S 结构的网络应用，并通过 Internet/Intranet 模式实现数据库应用，相对易于把握，成本也较低。它是一次性到位的开发，能实现不同的人员，从不同的地点，以不同的接入方式（比如 LAN、WAN、Internet/Intranet 等）访问和操作共同的数据库；它能有效地保护数据平台和管理访问权限，服务器数据库也很安全。特别是在 Java 这样的跨平台语言出现之后，B/S 架构管理软件更是方便、快捷、高效。

B/S 架构软件的优势与劣势：

1）维护和升级简单

目前，软件系统的改进和升级越来越频繁，B/S 架构的产品明显体现着更为方便的特性。B/S 架构的软件只需要管理服务器即可，所有的客户端只是浏览器，根本不需要做任何的维护。无论用户的规模有多大，有多少分支机构都不会增加任何维护升级的工作量，所有的操作只需要针对服务器进行。所以，客户机越来越“瘦”，而服务器越来越“胖”是将来信息化发展的主流方向。因此，维护和升级革命的方式是“瘦”客户机、“胖”服务器。

2）成本降低，选择更多

服务器操作系统的选择很多，可以是 Linux、UNIX，也可以是 Windows。不管服务器选用哪种操作系统都可以让大部分人使用流行的 Windows 作为客户机桌面操作系统而不受影响。事实上大部分网站服务器确实没有使用 Windows 操作系统，而主要使用 Linux 操作系统，但客户机本身安装的绝大部分是 Windows 操作系统，但这丝毫不影响客户机对服务器的访问。而且，现在 Linux 操作系统是开源的免费软件，这极大地降低了成本。

3）应用服务器运行数据负荷较重

由于 B/S 架构管理软件只安装在服务器端（Server），所有的客户端只有浏览器，网络管理人员只需要管理服务器即可。应用服务器运行数据的负荷较重，一旦发生服务器“崩溃”等问题，后果不堪设想。因此，许多单位都备有数据库存储服务器，以防万一。

1.2.3　对等模式

对等模式（Peer-to-Peer，简写为 P2P）即对等连接方式，是指两个主机在通信时并不区分哪一个是服务请求方或服务提供方。只要两个主机都运行了对等连接软件（P2P 软件），它们就可以进行平等的、对等连接通信。双方都可以下载对方已经存储在硬盘中的共享文档。

对等连接方式从本质上看仍然是使用客户/服务器方式，只是对等连接中的每一个主机既是客户又同时是服务器。例如，主机 C 请求 D 的服务时，C 是客户，D 是服务器；但如果 C 又同时向 F 提供服务，那么 C 又同时起着服务器的作用。

对等模式软件主要有以下类型：

（1）即时通信软件，如 ICQ、AnyChat 等。两个或多个用户可以通过文字、语音或文件进行交流，甚至还可以与手机通信。

（2）实现共享文件资源的软件，如 Napster 和 Gnutella 等。用户可以直接从任意一台安装同类软件的 PC 上下载或上传文件，并检索、复制共享的文件。

（3）游戏软件，当前的许多网络游戏都是通过对等网络方式实现的。

（4）存储软件，如 Farsite，用于在网络上将存储对象分散存储。

（5）数据搜索及查询软件，如 Infrasearch、Pointera，用来在对等网络中完成信息检索。

（6）协同计算软件，如 Netbatch，可连接几千或上万台 PC，利用其空闲时间进行协同计算。

（7）协同处理软件，如 Groove，可用于企业管理。

（8）P2P 分布式计算。

（9）虚拟化数字货币都是建立在 P2P 网络上的。

1.3　Java 数据流技术

1.3.1　数据流工作方式及相关 API

当前网络通信大多是由数据流（Data Stream）来处理的，因此基于流的通信（Stream-Based Communication）是 Java 网络编程的基础。

1. 数据流

数据流是发送和接收信息的管道或通道。当数据通信管道建立起来，数据就可以从管道的一端传输到另一端。这种数据流通信是以字节为基本数据单位，通过串行形式的数据序列顺序进行传输的过程。

数据流与网络技术有密切的联系。网络技术使得物理网络实现连通，在网络协议的控制下，实现信息传输。网络编程正是基于这种连通和相关协议控制下，使用套接字 Socket 实现网络的底层连接，再以流（Stream）为类的操作，进行数据传输和流的关闭等。从另一个角度看，流为网络通信提供了统一的接口，使得网络通信更加规范和一致。

在 Java 中以流（也就是类）来表示网络上的数据、文件或应用程序之间的通信。流分为输入流（Input Stream）：将数据从某个数据源发送到程序中；输出流（Output Stream）：将数据从程序中向外发送到某个目地端。输入/输出流的划分，极大地方便了编程，可以灵活地、分别独立地从输入流中读取数据、接收数据，向输出流中写数据、发送数据，实现单向（One-Way）或双向（Two-Way）通信等。

2. 数据流的工作方式

在 Java 中，流是以字节为单位进行数据通信的，为此分别提供了字节输入流公用超类 java.io.InputStream 和字节输出流公用超类 java.io.OutputStream。它们都是抽象类，也是基础性的底层字节输入/输出类（流）。它们定义了公共的公有方法，通过两级子类继承，来实现这些方法和子类自己的方法。图 1-8 描述了字节输入流和输出流公用超类的继承关系。

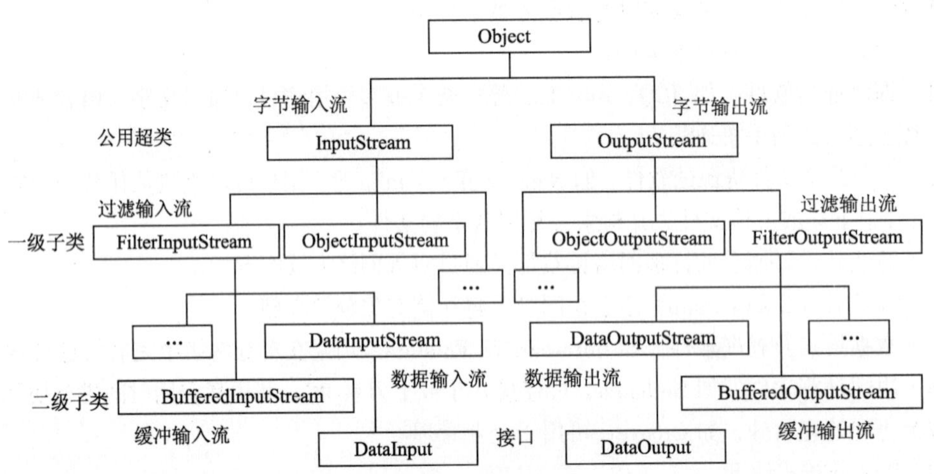

图 1-8　字节输入流和输出流公用超类继承关系

第一级继承，有 4 或 6 个子类不等，其中数据源包括字节数组（ByteArray）、字符串（String）、文件（File）、管道（Pipe）、过滤器（Filter）、其他等数据源。与网络通信有关的是过滤器输入流 FilterInputStream 和过滤器输出流 FilterOutputStream，这两个类也是抽象类，需要通过继承来实现。第二级继承是在过滤器流的基础上继承，有 10 或 8 个子类，基本上都与网络通信有关，其中常用的如下：

（1）过滤器输入流子类。数据输入流 DataInputStream、缓冲输入流 BufferedInputStream 和数据输入流接口 DataInput。

（2）过滤器输出流子类。数据输出流 DataOutputStream、缓冲输出流 BufferedOutputStream 和数据输出流接口 DataOutput。

与网络通信有关的流工作方式是指创建过滤器输入流子类和过滤器输出流子类与套接字通信

绑定的对象方式。有了这些流对象就可以调用其方法完成底层字节流的套接字网络数据通信。在这里流对象相当于是“车”，其方法是车的操作，套接字是指定的“路口”，这样“车”就可以在指定的“路口”进出，在网络形成的路上运送“货物”即数据。

在具体设计上，假设两个程序分别装在网络上的两台计算机上，当程序 A 用输出流调用相应的方法，通过套接字网络数据通信发送数据给程序 B 时，程序 B 可用相应的输入流调用其方法，通过套接字网络数据通信接收程序 A 发送的数据；反之亦然。在互联网上，它们可以是 P2P 模式，也可以是 C/S 模式或者 B/S 模式。

3. 过滤器流

过滤器流可采用缓冲区对数据访问，提高效率，如 BufferedInputStream 和 BufferedOutputStream 流；同时，过滤器流也提供了各种方法访问不同数据类型的数据，如 DataInputStream 和 DataOutputStream 流。它们在进行读/写数据的同时，还可进行数据处理，方便网络编程。

过滤器流是指过滤器输入流 FilterInputStream 和过滤器输出流 FilterOutputStream 这两个抽象类，及其所对应的子类。

过滤器输入流 FilterInputStream 通过其子类继承实现输入流操作，共有 10 个子类：

（1）BufferedInputStream：使用缓存读取数据，减少了数据源的访问，提高了效率。

（2）CheckedInputStream：具有校验和功能，能验证读取数据的完整性。

（3）CipherInputStream：从底层读取数据前，对数据做解密处理。

（4）DataInputStream：用于与机器无关方式，以基本 Java 数据类型建立底层输入流，读取各种数据类型数据，带有 DataInput 接口。

（5）DeflaterInputStream：对读取数据做压缩处理。

（6）DigestInputStream：摘要输入流。

（7）InflaterInputStream：对读取数据做解压缩处理。

（8）LineNumberInputStream：可记录读取数据的行数。

（9）ProgressMonitorInputStream：具有监视读取输入流进度的功能。

（10）PushbackInputStream：使用单字节缓冲区，可预先取得下一个字节。

过滤器输出流 FilterOutputStream 通过其子类继承实现输出流操作，共有 8 个子类：

（1）BufferedOutputStream：使用缓存写入底层输出流，因而提高了运行效率。

（2）CheckedOutputStream：具有校验和功能，能验证输出数据的完整性。

（3）CipherOutputStream：写入底层数据前，做加密数据处理。

（4）DataOutputStream：用于与机器无关方式，将以基本 Java 数据类型建立底层输出流，写入各种数据类型数据，带有 DataOutput 接口。

（5）DeflaterOutputStream：对写入数据做压缩处理。

（6）DigestOutputStream：摘要输出流。

（7）InflaterOutputStream：对写入数据做解压缩处理。

（8）PrintStream：创建新的打印流，此流将不会自动刷新。在需要写入字符而不是写入字节的情况下使用。

以下重点讨论数据输入流 DataInputStream 和数据输出流 DataOutputStream，以及缓冲输入流 BufferedInputStream 和缓冲输出流 BufferedOutputStream。这些输入/输出流都有 close()方法，当流

创建并使用完后，需要用此方法关闭输入流和输出流，释放与此流有关的所有系统资源。

1）数据输入流 DataInputStream

基本数据类型数据输入流 DataInputStream 允许应用程序以与机器无关方式从底层输入流中读取基本 Java 数据类型。与数据输出流 DataOutputStream 相对应，实现基本 Java 数据类型的数据输出流写入和输入流读取。

定义：`public class DataInputStream extends FilterInputStream implements DataInput`

构造函数：`DataInputStream(InputStream in)`

构造函数使用底层输入流 InputStream 创建一个 DataInputStream 对象，in 为指定底层输入流。

DataInputStream 流中定义了多个针对不同数据类型的从输入流读取数据的方法，这些方法均为 public final 修饰类型，从输入流中读取需要的字节，返回不同类型的数据，都可抛出 IOException 异常，方法如下：

int read(byte[] b)：从输入流中读取字节，送至缓冲区字节数组 b 中存储。以 int 形式返回读取的字节数。

boolean readBoolean()：返回 boolean 类型值。

double readDouble()：返回 8 字节 double 类型值。

float readFloat()：返回 4 字节 float 类型值。

byte readByte()：返回 8 位 byte 类型值。

short readShort()：返回 16 位 short 类型值。

int readInt()：返回 4 字节 int 类型值。

long readLong()：返回 8 字节 long 类型值。

String readutf()：从输入流中读取 Unicode 字符串，返回 String 类型值。

2）数据输出流 DataOutputStream

基本数据类型数据输出流 DataOutputStream 允许应用程序以适当方式将基本 Java 数据类型写入输出流中。同样与数据输入流 DataInputStream 相对应，实现基本 Java 数据类型的数据输出流写入和输入流读取。

定义：`public class DataOutputStream extends FilterOutputStream implements DataOutput`

构造函数：`public DataOutputStream(OutputStream out)`

构造函数创建一个数据输出流，将数据写入指定基础输出流。out 为基础输出流，将被保存供以后使用。

DataOutputStream 流中定义了多个针对不同数据类型的数据写到输出流的方法，这些方法均为 public 或 public final 修饰类型，都有可能抛出 IOException 异常，方法如下：

public final int size()：到目前为止写入数据输出流的字节数。

以下方法修饰为 public，返回值为 void：

flush()：清空此数据输出流。

write(int b)：将指定 int 字节（参数 b 的 8 个低位）写入基础输出流中。

write(byte[] b,int off,int len)：将指定 byte 字节数组中从偏移量 off 开始的 len 个长度字节写入基础输出流中。

以下方法修饰为 public final，返回值为 void：

writeBoolean(Boolean v)：将一个 boolean 值 v 以 1 字节形式写入基础输出流中。

writeByte(int v)：将一个 byte 值以 1 字节形式写出到基础输出流中。

writeBytes(String s)：将字符串 s 按字节顺序写出到基础输出流中。

writeChar(int v)：将一个 char 值以 2 字节形式写入基础输出流中。

public final void writeUTF(String str)：使用 UTF-8 编码将一个字符串 str 写入基础输出流中。

以下方法高字节先写入：

writeDouble(double v)：将 double 参数 v 转换为 long 值，以 8 字节形式写入输出流中。

writeFloat(float v)：将 float 参数转换为 int 值，以 4 字节值形式写入基础输出流中。

writeInt(int v)：将一个 int 值以 4 字节值形式写入基础输出流中。

writeLong(long v)：将一个 long 值以 8 字节值形式写入基础输出流中。

writeShort(int v)：将一个 short 值以 2 字节值形式写入基础输出流中。

3）缓冲输入流 BufferedInputStream

该类为具有缓冲区的输入流，支持标记当前的位置 mark()方法和重新定位 reset()方法。在创建 BufferedInputStream 时，会创建一个内部缓冲区数组。在读取或跳过流中的字节时，可根据需要从包含的输入流读到该内部缓冲区，一次可写入多个字节。

定义：`public class BufferedInputStream extends FilterInputStream`

构造函数：

```
public BufferedInputStream(InputStream in)
public BufferedInputStream(InputStream in,int size)
```

构造函数创建一个带有基本输入流 in 为参数的缓冲输入流。此缓冲区是内部缓冲区数组 buf。size 为设定的缓冲区大小。

BufferedInputStream 流中定义了针对 int 数据类型的从缓冲输入流读取数据的方法，这些方法均为 public 修饰类型，返回值为 int，都可抛出 IOException 异常，方法如下：

read()：从输入流中读取一个数据字节。返回一个 0 ~ 255 范围内的 int 字节值。

read(byte[] b,int off,int len)：从此字节输入流中给出起始位置 off，开始读取长度 len 个字节数到指定的 byte 数组中。b 为目标缓冲区；off 为开始存储字节处的偏移量；len 为读取的最大字节数。

4）缓冲输出流 BufferedOutputStream

该类具有缓冲区的输出流。通过设置这种输出流缓冲区，应用程序可以将各个字节写入底层输出流中，而不必针对每个字节写入调用底层系统。

定义：`public class BufferedOutputStream extends FilterOutputStream`

构造函数：

```
public BufferedOutputStream(OutputStream out)
public BufferedOutputStream(OutputStream out,int size)
```

构造函数创建一个缓冲输出流，将数据写入指定的底层输出流。out 为底层输出流；size 为设定的缓冲区大小。

BufferedOutputStream 流中定义了针对 int 或 byte 数组数据类型的数据写到输出流的方法，这些方法均为 public 修饰类型，返回值为 void，都可抛出 IOException 异常，方法如下：

write(int b)：将指定的字节写入此缓冲的输出流。

write(byte[] b, int off, int len)：将指定 byte 数组中从位置 off 开始的长度 len 个字节写入此缓冲的输出流。b 为数据；off 为数据的起始偏移量；len 为要写入的字节数。

flush()：刷新此缓冲的输出流。这迫使所有缓冲的输出字节被写出到底层输出流中。

4．读取器和写入器

读取器 java.io.Reader 和写入器 java.io.Writer 与基础字节输入/输出流 InputStream 和 OutputStream 是对应的同级别的字符输入/输出流，均为 IO 包中的类，是抽象的公用超类。读取器 Reader 和写入器 Writer 也是通过其子类继承实现读入和写出。不同点在于读取器以字符流为操作对象，而且应用程序以字符形式输入和输出速度更快、功能更强，但需要将字符转换成字节来实现网络通信。

读取器 Reader 和写入器 Writer 是对字符操作的输入流和输出流，它们支持 Unicode 字符流的读和写，以 16 位表示每个字符数据，而字节流以 8 位工作。在网络通信中，是以字节为单位，这就必须将字符流转换成字节流，才能实现读取器和写入器的网络通信。

在此重点讨论与实现网络编程有关的读写器子类和转换器。如读取器 Reader 的子类（流）BufferedReader 和 InputStreamReader，写入器 Writer 的子类 BufferedWriter、OutputStreamWriter 和 PrintWriter，它们都与网络编程有关。这些流都有共同的 close()方法，当创建这些流并使用完后，需要用此方法关闭该流并释放与之关联的所有资源。对于关闭字符输出流，事先要先刷新它。

1）缓冲字符读取器 BufferedReader

该字符读取器从字符输入流中读取文本，可设置缓冲区大小，缓冲各个字符，从而实现字符、数组和行的高效读取。

定义：`public class BufferedReader extends Reader`

构造函数：

public BufferedReader(Reader in)：使用默认大小输入缓冲区的缓冲字符输入流。

public BufferedReader(Reader in,int sz)：创建使用指定大小 sz 输入缓冲区的缓冲字符输入流。

用到的方法均为 public 修饰类型，都可抛出 IOException 异常，方法如下：

public String readLine()：读取一个文本行。通过下列字符之一即可认为某行已终止：换行（'\n'）、回车（'\r'）或回车后直接跟着换行（'\r\n'）。

public int read()：读取单个字符。

2）字节流与字符流输入转换器 InputStreamReader

该转换器将字节流转换为字符输入流。它使用指定的 charset 字符集读取字节并将其解码为字符。它使用的字符集可以由名称指定或显式给定，或者可以接受平台默认的字符集。为了达到最高效率，可以考虑在 BufferedReader 内包装 InputStreamReader。

定义：`public class InputStreamReader extends Reader`

构造函数：

public InputStreamReader(InputStream in)：使用默认字符集。

public InputStreamReader(InputStream in, Charset cs)：使用给定字符集。

public InputStreamReader(InputStream in, CharsetDecoder dec)：使用给定字符集解码器。

public InputStreamReader(InputStream in, String charsetName)：使用指定字符集。

对应的方法在此不讨论，可参考相关资料。

3）缓冲字符写入器 BufferedWriter

该字符写入器将文本写入具有缓冲的字符输出流，缓冲各个字符，从而提供单个字符、数组和字符串的高效写入。可以指定缓冲区的大小，或者接受默认的大小。

定义：`public class BufferedWriter extends Writer`

构造函数：

public BufferedWriter(Writer out)：使用默认大小输出缓冲区的缓冲字符输出流。

public BufferedWriter(Writer out,int sz)：使用给定大小 sz 输出缓冲区的缓冲字符输出流。

所用的方法为 public 修饰类型，返回值为 void，都可抛出 IOException 异常，方法如下：

flush()：刷新该流的缓冲。

write(char[] cbuf,int ff,int len)：将数组起始位置为 ff、长度 len 的字符部分写入流中。

write(int c)：将单个字符写入流中。

write(String s,int off,int len)：将字符串 s 的起始位置为 ff、长度 len 的部分写入流中。

4）字符流与字节流输出转换器 OutputStreamWriter

该转换器将字符流转换为字节输出流。可使用指定的 charset 字符集将要写入流中的字符编码成字节。它使用的字符集可以由名称指定或显式给定，否则将接受平台默认的字符集。为了获得最高效率，可考虑将 OutputStreamWriter 包装到 BufferedWriter 中，以避免频繁调用转换器。

定义：`public class OutputStreamWriter extends Writer`

构造函数：

public OutputStreamWriter(OutputStream out)：使用默认字符编码。

public OutputStreamWriter(OutputStream out, Charset cs)：使用给定字符集 cs。

public OutputStreamWriter(OutputStream out,CharsetEncoder enc)：使用字符集 enc 编码器。

public OutputStreamWriter(OutputStream out, String charsetName)：使用字符集 charsetName。

对应的方法在此不讨论，可参考相关资料。

5）字符格式化文本输出流 PrintWriter

字符格式化文本输出流，它不包含用于写入原始字节的方法，对于这些字节，程序应该使用未编码的字节流进行写入。

定义：`public class PrintWriter extends Writer`

构造函数：`public PrintWriter(Writer out,boolean autoFlush)`

参数：out 为字符输出流；autoFlush 为 boolean 变量，如果为 true，则 println、print 或 format 方法将刷新输出缓冲区。

用到的方法为 public 修饰类型，返回值为 void，方法如下：

print(String s)：输出字符串 s。按照默认字符编码转换为字节，以 write(int)方法写入这些字节。

println(String x)：输出字符串 x，然后终止该行。

format(String format,Object…args)：使用指定格式字符串和参数将一个格式化字符串写入此 writer 中，返回 PrintWriter 对象。如果启用自动刷新，则调用此方法将刷新输出缓冲区。

1.3.2 网络通信中基于套接字输入流和输出流的创建

要实现套接字的网络通信，需要分 4 个步骤完成：

① 创建套接字 socket（Socket），连接成功后形成网络连接通道。

② 由套接字对象 socket 调用 getInputStream()或 getOutputStream()方法，分别返回具有套接字通信的基础输入流 InputStream 和输出流 OutputStream 对象作为参数，完成绑定套接字通信的输入流和输出流对象的创建。

③ 用输入和输出流对象调用其对应方法的操作方式实现网络通信。

④ 网络通信结束，需要关闭输入流和输出流对象，尤其要关闭套接字对象。

（1）基于套接字的字节输入流 dis 和输出流 dos 的创建，以及网络编程实例。

通过套接字对象 socket 调用 getInputStream()或 getOutputStream()方法，分别返回的流对象作为 DataInputStream 和 DataOutputStream 的构造函数的参数，来建立基于套接字的字节输入流 dis 和输出流 dos 对象。当用 dis 调用 readUTF()方法接收数据，dos 调用 writeUTF()发送数据，从而实现网络通信。客户端网络编程实例如例程 1-1 所示。

程序用 javac.exe 编译，用 java.exe 运行，运行时与第 3 章的例程 3-1 所示的服务器程序配合运行。

例程 1-1：客户端程序 DS_Client1_1.java。

```
import java.io.*;
import java.net.*;
public class DS_Client4_1 {
public static void main(String[] args) throws IOException{
    // ①建立 Socket，服务器在本机的 8888 端口处进行"侦听"
    Socket socket=new Socket("127.0.0.1",8888);     //建立套接字
    System.out.println("客户端套接字信息: "+socket);
    try{
    // ②套接字建立成功后，建立字节输入流 dis 和输出流 dos 对象
        DataInputStream dis=new DataInputStream(socket.getInputStream());
        DataOutputStream dos=new DataOutputStream(socket.getOutputStream());
    // ③调用其对应方法进行网络通信
        for(int i=0;i<6;i++){
            dos.writeUTF("客户端测试:"+i);          //向服务器发数据
        dos.flush();                              //刷新输出缓冲区，以便立即发送
        System.out.println(dis.readUTF());        //将从服务器接收的数据输出
    }
        dos.writeUTF("end");                      //向服务器发送终止标志
        dos.flush();                              //刷新输出缓冲区，以便立即发送
    // ④关闭对象
        dos.close();                              //关闭输出流对象 dos
        dis.close();                              //关闭输入流对象 dis
    }finally{
        System.out.println("客户端结束......");
        socket.close();                           //关闭套接字对象 socket
    }
  }
}
```

可以看到，关闭套接字的语句放在 finally 块中，这是为了确保能够关闭 socket。但关闭输入流 dis 和输出流的语句没有放在 finally 块中，这是因为在 try 块内，可能还没有建立 I/O 流对象就抛出异常。

创建数据字节输入流 din 和输出流 dos，具有针对不同数据类型的操作方法，因此可适应不同类型数据在网络上的字节级通信。

（2）基于套接字具有缓冲的字节输入流 dinB 和输出流 dosB 的创建。

将绑定有套接字的缓冲数据流对象作为输入流 dinB 和输出流 dosB 构造函数的参数，使得具有缓冲区的 dinB 和 dosB 读写效率更高。建立具有缓冲区的 dinB 和 dosB 对象代码如下：

```
DataInputStream dinB=new DataInputStream(new BufferedInputStream(socket.get
InputStream()));
DataOutputStream dosB=new DataOutputStream (new BufferedOutputStream(socket.
get OutputStream()))
```

（3）基于套接字并具有缓冲的字符读取器 br 和写入器 bw 或文本输出流 pw 的创建，以及网络编程实例。

如果用以字符为基本单位的读取器和写入器来实现网络通信，必须将套接字的字节流用转换器转换为字符流输入，或用转换器把字符流转换为套接字的字节输出流输出。转换器对象的实现代码如下：

```
new InputStreamReader(socket.getInputStream()); //字节输入流转换为字符输入流
new OutputStreamWriter(socket.getOutputStream());//字符输出流转换为字节输出流
```

以下将绑定有套接字的转换器对象作为缓冲字符读取器 br 和字符写入器 bw 的构造函数参数，建立 br 和 bw 对象，由此可达到字符操作的高效率。建立 br 和 bw 对象的代码如下：

```
BufferedReader br=new BufferedReader(new InputStreamReader(socket.getInput
Stream()))
BufferedWriter bw=new BufferedWriter(new OutputStreamWriter(socket.getOutput
Stream()))
```

如果用字符格式化文本输出流 PrintWriter 代替写入器 bw 实现字符输出流，其对象 pw 构造函数的第一个参数为写入器对象即可；第二个参数为 true，表示数据写到 pw 进入缓冲区，系统自动刷新输出缓冲区，由此来确保数据送出；否则数据不能送出，就会引发许多问题。网络编程如例程 1-2 所示，其是在例程 1-1 的基础上对②和③处做了修改而成。

例程 1-2：客户端程序 BP_Client1_2.java。

```
import java.io.*;
import java.net.*;
public class BP_Client4_2 {
public static void main(String[] args) throws IOException{
   // ①建立 Socket，服务器在本机的 8888 端口处进行"侦听"
   Socket socket=new Socket("127.0.0.1",8888);            //建立套接字
   try{
   // ②套接字建立成功后，通过转换器建立字符输入流 br 和自动刷新输出流 pw
       BufferedReader br=new BufferedReader(
           new InputStreamReader(
              socket.getInputStream()));
       PrintWriter pw=new PrintWriter(
           new BufferedWriter(
```

```
                new OutputStreamWriter(
                    socket.getOutputStream ())),true);
            // ③调用其对应方法进行网络通信
            for(int i=0;i<10;i++){
                pw.println("测试:"+i);          //向服务器发数据,并自动刷新输出缓冲区
                String str=br.readLine();       //从服务器接收数据
                System.out.println(str);        //将从服务器接收的数据输出
            }
            pw.println("end");                  //向服务器发送终止标志,并自动刷新输出缓冲区
            // ④关闭对象
            pw.close();                         //关闭输出流对象pw
            br.close();                         //关闭输入流对象br
        }finally{
            System.out.println("结束......");
            socket.close();                     //关闭套接字对象socket
        }
    }
}
```

可以看出，pw 调用 println()方法运行后，不使用 flush()方法刷新，系统自动刷新输出缓冲区，以便数据确保发送。

注意：此客户端程序必须和对应的服务器程序配合运行，不能单独运行。

1.3.3 对象持久性和对象序列化

前面讨论的以流的方式实现网络通信，是以字节为基本单位的数据进行传输。如何将一个数据结构，或由数据结构形成的对象在网络中传输，并保持一定的寿命，以备以后使用，已成为很多商业系统考虑的问题。此类问题就是对象持久性（Object Persistence）和对象序列化（Object Serialization）问题。

对象持久性是指保持对象，甚至在多次执行同一程序之间也能保持对象。对象的网络传输或保存到文件中就是对象持久化，它不随本地主机的程序终止而消失或被破坏。运行程序时，如果没有以某种方式保存对象，对象就会死亡，不能恢复。

对象序列化是将对象转换为可保持或传输格式的过程。与序列化相对的是反序列化，它将流转换为对象。直观地说，就是将整个对象写入字节流中，这样形成字节流序列才能在网络上传输，也可以将对象保存在文件中。然后通过对象的反序列化，把接收到的字节流序列或文件完全恢复成原来的对象。

对象持久性和序列化可以实现分布式对象。例如，远程对象调用和控制（RMI）中利用对象序列化运行远程主机上的服务，就像在本地机上运行对象时一样。

在 Java 中，java.io 包中的 ObjectInputStream 类和 ObjectOutputStream 类分别为对象输入流和对象输出流以及 Serializable 接口构成实现对象序列化基本类和接口。实现过程中，不需要编写保存和恢复对象的特定代码。实现 Serializable 接口的类对象才可以转换成字节流或从字节流恢复，不需要在类中增加任何代码。

1. ObjectInputStream 类和 ObjectOutputStream 类定义和构造函数

定义：

```
public class ObjectInputStream extends InputStream implements ObjectInput,
ObjectStreamConstants
public class ObjectOutputStream extends OutputStream implements ObjectOutput,
ObjectStreamConstants
```

构造函数：

public ObjectInputStream(InputStream in) throws IOException：创建从指定 in 读取对象流。

public ObjectOutputStream(OutputStream out) throws IOException：创建指定 out 的写入对象流。

对象输入流和对象输出流由输入流 InputStream 和输出流 OutputStream 扩展而来。它们的构造函数将对象流与字节流绑定在一起，以便调用对应的方法实现对象序列化和反序列化。

2. 常用方法

public final Object readObject() throws IOException, ClassNotFoundException：从对象输入流读取对象。

public final void writeObject(Object obj) throws IOException：将指定的对象写入对象输出流。

异常：ClassNotFoundException 找不到序列化对象的类；IOException 任何常规的输入/输出相关的异常。

3. 对象持久性和对象序列化的网络编程实例

（1）对象序列化（发送对象）操作的步骤如下：

① 创建一个 ObjectOutputStream 对象输出流，它可以包装一个其他类型的目标输出流。

② 通过对象输出流的 writeObject(Object obj)方法，将参数指定的 obj 对象进行序列化，并把得到的字节流序列写到一个目标输出流中。

（2）对象反序列化（接收对象）的步骤如下：

① 创建一个对象输入流，它可以包装一个其他类型的源输入流。

② 通过对象输入流的 readObject()方法从一个源输入流中读取字节流序列，再把它们反序列化为一个对象 obj，并将其返回。

以上对象序列化和对象反序列化步骤中需要分别建立 Serializable 接口的用于网络传输的类，然后定义此类的对象作为序列化对象或反序列化返回的对象 obj，这两个对象必须是同一个类型，即发送的对象和接收的对象必须是同一个类型。

以下程序对象序列化和反序列化是一个封装多行文本框控件的类 Boy。

例程 1-3 所示通过服务器对象序列化在网络上传输，发送至客户端；例程 1-4 所示客户端接收后反序列化恢复为原多行文本框控件，并显示。先运行服务器程序，再运行客户端程序。

例程 1-3：对象序列化服务器程序 OS_Server1_3.java。

```
import java.io.*;
import java.net.*;
import java.awt.*;
import java.awt.event.*;
public class OS_Server1_3 extends Frame {        //窗口
TextArea text=null;                             //多行文本框控件
  public static void main(String args[]){
```

```
    int port=8000;                                   //服务器端口
    Socket socket;                                   //套接字
    ServerSocket serverSocket;                       //服务器套接字
    ObjectOutputStream oout=null;                    //对象输出流
    OS_Server1_3 OS=new OS_Server1_3();              //定义对象 OS
    try{
        serverSocket=new ServerSocket(port);         //定义服务器套接字
        System.out.println("服务器登录!");
        try{
        while(true){                                 //此循环一直在运行
            socket=serverSocket.accept();            //port 端口侦听,返回套接字
            oout=new ObjectOutputStream(socket.getOutputStream());
            OS.writeO(oout);   //OS 对象调用方法,实现对象序列化(发送对象)
            oout.close();
            socket.close();
        }
        }catch(Exception e){                         //出现异常退出
            System.out.println(e);
        }
        serverSocket.close();                        //关闭服务器套接字
        System.out.println("服务器退出!");
    }catch(Exception e){                             //出现异常退出
        System.out.println(e);
    }
  }
   OS_Server1_3 (){                                  //构造函数
    setLayout(new FlowLayout());                     //窗口布局
    text=new TextArea(6,20);                         //建立多行文本框
    text.addTextListener(new Boy(text));             //注册文本监听器
    add(text);                                       //将多行文本框加到窗口中
    addWindowListener(new WindowAdapter()
     {public void windowClosing(WindowEvent e)
         {System.exit(0); }
     });                                             //关闭窗口
    setTitle("服务器");                              //窗口标题
    setSize(300,300);                                //设置窗口大小
    validate();                                      //重新布置组件
    setVisible(true);                                //窗口可见
}
  public void writeO(ObjectOutputStream oout1){ //多行文本框的序列化
    try{
        text.append("此为服务器发送的\n 多行文本框控件对象!");
        oout1.writeObject(text);                     //多行文本框的序列化,网络传输
        System.out.println("服务器:已发送多行文本框对象!");
     }catch(IOException IOe){
          System.out.println(IOe);
    }
  }
}
//建立 Serializable 接口的类,封装有多行文本框
```

```
class Boy implements TextListener,Serializable{     //引入 Serializable 接口
   TextArea text;                                   //多行文本框
int i=10;
Boy(TextArea text){                                 //构造函数
      this.text=text;
     }
    public void textValueChanged(TextEvent e) {//当文本改变时,被调用
      i++;
      //改变颜色
      text.setBackground(new Color((i*3)%255,(i*7)%255,(i*17)%255));
   }
}
```

例程 1-4： 对象反序列化客户端程序 OS_Client1_4.java。

```
import java.io.*;
import java.net.*;
import java.awt.*;
import java.awt.event.*;
public class OS_Client1_4 extends Frame{     //窗口
   TextArea text=null;                       //多行文本框控件
   public static void main(String args[]){
     int port=8000;                          //服务器端口
     String address="localhost";             //服务器 IP 地址,默认为 localhost
     InetAddress addr;                       //服务器网络 IP 地址
     Socket socket;                          //套接字
     ObjectInputStream oin=null;             //对象输入流
     OS_Client1_4 OS=new OS_Client1_4();     //定义对象 OS
     System.out.println("客户端登录!");
     try{
        addr=InetAddress.getByName(address );
        socket=new Socket(addr,port ); //建立已知服务器 IP 地址和端口的套接字
        oin=new ObjectInputStream( socket.getInputStream());
                                    //绑定输入流的对象输入流
        OS.readO(oin);              //OS 对象调用方法,实现对象反序列化(接收对象)
        oin.close();
        socket.close();
     }catch(IOException IOe){                     //出现异常退出
       System.out.println(IOe);
     }
}
OS_Client1_4(){                                   //构造函数
    setLayout(new FlowLayout());                  //窗口布局
    text=new TextArea(6,20);                      //建立多行文本框
    text.append("客户端:原有的\n 多行文本框!");
    text.addTextListener(new Boy(text));          //注册文本监听器
    add(text);                                    //将多行文本框加到窗口中
    addWindowListener(new WindowAdapter()
       {public void windowClosing(WindowEvent e)
             {System.exit(0);}
       });                                        //关闭窗口
    setTitle("客户端");                            //窗口标题
```

```
        setSize(300,300);                                    //设置窗口大小
        validate();                                          //重新布置组件
        setVisible(true);                                    //窗口可见
    }
    public void readO(ObjectInputStream oin1) {              //多行文本框的反序列化
        try{
            TextArea temp=(TextArea)oin1.readObject();  //恢复多行文本框
            temp.append("\r\n客户端:收到的\n多行文本框对象!");
            temp.setBackground(Color.pink);
            this.add(temp);                                  //恢复后的多行文本框加入窗口中
            this.validate();                                 //重新布置组件
            System.out.println("客户端:接收到多行文本框对象!");
        } catch(Exception IOe){
            System.out.println(IOe);
        }
    }
}
//建立Serializable接口的类,封装有多行文本框
class Boy implements TextListener,Serializable{ //引入Serializable接口
    ......//程序同上
}
```

小　　结

本章首先介绍了何为网络体系结构和协议，并对两种最著名的体系结构（OSI 和 TCP/IP 体系结构）进行了详细的阐述；然后介绍了网络程序设计的三种模式（C/S 模式、B/S 模式和对等模式）以及它们的优缺点；最后详细介绍了 Java 数据流技术，包括数据流的概念和工作方式，与 Java 数据流相关的 API，以及对象的持久性和序列化。通过这一章的学习，可以对网络程序设计的基础有初步的了解。

习　　题

1. 何为体系结构？体系结构为什么要采用分层次的结构？
2. 网络协议的三个要素是什么？各有什么含义？
3. OSI 网络体系结构都有哪几层？
4. TCP/IP 体系结构有哪几层？
5. 协议与服务有何区别？有何联系？
6. TCP/IP 体系结构和 OSI 体系结构有什么不同？
7. Internet 使用哪种体系结构？
8. 网络程序设计开发模式主要有哪几种？
9. C/S 和 B/S 结构有什么区别？有何联系？
10. 什么是 Java 数据流？

第 2 章 Java 的多线程机制

目前面临的编程大多数都是面向多任务的编程，尤其是网络编程，一般通过多线程机制来解决多任务问题。使用多线程机制编程的目的就是通过多线程并发处理使系统资源（如内存、CPU 资源）得以充分利用，程序的运行速度和效率可进一步提高。

掌握多线程编程，不仅是目前提高应用程序性能的手段，更重要的是形成一种编程思想。本章主要介绍多线程概念、实现多线程的类、接口和方法，线程的优先级、生命周期和线程池。重点学习使用 Java 语言实现多线程的编程机制和思想。

2.1 Java 多线程基本概念

1. 进程

程序是指令的有序集合，其本身没有任何运行的含义，是一个静态的概念。而进程是程序在处理机上的一次执行过程，它是一个动态的概念。

进程（Process）是程序的一次执行过程，包括代码加载、执行到执行结束的一个完整的动态执行过程，也可以说进程具有一定的生命期，包括从产生、发展到死亡的过程。它也包括运行中的程序和程序所使用到的内存、CPU 等系统资源。进程是系统资源分配的基本单位。一个程序可以对应多个进程（多次执行），但一个进程只能对应一个程序。进程和程序的关系犹如演出和剧本的关系。

2. 线程

线程（Thread）是比进程更小的程序执行单位，也称轻量进程。一个进程在执行过程中，可以产生多个线程。每个线程都有一个唯一的标识符，多个线程并行执行不同的任务。线程也有它自身的产生、存在和死亡的过程，也是一个动态的概念。

线程是系统独立调度和分派的基本单位，它自己不拥有系统资源。同一进程中的多个线程一起共享该进程中的全部系统资源，因此，线程间可以利用这些共享资源，实现数据交换、通信和必要的同步操作。相对而言，线程比进程资源开销小，效率高。

在单个进程中可以有一个或多个线程，同时运行多个线程完成不同的工作，称为多线程。也就是说，允许单个程序创建多个并行执行的线程来完成各自的子任务，也称多线程编程。所以，线程是提高代码响应和性能的有力手段。例如，在 Internet 中开发客户端和服务器应用程序，大量的客户访问服务器，服务器程序面对的就是一个多任务运行问题，必须采用多线程编程技术解决这类问题。

Java 中的多线程就是在操作系统每次分时给 Java 程序（进程）一个时间片段的 CPU 时间内，

在若干独立的可控制的线程之间切换。Java 应用程序中具有 main()方法的主类（或 init()），通过 main()方法开始执行，Java 虚拟机（JVM）就会认为一个主线程启动。而后在 main()方法的执行中再创建的线程，就成为程序中的其他线程。Java 虚拟机就是在主线程和其他线程之间轮流切换，实现多线程。只有当主线程和其他所有线程都结束，Java 虚拟机才结束 Java 应用程序（进程）。

2.2 Java 中的多线程实现

Java 语言的一个重要功能特点是内置对多线程的支持，它使得编程人员可以很方便地开发出具有多线程功能、能同时处理多个任务的功能强大的应用程序。

在 Java 中，提供了两种方式实现多线程机制：继承 java.lang.Thread 类和实现 java.lang.Runnable 接口。

2.2.1 用 Thread 类创建多线程应用程序

1. Thread 类

Thread 类定义了多线程的基本属性和方法，有 10 个构造函数，一个 Runnable 线程接口，在此列出 4 个经常用到的构造函数和常用的方法。

定义：`public class Thread extends Object implements Runnable`

构造函数：

（1）public Thread()：创建名称为 “Thread-” +n 的线程对象，其中的 n 为整数。

（2）public Thread(String name)：创建名称为 name 的线程。

（3）public Thread(Runnable target)：创建名称为 “Thread-” +n 的线程对象，并以参数 target 为运行对象。

（4）public Thread(Runnable target, String name)：创建名称为 name 的线程，并以参数 target 为运行对象。

参数：target 为其 run 方法被调用的对象；name 为新线程的名称。

方法：

public void start()：使该线程开始执行；Java 虚拟机调用该线程的 run 方法。

public void run()：Thread 的子类应该重写该方法。执行线程。

public static void sleep(long millis) throws InterruptedException：指定当前正在执行的线程休眠（暂停执行）millis 毫秒数，之后继续运行。

public static void yield()：暂停当前正在执行的线程对象，并执行其他线程。

public void interrupt()：中断一个休眠的线程，即“吵醒”自己。

public final String getName()：返回该线程的名称。

public Thread.State getState()：返回该线程的状态。该方法用于监视系统状态，不用于同步控制。

public final void join() throws InterruptedException：等待该线程终止。

public final int getPriority()：返回线程的优先级。

public final void setName(String name)：改变线程名称，与 name 相同。

public final void setPriority(int newPriority)：更改线程的优先级。newPriority 为线程设定的优先级。

public final boolean isAlive()：测试线程是否处于活动状态。如果线程已经启动且尚未终止，则为活动状态，返回 true，否则返回 false。

上述方法中有两个 static 方法，sleep()和 yield()，直接通过类名进行调用。start()和 run()方法是执行线程的基本方法。线程运行是通过线程子类的对象调用成员方法 start()启动线程，然后由 Java 虚拟机来自动调度与运行线程，即调用重载的 run()方法。

用 Thread 类实现多线程的 Java 程序，基本设计步骤如下：

（1）设计 Thread 的子类，重写父类的 run()方法。

（2）用 Thread 类或子类创建线程对象。

（3）使用 start()方法启动线程。

（4）当 JVM 将 CPU 使用权切换给线程时，自动执行 run()方法。

```
public class MyThread extends Thread {                  //创建线程Thread的子类MyThread
    public MyThread(String str) {super(str); }  //创建以 str 为名称的线程
    public void run() {…}                               //重载 run()方法体
    public static void main(String args[]) {    //主线程启动
        new MyThread ("线程 1").start();               //运行 start()方法以启动线程
        new MyThread ("线程 2").start();               //运行 start()方法以启动线程
    }
}
```

2. 用 Thread 类创建多线程应用程序

通过对线程基类 Thread 类的继承生成子类 MyThread，重载其 run()方法，功能是显示当前运行状态线程的 5 次循环次数；在 main()方法中创建线程子类 MyThread 的对象，同时运行线程 new MyThread (i+1).start()，如例程 2-1 所示。

例程 2-1：Example2_1.java。

```
public class Example2_1 extends Thread {//继承 Thread 基类
   int count=1,number;
   public Example2_1(int num) {          //创建线程的构造函数
      number=num;
      System.out.println("创建线程 "+number);
   }
//重载 run()方法。功能：当前运行线程循环计数
  public void run() {
    while(true) {            //一个线程循环运行 5 次退出结束
      System.out.println("线程 "+number+": 计数 " +count);
      if(++count==6)
          return;          //线程运行结束（死亡状态）
    }
  }
  public static void main(String args[]) {
     for(int i=0;i<3;i++)          //循环运行 3 个线程
        //创建线程，并调用 start()方法启动线程
        new MyThread (i+1).start();
  }
}
```

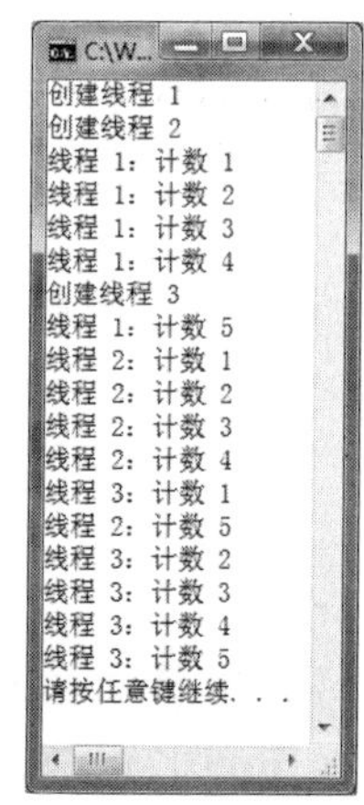

图 2-1 Example2_1.java 运行结果

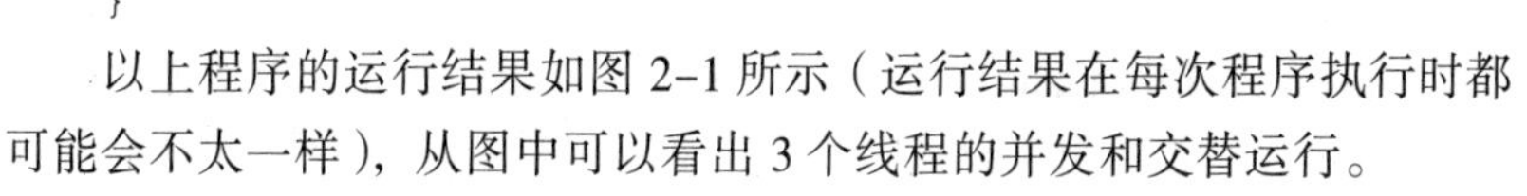
以上程序的运行结果如图 2-1 所示（运行结果在每次程序执行时都可能会不太一样），从图中可以看出 3 个线程的并发和交替运行。

2.2.2 用 Runnable 接口创建多线程应用程序

1. Runnable 接口

Java 语法规定，每个类只能有一个直接父类。如果一个类必须继承于其他类（如 Applet 小应用程序必须继承自 Applet 类），则无法再继承 Thread 类，这时就要采用 Runnable 接口来实现多线程操作。

定义：`public  interface  Runnable`

方法：

void run()：Runnable 接口的抽象方法。对象创建一个线程时，启动该线程将导致在独立执行的线程中 JVM 自动调用对象的 run()方法。

如果用 Runnable 接口的多重继承方式来实现多线程，用户要自定义一个类来实现 Runnable 接口的 run()方法，以完成所需的功能。并将该类的对象作为 Thread 类构造函数中的参数，就可以实现多线程的功能。

运行线程的方法也非常相似，通过自定义线程对象的成员方法 start()启动线程，然后由 Java 虚拟机来调度与运行线程，即调用重载的 run()方法。设计步骤如下：

（1）设计一个实现 Runnable 接口的类，重写 run()方法。

（2）以该类的对象为参数建立 Thread 类的对象。

（3）调用 Thread 类对象的 start()方法启动线程，将执行权转交到 run()方法。

```
class A [extends 其他父类] implements Runnable [,其他接口]{
    public void run(){…}                          //重载 run()方法体
}
public class B {
    public static void main(String[] arg){
        A a=new A();        //创建实现 Runnable 接口的自定义类 A 的对象 a
        Thread Thread1=new Thread(a);             //创建线程 Thread1，参数为 a
        Thread1.start();                          //启动线程，同时 JVM 运行 run()方法
    }
}
```

或

```
public class A [extends 其他父类] implements Runnable  [,其他接口]{
    Thread Thread1;                               //声明线程
     A(…){
        Thread1=new Thread(this);
        …;
    }   //在构造函数中创建线程
    public void run(……){}                         //重载 run()方法体
    public static void main(String[] arg){
        Thread1.start();                          //启动线程，同时 JVM 运行 run()方法
    }
}
```

2. 用 Runnable 接口创建多线程应用程序

创建引入 Runnable 接口的普通类 MyThread，重载 run()方法，该方法的功能为显示运行状态线程的 5 次循环次数；在主类 Example2_2 的 main()方法中，构建线程 MyThread，其参数为普通类对象 new MyThread(i)；由 getName()方法获取构建的线程 MyThread 的内部线程标识，并显示；启

动线程 MyThread.start()，如例程 2-2 所示。

例程 2-2：Example2_2.java。

```
class MyThread implements Runnable {//创建引入 Runnable 接口的普通类
   int count=1,number;
   public MyThread(int num) {          //构造函数
      number=num;
      System.out.println("创建线程"+number);
   }
   public void run() {                 //重载 run()方法。功能：当前运行状态线程循环计数
      while(true) {                    //一个线程循环运行 5 次退出结束
         System.out.println("线程"+number+":计数"+count);
         if(++count==5)
            return;                    //线程运行结束（死亡状态）
      }
   }
}
public class Example2_2 {              //主类
   public static void main(String[] arg){
     for(int i=0;i<3;i++){             //通过循环创建和运行 3 个线程
      Thread oneThread=new Thread(new MyThread(i));
                                       //创建线程
      System.out.println("线程标识名称: "+ oneThread.
getName());//显示线程标识
      oneThread.start();     //调用 start()方法启动线程
      //或 new Thread(new oneThread(i)).start();
     }
   }
}
```

以上程序最后执行的结果与例程 2-1 基本类似，如图 2-2 所示。同样，程序的运行结果在每次程序执行时都可能会不完全一样。

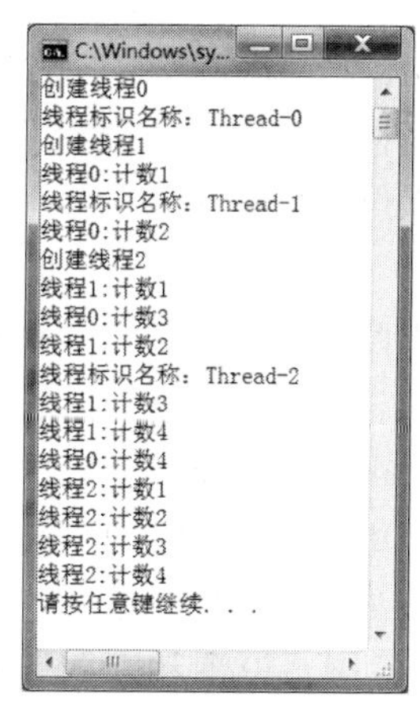

图 2-2 Example2_2 .java 运行结果

2.2.1 节和 2.2.2 节中介绍了两种创建多线程的类、接口和方法，以及实现，它们各有利弊。采用继承 Thread 类的方法创建线程，编写简单，但是不能再从其他类继承；采用使用接口的方法创建线程，可以形成清晰的程序模型，可以从其他类继承，但是编写程序略为复杂。在具体应用中，采用哪种方法来构造线程要视具体情况而定。

2.2.3 线程优先级

虽然线程是并发运行的，然而事实常常并非如此。Java 赋予虚拟机中运行的每个线程一种优先级级别（Priority）。一般线程的优先级越高，得以运行的机会越多。

线程的优先级告诉 Java 虚拟机（JVM）该线程的重要程度。如果有大量线程被堵塞，都在等候运行，JVM 会首先运行具有最高优先级的那个线程。然而，这并不表示优先级较低的线程不会运行（换而言之，不会因为存在优先级而导致死锁）。若线程的优先级较低，表示其被准许运行的概率小。具体的线程调度规则根据具体的操作系统会有所不同。

1. 分配线程优先级

当系统中只有一个 CPU 时，以某种顺序在单 CPU 情况下执行多线程被称为调度（Scheduling）。Java 采用的是一种简单、固定的调度法，即固定优先级调度。这种算法是根据处于可运行线程的相对优先级来实行的。当线程产生时，它继承其父线程的优先级。在需要时可对优先级进行修改。在任何时刻，如果有多个线程等待运行，系统选择优先级最高的可运行线程运行。只有当它停止、自动放弃或由于某种原因成为非运行状态，优先级较低的线程才能运行。如果两个线程具有相同的优先级，它们将被交替地运行。

提示：当线程中的代码创建一个新线程对象时，这个新线程拥有与创建其线程同样的优先级。

2. 线程优先级常量

Thread 类有 3 个常量成员域，均为 int 类型，由 public static final 修饰，它们表示线程优先级的范围。

（1）Thread.MAX_PRIORITY：最高的线程规划优先级，值为 10。

（2）Thread.MIN_PRIORITY：最低的线程规划优先级，值为 1。

（3）Thread.NORM_PRIORITY：中间的线程规划优先级，值为 5。建立新线程的默认优先级数值。

3. 分配线程优先级

Java 线程模型可以动态地更改线程优先级。本质上，线程的优先级是从 0～10 之间的一个数字，数字越大表明任务越紧急。JVM 标准首先调用优先级较高的线程，然后才调用优先级较低的线程。但是，该标准对具有相同优先级的线程的处理是随机的。如何处理这些线程取决于基层的操作系统策略。

Java 支持 10 个优先级，基层操作系统支持的优先级可能要少得多，这样会造成一些混乱，因此只能将优先级作为一种很粗略的工具进行使用。

Java 中的每一个线程都有优先级，线程的优先级是介于 Thead.MIN_PRIORITY ～ Thread.MAX_PRIORITY 之间的整数（介于 0～10 之间）。默认情况下，线程的优先级是 5（即 NORM_PRIORITY）。可以使用 setPriority()方法来设置或改变线程的优先级，也可以通过 getPriority()方法得到线程的优先级。

4. 设置和获取线程优先级

例程 2-3：Example2_3.java。

```
class Example2_3 extends Thread {
 public static void main(String args[]) {
    Example2_3[]  runner=new Example2_3[4];  //创建多线程数组
    for(int i=0;i<4;i++)
      runner[i]=new Example2_3(); //批量创建线程，此时，所有线程优先级为 5
    for(int i=0;i<4;i++)
      runner[i].start();  //启动线程，更改其中两个线程的优先级
    runner[1].setPriority(MIN_PRIORITY);
    runner[3].setPriority(MAX_PRIORITY);
  }

 public void run() {
```

```
        for(int i=0; i<1000000; i++);  //线程的
功能设计
            System.out.println(getName()+" 线 程
的优先级是 : "+getPriority()+" ......  已计算完
毕!");
        }
    }
```

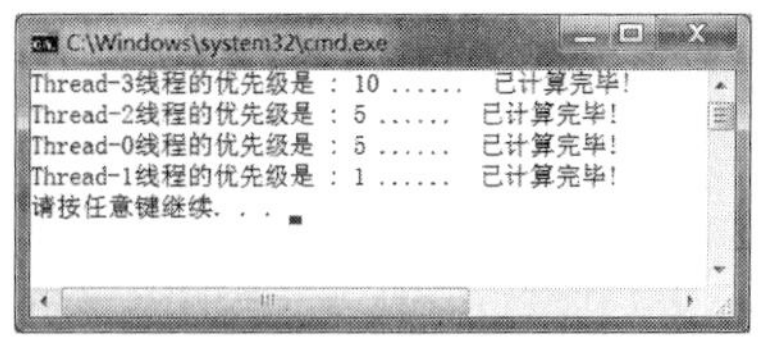

图 2-3　Example2_3.java 运行结果

程序运行结果如图 2-3 所示。

2.3　多线程同步技术

在目前为止，我们看到的例程都只是以非常简单的方式来利用线程。只有最小的数据流，而且不会出现两个线程（如两个用户）访问同一个对象（如银行账户）的情况。而实际应用中，线程有生命周期，线程之间也是经常有信息流存在的。线程之间要通过通信来完成数据的交换和传输。以下讨论线程的生命周期和多线程的同步处理技术。

2.3.1　线程的生命周期

线程与进程一样，具有生命周期，即它由创建而产生，由撤销而死亡。线程生命周期的状态及其转换过程如图 2-4 所示。线程的生命周期主要有 5 个状态：新建、就绪、运行、阻塞和死亡。等待状态和睡眠状态都属于阻塞状态，如图 2-4 所示。

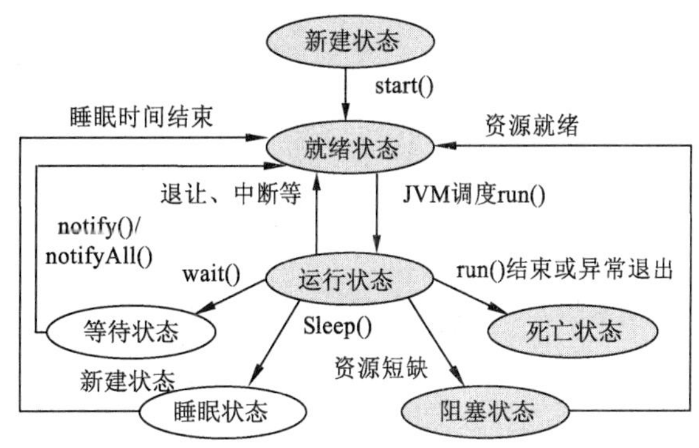

图 2-4　线程生命周期的状态及其转换过程

1. 新建状态

当创建一个 Thread 类或子类的对象时，新建的线程对象就处于新建状态，如 new Thread()。这时的线程对象尚未启动（start()尚未被调用），系统尚未为它分配资源。

处于这种状态的线程只能运行 start()和 stop()方法。其他操作都会失败并且会引起运行异常。

2. 就绪状态

处于新建状态的线程对象调用 start()方法被启动后，如 new Thread().start()，将进入线程队列排队等待系统资源，如 CPU 时间片，此时它已具备了运行的条件，称为就绪状态，一旦轮到可以使用 CPU 资源时，就可脱离创建它的主线程独立开始自己的生命周期。

另外，原来处于阻塞状态的线程被解除阻塞后也将进入就绪状态。

注意：启动线程要使用 start()方法，不能直接调用 run()方法。只能对处于新建状态的线程调用 start()方法，否则将引发 IllegalThreadStateException 异常。

3．运行状态

当就绪状态的线程被调度并获得处理器资源时，便进入运行状态，即 JVM 对线程 run()方法的调用。每个 Thread 类及其子类的对象都有一个重要的 run()方法，当线程对象被调度执行时，JVM 将自动调用本对象的 run()方法，从第一条语句开始依次执行。run()方法定义了这一类线程的操作和功能。

4．阻塞状态

一个正在执行的线程如果在某些特殊情况下，如被人为挂起或需要执行费时的输入/输出操作时，将让出 CPU 并暂时中止自己的执行，进入阻塞状态。阻塞时它不能进入排队队列，只有当引起阻塞的原因被消除时，线程才可以转入就绪状态，重新进入线程队列中排队等待 CPU 资源，以便从原来终止处开始继续运行。

当发生如下情况时，线程将进入阻塞状态：

（1）线程调用 sleep()方法主动放弃所占用的处理器资源。

（2）线程调用了阻塞式 IO（Input/Output）方法，在该方法返回之前，该线程被阻塞。

（3）运行的线程在获取对象的同步锁时，若该同步锁被其他线程占用，则线程进入阻塞状态。

（4）运行的线程执行了 wait()方法，在等待某个通知（notify），进入阻塞状态。

（5）程序调用了线程的 suspend()方法将该线程挂起。但这个方法容易导致死锁，所以应该尽量避免使用该方法。

当前正在执行的线程被阻塞之后，其他线程就可以获得执行机会。被阻塞的线程会在合适的时候重新进入就绪状态（注意是就绪状态而不是运行状态）。也就是说，被阻塞线程的阻塞解除后，必须重新等待线程调度器再次调度它。

5．死亡状态

处于死亡状态的线程不具有继续运行的能力，即线程执行结束。

线程死亡的原因有两个：一个是正常运行的线程完成了它的全部工作，即执行完了 run()方法的最后一条语句并退出；另一个是线程被提前强制性地终止，如通过执行 stop()方法或 destroy()方法终止线程。

为了测试某个线程是否已经死亡，可以调用线程对象的 isAlive()方法，当线程处于就绪、运行、阻塞状态时，该方法将返回 true；当线程处于新建、死亡状态时，该方法将返回 false。

线程在各个状态之间的转化及线程生命周期的演进是由系统运行的状况、同时存在的其他线程和线程本身的算法所共同决定的。在创建和使用线程时应注意利用线程的方法宏观地控制这个过程。

2.3.2 多线程的同步处理技术（等待/通知机制）

1．线程同步

Java 在使用多线程时，会产生很多不可知的问题。多个线程之间是不能直接传递数据交互的，它们之间的交互只能通过共享变量来实现。

此外，多个线程执行时，CPU 对线程的调度是随机的，我们不知道当前程序被执行到哪步会切换到了下一个线程。最经典的例子就是银行汇款问题，一个银行账户存款 100 元，这时一个人从该账户取 10 元，同时另一个人向该账户汇 10 元，那么余额应该还是 100 元。此时可能发生这种情况：A 线程负责取款，B 线程负责汇款，A 从主内存读到 100，B 从主内存读到 100，A 执行减 10 操作，并将数据刷新到主内存，这时主内存数据 100-10=90，而 B 内存执行加 10 操作，并将数据刷新到主内存，最后主内存数据 100+10=110，显然这是一个严重的问题。如果在条件不符合的情况下，由于线程时间片转换错误的继续执行就会造成程序的错误。所以要使用线程同步去约束每个线程，让每个线程在执行时都加以控制，当其执行结束后，下一个线程才可以执行。这就是线程同步机制。

下面的例程说明线程如果没有加入同步机制，会出现什么样的问题。

例程 2-4：Example2-4.java。

自定义输出类 Outputter.java。

```
class Outputter {
    public void output(String name) {
        // 为了保证对 name 的输出不是一个原子操作，这里逐个输出 name 的每个字符
        for(int i = 0; i < name.length(); i++) {
            System.out.print(name.charAt(i));
            try{
              Thread.sleep(10);
          }catch(InterruptedException e) { }
        }
    }
}
```

测试类 Example2_4.java。

```
public class Example2_4{
    public static void main(String[] args) {
        final Outputter output = new Outputter();  //建立输出类对象
        new Thread() {  //创建两个线程调用输出类对象
            public void run() {
                output.output("Tommy");
            }
        }.start();
        new Thread() {
            public void run() {
                output.output("Jerry");
            }
        }.start();
    }
}
```

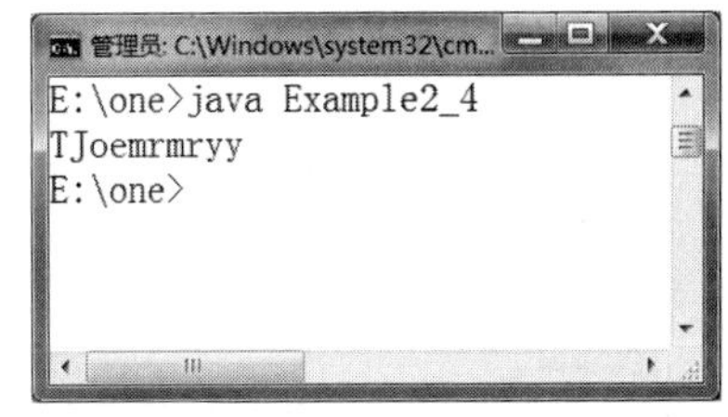

图 2-5　Example2_4.java 运行结果

运行结果如图 2-5 所示。我们期望的输出结果应该是 TommyJerry，但是显然输出的字符串被打乱了，这就是线程同步问题。

我们希望 output()方法被一个线程完整的执行完之后再切换到下一个线程，Java 中使用 synchronized 关键字来保证一段代码在多线程执行时是互斥的。有两种方法实现：

（1）将需要互斥的代码段使用 synchronized 关键字修饰，修改 Outputter.java 其中的关键代码如下：

```
    synchronized (this) {
        for(int i=0;i<name.length();i++) {
            System.out.print(name.charAt(i));
        }
```

（2）将需要互斥的代码段所在方法使用 synchronized 关键字修饰，修改 Outputter.java 其中的关键代码如下：

```
public synchronized void output(String name) {
    for(int i=0; i<name.length(); i++) {
        System.out.print(name.charAt(i));
    try{
            Thread.sleep(10);
        }catch(InterruptedException e) { }
    }
}
```

synchronized 既保证了多线程的并发有序性，又保证了多线程的内存可见性。

2. 生产者-消费者问题

但是在很多情况下，仅仅同步是不够的，还需要线程与线程之间的协作（通信）。一个线程可以安全地更改另一个线程即将读取的值，第二个线程如何知道该值已经发生了变化？有时，需要在几个或多个线程中按照一定的秩序来共享一些资源。例如，生产者-消费者的关系，在这一对关系中实际情况是先有生产者生产了产品后，消费者才有可能消费；然而在没有引入等待通知机制前，得到的结果却常常是错误的。

下面的例程 2-5 为没有进行线程同步与协作控制的生产者-消费者程序，由生产者线程依次生产 A 到 Z 这 26 个英文字母，再由消费者线程依次输出（“消费”）。

例程 2-5：Example2_5.java。

```
class ShareData{                                //共享的数据对象类
    private char c;
    public void setShareChar(char c){       // “生产” 数据
        this.c=c;
}
    public char getShareChar(){             // “消费” 数据
        return this.c;
    }
}
class Producer extends Thread{                  //生产者线程类
    private ShareData s;
    Producer(ShareData s){
        this.s=s;
    }
    public void run(){
        for(char ch='A'; ch<='Z'; ch++){
            try{
                Thread.sleep((int)Math.random()*4000);
            }catch(InterruptedException e){}
            s.setShareChar(ch);     //生产产品
            System.out.println(ch + " 正在被生产! ");
        }
```

```
        }
    }
    class Consumer extends Thread{              //消费者线程类
        private ShareData s;
        Consumer(ShareData s){
            this.s=s;
        }
        public void run(){
            char ch;
            do{
                try{
                    Thread.sleep((int)Math.random()*4000);
                }catch(InterruptedException e){}
                ch=s.getShareChar();         //消费
                s.setShareChar('0');
                System.out.println(ch + "  正在被消费! ");
            }while(ch!='Z');
        }
    }
    public class Example2_5{
    public static void main(String argv[]){
            ShareData s=new ShareData();
            new Producer(s).start();
            new Consumer(s).start();
        }
    }
```

在例程 2-5 所示的程序中，模拟了生产者和消费者的关系，生产者在一个循环中不断生产了从 A～Z 的共享数据，而消费者则不断地消费生产者生产的 A～Z 的共享数据。在这一对关系中，必须先有生产者生产，才能有消费者消费。在运行上面的程序时，却出现了图 2-6 所示的错误结果。

```
C:\Windows\system32\cmd.exe
A  正在被消费!
A  正在被生产!
0  正在被消费!
B  正在被生产!
B  正在被消费!
C  正在被生产!
C  正在被消费!
D  正在被生产!
```

图 2-6　不正常的生产者-消费者程序运行结果

为解决这一问题，引入了等待/通知（Wait / Notify）机制。

3. 等待/通知机制

等待/通知机制允许一个线程等待来自另一个线程的通知。一般情况下，第一个线程检查某个变量的值是否是它所需要的。第一个线程调用 wait()，并进入休眠状态，直到接收到变量值改变的通知为止。第二个线程更改变量的值，并调用 notify()（或 notifyAll()）通知休眠线程该变量已经更改。

针对生产者-消费者存在的问题，使用等待/通知机制解决问题如下：

（1）在生产者没有生产之前，通知消费者等待；在生产者生产之后，马上通知消费者消费。

（2）在消费者消费了之后，通知生产者已经消费完，需要生产。

例程 2-6：修改后的生产者-消费者程序。

```
class ShareData{
private char c;
private boolean writeable =true;                       //增加通知变量
public synchronized void setShareChar(char c){  //用 synchronized 关键字修饰
```

```
        if(writeable==false){
          try{
              wait();                              //未消费等待
          }catch(InterruptedException e){ }
        }
     this.c=c;
     System.out.println(this.c + " 正在被生产! ");
     writeable=false;                             //标记已经生产
       notify();                                  //通知消费者已经生产，可以消费
  }
  public synchronized char getShareChar(){        //用 synchronized 关键字修饰
          if(writeable){
          try{
              wait();                              //未生产等待
          }catch(InterruptedException e){}
     }
          writeable=true;                          //标记已经消费
      System.out.println(this.c + " 正在被消费! **");
      notify();                                   //通知需要生产
      return this.c;
  }
  }
  class Producer extends Thread{                   //生产者线程类
      private ShareData s;
      Producer(ShareData s){
          this.s=s;
      }
      public void run(){
          for(char ch='A';ch<='Z';ch++){
              try{
                  Thread.sleep((int)Math.random() * 4000);
              }catch(InterruptedException e){}
              s.setShareChar(ch);
              //System.out.println(ch + " 正在生产! "+"\n");
          }
      }
  }
  class Consumer extends Thread{                   //消费者线程类
      private ShareData s;
      Consumer(ShareData s){
          this.s=s;
      }
      public void run(){
          char ch;
          do{
              try{
                  Thread.sleep((int)Math.random() * 4000);
              }catch(InterruptedException e){}
          ch=s.getShareChar();
          //System.out.println(ch + " 正在被消费! **"+"\n");
```

```
            }while (ch!='Z');
        }
    }
    class  Example2_51{
    public static void main(String argv[]){
            ShareData s = new ShareData();
            new Producer(s).start();
            new Consumer(s).start();
        }
    }
```

在以上程序中，设置了一个通知变量，每次在生产者生产和消费者消费之前，都测试通知变量，检查是否可以生产或消费。最开始设置通知变量为 true，表示还未生产，在这时候消费者需要消费，于是修改通知变量，调用 notify()发出通知。这时，由于生产者得到通知，生产出第一个产品，修改通知变量，向消费者发出通知。如果生产者想要继续生产，但因为检测到通知变量为 false，得知消费者还没有生产，所以调用 wait()进入等待状态。因此，最后的结果是生产者每生产一个，就通知消费者消费一个；消费者每消费一个，就通知生产者生产一个，所以不会出现未生产就消费或生产过剩的情况。正确程序运行结果如图 2-7 所示。

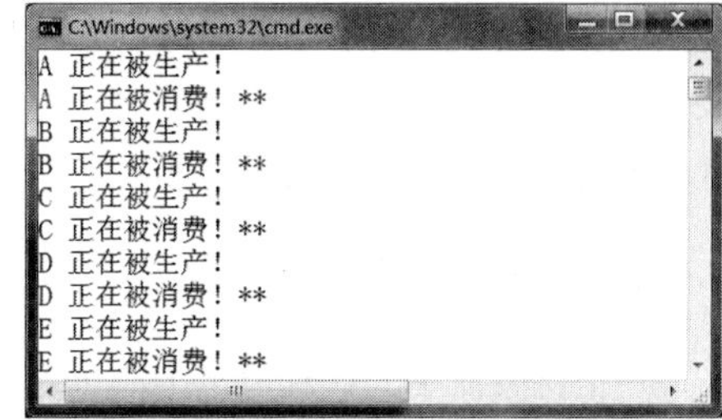

图 2-7 正确的生产者-消费者程序运行结果

2.4 线程池技术

2.4.1 为什么使用线程池

在 Java 中，如果每当一个请求到达就创建一个新线程，开销是相当大的。在实际使用中，每个请求创建新线程的服务器在创建和销毁线程上花费的时间和消耗的系统资源，甚至可能比花在处理实际的用户请求的时间和资源多得多。除了创建和销毁线程的开销之外，活动的线程也需要消耗系统资源。如果在一个 JVM 里创建太多的线程，可能会导致系统由于过度消耗内存或“切换过度”而导致系统资源不足。为了防止资源不足，服务器应用程序需要一些方法限制任何给定时刻处理的请求数目，尽可能减少创建和销毁线程的次数，特别是资源耗费比较大的线程的创建和销毁，尽量利用已有对象进行服务，这就是“池化资源”技术产生的原因。当使用多个较短存活期的线程时，运用线程池（ThreadPool）技术可以提高系统效率。目前服务器端的应用程序大多都采用了线程池技术。

通过线程池技术，可以减少系统反应的时间，因为线程已经建立，并已经启动，只是等待下一项任务而已。下面讨论线程池的另一个特征：构建时大小固定，所有的线程均是先启动，再进入等待状态（使用很少的处理器资源），直到给它分配了某项任务为止。大小固定的循环使得分配任务的数量有一个上限。如果所有当前的线程均分配了任务，则线程池为空。可以拒绝新的服务请求，或者置入等待状态，直到其中一个线程完成了任务并返回池中。这种方式应用于 HTTP 的服务器应用中，防止了服务器由于涌现大量的请求而导致每个线程的维护非常缓慢甚至崩溃。

2.4.2 线程池的开销

线程池仅在任务期限相当短时才发挥作用。完成特定访问请求的 HTTP 服务器就是这样一项典型的任务，这类任务最好用线程池来完成，而且运行的时间不会很长。对于那些无限期运行的任务，使用普通线程技术是更好的选择。

使用线程池的代价是：构建并启动池中的所有线程，时刻准备操作。池的容量可能会远远大于所需的线程数量。因此，应该谨慎衡量池中线程的用途，将池的容量设置为最佳水平。线程池不能太小，确保不要出现较高的拒绝率。如果不拒绝任务，而是将它置入等待状态，等待的时间太长，反应灵敏度就会下降。

如果把某项任务分配给可能死锁或消亡的线程，也存在危险。

当一个 Web 服务器接收到大量短小线程的请求时，使用线程池技术是非常合适的，它可以很大程度地减少线程的创建和销毁次数，提高服务器的工作效率。但如果线程要求的运行时间比较长，此时线程的运行时间比创建时间要长得多，单靠减少创建时间对系统效率的提高不明显，此时就不适合应用线程池技术，需要借助其他技术提高服务器的服务效率。

2.4.3 线程池的实现

一个比较简单的线程池至少应包含线程池管理器、工作线程、任务队列、任务接口等部分。其中，线程池管理器（ThreadPool Manager）的作用是创建、销毁并管理线程池，将工作线程放入线程池中；工作线程是一个可以循环执行任务的线程，在没有任务时进行等待；任务队列的作用是提供一种缓冲机制，将没有处理的任务放在任务队列中；任务接口是每个任务必须实现的接口，主要用来规定任务的入口、任务执行完后的收尾工作、任务的执行状态等，工作线程通过该接口调度任务的执行。

1. 线程池实现原理

线程池的原理类似于操作系统中缓冲区的概念，它的流程如下：先启动若干线程，并让这些线程都处于“睡眠”（等待）状态，当客户端有一个新请求时，就会唤醒线程池中的某一个睡眠线程，让它来处理客户端的这个请求，当处理完这个请求后，线程又处于“睡眠”状态。例如，有一个省级大数据集中的银行网络中心，高峰期每秒的客户端请求并发数超过 100，如果为每个客户端请求创建一个新线程，那么耗费的 CPU 时间和内存将是惊人的，如果采用一个拥有 200 个线程的线程池，那将会节约大量的系统资源，使得更多的 CPU 时间和内存用来处理实际的商业应用，而不是处理频繁的线程创建与销毁。

2. 创建线程池

下面的示例程序就是一个普通线程池的创建与实现。由 3 个类构成，分别是线程管理类、工作线程类和测试类。

第一个类是 ThreadPoolManager 类，这是一个用于管理线程池的类，它的主要职责是初始化线程池，并为客户端的请求分配不同的线程来进行处理，如果线程池满了，那么会发出警告信息。

第二个类是 SimpleThread 类，它是 Thread 类的一个子类，是真正对客户端的请求进行处理的类，SimpleThread 在示例程序初始化时都处于睡眠状态，但如果它接收到 ThreadPoolManager 类发过来的调度信息，则会将自己唤醒，并对请求进行处理。

最后一个类是 TestThreadPool 类，是一个测试类，用来模拟客户端的请求。

例程 2-7：ThreadPoolManager.java。

```
//ThreadPoolManager.java  线程池管理类
import java.util.*;
class ThreadPoolManager {
    private int maxThread;                         //线程池的最大容量
    public Vector vector;                          //存放线程对象
    public void setMaxThread(int  threadCount) {
       maxThread=threadCount;
    }
    public ThreadPoolManager(int  threadCount) {
       setMaxThread(threadCount);
       System.out.println(" Starting thread pool…");
       vector=new Vector();
       for(int i=1;i<=10;i++) {
          SimpleThread thread=new SimpleThread(i); //创建工作线程
          vector.addElement(thread);               //将创建的线程放入池中
          thread.start();                          //启动线程
       }
   }
   //线程池对线程的管理
   public void process(String argument) {
       int i;
       or(i=0;i<vector.size();i++) {
          SimpleThread currentThread=(SimpleThread)vector.elementAt(i);
          if(!currentThread.isRunning()) {
              System.out.println("Thread"+(i+1)+"is processing:"+
              argument);
              currentThread.setArgument(argument);
              currentThread.setRunning(true);
              return;
              }
          }
          if(i==vector.size()) {                   //线程池已满，需要等待
              System.out.println("pool is full,try in another time.");
          }
       }
   }  //end of class ThreadPoolManager

//SimpleThread.java  工作线程类
class SimpleThread extends Thread {
   private boolean runningFlag;                    //激活线程的标志变量
   private String argument;
   public boolean isRunning(){
       return runningFlag;
   }
   public synchronized void setRunning(boolean flag){
       runningFlag=flag;
       if(flag)
         this.notify();                            //唤醒线程
```

```
        }
    public String getArgument(){
        return this.argument;
    }
    public void setArgument(String string){
        argument=string;
    }
    public SimpleThread(int threadNumber){
        runningFlag=false;
        System.out.println("thread "+threadNumber+ "started.");
    }
    public synchronized void run(){
      try{
        while(true){
            if(!runningFlag){
                this.wait();  //等待
            }else{
                System.out.println("processing "+getArgument()+"…done.");
                sleep(5000);
                System.out.println("Thread is sleeping…");
                setRunning(false);
            }
        }
      } catch(InterruptedException e){
            System.out.println("Interrupt");
      }
    }       //end of run()
}       //end of class SimpleThread
//TestThreadPool.java  线程池的测试类
import java.io.*;
public class TestThreadPool{
    public static void main(String[] args){
        try{
            BufferedReader br=new BufferedReader(
            new InputStreamReader(System.in));
            String s;
            //创建具有 10 个线程容量的线程池
            ThreadPoolManager manager=new ThreadPoolManager(10);
            while((s=br.readLine())!=null){
                manager.process(s);              //处理用户的输入请求
            }
        }catch(IOException e){}
    }
}
```

运行时，系统首先会显示线程池的初始化信息，然后提示用户从键盘上输入字符串，并按【Enter】键，屏幕上显示信息，某个线程正在处理请求，如果快速输入一行字符串，就会发现线程池中不断有线程被唤醒，来处理用户的请求。在本例中，创建了一个拥有 10 个线程的线程池，如果线程池中没有可用线程，系统会提示相应的警告信息；稍等片刻；屏幕上会提示有线程进入睡眠状态，这时用户就可以发送新的请求了。本示例程序的运行结果如图 2-8 所示。

```
Creating thread pool...
  thread 1 started.
  thread 2 started.
  thread 3 started.
  thread 4 started.
  thread 5 started.
  thread 6 started.
  thread 7 started.
  thread 8 started.
  thread 9 started.
  thread 10 started.
Hello
  Thread 1 is processing:Hello
  processing Hello... done.
How
  Thread 2 is processing:How
  processing How... done.
```

```
  processing d... done.
fd
  Thread pool is full, try in another time.
  Thread is sleeping...

  Thread 1 is processing:
  processing ... done.
fdd
  Thread pool is full, try in another time.
  Thread is sleeping...
f
  Thread 5 is processing:f
  processing f... done.
dfdf  Thread is sleeping...
  Thread is sleeping...
  Thread is sleeping...
  Thread is sleeping...
```

图 2-8　线程池的运行结果

至此，我们完整地实现了一个线程池的应用。当然，这个线程池只是简单地将客户端输入的字符串打印到屏幕上，而没有做任何处理，对于一个真正的企业级系统运用，本示例是远远不够的，例如，错误处理、线程的动态调整、性能优化、临界区的处理、客户端报文的定义等都是值得考虑的问题。本示例程序的目的是让读者了解线程池的概念以及它的简单实现。

小　　结

本章通过对 Java 技术中线程概念的了解，深入讨论了多线程设计技术中的多线程实现，线程优先级的设置应用，线程同步及等待/通知机制实现及线程池基本概念的应用。

掌握 Java 多线程编程模型，不仅是目前提高应用程序性能的手段，更是下一代编程模型的核心思想。多线程编程的目的就是“最大限度地利用 CPU 资源”，当某一线程的处理不需要占用 CPU 而只和 I/O、BIOS 等资源打交道时，让需要占用 CPU 资源的其他线程有机会获得 CPU 资源。从根本上说，这是多线程编程的最终目的。

习　　题

1. 什么是多线程？实现多线程有哪两种编程方式？

2. 设置 Java 多线程中优先级的目的是什么？一共有几种优先级设置？

3. 实现同步后，有没有产生线程死锁的可能？如果有，举出示例。

4. 如果用线程池实现 HTTP 的服务器应用程序，是不是线程池设置容量越大越好？如果不是，为什么？

5. 实验题目：用 Java 的等待/通知机制实现“厨师-食者”问题。假设分别有 6 位厨师和 6 位食者。厨师做一盘菜的时间为 4 min，食者吃一盘菜的时间为 3 min。编程实现这一功能，参考“生产者-消费者”问题。

第 3 章 Socket 编程技术

因特网提供了几种常用的应用层协议，从而方便广大用户使用因特网资源。如果还有一些特定的应用需要因特网的支持，但这些应用又不能直接使用已经标准化的因特网应用协议，那么就需要 Socket（套接字）编程技术大显身手了。

大多数操作系统使用系统调用（System Call）机制在应用程序和操作系统之间传递控制权。对于程序员来说，系统调用和一般程序设计中的函数调用很类似，只是系统调用是将控制权传递给了操作系统。应用进程和操作系统之间进行控制权转换的接口称为系统调用接口，由于应用程序在使用系统调用之前要编写一些程序，特别是需要设置系统调用中的许多参数，因此这种系统调用接口又称应用编程接口（Application Programming Interface，API）。API 从程序设计的角度定义了许多标准的系统调用函数，应用进程只要使用标准的系统调用函数就可以得到操作系统的服务。

现在 TCP/IP 协议软件已经驻留在操作系统中。由于 TCP/IP 协议族被设计成能运行在多种操作系统环境中，因此，TCP/IP 标准没有规定应用程序与 TCP/IP 协议软件如何接口的细节，而是允许系统设计者能够选择有关 API 的具体实现细节。目前只有几种可供应用程序使用 TCP/IP 的 API。其中最著名的就是由美国加利福尼亚大学 Berkeley 分校（简称 BSD）为 Berkeley UNIX 操作系统定义的一种 API，即套接字接口（Socket Interface）。微软公司在其操作系统中采用了套接字接口 API，形成了一个稍有不同的 API，称为 Windows Socket，简称 WinSock。在网络应用开发中，Socket 是一种网络编程接口，其中定义了许多操作的函数，使用套接字可以方便地实现对网络通信的各种操作。

3.1 IP 地址和端口号

3.1.1 IP 地址

IP 地址是分配给因特网上每一台主机或路由器的每一个接口的在全世界范围内唯一的一个标识符。IP 地址由因特网名字和数字分配机构 ICANN 进行分配，我国用户可向亚太网络信息中心 APNIC 申请 IP 地址。

IP 地址是 IP 协议首部中非常重要的字段，是网络层和以上各层使用的地址，是一种逻辑地址（称 IP 地址是逻辑地址是因为 IP 地址是用软件实现的）。IP 地址分为 IPv4 和 IPv6 两种，现在常用的是 IPv4。

1. IPv4

IPv4 地址由 32 位二进制数组成，分为 A、B、C、D、E 共 5 类，A、B、C 三类通常用作单台主机的 IP 地址，D 类用作多播。每一类地址都由两个字段组成，其中一个字段是网络号 net-id，它标志主机（或路由器）所连接到的网络，另一个字段是主机号 host-id，它标志该主机（或路由器）在本网络内的顺序号。

图 3-1 中给出了各类 IP 地址的网络号字段和主机号字段。

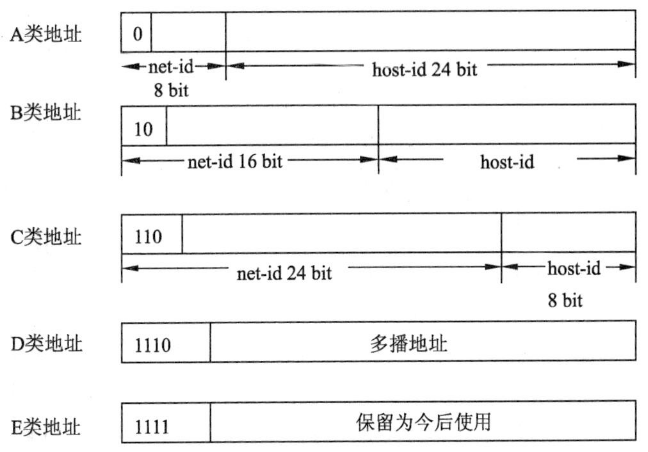

图 3-1　各类 IP 地址的网络号字段和主机号字段

为了方便记忆和阅读，通常将 IP 地址的 32 位二进制数分为 4 字节，每字节转换为 1 个十进制数，4 个十进制数中间用“.”做间隔，称为点分十进制记法，如图 3-2 所示。

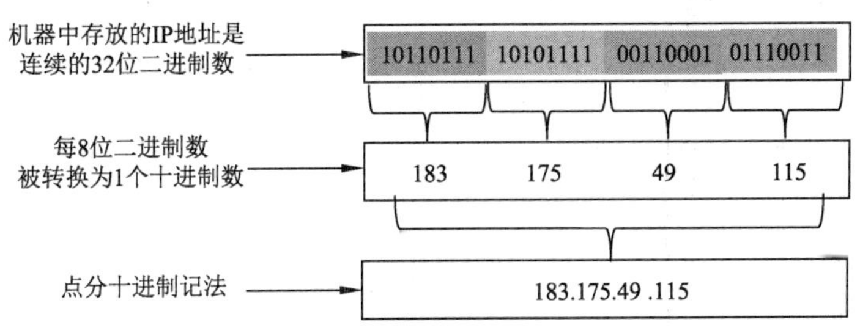

图 3-2　IPv4 的点分十进制表示方法

根据点分十进制记法中的第一个十进制数就可以判断 IP 地址的类别，A 类是 1~126，B 类是 128~191，C 类是 192~223，D 类从 224 开始。例如，IP 地址 192.168.1.1 是 C 类 IP 地址，网络号占 3 个字节，是 192.168.1。

注意：因特网中的上网主机的 IP 地址必须互不相同；而且属于同一网络的主机的 IP 地址的网络号必须一样，而不同网络的主机的 IP 地址的网络号必须不一样。

2. IPv6

现在使用的 IPv4 是在 20 世纪 70 年代末设计的，互联网经过了几十年的飞速发展，到 2011 年 2 月，IPv4 的地址已经耗尽。ISP（即 Internet 服务提供商）已经申请不到新的 IP 地址块了。为了提高 IPv4 的利用率，提出了很多方法，如划分子网、构成超网等。但这些方法都治标不治本。解决 IP 地址不够用的根本措施是采用更大地址空间的 IP 地址，即 IPv6。

IPv6 的地址空间有 128 位，这样大的空间在可预见的将来是不会用完的。为了让地址更简洁，

IPv6 使用冒号十六进制记法。它把每 16 位二进制数用 1 组十六进制数表示，共 8 组十六进制数，各十六进制数之间用冒号分隔，如 686E:8834:0:FFFF:FFFF:345A:0:116B 就是一个合法的 IPv6 地址。IPv6 同时规定一连串的 0 可以为一对冒号所代替，称为零压缩。为了避免混淆，一个 IPv6 地址只能进行一次零压缩。例如 334E:0:0:0:0:0:FF03:F4 可压缩为 334E::FF03:F4。

3.1.2 端口

两台主机之间的通信实际上是两台主机中的应用进程之间的通信。通信的真正终端不是主机而是主机中的应用进程。在一台主机中经常有多个应用进程同时分别和另一台主机中的多个应用进程进行通信。在操作系统中使用进程标识符标识运行在主机中的不同进程，但是，在因特网上主机的操作系统种类很多，而且不同的操作系统使用不同格式的进程标识符。为了使运行不同操作系统的主机的应用进程能够相互通信，因特网使用了统一的方法——端口对应用进程进行标识。在网络通信中，只要把数据交给目的主机的某一个合适的端口即可。

端口由 16 位二进制数组成，16 位的端口可产生 65 536 个不同的端口号。端口号只有本地意义，即端口号只是为了区分同一计算机中的各个通信的进程，只要保证同一计算机中没有两个应用进程的端口号相同即可。在网络中不同主机的应用进程具有相同的端口号是没有关系的。

端口号分为两大类：

1. 服务器端使用的端口号

服务器端使用的端口号又分为两类：熟知端口号和登记端口号。其中最重要的是熟知端口号，也称系统端口号，范围是 0~1 023。这些端口号被指派给因特网中非常重要的一些应用程序，如 HTTP 使用 80，Telnet 使用 23，SMTP 使用 25，FTP 使用 21，DNS 使用 53，等等。当因特网中新出现了一个重要的应用程序后，必须给它指派一个熟知端口号，否则其他应用进程就不能和它通信了。

登记端口号的范围是 1 024~49 151。这类端口号是为没有熟知端口号的应用程序使用的。使用这类端口号必须按照规定在 IANA（Internet Assigned Numbers Authority，互联网数字分配机构）进行登记，以防重复。

2. 客户端使用的端口号

客户端使用的端口号也称临时端口号；是在客户进程运行时动态分配的，范围是 49 152~65 535。当服务器端收到客户端的报文时，就知道了客户进程使用的端口号，因此可以把数据发送给客户进程。通信结束后，这个端口号就被收回，可以再分配给其他需要的客户进程使用。

3.1.3 套接字 Socket

由上面讨论可知，两台主机中的应用进程相互通信，不仅仅要知道对方的 IP 地址（为了找到对方计算机），还要知道对方的端口号（为了找到对方计算机中的应用进程）。

IP 地址和端口号的组合称为套接字，可以唯一标识网络中通信的一端，即特定主机中的特定应用进程。套接字的表示方法是在点分十进制的 IP 地址的后面加上端口号，中间用冒号隔开，即

套接字 Socket=(IP 地址:端口号)

例如，IP 地址为 128.4.3.16，端口号为 80，对应的套接字是(128.4.3.16:80)。

随着互联网技术的发展和网络技术的进步，Socket 表示的意思也逐渐增多。要注意根据上下文区分 Socket 在不同情况下的不同含义。

3.2　WinSock 介绍

WinSock（即 Windows Sockets）是在 Berkeley Sockets 基础上，由微软公司、Sun 公司等开发的网络应用系统编程接口。

20 世纪 90 年代初，Microsoft 联合其他几家公司共同制定了一套 Windows 下的网络编程接口，即 Windows Sockets 规范。它是 BSD Socket 的重要扩充，主要是增加了一些异步函数，并增加了符合 Windows 消息驱动特性的网络事件异步选择机制。Windows Sockets 规范是一套开放的、支持多种协议的 Windows 下的网络编程接口。从 1991 年的 1.0 版到 1995 年的 2.0.8 版，经过不断完善并在 Intel、Microsoft、Sun、SGI、Informix、Novell 等公司的全力支持下，已成为 Windows 网络编程事实上的标准。目前，在实际应用中的 Windows Sockets 规范主要有 WinSock 1.1 版和 2.0 版。两者的最重要区别是 1.1 版只支持 TCP/IP 协议，而 2.0 版可以支持多协议，如支持红外线通信的 AF_IRDA。2.0 版有良好的向后兼容性，任何使用 1.1 版的源代码、二进制文件、应用程序都可以不加修改地在 2.0 版规范下使用。

在 Windows、Windows NT 进行 WinSock 开发使用的编程语言很多，有 VC++、Java、Delphi、VB 等。其中，VC++使用最普遍，和 WinSock 结合最紧密。VC++对原来的 Windows Sockets 库函数进行了一系列封装，继而产生了 CAsynSocket、CSocket、CSocketFile 等类，它们封装着有关 Socket 的各种功能，使编程变得更加简单。

Windows Sockets 套接字编程模型设计为服务器端和客户端模式，服务器端与客户端都必须调用 Windows Sockets API 函数 socket()建立一个通信套接字 Socket，通过套接字连接和通信。运行时服务器端先启动，创建套接字与本地网络地址捆绑，而后客户端运行创建套接字发出连接请求；服务器端收到请求后，建立套接字连接通信。连接建立之后，客户和服务器之间就可以通过链路发送和接收资料。最后资料传送结束，双方关闭套接字结束这次通信。

Windows Sockets 套接字编程的服务器和客户端函数主要分为 4 类，共 11 个。

（1）WSAStartup()和 WSACleanup()函数：绑定和释放 WinSock 库和版本。

（2）socket()和 closesocket()函数：创建和关闭 Socket 套接字。

（3）listen()、accept()和 connect()函数：基于套接字建立监听、接收和连接函数。

（4）send()/recv()或 sendto()/recvfrom()函数：发送和接收数据函数。

3.3　Java Socket 介绍

Java 最初是作为网络编程语言出现的，所以其对网络提供了高度的支持，使得客户端和服务器的沟通变成了现实。传统的网络编程是一项非常细化的工作，程序员必须处理和网络有关的大量细节，如各种协议，甚至要理解网络相关的硬件知识。而 Java 则将底层的网络通信细节予以屏蔽，可以像操作流一样来操作网络数据传输。另外，由于在网络连接中，通常需要一个服务器同时为多个客户端服务，因此 Java 的多线程机制也大有用场。

针对网络通信的不同层次，Java SDK 提供了一些不同的 API 来完成网络编程工作，其提供的网络功能有 4 类：

（1）InetAddress：用于标识网络上的硬件资源，主要是 IP 地址。它提供了面向网络层的类，主要有 Inet4Address 和 Inet6Address 类。

（2）URL：统一资源定位符，表示 Internet 上某一资源的地址。浏览器或者其他程序通过解析给定的 URL 就可以访问网络上的文件或者其他资源。Java 通过 URL 可以直接读取或写入网络上的数据。它提供了面向应用层的类，主要有 URL 和 URLConnection 类。

（3）Sockets：即 TCP 套接字，使用 TCP 协议实现的网络通信 Socket 相关的类。它提供了面向传输层的类，主要有 Socket 和 ServerSocket 类。

（4）Datagram：即 UDP 套接字，使用 UDP 协议，将数据保存在用户数据报中，通过网络进行通信。它提供了面向传输层的类，主要有 DatagramPacket、DatagramSocket 和 MulticastSocket 类。

除此以外，Java 还提供了若干处理异常的方法和类，如 BindException、ConnectException、ProtocolException、MalformedURLException、SocketException 等。

在网络编程中，使用最多的就是 Socket，QQ、MSN 都使用了 Socket 相关的技术。Java Socket（套接字）用于描述 IP 地址和端口，是一个通信链的句柄。应用程序通常通过套接字向网络发出请求或者应答网络请求。套接字用于实现网络上客户端程序和服务端程序之间的连接，客户/服务器模式是网络编程的基本模型，即两个进程之间相互通信，其中一个必须提供一个固定的位置，而另一个则需要知道这个固定的位置，并去建立两者之间的联系，然后就可以进行数据通信了。这里，提供固定位置的通常称为服务器，而建立联系的通常称为客户端。套接字相对 URL 而言是在较低层次上进行通信，主要用来实现将 TCP/IP 数据包发送到指定的 IP 地址。使用套接字可以用来建立 Java 的 I/O 系统和其他程序的连接，这些程序可以在本地计算机上，也可以是在 Internet 的远程计算机上。

3.4 基于 TCP 协议的数据通信

3.4.1 TCP 协议简介

传输控制协议（Transmission Control Protocol，TCP）是 TCP/IP 体系结构中传输层的一个重要协议，它提供可靠的、面向连接的、全双工的服务。使用 TCP 协议传输数据之前必须先建立连接，数据传输结束之后要拆除连接。同时，为了保证传输的可靠性，增加了确认、重传、流量控制、计时器等机制。这在保证可靠性的同时，使数据的首部也增大了很多，额外增加了许多的开销，占用了更多的资源。TCP 的首部格式如图 3-3 所示。

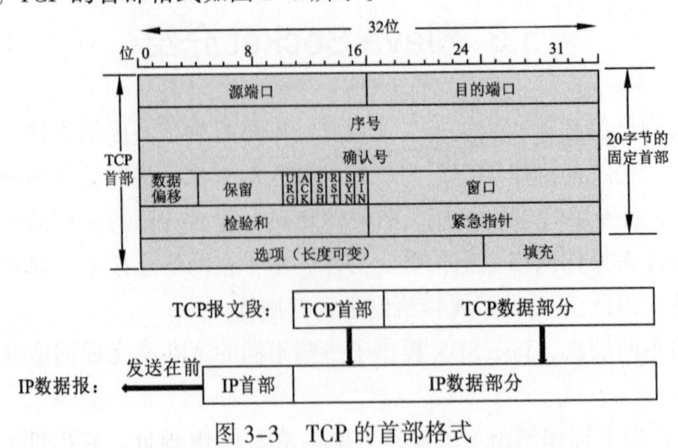

图 3-3 TCP 的首部格式

TCP 具有如下几个重要特点：

（1）TCP 是面向连接的协议，即应用程序在使用 TCP 协议之前，必须先建立 TCP 连接，数据传输结束之后，必须要释放 TCP 连接。TCP 连接的建立需要经过三次握手，具体过程如图 3-4 所示。数据传输结束后，通信的双方都可释放连接。需要经过两次半释放才能彻底结束 TCP 连接。图 3-5 以主机 A 主动请求释放连接为例描述了连接释放的过程。

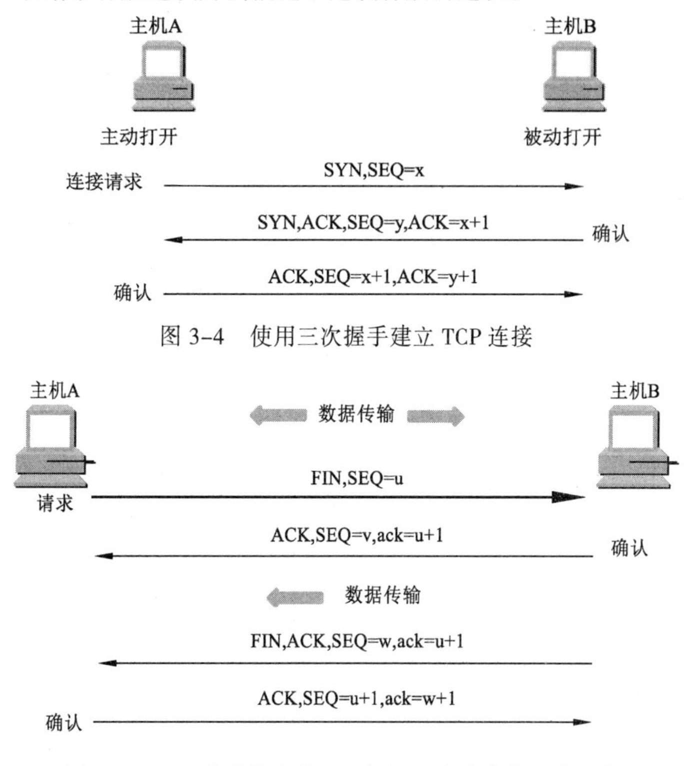

图 3-4　使用三次握手建立 TCP 连接

图 3-5　TCP 的连接释放——主机 A 主动请求释放连接

（2）每一条 TCP 连接的两端只能有两个端点，即 TCP 只支持一对一的通信（也称单播），不支持广播（一对所有）和多播（一对多）。TCP 连接中每一个端点可以用一个套接字来描述。

（3）TCP 提供可靠交付的服务。TCP 采取了很多措施，保证通过 TCP 连接的数据能够无差错、不丢失、不重复、按序到达目的地。

（4）TCP 提供全双工的通信。TCP 允许通信双方的应用进程在发送数据的同时接收对方发来的数据，即允许通信双方的应用进程在任何时候发送数据。

（5）TCP 是面向字节流的。TCP 协议把上层交下来的数据看成一连串的无结构的字节流。TCP 协议根据接收方的接收能力和网络的拥塞情况，从字节流中取出若干字节，加上 TCP 的首部，封装成 TCP 报文段发送出去。

图 3-6 所示为 TCP 发送报文段的过程示意图。图示是一个方向的数据流，实际上，只要建立了 TCP 连接，就能支持同时双向通信的数据流。

发送端的应用进程按照自己产生数据的规律，不断地将数据块陆续写入 TCP 的发送缓存中。TCP 再从发送缓存中取出一定数量的数据，将其组成 TCP 报文段（Segment）逐个传送给 IP 层，然后发送出去。接收端从 IP 层收到 TCP 报文段后，先将其暂存在接收缓存中，然后让接收端的应用进程从接收端缓存中将数据块逐个读取。这就是 TCP 的数据传输过程。

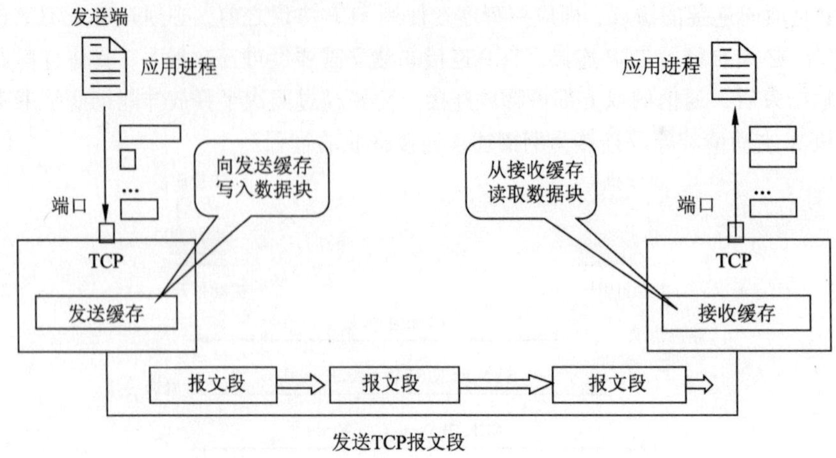

图 3-6　TCP 发送报文段的过程示意图

3.4.2　Socket 和 ServerSocket

Socket 和 ServerSocket 类库位于 Java.NET 包中。ServerSocket 用于服务器端，Socket 是建立网络连接时使用的。在连接成功时，应用程序两端都会产生一个 Socket 实例，操作这个实例，完成所需的会话。对于一个网络连接来说，套接字是平等的，并没有差别，不因为在服务器端或在客户端而产生不同级别。

Socket 和 ServerSocket 的交互过程如图 3-7 所示。

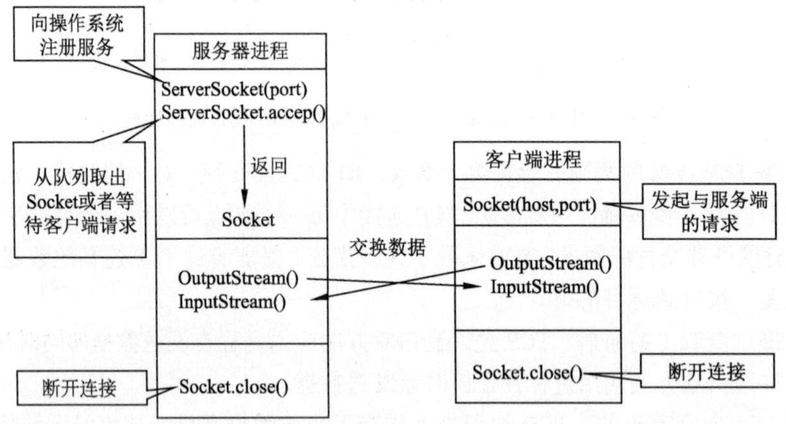

图 3-7　Socket 和 ServerSocket 的交互过程

1. Socket 类

Socket 类为客户端的通信套接字，可指定远端 IP 地址、端口进行连接通信，也可通过方法获得已连接的 Socket 的远端 IP 地址、端口，以及将此 Socket 以字节输入流和输出流的形式返回，当与数据输入流和输出流绑定，便可实现客户端的网络通信。

1）Socket 定义和构造函数

Socket 构造函数均为 public 修饰类型，如果创建 socket 时发生 I/O 错误，均抛出 IOException

异常。Socket 定义和常用的构造函数如下：

定义：`public class Socket extends Object`

构造函数：

Socket(InetAddress address,int port)：创建一个 Socket 并与指定的 IP 地址的指定的端口相连接。address 为指定的 IP 地址；port 为指定的端口。

Socket(String host, int port)：创建一个 Socket 并与指定主机的指定端口相连接。host 为指定的主机的字符串名；port 为指定的端口。如果无法确定主机的 IP 地址，则抛出 UnknownHostException 异常。

Socket(InetAddress address,int port,InetAddress localAddr,int localPort)：创建一个 Socket 并与指定的远程 IP 地址的指定端口相连接，该 Socket 将捆绑本地地址和端口。一般情况下，建立 Socket 时无须指定本地地址和端口，此时由系统自动分配端口号给本地端口。localAddr 为本地地址；localPort 为本地端口；address 为远程地址；port 为远程端口。

Socket(String host,int port,InetAddress localAddr,int localPort)：创建一个 Socket 并与指定的远程主机的指定的端口相连接，该 Socket 将捆绑本地地址和端口。localAddr 为本地地址；localPort 为本地端口；host 为远程地址；port 为远程端口。

2）返回输入流和输出流的方法

Socket 类不包含发送和接收数据的显式方法，而只提供返回输入流 InputStream 和输出流 OutputStream 的方法，这使得用户能够充分利用 java.io 中现有类的优点。

当成功创建 Socket 后，getInputStream 方法为该 Socket 返回一个 InputStream 流；而 getOutputStream 方法为该 Socket 返回一个 OutputStream 流，因此，两个方法返回的输入流和输出流是作为 DataInputStream 和 DataOutputStream 构造函数的参数来使用的。当建立流时发生 I/O 错误，抛出 IOException 异常。方法如下：

public InputStream getInputStream() throws IOException：返回此套接字的输入流。

public OutputStream getOutputStream() throws IOException：返回此套接字的输出流。

3）获取 Socket 信息方法

此类方法可获取 Socket 所连接的远端 IP 地址、端口号，以及所绑定的本地 IP 地址、端口号。另外，Socket 用完需要用方法关闭。方法如下：

public InetAddress getInetAddress():获取 Socket 所连接的远端 IP 地址。

public InetAddress getLocalAddress()：获取 Socket 所绑定的本地 IP 地址。

public int getPort()：获取 Socket 所连接的远端端口号。

public int getLocalPort():获取 Socket 所绑定到的本地端口号。

public void close() throws IOException：关闭 Socket。

String toString()：将此 Socket 转换为 String。

2．ServerSocket 类

ServerSocket 类为服务器的通信套接字，用来侦听客户端请求的连接，并为每个新连接创建一个 Socket 对象，由此创建绑定此 Socket 的输入流和输出流，与客户端实现网络通信。

1）定义和构造函数

ServerSocket 构造函数均为 public 修饰类型，如果建立服务器套接字时发生 I/O 错误，则抛出

IOException 异常。定义和常用的构造函数如下：

定义：public class ServerSocket extends Object

构造函数：

ServerSocket(int port)：在所给定的用来侦听的端口上建立一个服务器套接字。如果端口号为零，则在任意的空闲的端口上创建一个服务器套接字。外来连接请求的数量默认最大为 50。port 参数为在服务器上所指定的用来侦听的端口。

ServerSocket(int port,int backlog)：在所给定的用来侦听的端口上建立一个服务器套接字。如果端口号为零，则在任意的空闲的端口上创建一个服务器套接字。外来连接请求的最大连接数量由 backlog 指定。

2）常用成员方法

此类方法关键是侦听连接端口，建立与客户端的套接字连接。服务器套接字使用完需要用方法关闭。方法如下：

public Socket accept() throws IOException：侦听并接收指向本套接字的连接，返回客户端连接套接字。本方法将造成阻塞直到连接成功。如果在等待连接时套接字发生 I/O 错误，则抛出 IOException 异常。

public void close() throws IOException、关闭本 ServerSocket。如果在关闭本 ServerSocket 时发生 I/O 错误，则抛出 IOException 异常。

public InetAddress getInetAddress()：获取此服务器端套接字的本地 IP 地址。

public int getLocalPort()：获取此套接字侦听的端口。

String toString()：作为 String 返回此套接字的实现 IP 地址和实现端口。

在 Java 中，创建一个套接字，用它建立与其他机器的连接。从套接字可以得到一个 InputStream 对象和 OutputStream 对象，以便将连接作为一个 I/O 流对象。有两个基于 TCP 协议的套接字类：ServerSocket，服务器用它“侦听”进入的连接；Socket，客户用它初始一次连接。一旦客户（程序）申请建立一个套接字连接，ServerSocket 就会返回（通过 accept()方法）一个对应的服务器端的 Socket 对象。这样，客户端的 Socket 对象和服务器端的 Socket 对象之间便建立了连接，此时可以利用 getInputStream()和 getOutputStream()从每个套接字产生对应的 InputStream 和 OutputStream 对象。然后就可以像对待其他流对象那样进行处理。

对于 ServerSocket 对象来说，它必须知道在哪个端口进行“侦听”。对于客户端的 Socket 对象来说，它必须了解服务器的 IP 地址和端口号，这样才能建立连接；同时，它必须将客户端的 IP 地址和端口号传给服务器，这样服务器才能把数据传送给客户端。客户端的 IP 地址和端口号可以由系统自动生成，然后在请求建立连接时传递给服务器。

3．Socket 和 ServerSocket 类操作实例

下面举例说明如何运用套接字对服务器端和客户端进行操作。

客户端发送数据到服务器，服务器端将收到的数据返回给客户端。

服务器端的全部工作就是等候建立一个连接，然后用这个连接产生的 Socket 创建一个输入流和一个输出流，它把从输入流中读入的数据都反馈给输出流。直到接收到字符串"end"为止，最后关闭连接。

客户端连接服务器，创建一个输入流和一个输出流，它把数据通过输出流传给服务器，然后

从输入流中接收服务器发送的数据。

客户端程序可以参照第 1 章中的例程 1-1；服务器端程序如以下例程所示。

例程 3-1：服务器端程序 DS_Server3_1.java。

```
import java.io.*;
import java.net.*;
public class DS_Server3_1 {
    public static final int PORT=8888;
    public static void main(String[] args) throws IOException{
        ServerSocket s=new ServerSocket(PORT);  //建立服务器 ServerSocket 套接字
        System.out.println("服务器套接字信息: "+s);
        try{
            //程序阻塞,等待连接。即直到有一个客户请求到达,程序方能继续执行
        Socket ss=s.accept();                   //侦听 PORT 端口，获得客户端套接字
        System.out.println("套接字接收到的信息: "+ss);
            try {
                //连接成功，建立相应的数据输入/输出流
                DataInputStream dis=new DataInputStream(ss.getInputStream());
                DataOutputStream dos=new DataOutputStream(ss.getOutputStream());
                //在死循环中，与客户端通信
                while(true){//
                    String str=dis.readUTF();          //从客户端中读数据
                    if(Str.equals("end"))break;        //当读到 end 时，程序终止
                    System.out.println(str);
                    dos.writeUTF("服务器应答:"+str);    //向客户端中写数据
                }
                dos.close();                           //关闭输出流对象 dos
                dis.close();                           //关闭输入流对象 dis
        }finally{
            ss.close();                                //关闭套接字
        }
        }finally{
            System.out.println("服务器结束……");
            s.close();                                 //关闭服务器套接字
        }
    }
}
```

先运行服务器端程序，再运行客户端程序（例程 1-1）。服务器端运行结果如下：

```
服务器套接字信息: ServerSocket[addr=0.0.0.0/0.0.0.0,port=0,localport=8888]
套接字接收到的信息: Socket[addr=/127.0.0.1,port=3133,localport=8888]
客户端测试:0
客户端测试:1
客户端测试:2
客户端测试:3
客户端测试:4
客户端测试:5
服务器结束……
```

客户端程序运行结果如下：

```
客户端套接字信息: Socket[addr=/127.0.0.1,port=8888,localport=3132]
服务器应答:客户端测试:0
```

```
服务器应答:客户端测试:1
服务器应答:客户端测试:2
服务器应答:客户端测试:3
服务器应答:客户端测试:4
服务器应答:客户端测试:5
客户端结束……
```

3.4.3 Socket 通信异常处理

网络通信随时可能会出现一些问题，会给连在其上的计算机处理信息带来错误、异常等问题。可用通用的异常机制来识别和处理这些问题，如 IOException 异常，同时也设置了套接字特定异常处理机制，如 SocketException 异常。

1．IOException 异常

Socket 类在使用过程中经常发生的错误大多为 I/O 错误、出现的异常一般是指在创建套接字或连接期间发生错误、关闭套接字、绑定操作失败或者已经绑定了套接字、在创建输入流、没有关闭套接字、没有连接套接字、关闭了套接字输入、创建输出流或者没有连接套接字等情况，系统均会抛出 IOException 异常。

同样，ServerSocket 类发生 I/O 错误，出现异常是指在打开套接字、关闭套接字、绑定操作失败或者已经绑定了套接字、等待连接等情况，系统则会抛出 IOException 异常。

这类通用的异常，采用 try/catch/finally 结构来抛出、捕捉和处理即可。

2．套接字特定 SocketException 异常

套接字特定 SocketException 异常是由 IOException 异常扩展而来的。

定义：`public class SocketException extends IOException`

一般是因底层协议出现错误，抛出此类异常，例如 TCP 协议错误。具体问题处理见其子类：

BindException：试图将套接字绑定到本地地址和端口时发生错误。这类错误通常发生在端口正在使用中或无法分配所请求的本地地址时。

ConnectException：试图将套接字连接到远程地址和端口时发生错误。这类错误通常发生在拒绝远程连接时（例如，没有任何进程在远程地址、端口上进行侦听）。

NoRouteToHostException：试图将套接字连接到远程地址和端口时发生错误。通常为无法到达远程主机，原因是防火墙干扰或者中间路由器停机造成。

3．其他异常

套接字涉及的其他异常如下：

InterruptedIOException extends IOException：I/O 操作已中断信号。此异常表示由于执行操作的线程中断，输入或输出传输也已终止。如读操作阻塞时间太长，引起网络超时。

UnknownHostException：无法确定主机的 IP 地址。

IllegalArgumentException：方法的参数不合法或不正确，如值为 0 或为负值。

3.4.4 多线程的 Socket 通信实现

在 3.4.2 节的例程中，服务器每次只能为一个客户提供服务。但是，一般情况下要求服务器能同时处理多个客户端的请求。解决这个问题的关键就是多线程处理机制。由于 Java 的线程处理

方式比较简单，所以让服务器控制多个客户，与多个客户通信并不是件难事。常用的方法是在服务器程序里调用 accept()返回一个 socket 后，就用它新建一个线程，令这个线程为特定的客户服务。然后再调用 accept()，等待下一次新的连接请求。

下面的例程 3-2 和例程 3-3 就是一个多线程服务器和客户端网络程序，可服务多个客户；将为一个特定的客户提供服务的所有操作都已移入一个独立的线程类中。

例程 3-2：多线程服务器端程序 MBP_Server3_2.java。

```
import java.net.*;
import java.io.*;
public class MBP_Server3_2 {
public static final int PORT=8888;
  public static void main(String[] args) throws IOException{
     ServerSocket ss=new ServerSocket(PORT);//创建服务器套接字
     System.out.println("服务器开启！");
     try{
        while(true){
           Socket s=ss.accept();          //侦听服务器端口 PORT，接收客户端套接字
           try{
              new ServerOne(s);           //启动一个新的线程，并把 accept()得到的
                                          //socket 传入新线程中
           }catch(IOException e){
              s.close();                  //关闭套接字
           }
        }
     }finally{
        ss.close();                       //关闭服务器套接字
     }
  }
}
//用于为特定用户服务的线程类
class ServerOne extends Thread{
  private Socket s;
  private BufferedReader in;
  private PrintWriter out;
  public ServerOne(Socket s) throws IOException{
     this.s=s;
     //创建缓冲字符读入器 in 和字符文本输出流 out
     in=new BufferedReader(new InputStreamReader(s.getInputStream()));
     out=new PrintWriter(new BufferedWriter
            (new OutputStreamWriter(s.getOutputStream())),true);
     start();                             //启动
  }
  public void run(){                      //线程自动运行
     try{
         while(true){
           String str=in.readLine();      //接收客户端信息
           if(str.equals("end")) break;
           System.out.println("服务器: 接收客户端信息:"+str);
           out.println("Echo:"+str);      //向客户端发送信息
```

```
            }
            System.out.println("closing…");
        }catch(IOException e){
        }finally{
            try{
                s.close();                      //关闭套接字
            }catch(IOException e){}
        }
    }
}
```

例程 3-3：多线程客户端程序 MBP_Client3_3.java。

```
import java.net.*;
import java.io.*;
public class MBP_Client3_3 extends Thread{
static final int MAX_THREADS=25;            //允许创建的线程的最大数
private static int id=0;                    //每一个线程的 id 都不同
private static int threadCount=0;           //当前活动的线程数
private Socket s;
private BufferedReader in;
private PrintWriter out;
public static int getThreadCount(){
    return threadCount;
}
  public MBP_Client3_3(InetAddress ia) {
     threadCount++;
     id++;
     System.out.println("Making client:"+id);    //输出建立线程数
     try{
        s=new Socket(ia,MBP_Server4_7.PORT);     //创建套接字
     }catch(IOException e){}
     try{                                   //创建缓冲字符读入器 in 和字符文本输出流 out
         in=new BufferedReader(new InputStreamReader(s.getInputStream()));
         out=new PrintWriter(new BufferedWriter
             (new OutputStreamWriter(s.getOutputStream())),true);
         start();                                //启动
     }catch(IOException e1){
        try{
            s.close();                           //关闭套接字
        }catch(IOException e2){}
     }
  }
  public void run(){                             //线程自动运行
    try{
     String str;
     for(int i=0;i<5;i++){
        out.println("Client #"+id+":"+i);        //向服务器发送信息
        str=in.readLine();                       //接收服务器信息
        System.out.println("客户端: 发送信息#"+id+":"+i+",服务器应答信息: "+str);
                                                 //显示信息
     }
```

```
      out.println("end");                           //告知服务器本线程结束
    }catch(IOException e){
    }finally{
      try{
          s.close();
      }catch(IOException e){}
    }
  }
  public static void main(String[] args)throws IOException,Interrupted
Exception{
     InetAddress ia=InetAddress.getByName(null); //参数 null 代表本地主机
     while(true){
         if(getThreadCount()<MAX_THREADS)
            new MBP_Client4_8(ia);                  //新建客户端线程
         else break;                                //当前线程数大于 MAX_THREADS,
                                                    //退出结束
         Thread.currentThread().sleep(10);          //当前运行的线程休眠(暂停执行)
                                                    //10 ms
     }
  }
}
```

3.5　基于 UDP 协议的数据通信

3.5.1　UDP 协议简介

UDP（User Datagram Protocol）是 TCP/IP 体系结构中传输层的另外一个重要协议，它提供无连接的服务。UDP 的首部比 TCP 短得多，只有 4 个字段，由 8 字节组成。UDP 首部格式如图 3-8 所示。

2字节	2字节	2字节	2字节
源端口	目的端口	长度	校验和

图 3-8　UDP 首部格式

UDP 的主要特点如下：

（1）UDP 是无连接的。使用 UDP 协议通信时，数据想发就发，不需要提前建立连接，数据传输完毕之后也不需要拆除连接，因此减少了开销和时间。

（2）UDP 提供的是不可靠的服务。UDP 不保证数据的可靠交付。

（3）UDP 是面向报文的。UDP 协议对上层应用层交下来的数据既不合并，也不拆分，而是原样加上 UDP 的首部形成 UDP 数据报发送出去。接收方的 UDP 也是将收到的数据去掉首部后原样交给应用层。这也就意味着应用程序必须选择合适大小的数据发送。

（4）UDP 支持一对一、一对多和多对多的通信，即支持单播、多播和广播。

（5）UDP 没有拥塞控制机制，也就是说网络拥塞不会使发送方降低发送速度，这对像实时视频会议、IP 电话等实时应用很重要。当然，为了减少数据的丢失，使用 UDP 协议的实时应用可以适当采取一些措施。

3.5.2 DatagramPacket 类和 DatagramSocket 类

在 UDP 协议中，套接字本身是一个非常简单的概念，没有连接的含义，数据报的每一部分，包括目的地址等都包含在数据报内部，套接字只需要知道侦听和发送数据报的本地端口即可。也就是说，在 TCP 协议中用 Socket 类和 ServerSocket 类进行功能划分，UDP 协议中只用一个数据报套接字 DatagramSocket 发送和接收数据即可，并且可以在多个独立的主机之间发送和接收数据。

Java 中实现 UDP 协议有两个类：DatagramPacket 数据报类和 DatagramSocket 数据报套接字类。DatagramPacket 数据报类将数据打包成 UDP 数据报，也可将接收的 UDP 数据报解包成数据；DatagramSocket 数据报套接字类用于发送和接收 UDP 数据报。用户接收数据时，从 DatagramSocket 接收 DatagramPacket 对象，并读取数据报的内容。

1．DatagramPacket 类

数据报 DatagramPacket 类所定义的对象表示一个数据报，依据设定可确定数据报的大小。数据报必须知道自己来自何处，以及打算去何处。也就是说，每个数据报中应该包含源地址、目标地址、源端口和目标端口。这样的数据报才能正确通过网络，从始发源主机传送到目的主机，反之亦然。

1）DatagramPacket 的定义和构造函数

定义：`public final class DatagramPacket extends Object`

构造函数：

public DatagramPacket(byte[] buf,int length)：创建数据报包。buf 表示接收数据的缓冲区；length 表示接收数据的最大长度，它必须小于等于 buf.length，通常为 buf 的长度。

public DatagramPacket(byte[] buf,int offset,int length)：同上，仅 offset 为在缓冲区中指定了偏移量。

public DatagramPacket(byte[] buf,int length,InetAddress address,int port)：创建数据报包。buf 中存放发送的数据；length 表示发送数据的长度；address 表示目的地址；port 表示目的端口号。

DatagramPacket(byte[] buf, int offset, int length, InetAddress address, int port)：同上，仅 offset 为在缓冲区中指定了偏移量。

2）常用方法

public InetAddress getAddress()：发送数据报时，返回接收数据报的主机的 IP 地址；接收数据报时，返回发出数据报的主机 IP 地址。

public int getPort()：发送数据报时，返回接收数据报的主机端口号；接收数据报时，返回发出数据报的主机端口号。

public int getLength()：返回被接收或发送的数据的长度。

public byte[] getData()：返回被接收或发送的缓冲区数据。

public int getOffset()：返回被接收或发送的数据的偏移量。

public void setAddress(InetAddress iaddr)：发送数据报时，设置返回接收数据报的主机 IP 地址；接收数据报时，设置返回发出数据报的主机 IP 地址。

public void setPort(int iport)：设置要将此数据报发往的远程主机上的端口号。

public void setLength(int length)：为此数据报设置长度。

public void setData(byte[] buf)：设置当前对象的数据缓冲区。

2. DatagramSocket 类

对数据报套接字 DatagramSocket 类来说，它只是发送或接收数据报的端点，不需要考虑连接建立和拆除，也不需要像 TCP 协议套接字那样建立会话流来传送数据。UDP 发送和接收的数据、地址和端口都被封装在一个数据报中，因此，客户端和服务器都需要建立一个 DatagramSocket 对象，然后通过 receive()方法接收数据报，通过 send()方法发送数据报。

1）DatagramSocket 的定义和构造函数

定义：`public class DatagramSocket extends Object`

构造函数：

public DatagramSocket() throws SocketException：创建数据报套接字，系统自动将它与本地主机上的某个可使用的端口绑定在一起。如果数据报套接字不能被创建或不能与本地端口联系起来，就抛出 SocketException 异常。

public DatagramSocket(int port) throws SocketException：创建数据报套接字，并将它与本地主机的一个指定的端口 port 绑定在一起。否则同上抛出 SocketException 异常。

public DatagramSocket(int port，InetAddress laddr) throws SocketException：创建数据报套接字，将其绑定到指定的本地 laddr 地址和端口 port。否则同上抛出 SocketException 异常。

2）常用方法

public void receive(DatagramPacket p) throws IOException：从数据报套接字接收一个数据报。本方法返回时，数据报 p 中存放被接收的数据，且数据报中含有发送地的 IP 地址和端口号。如果发生 I/O 错误，则抛出异常 IOException。

public void send(DatagramPacket p) throws IOException：发送数据报 p，数据报 p 包括数据内容、数据长度、目的 IP 地址和端口的信息。如果发生 I/O 错误，则抛出 IOException 异常。

public void close()：关闭此数据报套接字。

public InetAddress getLocalAddress()：获取套接字绑定的本地地址。

public int getLocalPort()：获取此套接字绑定的本地主机上的端口号。

3.5.3 UDP 网络应用实例

构建 UDP 客户端和服务器，必须从建立 DatagramPacket 和 DatagramSocket 的对象开始，同时要注意客户端主动发送数据报，服务器被动接收客户端发来的数据报。

服务器建立数据报 DatagramPacket 的对象时，并不知道哪些客户端要发送数据报，因此，不用设置客户端的 InetAddress 地址和端口 Port，这些可通过接收客户端数据报获取。但需要设置数据缓冲区的大小，以及确定和绑定服务器端口 Port，以便由此端口接收客户端数据报。服务器先接收客户端发来的数据报，然后发送数据报。

客户端建立数据报 DatagramPacket 的对象时，必须知道目的（服务器）地址 InetAddress 和端口 Port（端口可以不设定，由系统自动获取），以便数据报发送至目的地，并确定数据报缓冲区大小。客户端先发送数据报包，后接收数据报。

下面的例程 3-4 和例程 3-5 是简单地用 UDP 实现网络通信的客户端和服务器例子，实现的功能是客户机发送数据到服务器，服务器将收到的数据返回给客户机。

例程 3-4：UDP 协议服务器程序 UDPServer3_4.java。

```
import java.net.*;
public class UDPServer3_4  extends Object{
public static final int PORT=8765;  //服务器端口
public static void main(String args[]) {
   try {
       DatagramSocket dgs=new DatagramSocket(PORT);
       //建立指定端口 Port 的数据报套接字对象
       byte[] buf=new byte[1024];
       //建立 UDP 数据包对象，未知客户端的 IP 和 Port，自动带自己（服务器端）的 IP 和 Port
        DatagramPacket p=new DatagramPacket(buf,buf.length);
         System.out.println("服务器启动！");
         for(int i=0;i<3;i++) {
           dgs.receive(p);           //服务器收到数据包，带有客户端的 IP 和 Port
             System.out.println("服务器收到数据报: #"+i+"; "
             +new String (p.getData(),0,p.getLength()));
             dgs.send(p);          //向客户端发送带有客户端的 IP 和 Port 的数据包 p
         }
      } catch(Exception e) {
         e.printStackTrace( );
      }
   }
}
```

例程 3-5：UDP 协议客户端程序 UDPClient3_5.java。

```
import java.net.*;
public class UDPClient3_5 extends Object{
public static InetAddress ia;
public static final int PORT=8765;              //服务器端口
public static String str="你好！";               //发送内容
public static void main(String args[ ]) {
      try{
          ia=InetAddress.getLocalHost();      //服务器主机 IP 地址
          DatagramSocket dgs=new DatagramSocket( );//建立数据报套接字对象，自动
分配端口号
          byte[] buf=new byte[1024];
          buf=str.trim().getBytes();          //发送内容
         //建立数据包对象（设置有服务器的 IP 和 Port，自动加载自己（客户端）的 IP 和 Port）
         DatagramPacket p=new DatagramPacket(buf,buf.length,ia,PORT);
          for(int i=0;i<3;i++){
             dgs.send(p);      //客户端向服务器发送带有服务器端的 IP 和 Port 的数据包 p
             System.out.println("客户端发送完毕数据报！");
             dgs.receive(p);                   //客户端接收数据包
             System.out.println("客户端接收到返回的数据报: #"+i+"; "
                +new String(p.getData(),0,p.getLength()));
             Thread.sleep(900);
          }
        } catch(Exception e) {
           e.printStackTrace( );
        }
    }
 }
```

下面的例程 3-6 是一个多线程点对点的 UDP 协议网络应用实例。该程序由 3 部分组成：登录设置对话框（setDialog）、数据发送与接收窗口（DSR_Frame）和客户线程（LoginClient）。本程序主要实现如下功能：

（1）设置用户名、用户主机端口和对话客户的 IP 地址和端口。

（2）每个用户可同时发送和接收信息。

（3）两个用户间对话和通过改变 IP 地址和端口设置与其他用户对话。

程序启动后，打开“登录设置”对话框，先设置用户名、对方主机名 IP、对方端口和自己接收端口，单击“确定”按钮，进入“数据发送与接收”窗口。对方主机名 IP 和发送对方端口必须事先知道，并正确设置，双方才能正常发送和接收数据。

例如，用户名为“北京”，对方主机名 IP 为 127.0.0.1，发送对方端口为 888，自己接收端口为 666；通信的另一用户名为“上海”，则发送对方端口只能是 666，自己接收端口也只能是 888。先启动程序按用户名“北京”设置，再启动程序按用户名“上海”设置，这样两个用户就可以相互发送与接收数据。也可以打开第三个用户，第三个用户能和谁进行数据发送和接收，取决于发送对方的端口设置。（注：由于程序的三次启动是在同一台主机上，所以对方主机名 IP 都设为 127.0.0.1；若是在不同的主机上，则对方主机名 IP 根据程序所在主机的 IP 进行设置。）

例程 3-6：UDP 协议网络应用程序 UDPSendReceive3_6.java。

```
import java.lang.*;
import java.io.*;
import java.awt.*;
import java.awt.event.*;
import javax.swing.*;
import java.net.*;
public class UDPSendReceive3_6{                //公共主类
    public static void main(String args[]){
     DSR_Frame DSR_win=new DSR_Frame();
       DSR_win.addWindowListener(new WindowAdapter()
        {public void windowClosing(WindowEvent e)
         {System.exit(0); }
       });
       DSR_win.validate();                          //验证此容器及其所有子组件
  }
}
                                                    //数据发送与接收窗口
class DSR_Frame extends JFrame implements ActionListener{
   JLabel L_user=new JLabel("用户名: ");
   JLabel L_out=new JLabel("发送数据: ");
   JTextArea in_message=new JTextArea(80,250);   //显示接收数据
   JTextField out_message=new JTextField(150);   //发送数据
   JButton b=new JButton("发送");
   JButton b_set=new JButton("设置");
   JPanel contentPane=new JPanel();
   String IP= "127.0.0.1";                      //默认 IP="127.0.0.1"
   String user="北京";                          //默认用户 user="北京"
   int Port_m=888;                              //默认对方发送 m 目标端口 888
   int Port_z=666;                              //默认 z 自己接收端口 666
   boolean bl_b_set0=false;
```

```
JScrollPane SC_in_m=new JScrollPane(in_message);
LoginClient thread=null;                    //声明用户线程，负责接收对方数据包

DSR_Frame(){                                //构造函数
  super("数据发送与接收");
  contentPane=(JPanel) this.getContentPane();
  contentPane.setLayout(null);
  L_user.setBounds(new Rectangle(5,10,250,20));
  SC_in_m.setBounds(new Rectangle(10,35,250,150));
  L_out.setBounds(new Rectangle(10,190,70,30));
  out_message.setBounds(new Rectangle(82,190,178,30));
  b.setBounds(new Rectangle(110,225,70,25));
  b_set.setBounds(new Rectangle(190,225,70,25));

  contentPane.add(L_user);
  contentPane.add(SC_in_m);
  contentPane.add(L_out);
  contentPane.add(out_message);
  contentPane.add(b);
  contentPane.add(b_set);
  b.addActionListener(this);
  b_set.addActionListener(this);

  this.setBounds(5,5,285,295);
  this.setVisible(true);
  //this.setResizable(false);
  bl_b_set0=false;                           //设置按钮 b_set0 没有操作
  setDialog sd=new setDialog(this,new Frame(),"登录设置",true);
  sd.setVisible(true);
  L_user.setText("用户名:"+user+";端口:"+Port_z); //显示用户名称
  System.out.println("sd.show()");
}
public void actionPerformed(ActionEvent event){  //单击按钮发送数据包
  if(event.getSource()==b){
      sendData();                            //发送数据包
  }else if(event.getSource()==b_set){         //设置
      bl_b_set0=true;                        //标记按钮 b_set0 已有操作
       setDialog Sd1=new setDialog(this,new Frame(),"登录设置",true);
                                             //this 为 DSR_Frame
    Sd1.setVisible(true);
    L_user.setText("用户名:"+user+";端口:"+Port_z);//显示用户名称
  }
}//end actionPerformed
boolean sendData(){                          //发送数据包
   byte buffer[]=out_message.getText().trim().getBytes();//发送数据
     try{  InetAddress address=InetAddress.getByName(IP); //默认"127.0.0.1"
        DatagramPacket data_pack=
            new DatagramPacket(buffer,buffer.length, address,Port_m);
                                             //目标端口 Port_m=888
        DatagramSocket mail_data=new DatagramSocket();
        in_message.append("发送:\n");
        in_message.append("目标IP:"+data_pack.getAddress()+";端口:"+
```

```
data_pack.getPort()+";长度:"+data_pack.getLength()+"\n");
          in_message.append("内容:"+out_message.getText()+"\n");
          out_message.setText("");                    //发送完数据清空
          mail_data.send(data_pack);
        }catch(Exception e){
          System.out.println("发送数据出现异常:"+e);
          return false;
      }
      return true;
   }                                                  //sendData()
   void getData(){                                    //接收对方数据包
      DatagramPacket pack=null;
      DatagramSocket mail_data=null;
      byte data[]=new byte[8192];
      try{pack=new DatagramPacket(data,data.length);
           mail_data=new DatagramSocket(Port_z);      //自己接收端口 Port_z=666
      }catch(Exception e){}
      while(true) {
           if(mail_data==null) break;
            else
               try{mail_data.receive(pack);           //接收
                    int length=pack.getLength();
                    int port=pack.getPort();
                    InetAddress adress=pack.getAddress();
                    String message=new String(pack.getData(),0,length);
                    in_message.append("收到:\n");
                    in_message.append("对方 IP:"+adress+";端口:"+port+";长度:
"+length+"\n");
                    in_message.append("内容:"+message+"\n");
                    in_message.append("    \n");
                }catch(Exception e){}
      }
   }                                                  //end getData()
}                                                     //DSR_Frame

class LoginClient extends Thread{                     //客户线程
DSR_Frame client=null;
public LoginClient( DSR_Frame client){                //参数为 DSR_Frame
    this.client=client;                        //使 DSR_Frame 与 LoginClient 线程合一
}
public void run(){
    client.getData();                                 //接收对方的数据
}
}

//建立登录信息的对话框
class setDialog extends JDialog {                     //implements ActionListener
    DSR_Frame DSR_F;//
    JPanel DialogPane;
    JTextField user1=new JTextField("北京",100);       //默认用户
    JTextField IP1=new JTextField("127.0.0.1",70);    //默认
    JTextField Port_m1=new JTextField("888",20);      //默认对方接收目标端口 888
```

```
JTextField Port_z1=new JTextField("666",20);    //默认自己发送端口 666
JLabel L_IP1=new JLabel("主机名 IP:");
JLabel L_user1=new JLabel("用户名:");
JLabel L_Port_m1=new JLabel("发送对方端口:");
JLabel L_Port_z1=new JLabel("自己接收端口:");
JButton b_set1=new JButton("确定");
JButton b_cancel=new JButton("取消");
boolean bl_b_set=false;
setDialog(DSR_Frame ap,Frame f1,String str,boolean bl){
super(f1,str,bl);
System.out.println("setDialog0");
DSR_F=ap;
bl_b_set=DSR_F.bl_b_set0;
DialogPane=new JPanel();//(JPanel) this.getContentPane();
DialogPane.setLayout(null);
L_user1.setBounds(new Rectangle(10,10,70,30));
user1.setBounds(new Rectangle(83,10,100,30));
L_IP1.setBounds(new Rectangle(10,45,70,30));
IP1.setBounds(new Rectangle(83,45,100,30));
L_Port_m1.setBounds(new Rectangle(10,80,100,30));
Port_m1.setBounds(new Rectangle(113,80,70,30));
L_Port_z1.setBounds(new Rectangle(10,115,100,30));
Port_z1.setBounds(new Rectangle(113,115,70,30));
b_set1.setBounds(new Rectangle(40,155,70,25));
b_cancel.setBounds(new Rectangle(113,155,70,25));
DialogPane.add(L_IP1);
DialogPane.add(IP1);
DialogPane.add(L_user1);
DialogPane.add(user1);
DialogPane.add(L_Port_m1);
DialogPane.add(Port_m1);
DialogPane.add(L_Port_z1);
DialogPane.add(Port_z1);
DialogPane.add(b_set1);
DialogPane.add(b_cancel);
add(DialogPane);
IP1.setText(DSR_F.IP);                                //默认 IP="127.0.0.1"
user1.setText(DSR_F.user);                            //默认用户 user="北京"
Port_m1.setText(Integer.toString(DSR_F.Port_m));//默认对方发送目标端口 888
Port_z1.setText(Integer.toString(DSR_F.Port_z));//默认自己接收端口 666
System.out.println(bl_b_set);
if(bl_b_set==true){
    user1.setEnabled(false);                          //不能编辑用户名
    IP1.setEnabled(false);                            //不能编辑 IP 地址
}
System.out.println("setDialog1");
setBounds(5,5,215,230);
//JButton("取消")
b_cancel.addMouseListener(new java.awt.event.MouseAdapter(){
   public void mouseClicked(MouseEvent e){
      b_cancel_mouseClicked(e);
   }
});
```

```
        //JButton("确定");
        b_set1.addMouseListener(new java.awt.event.MouseAdapter(){
            public void mouseClicked(MouseEvent e){
                b_set1_mouseClicked(e);
            }
        });
        System.out.println("setDialog2");
      }                                                    //end setDialog 构造函数

    void b_cancel_mouseClicked(MouseEvent e){              //放弃
        dispose();
        //System.exit(0);
    }
    void b_set1_mouseClicked(MouseEvent e){                //确定设置
        DSR_F.IP=IP1.getText();                            //默认 IP="127.0.0.1"
        DSR_F.user=user1.getText();                        //默认用户 user="北京"
        DSR_F.Port_m=Integer.parseInt(Port_m1.getText());//默认对方发送目标端口 888
        DSR_F.Port_z=Integer.parseInt(Port_z1.getText());//默认自己接收端口 666
        System.out.println(bl_b_set);
        DSR_F.thread=new LoginClient(DSR_F);               //创建当前用户线程
        DSR_F.thread.start();                              //运行
        DSR_F.setName("用户名["+user1.getText()+"]");       //设置线程名称
        dispose();                                         //关闭登录对话框
        System.out.println(user1.getText());
      }
    }                                                      //end setDialog
```

3.6 组播套接字

3.6.1 组播相关概念

IP 组播也称 IP 多播（Multicast），由 1988 年 Steve Deering 首次在其博士论文中提出，它提供一对多的通信，即一个源点可以发送数据到多个终点。现在 IP 组播已经成为互联网的一个热门话题，它适合于网络多媒体业务，例如网络视频会议、视频点播、多媒体教学、分布式文件系统、大量的并行计算、多方会议、数据库复制和交互式游戏等。随着互联网用户和多媒体应用的增多，未来有更多的业务需要组播的支持。

网络数据传输按照接收者的数量，可分为 3 种方式：

单播（Unicast）：在发送者和接收者之间实现一对一的通信。如果一个发送者同时给多个接收者传输相同的数据，也必须相应地发送多份相同数据包。

广播（Broadcast）：指在 IP 子网内实现一对所有的通信，即所有在子网内的主机都将收到发送者发送的数据包。例如，电视台就是采用广播方式。电视台将信号发送到传播范围内的所有电视机，不管电视机是否打开。广播意味着网络向子网内的每一个主机都投递一份数据包，这大大增加了网络的数据流量，所以网络对广播的使用作了严格限制。只允许在本地网络或子网内广播，禁止对整个 Internet 广播，否则会使 Internet 严重超载，甚至造成崩溃。

组播（Multicast）：也称多播，具有相同需求的主机可以形成一个多播组，主机可以根据需要加入或离开该多播组。发送者每次发送的数据可以被组内的所有成员收到。在组内的发送者和多个接收者之间实现点到多点网络传输，也称多点传送。当采用组播方式传送数据包时，发送方只需要发送一份数据包，途径的路由器根据组内成员的位置复制数据，然后将数据发送到这个组内的每一台主机。

图 3-9 描述了单播、广播和组播 3 种通信方式在一台主机向多台主机发送视频的不同。

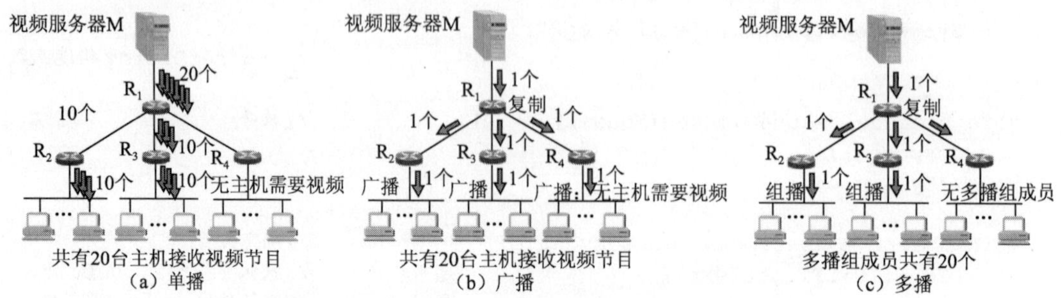

图 3-9　单播、广播和组播对数据包的传播和复制过程

如图 3-9 所示，同样是视频服务器 M 向 20 台其他主机发送视频，对于单播，一开始源主机就需要发送 20 份视频；而对于广播方式，源主机一开始虽然只发送一份视频，但是网络中的其他主机不论是否需要都会收到该视频；而对于组播传输，源主机一开始只产生一份视频，而且只有通往组内成员的路由器才会复制该视频。由此可见，与单播和广播相比，组播在一对多的通信中，可以大大节省网络资源。特别是当多播组内的主机很多时，组播方式可以明显减少网络中各种资源的消耗。

组播组内的所有主机共享同一个 IP 地址，这个地址称为组播地址。组播地址范围为 224.0.0.0 ~ 239.255.255.255，有部分地址被作为特殊使用（非应用程序使用），这段地址范围为 224.0.0.0 ~ 224.0.0.255。还有些地址作为永久组播地址，大多数以 224.0、224.1、224.2 或 239 开头，如 224.0.0.2 表示所有的组播路由器，224.0.0.5 表示所有的 OSPF 路由器，这些组地址已经被规定了功能，不能随意用作其他用途。用户创建新的组时可以使用临时组播地址，其地址范围是 225.0.0.0 ~ 238.255.255.255。

一个组播地址代表一批计算机，所以组播地址只能用作目的地址，不能用于源地址。

尽管组播技术有很多优势，但目前还有许多待解决的问题，例如，组播安全、组播拥塞控制、组播状态聚集、组播流量计费等。

3.6.2　MulticastSocket

在 Java 中，为实现 IP 组播（IP 多点传送），java.net 包中提供了 MulticastSocket 组播套接字类，来使主机加入组内，并在组内发送和接收 DatagramPacket 数据报。

组播套接字类 MulticastSocket 是基于数据报套接字 DatagramSocket 类继承而来的，因此它也是无连接通信。可使用 DatagramSocket 类的方法，并搭配数据报 DatagramPacket 类进行数据传送（DatagramPacket 用来存放发送和接收的组播数据包），同时增加组播的一些特定功能。

1. MulticastSocket 的定义和构造函数

定义：`public class MulticastSocket extends DatagramSocket`

构造函数：

public MulticastSocket() throws IOException：创建组播套接字。

public MulticastSocket(int port) throws IOException：创建组播套接字并将其绑定到指定端口 port。

2. 常用方法

组播套接字特有的方法：

public InetAddress getInterface() throws SocketException：获取用于组播数据包的网络接口的地址。

public void setInterface(InetAddress inf) throws SocketException：设置组播网络接口。对多宿主机（multihomed host）很有用。

public int getTimeToLive() throws IOException：获取在套接字上发出的组播数据包的默认生存时间。

public void setTimeToLive(int ttl) throws IOException：设置在此 MulticastSocket 上发出的组播数据包的默认生存时间，以便控制组播的范围。

public void joinGroup(InetAddress mcastaddr) throws IOException：加入组播组。

public void leaveGroup(InetAddress mcastaddr) throws IOException：离开组播组。

以下 3 个方法是从父类 DatagramSocket 继承过来的：

public void send(DatagramPacket p) throws IOException：向组内成员发送数据包 p，p 包括数据内容、数据长度、目的 IP 地址和端口的信息。如果发生 I/O 错误，就抛出 IOException 异常。

public void receive(DatagramPacket p) throws IOException：从组播套接字接收一个数据包 p。本方法返回时，数据包 p 中存放被接收的数据，且数据包中包含发送方的 IP 地址和端口号。如果发生 I/O 错误，就抛出 IOException 异常。

public void close()：关闭此组播套接字。

还有其他继承的方法，在此不一一列出。组播套接字 MulticastSocket 对象使用 joinGroup() 方法加入一个组播，通过 leaveGroup()方法离开某一个组播组。使用 send()方法发送组播数据包，使用 receive()方法接收组播数据包。在某些系统中，可能有多个网络接口，用户需要在一个指定的接口上侦听，通过调用 setInterface()方法可选择组播套接字所使用的接口，通过 getInterface()方法可查询组播套接字的接口。

多个 MulticastSocket 对象可以同时预定组播组和端口，并且都会接收到组数据包。不允许 Applet 小程序使用组播套接字。

3.6.3　组播套接字应用实例

下面的例程 3-7 和例程 3-8，编写一个 Java 组播应用程序完成如下过程：

（1）创建一个用于发送和接收的 MulticastSocket 组播套接字对象。

（2）建立一个指定缓冲区大小及组播地址和端口的 DatagramPacket 组播数据包对象。

（3）使用组播套接字的 joinGroup()方法，将组播套接字对象加入到一个组播组中。

（4）使用组播套接字的 send()方法，将组播数据包对象放入其中，发送组播数据包。或使用组播套接字的 receive()方法，将组播数据包对象放入其中，接收组播数据包。

（5）解码组播数据包，提取信息，并依据得到的信息做出响应。

（6）重复过程（4）和（5）。

（7）使用组播套接字的 leaveGroup()方法，离开组播组，使用 close()关闭组播套接字。

其中，例程 3-7 的 MulticastReceiver3_7.java 程序是接收组播数据包程序，定义的组播套接字对象 msr 端口为 4000，加入到 IP 地址为 224.0.0.1 的组播组；例程 3-8 的 MulticastSender3_8.java 程序是发送组播数据包程序，定义的组播套接字对象 mss 端口为 4000，也是加入到 IP 地址为 224.0.0.1 的组播组。在一个组播组中，mss 发送数据包，msr 接收发来的数据包。

运行次序：先启动多个 MulticastReceiver3_7.java，再启动一个 MulticastSender3_8.java，多个前者接收后者发送的数据包。

例程 3-7：组播技术网络应用，接收组播数据包程序 MulticastReceiver3_7.java。

```
import java.net.*;
import java.io.*;
public class MulticastReceiver3_7 {
  public static void main(String[] args) throws Exception{
    InetAddress group=InetAddress.getByName("224.0.0.1");    //组播地址
    int port=4000;                                            //端口
    MulticastSocket msr=null;
    try {
      msr=new MulticastSocket(port);                          //创建一个组播套接字
      msr.joinGroup(group);                                   //加入到一个组播
      byte[] buffer=new byte[8192];
      System.out.println("接收数据包启动!(启动时间:" + new java.util.Date()+")");
    while (true) {
     //建立一个指定缓冲区大小组播数据包
       DatagramPacket dp=new DatagramPacket(buffer, buffer.length);
       msr.receive(dp);                                       //接收组播数据包
       String s=new String(dp.getData(),0,dp.getLength());
                                                              //解码组播数据包提取信息
       System.out.println(s);
     }
    }catch(IOException e) {   e.printStackTrace();
    }finally {
      if(msr != null) {
        try {
          msr.leaveGroup(group);                              //离开组播组
          msr.close();                                        //关闭组播套接字
        } catch(IOException e) {}
      }
    }
  }
}
```

例程 3-8：组播技术网络应用，发送组播数据包程序 MulticastSender3_8.java。

```
import java.net.*;
import java.io.*;
public class MulticastSender3_8 {
  public static void main(String[] args) throws Exception{
    InetAddress group=InetAddress.getByName("224.0.0.1");    //组播地址
    int port=4000;                                            //端口
    MulticastSocket mss=null;
    try {
      mss=new MulticastSocket(port);                          //创建一个组播套接字
```

```
      mss.joinGroup(group);                              //加入到一个组播
      System.out.println("发送数据包启动!(启动时间:" +  new java.util.
   Date()+")");
      while (true) {
        String message="Hello " + new java.util.Date();
        byte[] buffer=message.getBytes();
     //建立一个指定缓冲区大小及组播地址和端口组播数据包
        DatagramPacket dp=new DatagramPacket(buffer, buffer.length,group,port);
        mss.send(dp);                                    //发送组播数据包
        System.out.println("发送数据包给 "+group+":"+port);
        Thread.sleep(1000);
      }
    }catch(IOException e) {      e.printStackTrace();
    }finally {
      if(mss != null) {
        try {
          mss.leaveGroup(group);                         //离开组播组
          mss.close();                                   //关闭组播套接字
        } catch (IOException e) {}
      }
    }
  }
}
```

小　　结

Socket 编程技术包括 WinSock 和 Java Socket 两大类。本章主要介绍了基于 Java Socket 的网络编程技术，并简要介绍了一些关于 IP 地址、端口和套接字的相关知识。

在网络包 java.net 中，套接字类用于建立网络底层连接的对象，通过网络两端的套接字对象实现网络连接，这种连接为数据流操作打下基础。InetAddress 网络地址类是获取互联网 IP 地址的抽象类，在定义套接字对象时，该类对象作为参数使用。网络连接是基于不同通信协议完成的，不同的通信协议提供了不同的通信方式，需要使用不同的网络套接字。

本章主要介绍了关于以下三类协议的套接字，并提供了相应的编程实例，在实例中，分析和介绍了编程实现的过程、步骤和方法。

（1）传输控制协议 TCP 套接字：客户端 Socket 类，服务器端 ServerSocket 类，实现客户端和服务器模式下的网络连接。通过将字节流写入套接字来实现双方的通信。TCP 套接字连接通信需要始终保持连接，数据传输可靠性强，网络开销高。

（2）数据报协议 UDP 的数据报和套接字：使用 UDP 协议传输数据无须建立连接，也没有因检测错误而增加的开销和延误，因此，开销少，传输速度快，可在多台计算机之间相互通信。但 UDP 协议不保证数据传输的可靠性，会产生数据丢失现象。UDP 套接字分为数据报 DatagramPacket 类和数据报套接字 DatagramSocket 类。用 DatagramPacket 类将要发送的数据打包成 UDP 数据报，或将接收的 UDP 数据报解包成数据；用 DatagramSocket 类发送和接收 UDP 数据报。

（3）组播套接字：组播就是在组内的发送者和每一接收者之间实现点到多点网络传输，也称多点传送。它可大大提高数据传送效率。组播套接字分为数据报 DatagramPacket 类和组播套接字

MulticastSocket 类。MulticastSocket 类是基于 DatagramSocket 类继承而来的，因此，它也是无连接通信，可使用 DatagramSocket 类的方法，并搭配 DatagramPacket 类进行数据传送。

习 题

1. IP 地址分为哪几类？各如何表示？

2. 试判别以下 IP 地址的网络类别。

（1）192.168.1.1；

（2）128.3.66.9；

（3）21.36.240.17；

（4）200.4.99.8。

3. 已知 IP 地址为 128.96.39.44，子网掩码为 255.255.255.0，试问该 IP 地址所在的网络是否划分了子网？如果划分了子网，试计算网络地址。

4. 试求 IP 地址 136.23.12.64/26 的网络地址。

5. 讨论基于 TCP 套接字（客户端 Socket 类和服务器 ServerSocket 类）的网络通信实现步骤和特点。

6. 讨论基于 UDP 的数据报和套接字（DatagramPacket 类和 DatagramSocket 类）的数据传输实现步骤和特点。

7. 讨论基于组播套接字（DatagramPacket 类和 MulticastSocket 类）的组播数据传输实现步骤和特点。

8. 例程 3-2 和例程 3-3 是多线程客户/服务器程序，认真阅读分析例程使用了哪些类和方法？它们的功能如何？多线程是如何实现的？

9. 认真阅读例程 3-7 和例程 3-8，对程序进行完善和修改。完善和修改要求：①对发送者，在发送的信息中加上用户名；②在“数据发送与接收”窗口中加一个“退出”按钮；③在“数据发送与接收”窗口中单击“设置”按钮，打开“登录设置”对话框，此时用户名和对方主机名 IP 是不能编辑的，也就是不能修改，请将对方主机名 IP 设置为可编辑的。

第 4 章 网络协议的 Java 实现

协议在网络中无所不在。网络协议遍及网络体系结构的各个层次，从我们非常熟悉的 TCP、IP、HTTP、FTP 协议，到 OSPF、IGP 等协议，有很多种。对于普通用户而言，不需要关心太多的底层通信协议，只需要了解其通信原理即可。在实际管理中，底层通信协议一般会自动工作，不需要人工干预。但是对于第三层以上的协议，就经常需要人工干预了，比如 TCP/IP 协议就需要人工配置它才能正常工作。而且高层的协议，尤其是应用层的协议，是用户能直接接触和使用的协议。这一章主要介绍常用的应用层协议。

每个应用层协议都是为了解决某一类的应用问题，而问题的解决又必须通过位于不同主机的多个应用进程之间的通信和协同工作来完成。应用层的协议定义了这些进程之间的通信规则。应用层的许多协议都是基于客户/服务器方式的。客户/服务器方式描述的是进程之间服务和被服务的关系，客户是服务的请求方，服务器是服务的提供方。

本章主要介绍 HTTP、FTP、SMTP 和 POP 等几个常用的应用层协议的工作原理以及相关的编程实例。

4.1 HTTP 协议的 Java 实现

4.1.1 HTTP 协议概述及工作过程

万维网（World Wide Web，WWW）并非某种特殊的计算机网络，而是一个大规模的、联机式的信息储藏所。万维网用超链接的方法能非常方便地从互联网上的一个站点访问另一个站点，从而获取丰富的信息。

万维网以客户/服务器方式工作。浏览器就是运行在用户计算机上的万维网客户程序。万维网文档所驻留的计算机则运行服务器程序，因此这个计算机也称为万维网服务器。客户程序向服务器程序发出请求，服务器程序向客户程序送回客户所要的万维网文档。在一个客户程序主窗口上显示出的万维网文档称为页面（Page）。在万维网客户程序与万维网服务器程序之间进行交互所使用的协议就是超文本传输协议 HTTP（HyperText Transfer Protocol）。HTTP 是一个应用层协议，它使用 TCP 连接进行可靠的传送。

1. 统一资源定位符 URL

万维网上的文档很多，人们使用统一资源定位符 URL（Uniform Resource Locator）来标识万维网上的各种文档，使每一个文档在整个互联网的范围内具有唯一的标识符，从而使万维网上成千上万的文档能够相互区分开来。

资源定位符 URL 是对可以从互联网上得到的资源的位置和访问方法的一种简洁表示。只要能够对资源定位，系统就可以对资源进行各种操作，如存取、更新、替换和查找其属性。URL 相当于一个文件名在网络范围的扩展。

URL 由以冒号隔开的两大部分组成，并且在 URL 中对字符不区分大小写。URL 的基本形式如图 4-1 所示。

例如，http://www.ytu.edu.cn/xxyw/3131.jhtml 就是一个合法的 URL。其中，http 表示访问时所用的协议，http 协议使用了 TCP 协议的 80 端口，这是一个熟知端口，经常被省略，除了 http 协议以外，还可以是 ftp、news 等协议；www.ytu.edu.cn 表示所访问的文档所在的主机的域名；xxyw 是该文档在该主机上的存储路径；3131.jhtml 是文档的名字。如果把后面的路径省略，即只输入 http://www.ytu.edu.cn，则 URL 指到这个服务器的主页。

现在有些浏览器为了方便用户，在输入 URL 时，可以把最前面的 http://甚至把主机名最前面的 www 省略，浏览器会自动替用户把省略的字符添上。

2. 超文本传输协议 HTTP

HTTP 定义了如何在万维网客户端（即浏览器）和万维网服务器之间传输万维网文档。从层次的角度看，HTTP 是面向事务的（Transaction-Oriented）应用层协议，它是万维网上能够可靠地交换文件（包括文本、声音、图像等各种多媒体文件）的重要基础。

用户浏览网页的方式可以分为两种：一种是在浏览器的地址栏输入页面的 URL；一种是在页面中用鼠标单击一个有超链接的部分，然后浏览器会自动寻找该超链接所指的页面。

每一个万维网站点都有一个服务器进程在不断监听 80 端口，以便发现是否有浏览器向它发出连接请求。一旦连接建立请求被监听到并建立了 TCP 连接之后（HTTP 协议是基于传输层的 TCP 协议的，即需要先建立 TCP 连接），浏览器就可以向服务器发出要浏览某个页面的请求，服务器会把浏览器请求的页面作为响应返回。然后 TCP 连接释放。具体工作过程如图 4-2 所示。

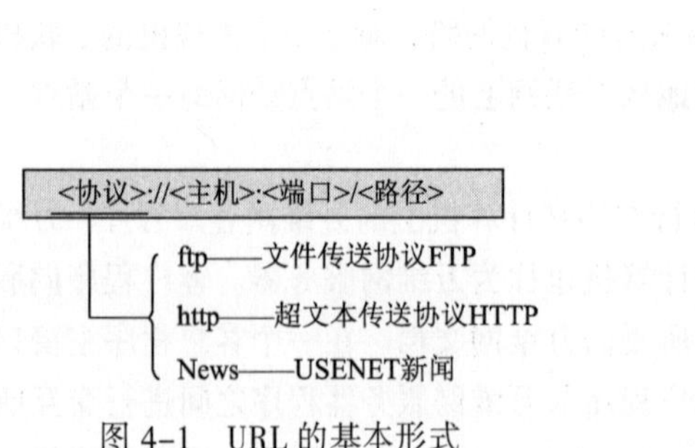

图 4-1 URL 的基本形式

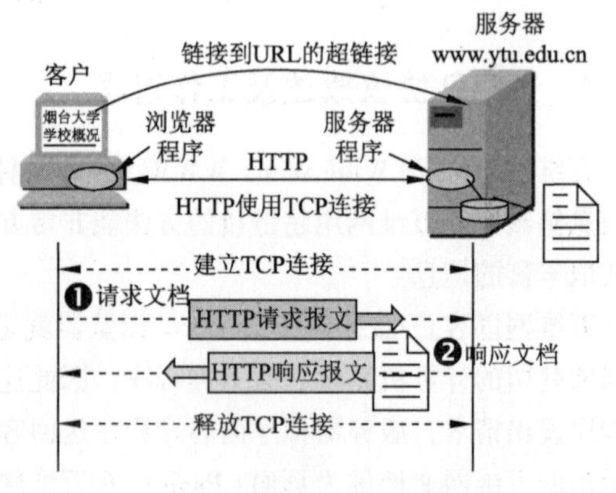

图 4-2 万维网的工作过程

HTTP 协议有以下几个特点。

（1）HTTP 客户和 HTTP 服务器之间的每次交互，都是由一个 ASCII 码串构成的请求和一个类似的响应组成。

（2）HTTP 协议本身是无连接的，即客户和服务器之间的交互不需要提前建立连接；但是 HTTP 协议是基于传输层的面向连接的 TCP 协议的，即 HTTP 协议需要先建立 TCP 连接，这保证了传输的可靠性。

（3）HTTP 协议是无状态的，即服务器记不住客户的访问，也就是说，同一个客户再次访问同一个服务器上的相同页面时，服务器的响应过程与第一次被访问是一样的。

HTTP 协议包括 HTTP1.0 和 HTTP1.1 两个版本。HTTP1.0 使用非持续连接，即每请求一个网页就需要建立一次 TCP 连接；而 HTTP1.1 使用持续连接（Persistent Connection）。所谓的持续连接，是指万维网服务器在发送响应后仍然在一段时间内保持这条 TCP 连接，使同一个客户浏览器和该服务器可以继续在这条 TCP 连接上传送后续的 HTTP 请求和响应报文，只要这些请求页面在同一个服务器上就可以，所以使用 HTTP1.1 在同一个服务器上浏览多个页面时，可以只建立一次 TCP 连接，这极大地节省了时间，加快了访问速度。

3. HTTP 的报文结构

HTTP 有两种类型的报文：请求报文和响应报文，格式如图 4-3 所示。

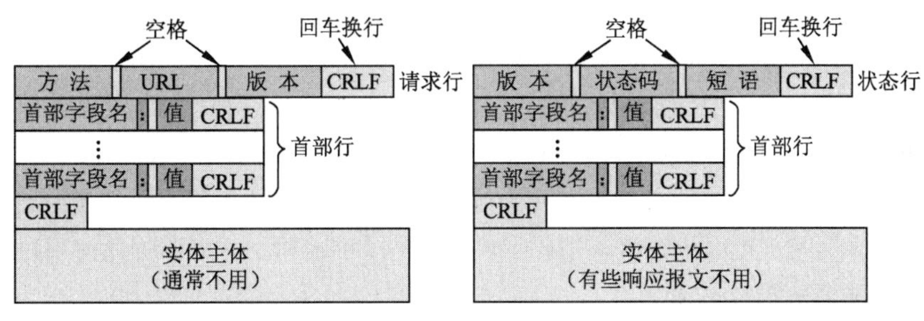

（a）请求报文　　（b）响应报文

图 4-3　HTTP 的报文结构

HTTP 的请求报文和响应报文都由 3 部分组成：开始行、首部行和实体主体。CRLF 表示回车和换行。

1）开始行

在请求报文中，开始行称为请求行。请求行中有方法、URL 和版本 3 个字段。方法是对所请求的对象进行的操作，表 4-1 是一些常用的方法。版本是 HTTP 协议的版本，有 HTTP1.0 和 HTTP1.1。

表 4-1　HTTP 请求报文中常用的方法

方　　法	含　　义
GET	请求读取由 URL 所标志的信息
POST	给服务器添加信息（如注释）
PUT	在指明的 URL 下存储一个文档
OPTION	请求一些选项的信息
HEAD	请求读取由 URL 所标志的信息的首部
DELETE	删除指明的 URL 所标志的资源
TRACE	用来进行环回测试的请求报文
CONNECT	用于代理服务器

在响应报文中，开始行称为状态行。状态行中也有 3 个字段：HTTP 版本、状态码和短语。状态码都是由 3 位数字组成，共分为 5 类。5 类状态码分别由 1 ~ 5 的数字开头，具体如下所示。

1xx 表示通知信息的，如请求收到了或正在进行处理。

2xx 表示成功，如接收或知道了。

3xx 表示重定向，表示要完成请求还必须采取进一步的行动。

4xx 表示客户的差错，如请求中有错误的语法或不能完成。

5xx 表示服务器的差错，如服务器失效无法完成请求。

短语是解释状态码的简单短语。

2）首部行

首部行用来说明浏览器、服务器或报文主体的一些信息，可以有多行，也可以一行也没有。多行之间需要用回车和换行间隔。

3）实体主体

在请求报文中一般不用这个字段，响应报文中也可以没有。

4．Cookie

HTTP 协议是无状态的，但有时候需要服务器记住用户的身份，如当用户在一个网站购买多种商品但想一起结账时。HTTP 协议通过使用 Cookie 来实现这点。使用 Cookie 的网站服务器为用户产生一个唯一的识别码，例如 Set-cookie: 45737060cd8c284d8af7a，其中 Set-cookie 就是首部字段名，45737060cd8c284d8af7a 就是赋予用户的识别码。利用此识别码，网站就能够跟踪该用户在该网站的活动。网站还可以根据该识别码了解用户之前的购物，并可以据此向用户推荐其他商品。现在很多网站都采用 Cookie。

4.1.2 HTTP 协议服务器实现

以下介绍的 HTTP 服务器程序为多线程应用程序，适合同时并行处理多个请求。其中包括一个主类 HTTPServer4_1 和一个内部多线程类 Handler。服务器主要工作由 Handler 类完成。Handler 类的设计可提供更好的性能和正确处理 I/O 阻塞问题，客户间互不影响。

该 HTTP 服务器程序是 Web 服务器的简单结构，实现了 HTTP1.0 GET 请求的基本框架，不支持其他请求，如 POST 等。

HTTPServer4_1 类有 3 个域，分别是 HTTP 服务器上的网页和其他文件的目录 docroot、端口 port、服务器套接字 SS。其中 port 默认为 80，可选 80 或 8080。有如下两个方法：

（1）HTTPServer()构造函数。其中创建一个基于端口 port 的服务器套接字 SS，由此运行 accept()方法来监控端口 80，从而获取客户端连接套接字，将其赋给 accept，实现与客户端建立连接通信；建立内部多线程类 Handler 的实例（对象），并调用 start()方法，针对请求过程，启动一个 HTTP 事务处理实例线程。连接通信套接字 accept 的确定和 Handler 实例调用 start()方法运行这两个过程都是在死循环 for(;;)中完成的，因而可实现每一个新客户端请求的连接通信和 HTTP 事务处理实例线程的建立和运行。

（2）main(String[] args) 主方法。创建 HTTP 服务器 HTTPServer4_1 实例并运行。

Handler 内部多线程类有 5 个域，分别是与客户端通信套接字 socket、向客户端发送信息字符输出流 pw、带缓存的字节输出流 bos、接收客户端请求文本读入器 br 和在服务器上的文件绝对路径对象 fDocroot。有如下 4 种方法：

（1）Handler(Socket _socket, String _docroot)：构造函数。由构造函数形参_socket 传递客户端通

信套接字初始化 socket；由形参_docroot 传递 HTTP 服务器上文件的目录转换为绝对路径文件给 fDocroot。

（2）run()：多线程 Handler 的运行方法。Handler 实例调用 start()方法运行后，系统会自动调用 run()。主要功能都在 run()中，首先，创建字符输入/输出读写流，读取浏览器发出的请求 br.readLine()，判断请求是否为 GET，获取文件名 req；其次，确定 HTTP 服务器上带有绝对路径的完整文件名 name，由此创建规范路径名字符串文件 file；再次，判断 file 和 fDocroot 文件绝对路径是否一致，如果一致，则进一步判断，文件 file 是否存在及是否可读；否则返回信息给客户端并告知。文件 file 如果是目录，将调用 sendDir(bos,pw,file,req)，把目录下的文件名发送给客户端浏览器显示；如果是文件或网页，则调用 sendFile(bos, pw, file.getAbsolutePath())，发送文件至客户端浏览器打开浏览。最后提示，如果不是 GET 请求，本服务器不支持。

（3）sendFile(BufferedOutputStream bos, PrintWriter pw, String filename)：向客户端浏览器发送文件方法。调用 bis.read(data)方法将 HTTP 服务器上文件 filename 的信息读入到 data 数组中，调用 bos.write(data,0,read)方法，将 data 数组中信息发送到客户端浏览器中打开文件或网页进行浏览。

（4）sendDir(BufferedOutputStream bos, PrintWriter pw, File dir, String req)：发送目录方法。发送目录 dir 和文件名 req，在客户端浏览器中列出目录下文件 req，并建立文件的超链接。

HTTP 服务器程序 HTTPServer4_1 运行流程：先编译 HTTPServer4_1.java 程序；其次，将做好的网页 Word_Mulu.htm 事先放入 C:/HTTP/文件夹中；再次，当 docroot="C:/HTTP/"、port=80 时，在浏览器中输入 URL 为 HTTP://hostname:port/Word_Mulu.htm，在此 hostname 为服务器域名或 IP 地址，本机运行为 localhost，port 为服务器指定端口（80），即输入 HTTP://localhost:80/Word_Mulu.htm，便可打开 Word_Mulu.htm 网页，若在浏览器中输入 URL 为 http://localhost:80//，则列出 C:/HTTP/目录下的文件。

例程 4-1：HTTPServer4_1.java。

```
import java.io.*;
import java.net.*;
import java.util.*;
public class HTTPServer4_1{
protected String docroot="C:/HTTP/";      //HTML 网页和其他文件的目录
protected int port=80;                    //HTTP 服务器默认端口为 80,可选 80 或 8080
protected ServerSocket SS;                //HTTP 服务器套接字
//构造函数
public HTTPServer4_1() throws Exception  {
  System.out.print ("Starting web server...... ");
  this.SS=new ServerSocket(this.port);  //创建一个新的服务器套接字
  System.out.println ("OK");
    for(;;) {
      Socket accept=SS.accept();          //接收新的客户端连接套接字
      new Handler(accept,docroot).start();   //针对请求过程，启动一个新的 HTTP 事务
                                             //处理实例线程
    }
}
//启动 HTTP 服务器运行的实例
public static void main(String[] args) throws Exception{
  HTTPServer4_1 httpServer=new HTTPServer4_1();
```

```
}
// 处理HTTP请求内部多线程类
class Handler extends Thread{
  protected Socket socket;                  //套接字，即客户端连接套接字 accept
  protected PrintWriter pw;                 //向客户端发送信息字符输出流
  protected BufferedOutputStream bos; //带缓存的字节输出流
  protected BufferedReader br;              //接受客户端请求带缓存字符输入流
  protected File fDocroot;                  //在服务器上的文件绝对路径对象
  public Handler(Socket _socket, String _docroot) throws Exception {//构造函数
    socket=_socket;
    fDocroot=new File(_docroot).getCanonicalFile();
                                            //HTTP服务器上文件的目录转换为绝对路径
  }
  public void run(){                        //线程运行
    try{                                    //创建字符输入/输出读写流
      br=new BufferedReader(new InputStreamReader(socket.getInputStream()));
      bos=new BufferedOutputStream(socket.getOutputStream());
      pw=new PrintWriter(new OutputStreamWriter(bos));
      //读取用户请求(希望类型:  GET /file…)
      String line=br.readLine();            //读取浏览器发出的请求
      socket.shutdownInput();               //关闭任何进一步的输入流
      if(line==null){
        socket.close();return;
      }
      if(line.toUpperCase().startsWith("GET")){判断请求是否为"GET"
        StringTokenizer tokens=new StringTokenizer(line,"?");
        tokens.nextToken();                 //"GET"
        String req=tokens.nextToken(); //获取文件名，如: "Word_Mulu.htm"
        //如果路径字符/或\不存在，将它添加到文档根目录
        //然后添加文件的请求，形成一个完整的文件名
        String name;
        if(req.startsWith("/") || req.startsWith("\\"))
          name=this.fDocroot+req;    //带有绝对路径的完整文件名
        else
          name=this.fDocroot+File.separator+req;    //带有绝对路径的完整文件名
        File file=new File(name).getCanonicalFile(); //规范路径名字符串文件对象
        //检查请求启动或不能启动的原因，file和fDocroot要一致
if(!file.getAbsolutePath().startsWith(this.fDocroot.getAbsolutePath())) {
          pw.println("HTTP/1.0 403 Forbidden");      //告知禁用
          pw.println();
        } else if(!file.exists()){                    //可能文件不存在
          pw.println("HTTP/1.0 404 File Not Found"); //告知文件不存在
          pw.println();
        } else if(!file.canRead()){           //可能因安全原因文件不能读取
          pw.println("HTTP/1.0 403 Forbidden");
          pw.println();
        } else if(file.isDirectory()){        //可能是一个目录，而不是文件
          sendDir(bos,pw,file,req);           //发送目录
        } else{                               //是一个文件
```

```
        sendFile(bos,pw,file.getAbsolutePath());  //发送文件
      }
      } else{                                 //如果没有 GET 请求，本服务器不支持
        pw.println("HTTP/1.0 501 Not Implemented");    //本服务器不支持
        pw.println();
      }
      pw.flush();
      bos.flush();
    }catch(Exception e){e.printStackTrace();
   }
   try {socket.close();
   } catch(Exception e){e.printStackTrace();
   }
  }                                                   //End of Run
//发送文件，在客户端浏览器中打开文件或网页
 protected void sendFile(BufferedOutputStream bos, PrintWriter pw, String
filename) throws Exception {
   try{
     BufferedInputStream bis=new BufferedInputStream(new FileInputStream(filename));
     byte[] data=new byte[10*1024];
     int read=bis.read(data);
     pw.println("HTTP/1.0 200 OK");
     pw.println();
     pw.flush();
     bos.flush();
     while(read!=-1){
       bos.write(data,0,read);
       read=bis.read(data);
     }
     bos.flush();
   } catch(Exception e) {
     pw.flush();
     bos.flush();
   }
  }// End of sendFile
  //发送目录，在客户端浏览器中列出目录下文件
 protected void sendDir(BufferedOutputStream bos,PrintWriter pw,File dir,
String req) throws Exception {
   try{
     pw.println("HTTP/1.0 200 Okay");
     pw.println();
     pw.flush();
     pw.print("<html><head><title>Directory of");
     pw.print(req);
     pw.print("</title></head><body><h1>Directory of");
     pw.print(req);
     pw.println("</h1><table border=\"0\">");
     File[] contents=dir.listFiles();
     for(int i=0;i<contents.length;i++) {
```

```
            pw.print("<tr>");
            pw.print("<td><a href=\"");      //文件的超链接
            pw.print(req);
            pw.print(contents[i].getName());
            if(contents[i].isDirectory())
               pw.print("/");
            pw.print("\">");
            if(contents[i].isDirectory())
               pw.print("Dir -> ");
            pw.print(contents[i].getName());
            pw.print("</a></td>");
            pw.println("</tr>");
        }
        pw.println("</table></body></html>");
        pw.flush();
        } catch(Exception e) {
          pw.flush();
          bos.flush();
        }//End of try
      }//End of sendDir
    }//End of Handler
  }//End of HTTPServer4_1
```

4.2 FTP 协议的 Java 实现

4.2.1 FTP 协议概述及工作过程

1. FTP 协议概述

网络环境中的一项基本应用就是将文件从一台计算机中复制到另一台可能相距很远的计算机中，文件传送协议 FTP（File Transfer Protocol）就能很好地实现这个功能。FTP 协议是互联网上使用最广泛的文件传送协议，很早就是互联网的正式标准。FTP 协议屏蔽了各计算机系统的差异，减少或消除了在不同操作系统下处理文件的不兼容性，因此适合在异构网络的任何计算机之间传送文件。FTP 协议提供交互式的访问，允许客户指明文件的类型和格式（如 ASCII 还是二进制文件），并允许文件具有存取权限。

2. FTP 协议的工作过程

FTP 协议基于传输层的 TCP 协议提供文件传送的一些基本的服务。FTP 协议使用客户/服务器模式，如图 4-4 所示。

FTP 的客户端除了具有数据传输（通过数据连接）和命令传输（通过控制连接）的功能外，还有一个用户界面提供接口与用户进行连接。

一个 FTP 服务器进程可同时为多个客户进程提供服务。FTP 的服务器进程由两大部分组成：一个主进程，负责接收新的请求；另外有若干从属进程，负责处理单个请求。主进程与从属进程的处理是并发地进行的。

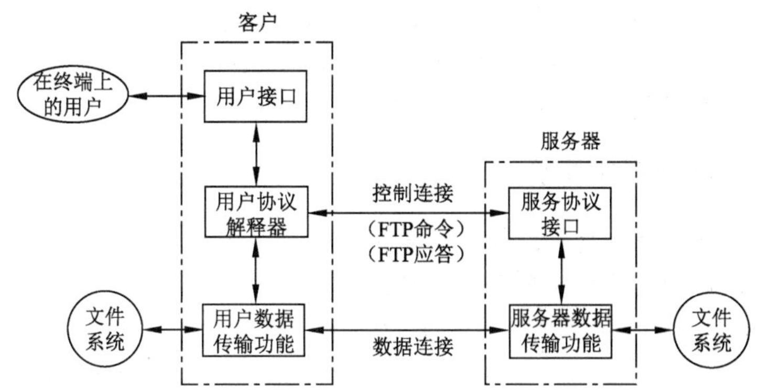

图 4-4　FTP 使用两个 TCP 连接实现文件传输

主进程的工作过程如下：

（1）打开熟知端口（端口号为 21），使客户进程能够连接上。

（2）等待客户进程发出连接请求。

（3）启动从属进程处理客户进程发来的请求。从属进程对客户进程的请求处理完毕后即终止，但从属进程在运行期间根据需要还可能创建其他一些子进程。

（4）回到等待状态，继续接收其他客户进程发来的请求。

FTP 协议使用两个连接：控制连接和数据连接，将控制命令的传输和数据传输分开，这使协议更加简单和容易实现。控制连接使用 TCP 协议的 21 号端口，它在整个通信期间一直保持打开，FTP 客户发出的传送请求通过控制连接发送给服务器端的控制进程，但控制连接不用来传送文件。实际用于传输文件的是“数据连接”，数据连接使用 TCP 协议的 20 号端口。服务器端的控制进程在接收到 FTP 客户发送来的文件传输请求后就创建“数据传送进程”和“数据连接”，用来连接客户端和服务器端的数据传送进程。数据传送进程实际完成文件的传送，在传送完毕后关闭“数据传送连接”并结束运行。

当客户进程向服务器进程发出建立连接请求时，要寻找连接服务器进程的熟知端口 21，同时还要告诉服务器进程自己的另一个端口号码，用于建立数据传送连接。接着，服务器进程用自己传送数据的熟知端口 20 与客户进程所提供的端口号码建立数据传送连接。由于 FTP 使用了两个不同的端口号，所以数据连接与控制连接不会发生混乱。

在 FTP 的使用当中，经常遇到“下载”（Download）和“上传”（Upload）两个概念。“下载”文件就是从远程主机复制文件至自己的计算机；“上传”文件就是将文件从自己的计算机复制至远程主机。

Internet 中通过 FTP 协议提供文件上传和下载服务的主机称为 FTP 服务器。用户使用 FTP 服务器提供的服务时必须首先登录，输入正确的用户名和口令字，方可下载或上传文件。但是 Internet 上的 FTP 主机很多，用户不可能在每一个 FTP 服务器上都拥有帐号，匿名 FTP 应运而生。通过匿名 FTP 机制，用户可以使用 anonymous 作为用户名，一个合法的 E-mail 地址作为口令字，登录 Internet 上的任何 FTP 服务器，并从其下载文件。值得注意的是，匿名 FTP 不适用于所有 Internet 主机，它只适用于那些提供了这项服务的主机。

当远程主机提供匿名 FTP 服务时，会指定某些目录向公众开放，允许匿名存取。系统中的其余目录则处于隐匿状态。作为一种安全措施，大多数匿名 FTP 服务器都允许用户从其下载文件，而不允许用户向其上传文件。即使有些匿名 FTP 服务器确实允许用户上传文件，用户也只能将文件上传至某一指定上传目录中。随后，系统管理员会去检查这些文件，他会将这些文件移至另一个公共下载目录中，供其他用户下载。利用这种方式，远程主机的用户得到了保护。

4.2.2 FTP 协议服务器端实现

FTP 服务器端程序为多线程，分为两部分：主程序 FtpServer4_2.java 和命令处理程序 FtpConnection4_2.java，两程序均为多线程处理程序。

主程序 FtpServer4_2 为主线程类，由 main()方法启动和运行主线程，run()方法实现客户线程。其中，main()方法调用命令处理程序 FtpConnection4_2.java，并创建主线程对象和其运行，如 new FtpServer4_2().start()。run()方法系统自动调用，其中定义了服务器套接字 ftpsocket，运行 accept()方法监控端口 21，从而获取客户端套接字，将其赋给 client，以便与客户端建立命令通道；以 client 作为参数，建立命令处理程序对象并运行，如 new FtpConnection4_2(client).start()。服务器套接字 ftpsocket 的监控和建立命令处理程序对象都是在死循环 for(;;)中进行的，新的客户进入，便产生一个新客户线程，从而在服务器中实现多线程。

在命令处理程序 FtpConnection4_2.java 中，分为系统方法和命令处理方法两部分。线程类的主要设计都是在 run()方法中实现，两个系统方法如下：

（1）FtpConnection4_2(Socket socket)为构造函数，通过其参数传递获得客户端套接字 this.socket，为建立命令通道，与客户端通信打下基础，并从中得到客户端 IP 地址，赋给 this.clientIP。

（2）命令处理程序的 run()方法，在主程序运行 FtpConnection4_2(client).start()后运行。依据客户端套接字，建立字符输入流 reader 和输出流 writer，与客户端进行通信，发送和接收信息，并进行命令处理。

由 for(;;)死循环，不断接收客户端命令，如 reader.readLine()的调用，而后调用 parseCommand (command)方法，完成对命令的处理并应答。若接收到 QUIT 命令，则关闭连接，结束 FTP 会话。

命令处理方法：

（1）response(String S)：此方法是服务器专门用来向客户端发送响应信息 S 的。通过输出流的输出方法调用，如 writer.write(s)来实现，方法的形参 S 用来传递响应信息。

（2）getParam(String cmd, String start)：此方法获取命令行中命令 cmd 后面附带的信息。通过字符串 substring()方法来实现，如 st.substring(cmd.length(), st.length())。

（3）parseCommand(String s)：此方法为命令处理的主要方法。程序中列出了基本命令的判断和服务器响应信息代码。如 USER、PASS、QUIT、TYPE A、CWD 等命令，没有写命令处理代码。

例程 4-2（a）：主程序 FtpServer4_2.java。

```
import java.net.*;
public class FtpServer4_2  extends Thread {
  public static final int FTP_PORT=21;  //服务器默认端口 21
  ServerSocket ftpsocket=null;          //服务器套接字

  public static void main(String[] args) {
      FtpConnection4_2.root="C:\\ftp\\";
      System.out.println("[info] ftp server root: "+FtpConnection4_2.root);
      new FtpServer4_2().start();         //创建 FtpServer4_2 主线程对象, 并运行
```

```
  }

  public void run() {                       //线程类 run()方法自动调用
      Socket client=null;
      try {
          ftpsocket=new ServerSocket(FTP_PORT);
          System.out.println("[info] listening port: "+FTP_PORT);
          for(;;) {
              client=ftpsocket.accept();//监控端口 FTP_PORT=21,返回客户端套接字
              new FtpConnection4_2(client).start(); //
          }
      }catch(Exception e) {e.printStackTrace();}
  }
}
```

例程 4-2（b）：命令处理程序 FtpConnection4_2.java。

```
import java.net.*;
import java.io.*;
import java.util.*;
import java.text.*;
public class FtpConnection4_2 extends Thread {
  static public String root=null;        //当前服务器上的根目录（本程序暂时没用）
  private String currentDir="/";         //当前服务器上的工作目录
  private Socket socket;                 //套接字
  private BufferedReader reader=null;    //字符输入流
  private BufferedWriter writer=null;    //字符输出流
  private String clientIP=null;          //客户端 IP 地址
  //private String host=null;            //客户端端口
  //private int port=(-1);               //客户端端口
       String user;
  public FtpConnection4_2(Socket socket){   //获得客户端套接字信息
      this.socket=socket;                //客户端通信套接字
      this.clientIP=socket.getInetAddress().getHostAddress();//获取客户端主机IP地址
  }
  //run()方法运行线程，创建服务器与客户端通信的字符流
  //获得用户命令，处理命令，当收到 QUIT 时，关闭连接，结束 FTP 会话
  public void run() {
      String command;
      try {
          System.out.println(clientIP+" connected.");
          socket.setSoTimeout(60000);     //ftp 超时设定
          //字符输入流，接收客户端字符信息流
          reader=new BufferedReader(new InputStreamReader(socket.getInputStream()));
          //字符输出流，发送至客户端字符信息流
          writer=new BufferedWriter(new OutputStreamWriter(socket.getOutputStream()));
          response("220-欢迎消息......");     //服务器响应信息
          for(;;) {
              command=reader.readLine();  //获取客户端命令，即信息字符串
              if(command==null)break;
              System.out.println("command from "+clientIP+":"+command);
              parseCommand(command);             //客户端命令处理
```

```
            if(command.equals("QUIT")) break;   //收到 QUIT 命令
        }
    } catch(Exception e) {e.printStackTrace();
    }finally {
        try {if(reader!=null) reader.close();
        }catch(Exception e) {}
        try {if(writer!=null) writer.close();
        }catch(Exception e) {}
        try {if(this.socket!=null) socket.close();
        }catch(Exception e) {}
    }
    System.out.println(clientIP+"disconnected.");
}

//服务器发送响应信息
private void response(String S) throws Exception {
    System.out.println(" [服务器] 应答: "+ S);
    writer.write(S);                            //服务器发送响应信息
    writer.newLine();                           //写入一个行分隔符
    writer.flush();                             //注意要 flush，否则响应仍在缓冲区
}

// 获取命令行中，命令后面附带的信息
private String getParam(String st, String cmd) {
    String s1=st.substring(cmd.length(),st.length());
    return s1.trim();
}

//用户命令处理
private void parseCommand(String s) throws Exception {
    if(s==null||s.equals(""))  return;
    if(s.startsWith("USER"))  {user=s.substring(4);user=user.trim();//客户
端用户名
    response("331 need password");return;}
    if(s.startsWith("PASS ")){response("230 welcome to my ftp! User: "+user);
    return;}                                        //密码
    if(s.equals("QUIT")) {response("221 GOOD BYE! ");return;}
                                                    //关闭与服务器的连接
    if(s.equals("TYPE A")) {response("200 TYPE set to A.");return;}
                                                    //用来完成类型设置
    if(s.equals("TYPE I")){response("200 TYPE set to I.");return;}
    if(s.equals("NOOP")) {response("200 NOOP OK.");return;}
    if(s.startsWith("CWD"))  { //改变工作目录到用户指定的目录。注意没有检查目录是否有效
        this.currentDir=getParam(s, "CWD ");   //获得当前服务器上的工作目录
        response("250 CWD command successful.");return;}
        if(s.equals("PWD "))  {                          //打印当前目录
        response("257 \""+this.currentDir+"\""+"is current directory.");return;}
        //......;
    //if([命令判断]) {..[命令处理代码]..; response([服务器应答信息]);return;}
    //添加其他命令
```

```
    //……;
    response("500 invalid command");          //没有匹配的命令，输出错误信息
  }
}
```

有些关键命令处理的代码，如 PORT、PASV、RETR 和 STORE，如下所述。

1. 主动模式 PORT（PORT）命令

使用该命令时，客户端必须发送客户端用于建立数据传输通道的 32 位 IP 地址和 16 位的 TCP 协议端口号。处理代码如下：

```
if(s.startsWith("PORT ")) {
  String[] params=getParam(s, "PORT ").split(",");          //进入主动模式
  if(params.length<=4||params.length>=7)
    response("500 command param error.");
  else {
    this.host=params[0]"."params[1]"."params[2]"."params[3]; //客户端 IP 地址
    String port1=null;
    String port2=null;
    if(params.length==6) {
     port1=params[4];
     port2=params[5];
    } else {
     port1="0";
     port2=params[4];
    }
    this.port=Integer.parseInt(port1)*256+Integer.parseInt(port2);//客户端端口
    response("200 command successful.");
  }
  return;
}
```

2. 被动模式 PASV（PASSIVE）命令

使用该命令时，服务器要向客户端发送服务器当前用于建立数据传输通道的 32 位 IP 地址和 16 位的 TCP 协议端口号。处理代码如下：

```
if(s.equals("PASV")) {                          //进入被动模式命令
  if(pasvSocket!=null)          //pasvSocket 为类中定义的被动模式下服务器套接字
  pasvSocket.close();
  try {
     pasvSocket=new ServerSocket(0);            //0 表示使用任何空闲端口
     int pPort=pasvSocket.getLocalPort();       //返回此套接字在其上侦听的端口
     if(pPort<=1024)  pPort="1025";
     pasvSocket.setSoTimeout(60000);
     //服务器发送当前 IP 地址和 TCP 协议端口号
     response("227 Entering Passive Mode ("+
     InetAddress.getLocalHost().getHostAddress().replace(',',
'.')+","+pPort+")");
     if(pasvSocket!=null) dataSocket=pasvSocket.accept();//被动模式端口监控
  }catch(Exception e) {
     if(pasvSocket!=null) {
        pasvSocket.close();
```

```
        pasvSocket=null;
      }
    }
  return;
}
```

3. 文件下载 RETR（RETEIEVE）和文件上传 STOR（STORE）命令

文件传输命令包括从服务器中获得文件的下载命令 RETR 和向服务器中发送文件的上传命令 STOR，这两个命令的处理基本类似。处理 RETR 命令时，首先得到用户要获得的文件的名称 str 和服务器硬盘上文件保存地址 root，根据其创建一个文件输入流 inFil，然后和客户端建立临时套接字连接 dataSocket，并得到一个输出流 outSocket。随后，将文件输入流中的数据读出并借助于套接字输出流发送到客户端，传输完毕以后，关闭流和临时套接字。STOR 命令的处理也是同样的过程，只是方向相反。处理代码如下：

```
if(str.startsWith("RETR")){                              //文件下载命令
  Socket dataSocket;                                     //套接字
  str=getParam(str,"RETR");
  str=str.trim();
  if(pasvSocket!=null)dataSocket=pasvSocket.accept();                //被动模式
  else dataSocket=new Socket(this.host,this.port);                   //主动模式
  RandomAccessFile inFile=new RandomAccessFile(root+"/"+str,"r");  //随机访问文件
  OutputStream outSocket=dataSocket.getOutputStream();             //输出流
  byte byteBuffer[]=new byte[1024];
  int amount;
  response("150 Opening ASCII mode data connection.");
  try{
  while((amount=inFile.read(byteBuffer))!=-1){ //随机访问文件，在服务器上读文件
     outSocket.write(byteBuffer,0,amount);     //通过输出流，发送到客户端
  }
  outSocket.close();
  inFile.close();
  dataSocket.close();
  response( "226 transfer complete");
  } catch(IOException e){
      response("550 ERROR: File not found or access denied.");
  }
  return;
}
if(str.startsWith("STOR")){                                 //文件上传命令
  Socket dataSocket;                                        //套接字
  str=getParam(str,"STOR");
  str=str.trim();
  if(pasvSocket!=null)dataSocket=pasvSocket.accept();                //被动模式
  else dataSocket=new Socket(this.host, this.port);                  //主动模式
  RandomAccessFile inFile=new RandomAccessFile(root+"/"+str,"rw");//随机访问文件
  InputStream inSocket=dataSocket.getInputStream();                //输入流
  byte byteBuffer[]=new byte[1024];
  int amount;
  response("150 Binary data connection");
```

```
    try{
        while((amount=inSocket.read(byteBuffer))!= -1){    //通过输入流读文件
        inFile.write(byteBuffer,0,amount);              //通过随机访问文件，写到服务器上
    }
        inSocket.close();
        response("226 transfer complete");
        inFile.close();
        dataSocket.close();
    } catch(IOException e){
        response("550 ERROR: File not found or access denied.");
    }
    return;
}
```

4. 文件和目录列表 LIST（LIST）命令

此命令用于向客户端发送服务器中工作目录 root 下的目录结构，包括文件和目录的列表。处理这个命令时，先创建一个临时的套接字 dataSocket 向客户端发送目录信息。这个套接字的目的端口号默认为 1，为当前工作目录创建 File 对象 file，利用该对象的 list()方法得到一个包含该目录下所有文件和子目录名称的字符串数组 dirStructure，然后根据名称中是否含有文件名中特有的“.”来区别目录和文件。最后，将得到的名称数组通过文本输出流 out2 发送到客户端。LIST 命令处理代码如下：

```
if(str.startsWith("LIST")) {
    Socket dataSocket;
    if(pasvSocket!=null)dataSocket=pasvSocket.accept();        //被动模式
    else dataSocket=new Socket(this.host, this.port);          //主动模式
    PrintWriter out2=new PrintWriter(dataSocket.getOutputStream(),true);
    //字符输出流
    File file=new File(root);                              //文件
    String[] dirStructure=new String[10];                  //文件名和目录数组
    String strType="";
    response("150 Opening ASCII mode data connection.");
    try{
      dirStructure= file.list();                           //字符串数组的文件和目录
      for(int i=0;i<dirStructure.length;i++){
         if(dirStructure[i].indexOf(".")==-1) {
           strType="d ";
         }else{
           strType="- ";
         }
         out2.println(strType+dirStructure[i]);            //名称发送到客户端
      }
      out2.close();
      dataSocket.close();
      response("226 transfer complete");
  }catch(IOException e){
      out2.close();
      dataSocket.close();
      response(e.getMessage());
  }
```

```
    return;
  }
```

4.2.3 FTP 协议客户端实现

FTP 客户端程序如例程 4-3 FTPClient4_3.java 所示。其主要包括 5 种方法，各方法的作用和功能如下：

（1）main(String[] args)主方法。创建 FTP 客户端程序 FTPClient4_3 的对象 client，使程序开始运行。

（2）FTPClient4_3()构造函数。调用 displayFile()方法向服务器发送命令。

（3）displayFile()发送命令。向服务器发送登录、建立文件夹、查看文件列表、文件操作和文件传输等命令，接收服务器应答信息和显示信息。

先创建与服务器连接的套接字 socket，以及建立捆绑套接字 socket 通信的字符输入流 br、输出流 pw，客户端与服务器可进行通信。而后调用 getReply(br)和 writeMsg(String msg,String str)方法接收服务器响应信息和发送命令。当发送 QUIT 命令后，从 FTP 服务器上退出登录。关闭字符输入流 br、输出流 pw 和通信套接字 socket。

（4）getReply(BufferedReader dataIn)方法接收 FTP 服务器应答码和信息。通过字符输入流对象参数 dataIn 的传递，调用 dataIn.readLine()方法，读取 FTP 服务器应答码和信息，并返回 return 此信息 string2。

（5）writeMsg(String msg,String str) pw.println(msg)方法向 FTP 服务器发送命令和信息。通过字符串参数 msg 传递命令信息，由字符输出流对象 pw 调用 println(msg)方法，完成向 FTP 服务器发送命令和信息。

例程 4-3：FTPClient4_3.java。

```
import java.io.*;
import java.net.*;
import java.util.*;

public class FTPClient4_3 {
  protected int port=21;                          //FTP 协议通信端口
  protected String hostname="localhost";        //本地主机名（服务器 IP 地址）
  protected String username="admin";            //用户名
  protected String password="admin";            //用户密码
  protected String foldername="/QQ/";           //切换文件夹
  protected Socket socket;
  protected BufferedReader br;                  //字符输入流
  protected PrintWriter pw;                     //字符输出流
  public static void main(String[] args) throws Exception {
     FTPClient4_3 client=new FTPClient4_3();// 创建和运行 FTP 客户端对象 client
  }
  public FTPClient4_3() throws Exception{
    try{
      displayFile(); //
    } catch (Exception e){System.out.println ("文件传输出错-"+e);}
  }
  //向服务器发送命令，接收服务器应答信息和显示信息
```

```
protected void displayFile() throws Exception {
  try{
    System.out.println("打开Socket连接! ");      //打开与FTP服务器的连接
    socket=new Socket(this.hostname,this.port);
    br=new BufferedReader(new InputStreamReader(socket.getInputStream()));
    pw=new PrintWriter(new OutputStreamWriter(socket.getOutputStream()));
    //开始按FTP协议发送命令和内容
    GetReply(br);                  //接收初始链接信息
    //通过发送用户名和密码命令来登录
    writeMsg("USER "+this.username,"发送用户名! ");
    GetReply(br);                  //得到返回值
    writeMsg("PASS "+this.password,"发送密码! ");
    GetReply(br);                  //得到返回值
    writeMsg("CWD "+this.foldername,"发送切换文件夹指令! ");
    GetReply(br);                  //得到返回值
    writeMsg("EPSV ALL","设置模式! ");
    GetReply(br);                  //得到返回值
    writeMsg("EPSV","得到被动监听信息! ");
    GetReply(br);                  //得到返回值
    writeMsg("MKD dd","执行MKD命令,创建目录DD! ");
    GetReply(br);                  //得到返回值
    writeMsg("DELE dd/","执行MKD命令,删除目录DD! ");
    GetReply(br);                  //得到返回值
    writeMsg("LIST /qq/","执行LIST命令列出文件! ");
    GetReply(br);                  //得到返回值
    writeMsg("QUIT","执行QUIT命令,从FTP服务器上退出登录! ");
    GetReply(br);                  //得到返回值
    //退出连接
    pw.flush();pw.close();
    br.close();socket.close();
  } catch (Exception e){          //捕获错误
    System.out.println("文件传输出错!\n");
    System.out.println(e.getMessage()+"\n");
  }
}
//返回FTP服务器应答码,并在屏幕上显示
public String GetReply( BufferedReader  dataIn) throws Exception{
   String string2=dataIn.readLine();
   System.out.println("服务器: "+string2+"\r\n");//
   return string2;
}
//通过套接字发送FTP协议命令和信息msg,并显示在屏幕上
public void writeMsg(String msg,String str) throws Exception {
   pw.println(msg);                      //发送msg信息+ "\n"
   pw.flush();
   System.out.print("客户端:"+msg );     //屏幕显示msg信息
   System.out.println( "//"+str );       //屏幕显示str信息
}
}
```

FTP服务器程序FtpServer4_2.java和客户端程序FTPClient4_3.java先后运行,FTP服务器运行

结果如下：

```
[info] ftp server root: C:\ftp\
[info] listening port:21
127.0.0.1 connected.
[服务器] 应答: 220-欢迎消息......
command from 127.0.0.1 : USER admin
[服务器] 应答: 331 need password
command from 127.0.0.1 : PASS admin
[服务器] 应答: 230 welcome to my ftp! User: admin
command from 127.0.0.1 : CWD QQ
[服务器] 应答: 250 CWD command successful.
command from 127.0.0.1 : PWD
[服务器] 应答: 257 "QQ"is current directory.
command from 127.0.0.1 : PASV
[服务器] 应答: 227 Entering Passive Mode (211.86.99.182;2435)
```

4.3 SMTP 协议和 POP3 协议的 Java 实现

电子邮件 E-mail 是互联网上使用广泛的一种应用，它具有便捷、传递迅速和费用低廉的优点。电子邮件系统把邮件发送到收件人邮箱所在的邮件服务器，收件人可在方便的时候上网到自己的邮箱中读取这些邮件。

电子邮件系统分为两大类：一类是使用用户代理访问邮箱，Foxmail 和 Outlook 就是典型的用户代理；一类是直接使用基于 Web 的邮箱（不需要使用用户代理）。

1. 使用用户代理访问邮箱

使用用户代理访问邮箱的电子邮件系统由用户代理、邮件服务器以及邮件发送协议（如 SMTP）和邮件读取协议（如 POP、IMAP）组成。具体工作过程如图 4-5 所示。

图 4-5　基于用户代理的电子邮件系统工作过程

用户代理是用户和电子邮件系统的接口，用户通过用户代理可以写信和处理信。在发件人用户代理、发送方邮件服务器和接收方邮件服务器之间传输邮件的是 SMTP 协议，收件人也可以通过用户代理使用 POP 或 IMAP 协议读取邮箱中的信件。

注意：为了提高可靠性，无论是邮件传输协议 SMTP，还是邮件读取协议 POP 或者 IMAP，都是基于传输层的 TCP 协议工作的。

使用这种方式收发电子邮件，用户必须在自己的计算机上安装用户代理软件，如 Foxmail 或者 Outlook，并进行简单的配置方可正常收发电子邮件。如果用户使用别的计算机收发电子邮件是非常不方便的。

2. 直接使用基于 Web 的邮箱

当直接使用基于 Web 的邮箱时，用户写信和读信都需要使用浏览器登录邮箱，这个过程中使用的是 HTTP 协议，只有发送方邮件服务器和接收方邮件服务器之间传输邮件时使用 SMTP 协议。如图 4-6 所示。

图 4-6　基于 Web 的邮箱的工作过程

现在，几乎所有的著名网站以及大学都提供了基于 Web 的电子邮件。基于 Web 的电子邮件的好处是：无论用户身在何处，只要有能够上网的计算机，在打开浏览器后都可以方便地收发电子邮件。

4.3.1　SMTP 协议概述及工作过程

1. SMTP 概述

SMTP（Simple Mail Transfer Protocol，简单邮件传输协议），是一种基于 TCP 协议的提供可靠且有效电子邮件传输的应用层协议。SMTP 定义了一组用于由源地址到目的地址传送邮件的规则，规定了在相互通信的两个 SMTP 进程之间应如何交换信息。SMTP 协议使用客户/服务器模式，即发送邮件的 SMTP 进程就是 SMTP 客户，而接收邮件的 SMTP 进程就是 SMTP 服务器，客户和服务器的地位是可以改变的。如图 4-5 中，发送方邮件服务器在接收用户代理发送的邮件时是 SMTP 服务器，但是在把邮件发送给接收方邮件服务器时就是 SMTP 客户的身份。

SMTP 规定了 14 条命令和 21 种应答信息。SMTP 的命令和应答都是基于文本的，以命令行为单位，换行符为 CR/LF。SMTP 的每条命令由几个字母组成，而应答信息一般只有一行，由一个三位数字的代码和简单的文字说明组成（文字说明也可没有）。如 HELO 命令就是客户端向对方邮件服务器发出的标识自己身份的命令；MAIL FROM: qq@sina.com 命令说明邮件的发送方为 qq@sina.com。而 220 Service ready 则表示服务就绪的应答；250 OK 则表示已准备好接收的应答。SMTP 的命令和应答有严格的语法定义，所有的命令都由 ASCII 码组成。命令代码是大小写无关的，如 Mail 和 MAIL、mail 是等效的。

2. SMTP 工作过程

SMTP 提供了一种邮件传输的机制。SMTP 首先由发件方提出申请，要求与接收方 SMTP 建立双向的通信渠道，收件方可以是最终收件人也可以是中间转发的服务器。收件方服务器确认可以建立连接后，双方就可以开始通信。

SMTP 的工作过程具体可描述为如下几个过程：

（1）建立 TCP 连接，SMTP 默认使用 TCP 的 25 端口。注意 SMTP 不使用中间邮件服务器，即不论收发双方的邮件服务器相距有多远，TCP 连接总是在收发双方的邮件服务器之间建立。如果接收方邮件服务器出现故障不能工作，则连接建立不能成功。

（2）客户端向服务器发送 HELO 命令以标识发件人自己的身份；然后客户端发送 MAIL 命令，MAIL 命令后有发件人的地址，如 MAIL FROM: 发件人地址。

（3）如果服务器端同意，则以 250 OK 作为响应；否则返回一个代码，说明原因，如 421 Service

not available （服务不可用）。

（4）客户端发送一个或多个 RCPT 命令（取决于同一个邮件是否要发送给多个接收者），告知收件人的身份，基本格式是 RCPT TO:收件人地址。RCPT 命令的作用是先弄清楚邮件接收方是否已做好邮件接收的准备，以免浪费通信资源。

（5）服务器端表示是否愿意为收件人接收邮件，同意则回复 250 OK；否则返回一个代码，说明原因，如 550 No such user here （无此用户）。

（6）协商结束，发送邮件，用命令 DATA 发送输入内容。

（7）邮件发送结束后，SMTP 客户用 QUIT 命令退出，服务器方回复 221 Service closing transmission channel 同意释放 TCP 连接，邮件传输过程全部结束。

总体来说，SMTP 要经过建立连接、传送邮件和释放连接 3 个阶段。上述过程的（2）（3）（4）（5）（6）都属于邮件传送阶段。通信过程中，发件方 SMTP 与收件方 SMTP 采用对话式的交互方式，发件方提出要求，收件方进行确认，确认后才进行下一步动作。整个过程由发件方控制，有时需要确认多次。

3．SMTP 存在的问题和扩充

已经广泛使用多年的 SMTP 协议存在以下一些缺点。

（1）MAIL FROM 后面的发送方电子邮件地址可以任意填写，不需要鉴别，这大大方便了垃圾邮件。

（2）SMTP 只支持 7 位 ASCII 码文件的传输。为了支持二进制文件的传输，对 SMTP 进行了扩充，提出了通用互联网邮件扩充 MIME（Multipurpose Internet Mail Extension）。在 MIME 邮件中，可以传输多种类型的数据：声音、文本、图像和视频等，这非常有利于多媒体通信。虽然 MIME 可以传输二进制文件，但是传送 ASCII 的长报文时效率不高。

（3）SMTP 使用明文传送邮件，不利于邮件的保密。

为了解决上述问题，2008 年将 SMTP 扩充为 ESMTP（Extended SMTP），新增加了客户端的鉴别，服务器端接收二进制报文和分块接收大报文，发送前检查报文的大小，使用安全传输 TLS（提供了加密和鉴别功能）和使用国际化地址等功能。现在很多的 SMTP 邮件服务器还没有升级为 ESMTP。

4.3.2 POP3 协议概述及工作过程

1．POP3 概述

邮局协议 POP（Post Office Protocol）是一个邮件读取协议，现在常用的是第 3 个版本，称为 POP3。

POP 是一个功能有限的邮件读取协议，支持“离线”邮件处理。其具体过程是：邮件发送到接收方邮件服务器上，接收方电子邮件客户端连接邮件服务器，并下载所有未阅读的电子邮件，将邮件从邮件服务器端送到个人终端机器上。一旦邮件发送到个人终端机上，邮件服务器上的邮件将会被删除。但目前的 POP3 邮件服务器大都可以“只下载邮件，服务器端并不删除”，也就是改进的 POP3 协议。现在绝大多数的邮件服务器都支持 POP3。

2．POP3 的工作过程

POP3 基于传输层的 TCP 协议，它使用了 TCP 协议的 110 端口。POP3 使用客户/服务器的方式工作。接收邮件的用户计算机中的用户代理运行 POP3 客户程序，而收件人所连接的邮件服务器中运行 POP3 服务器程序。当用户输入正确的用户名和口令字鉴别成功后，POP3 才允许对邮箱进行读取。

POP3 客户使用 POP3 命令向 POP3 服务器发送请求，例如 PASS 命令传送账户密码，RETR 命令请求传送邮件内容等，POP3 服务器使用应答对此回应，"+OK"表示命令成功，"-ERR"表示命令失败，后面是简单的文字说明，例如"+OK Password required for Bob" 表示 USER 命令成功执行，需要客户输入密码进行验证。

POP3 有 3 种状态：AUTHORIZATION（授权）、TRANSACTION（处理）、UPDATE（更新）。当 TCP 连接建立起来时，POP3 进入“授权”状态，客户需要使用 USER（用户名）/PASS（口令字）进行身份验证。通过验证后，POP3 进入“处理”状态，客户可以使用 LIST 命令查看邮件清单，RETR 命令来获取邮件等。当客户发送 QUIT 命令后，POP3 进入“更新”状态，服务器处理完命令后又回到“授权”状态。

POP3 客户端会定时访问邮件服务器，下载邮件到客户的计算机中，然后与服务器断开。POP3 协议最大的优势是收件人不需要参与到与邮件服务器之间的邮件读取过程，可以“离线”地进行邮件处理，简化了用户操作。

另一个邮件读取协议网际报文存取协议 IMAP（Internet Message Access Protocol）比 POP3 协议复杂得多，是一个联机协议。用户可以在不同的地方使用不同的计算机随时处理在邮件服务器中的邮件。在这个过程中，需要用户计算机和邮件服务器保持连网。

4.3.3　SMTP 协议实现（客户端）

下面的例程 4-4 SMTPClient4_4.java 实现了以上 SMTP 协议实现的具体过程。主要包括 8 种方法，各方法的作用和功能如下所示。

（1）SMTPClient4_4()构造函数，调用 getInput()方法获得邮件收发主机名、邮件标题、邮件内容等信息；调用 sendEmail()建立套接字通信读/写字符流对象（br 和 pw），发送邮件命令和邮件内容信息。

（2）main(String[] args)主方法，创建和运行 SMTP 客户端 SMTPClient4_4 程序的对象 client，同时运行发送邮件。

（3）readResponseCode()方法，获得 SMTP 服务器应答码，并在屏幕上显示。

（4）writeMsg(String msg)方法，通过已建好的套接字通信，输出字符流 pw 向 SMTP 服务器发送协议命令和信息 msg，并显示在屏幕上。

（5）closeConnection()方法，关闭通信套接字和所有读/写字符流对象，终止连接。

（6）sendQuit()方法，发送 QUIT 命令退出服务器，而后调用 closeConnection()方法终止连接，退出程序。

（7）sendEmail()方法，是本程序的核心。首先，通过创建套接字（Socket）与远程 SMTP 服务器连接通信；其次，建立捆绑套接字 Socket 的读/写字符流对象（br 和 pw），可与 SMTP 服务器进行数据通信；再次，调用其他方法完成发送邮件命令和邮件内容信息，并终止连接。

发送一封 E-mail 邮件的过程如下：

第一次调用 readResponseCode()方法，接收 SMTP 服务器响应的第一个应答码 220，表明服务器就绪；否则执行 socket.close()方法，关闭套接字 socket 连接。

通过 writeMsg()分别依次发送 HELO、MAIL FROM 和 RCPT TO 三个命令，readResponseCode()返回应答码 250，表示命令操作成功；否则连接 SMTP 服务器失败，或收件人地址无效、发件人地址无效，调用 sendQuit()方法终止连接。

由 writeMsg()方法发送 DATA 命令，readResponseCode()方法返回应答码 354，表示接下来可以发送邮件内容；否则 SMTP 服务器不接收数据，调用 sendQuit()方法终止连接。

最后由 writeMsg()方法发送邮件内容，返回应答码 250，完成邮件发送，调用 sendQuit()方法终止连接，退出程序。

（8）getInput()方法，获取用户从键盘输入的 SMTP 服务器主机名 hostname、邮件收件人 to 和发件人地址 from、邮件标题 subject、邮件内容 content 等信息。

通过 getInput()方法，由用户从键盘输入的应用程序 SMTPClient4_4 中的类域名有 6 个，大部分从键盘输入。这些变量用来确定 SMTP 信息的邮件服务器，以及设定邮件收发地址和内容细节。默认端口 port 为 25。SMTP 远程服务器主机名 hostname 若用户没有给定，则默认为本地主机名 localhost。

另外，还有 3 个对象：socket、br 和 pw，用来通信和读取/发送 SMTP 信息。

例程 4-4：SMTPClient4_4.java。

```
import java.io.*;
import java.net.*;
import java.util.*;
public class SMTPClient4_4{
protected int port=25;                          //SMTP 协议通信端口
protected String hostname="localhost";          //默认本地主机为服务器
protected String from="";                       //发件人
protected String to="";                         //收件人
protected String subject="";                    //邮件标题
protected String content="";                    //邮件正文

protected Socket socket;                        //套接字被用来与 SMTP 远程服务器通信
protected BufferedReader br;                    //读取 SMTP 信息字符流对象
protected PrintWriter pw;                       //发送 SMTP 信息字符流对象

// 构造一个 SMTP 客户端新的实例
public SMTPClient4_4() throws Exception{
    try{getInput();                             //获得输入信息
        sendEmail();                            //发送信息
    } catch (Exception e){System.out.println ("发送信息出错 - "+e);}
}
//创建和运行 SMTP 客户端对象 Client，同时发送邮件
public static void main(String[] args) throws Exception {
  SMTPClient4_4 client=new SMTPClient4_4();
}
//返回 SMTP 服务器应答码，并在屏幕上显示
protected int readResponseCode() throws Exception{
  String line=br.readLine();                    //接收服务器响应的应答码
  System.out.println("< "+line);
```

```
   line=line.substring(0,line.indexOf(" "));
  return Integer.parseInt(line);
 }
//通过套接字发送 SMTP 协议命令和信息 msg，并显示在屏幕上
 protected void writeMsg(String msg) throws Exception {
  pw.println(msg);                              //发送 msg 信息
  pw.flush();
  System.out.println(">"+msg);                  //屏幕显示 msg 信息
}
//关闭通信套接字和所有读写字符流对象，终止连接
protected void closeConnection() throws Exception  {
  pw.flush();
  pw.close();
  br.close();
  socket.close();
}
//发送 QUIT 协议信息（命令），并终止连接
protected void sendQuit() throws Exception {
  System.out.println("发送 QUIT 命令！ ");
  writeMsg("QUIT");                             //发送 QUIT 协议信息（命令）
  readResponseCode();                           //屏幕显示应答码
  System.out.println("关闭连接");
  closeConnection();                            //终止连接
}
//在 RFC 821 协议规则基础上，通过 SMTP 发送电子邮件
protected void sendEmail() throws Exception  {
  System.out.println("现在发送邮件：过程如下");
  System.out.println("-------------------------------------------------");
  System.out.println("创建套接字 socket！ ");
  socket=new Socket(this.hostname,this.port);
  System.out.println("创建读写流对象！ ");
  //字符读 br 写 pw 流对象
  br=new BufferedReader(new InputStreamReader(socket.getInputStream()));
  pw=new PrintWriter(new OutputStreamWriter(socket.getOutputStream()));
  System.out.println("读第一个应答码 220！ ");
  int code=readResponseCode();             //接收 SMTP 服务器响应的第一个应答码 220
  if(code!=220) {
   socket.close(); throw new Exception("连接 SMTP Server 服务器失败！ "); }
   System.out.println("发送（helo）命令！ ");
   writeMsg("HELO"+InetAddress.getLocalHost().getHostName());
   code=readResponseCode();
   if(code!=250){sendQuit();
     throw new Exception("连接 SMTP Server 服务器失败！ ");}
   System.out.println("发送（mail from）命令！ ");
   writeMsg("MAIL FROM:<"+this.from+">");
   code=readResponseCode();
   if(code!=250) {sendQuit();throw new Exception("发件人地址无效！ ");}
   System.out.println("发送（rcpt）命令！ ");
   writeMsg("RCPT TO:<"+this.to+">");
   code=readResponseCode();
   if(code!=250)  {sendQuit();throw new Exception("收件人地址无效！ ");}
```

```
    System.out.println("发送(data)命令! ");
    writeMsg("DATA");                          //DATA 命令表示接下来要发送邮件内容
    code=readResponseCode();
    if(code!=354) {sendQuit();throw new Exception("不接收数据! ");}
    System.out.println("发送信息! ");           //发送邮件内容
    writeMsg("邮件标题:"+this.subject);
    writeMsg("收件人 To:"+this.to);
    writeMsg("发件人 From:"+this.from);
    writeMsg("");
    writeMsg(content);                         //发送邮件正文
    writeMsg(".");
    code=readResponseCode();
    sendQuit();
    if(code!=250)throw new Exception("信息不能正确发送! ! ");
    else   System.out.println("信息已发送! ");
  }
  //获取用户从键盘输入的 SMTP 服务器主机名、邮件收发地址、标题、邮件内容等信息
  protected void getInput() throws Exception {//读取用户输入信息
    String data=null;
    BufferedReader br=new BufferedReader(new InputStreamReader(System.in));
    //请求 SMTP 服务器的主机名
    System.out.print("请输入 SMTP_server 服务器的主机名: ");
    data=br.readLine();
    if(data==null||data.equals("")) hostname="localhost";
      else  hostname=data;
      System.out.print("发件人的邮件地址: ");
      data=br.readLine();
      if(!(data==null||data.equals("")))  from=data;
      else from="admin@mymail.icewarp.cn";
      System.out.print("收件人的邮件地址:");
      data=br.readLine();
      if(!(data==null||data.equals("")))to=data;
      else to="xiaomingxy@msn.com";
      System.out.print("请输入邮件标题:");
      data=br.readLine();
      if(!(data==null||data.equals(""))) subject=data;else subject="工作状态? ";
      System.out.println("请输入邮件内容(在一个空白行输入'.'字符表示结束):");
      StringBuffer buffer=new StringBuffer();
      String line=br.readLine();              //读入信息，直到用户在一个空行输入'.'。
      while(!(line==null||line.equals(""))) {
      if(line.equalsIgnoreCase(".")){  break;  }  // 检测'.'
      buffer.append(line);
      buffer.append("\n");
      line=br.readLine();
     }
     if((line==null||line.equals("")))
        buffer.append("近日工作状况还好,心情不错,工作愉快。\n 谢谢!!\n 你好\n");
     content=buffer.toString();
    }
  }
```

4.3.4　POP3 协议实现（客户端）

POP3 客户端应用程序 POP3Client4_5.java 如例程 4-5 所示。其主要包括 9 个方法，各方法的作用和功能如下所示。

（1）POP3Client4_5()构造函数。调用 getInput()方法获得由用户输入的 POP3 服务器主机名、邮箱账号和密码信息；调用 displayEmails()方法获得用户邮件信息，即建立套接字通信读/写字符流对象（br 和 pw），发送一组 POP3 命令，登录、接收邮件的数量和邮件内容信息。

（2）responseIsOk()方法。获得 POP3 服务器应答码，当应答码为“+OK”时返回 TRUE，表明 POP3 服务器响应成功；应答码为“-ERR”时返回 FALSE，表示失败。

（3）readLine(boolean debug)方法。读取 POP3 服务器一行数据，并显示到屏幕上。

（4）writeMsg(String msg)发送信息方法。向 POP3 服务器发送 POP3 协议命令和信息，并显示到屏幕上。

（5）closeConnection()关闭连接方法。关闭通信套接字 socket、读 br 和写 pw 字符流对象，终止连接。

（6）sendQuit()方法，发送 QUIT 命令退出服务器，而后调用 readLine(true)方法返回 POP3 服务器信息，调用 closeConnection()方法终止连接，退出程序。

（7）main(String[] args)主方法。创建 POP3 客户端 POP3Client4_5 程序的对象 Client，并且程序开始运行。

（8）getInput()方法。获取用户从键盘输入的 POP3 服务器主机名 hostname、邮箱用户名 username 和密码 password，默认均为 admin。

（9）displayEmails()收取邮件方法。依据 POP3 服务器主机名 hostname，端口号 port=110，建立套接字通信对象 Socket，创建捆绑套接字 Socket 的读/写字符流对象（br 和 pw），以便客户程序与服务器进行数据通信。第一次调用 responseIsOk()方法接收 POP3 服务器的“+OK”，表明初始化信息成功；此后调用 writeMsg(msg)和 responseIsOk()方法，发送 USER 和 PASS 命令，校核应答码“+OK”实现合法登录；再发送 STAT 和 RETR 命令，检索 POP3 服务器中邮件数量，下载和阅读邮件。

例程 4-5：POP3Client4_5.java。

```
import java.io.*;
import java.net.*;
import java.util.*;
public class POP3Client4_5{
protected int port=110;
protected String hostname="localhost";          //本地主机名
protected String username="";                   //用户名
protected String password="";                   //用户密码
protected Socket socket;
protected BufferedReader br;
protected PrintWriter pw;                       //字符输出流
//构造一个 POP3 客户端对象
public POP3Client4_5() throws Exception {
    try{
       getInput();                              //获得由户输入信息
```

```
            displayEmails();                          //获得用户邮件信息
        } catch(Exception e){
            System.err.println ("错误信息-详情如下: ");e.printStackTrace();
            System.out.println(e.getMessage());
        }
    }
    //返回 TRUE，表明 POP3 服务器响应成功，返回 FALSE 则表示失败
    protected boolean responseIsOk() throws Exception{
        String line=br.readLine();
        System.out.println("服务器<"+line);
        return line.toUpperCase().startsWith("+OK");
    }
    //从 POP3 服务器读取一行数据，并显示到屏幕上
    protected String readLine(boolean debug) throws Exception {
        String line=br.readLine();
        //添加一个"<"字符性质表明这是一个服务器协议的响应
        if(debug) System.out.println("服务器<"+line);
        else  System.out.println("服务器<"+line);
        return line;
    }
    //向 POP 服务器写一行数据，并显示到屏幕上
    protected void writeMsg(String msg) throws Exception {
        pw.println(msg);
        pw.flush();
        System.out.println("客户端>"+msg);
    }
    //关闭通信套接字和所有读写字符流对象，终止连接
    protected void closeConnection() throws Exception {
        pw.flush();pw.close();
        br.close();socket.close();
    }
    //发送 QUIT 协议信息（命令），并终止连接
    protected void sendQuit() throws Exception {
        System.out.println("发送 QUIT 的命令! ");
        writeMsg("QUIT");
        readLine(true);
        System.out.println("终止连接! ! ");
        closeConnection();                        //终止连接，程序退出
    }
    //发送命令，收取和显示电子邮件的信息
    protected void displayEmails() throws Exception {
        BufferedReader userinput=new BufferedReader(new InputStreamReader (System.in) );
        System.out.println("显示邮箱协议命令和应答如下: ");
        System.out.println("--------------------------------------------------");
        //打开与 POP3 服务器的连接
        System.out.println("打开 Socket 连接! 初始化 POP3 服务器! ");
        socket=new Socket(this.hostname, this.port);
        br=new BufferedReader(new InputStreamReader(socket.getInputStream()));
        pw=new PrintWriter(new OutputStreamWriter(socket.getOutputStream()));
        //如果服务器应答不正常，则终止连接
```

```
    if(!responseIsOk()){socket.close();throw new Exception("无效 POP3 Server
服务器！！");
  }
    //通过发送用户名和密码命令来登录
    System.out.println("发送用户名！");
    writeMsg("USER "+this.username);
    if(!responseIsOk()){sendQuit();throw new Exception("无效用户名！！");
    }
    System.out.println("发送密码！");
    writeMsg("PASS "+this.password);
    if(!responseIsOk()) {sendQuit();throw new Exception("无效密码！！");
    }
    //从服务器接收邮件的数量...
    System.out.println("检测邮件数量！");
    writeMsg("STAT");
    //…并解析邮件数量
    String line=readLine(true);
    StringTokenizer tokens=new StringTokenizer(line," ");
    tokens.nextToken();
    int messages=Integer.parseInt(tokens.nextToken());
    int maxsize=Integer.parseInt(tokens.nextToken());
    if(messages==0){System.out.println ("无邮件信息！！");
       sendQuit();return;
    }
    System.out.println ("邮件信息: "+messages );
    System.out.println("按 Enter 继续。");
    userinput.readLine();                  //从键盘上获得信息
    for(int i=1;i<=messages;i++){
      System.out.println("检索邮件编号:"+i);
      writeMsg("RETR"+i);
      System.out.println("--------------------");
      line=readLine(false);
      while(line!=null&&!line.equals(".")){
          line=readLine(false);
      }
      System.out.println("--------------------");
      System.out.println("按 Enter 继续浏览邮件。停止，输入 q ，按 Enter 键。");
      String response=userinput.readLine();  //从键盘上获得信息
      if(response.toUpperCase().startsWith("Q"))break;
    }
    sendQuit();
  }

public static void main(String[] args) throws Exception {
    POP3Client4_5 client=new POP3Client4_5();
}
//读取用户输入信息
  protected void getInput() throws Exception {
    String data=null;
    BufferedReader br=new BufferedReader(new InputStreamReader(System.in));
```

```
    System.out.print("请输入 POP3 server 服务器的主机名:");
    data=br.readLine();
    if(data==null || data.equals(""))hostname="localhost";
    else hostname=data;
    System.out.print("请输入邮箱用户名:");
    data=br.readLine();
    if(!(data==null||data.equals("")))username=data;
    else username="admin";
    System.out.print("请输入邮箱密码:");
    data=br.readLine();
    if(!(data==null||data.equals("")))password=data;
    else password="admin";
  }
}
```

POP3 客户端 POP3Client4_5.java 程序运行：编译成功后，由 Java.exe 虚拟机运行。POP3 服务器所在的主机名为 localhost 或 smtp.mymail.icewarp.cn，用户邮箱用户名和密码均为 admin，运行结果如下：

```
请输入 POP3 server 服务器的主机名: localhost
请输入邮箱用户名: admin        请输入邮箱密码: admin
显示邮箱协议命令和应答如下:
-----------------------------------------------
打开 Socket 连接! 初始化!
服务器< +OK smtp.mymail.icewarp.cn IceWarp 9.3.2 POP3 Thu, 09 Jul 2009 20:35:51
+0800 <20090709203551@smtp.mymail.icewarp.cn>
发送用户名!
客户端> USER admin         服务器< +OK admin
发送密码!
客户端> PASS admin         服务器< +OK 3 messages (1112) octets
检测邮件数量!
客户端> STAT               服务器< +OK 3 1112        邮件信息: 3
按 Enter 继续。
检索邮件编号: 1
客户端> RETR 1             服务器< +OK 370 octets
      Received: from MyComputer ([127.0.0.1])
      by smtp.mymail.icewarp.cn (IceWarp 9.3.2) with SMTP id QTR84405
      for <admin@mymail.icewarp.cn>;Thu,09 Jul 2009 20:34:05 +0800
From: admin@mymail.icewarp.cn
To:   admin@mymail.icewarp.cn
Subject:工作状况?
近日工作状况还好,心情不错,工作愉快。谢谢! !   你好
Message-ID: cb4c7e5319ab9d338478fde527ed006d
.
--------------------
按 Enter 继续浏览邮件。停止,输入 q,按 Enter 键。   q
发送 QUIT 的命令!
客户端> QUIT         服务器<+OK smtp.mymail.icewarp.cn closing connection
终止连接! !
```

邮箱检索结果有 3 份邮件，长度为 1 112 B，浏览第一份邮件。最终通过键盘输入 q，退出连接，结束运行。

小　　结

应用层的协议是用户能直接接触和使用的协议。每个应用层协议都是为了解决某一类的应用问题，而问题的解决又必须通过位于不同主机的多个应用进程之间的通信和协同工作来完成。应用层的协议定义了这些进程之间的通信规则。应用层的许多协议都是基于客户/服务器模式的。客户/服务器模式描述的是进程之间服务和被服务的关系，客户是服务的请求方，服务器是服务的提供方。

本章主要介绍了 HTTP、FTP、SMTP 和 POP 等几个常用的应用层协议的工作原理以及相关的编程实例。

超文本传输协议 HTTP 是万维网客户程序（如浏览器）和服务器程序之间进行交互所使用的协议，也是上网所必须使用的一个协议。HTTP 协议本身是无连接的，它使用 TCP 连接实现可靠的数据传输。

文件传输协议 FTP 曾经是网上使用最多的一种文件传输协议，它能将文件从一台计算机中复制到另一台可能相距很远的计算机中。FTP 协议屏蔽了各计算机系统的差异，减少或消除了在不同操作系统下处理文件的不兼容性，提供交互式的访问，允许客户指明文件的类型和格式（如 ASCII 还是二进制文件），并允许文件具有存取权限。

简单邮件传输协议 SMTP 是一种基于 TCP 协议的提供可靠且有效电子邮件传输的应用层协议。SMTP 协议是一种邮件传输协议，它规定了在相互通信的两个 SMTP 进程之间应如何交换信息，这个过程分为建立连接、通信和释放连接 3 个阶段。

邮局协议 POP3 属于邮件读取协议的一种，当用户使用用户代理，如 Foxmail 或者 Outlook 收发电子邮件时，就经常需要使用 POP3 协议。POP3 是一种脱机协议，即用户代理使用 POP3 协议读取邮箱中的信件时，是将邮件服务器中的信件下载到本地计算机，然后用户就可以断网在本地计算机上浏览和处理信件了。

习　　题

1. 简述文件传输协议 FTP 的工作过程。
2. FTP 的主进程和从属进程各起什么作用？
3. 使用浏览器访问网页，在浏览器和网站之间传输请求和回答的协议是什么？该协议使用了传输层的什么协议？常用端口号是什么？
4. HTTP 协议分哪几种？各有什么特点？
5. HTTP 本身是无状态的，服务器端使用什么措施记住用户？
6. 一个电子邮件系统由哪几部分组成？用户代理的作用是什么？例举常用的用户代理。没有用户代理能不能收发电子邮件？
7. 简述 SMTP 协议的工作过程。
8. 简述 POP3 协议的工作过程。
9. SMTP 协议和 POP3 协议在电子邮件系统中的作用分别是什么？

第二部分　JSP Web 开发核心技术

第 5 章　JDBC 技术

本章主要介绍 JDBC 的工作原理，JDBC API 中相关接口和类的使用，如何实现对 MySQL 等数据库的连接，最后介绍 JDBC 的高级应用，包括调用存储过程、进行事务控制、操作二进制数据以及数据库连接池技术等。

5.1　JDBC 概述

JDBC（Java DataBase Connectivity，Java 数据库连接）是由 Sun 公司为简化 Java 程序访问数据库而制定的一套面向对象的应用程序接口。它制定了统一的访问各类关系数据库的标准接口，为各个数据库厂商提供了标准接口的实现。版本由早期的 JDBC 1.0 发展到今天的 JDBC 4.x。目前，JDK1.4、JDK1.5 提供了对 JDBC 3.0 的支持，JDK1.6 以后的版本提供了对 JDBC 4.x 的支持。

5.1.1　JDBC 工作原理

JDBC 规定了一套访问数据库的 API，该 API 对应的类和接口都位于 JDK 的 java.sql 包中，它只提供了标准的访问接口，但却并没有对其进行实现。JDBC 不能直接访问数据库，必须依赖于数据库厂商提供的 JDBC 驱动程序实现对底层数据库的操作。各数据库厂商通过实现接口来提供相应的 JDBC 驱动器，JDBC 驱动器将与各种数据库服务器通信的具体细节进行封装。如图 5-1 所示，当 Java 程序调用 JDBC API 访问数据库时，JDBC 驱动器负责将这些程序调用转化成为符合底层数据库管理系统交互协议的信息，通过与数据库管理系统建立连接，将这些信息发送给相应的数据库管理系统，由相应的数据库管理系统执行相应的操作。由于 JDBC 为程序访问数据库提供了统一的编程接口，通过 JDBC 驱动器对不同类型数据库管理系统的操作进行了封装，所以程序员写一个程序就可以完成对多种不同类型数据库管理系统的访问。当然，不同类型数据库管理系统需要提供相应的 JDBC 驱动器。

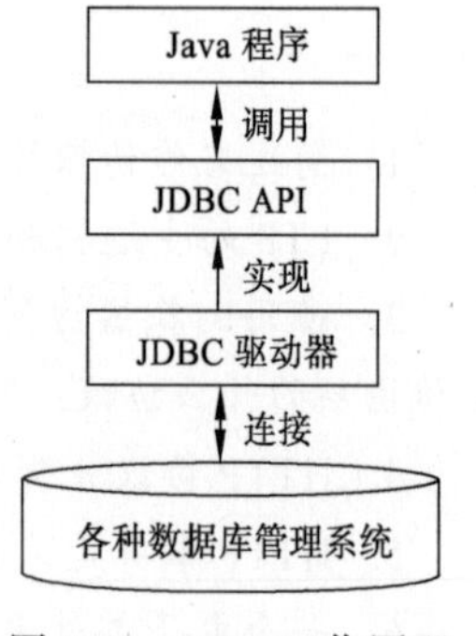

图 5-1　JDBC 工作原理

java.sql.DriverManager 类已经由 Sun 公司实现，该类负责管理注册到系统中的 JDBC 驱动器，并能通过驱动器实现与数据库服务器建立连接。

java.sql.Driver 接口由 Sun 公司制定，为数据库服务提供商提供了开发 JDBC 驱动器的统一接口。

JDBC 驱动器实现了 java.sql.Driver 接口，由数据库供应商创建，负责与特定的数据库建立连接，处理通信细节。Java 程序要访问数据库，必须先获得相应的 JDBC 驱动器，并将其注册到 JDBC 驱动器管理器中。JDBC 驱动器可分为如下 4 类。

1. JDBC-ODBC 驱动器

ODBC 是微软公司为应用程序提供的访问数据库的标准 API。JDBC-ODBC 驱动器使得 Java 程序可以间接地访问 ODBC API，该驱动器由 Sun 公司开发实现，属于 JDK 的一部分，安装 JDK 时就已经注册到系统中了，其工作原理如图 5-2 所示。

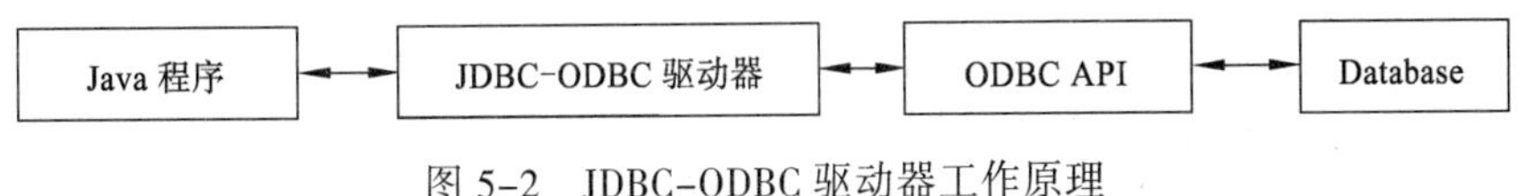

图 5-2　JDBC-ODBC 驱动器工作原理

2. JDBC 本地代码驱动器

该驱动器由部分 Java 代码和部分本地代码组成。用于与数据库的客户端 API 通信，使用时要安装一些与平台相关的本地代码，其工作原理如图 5-3 所示。

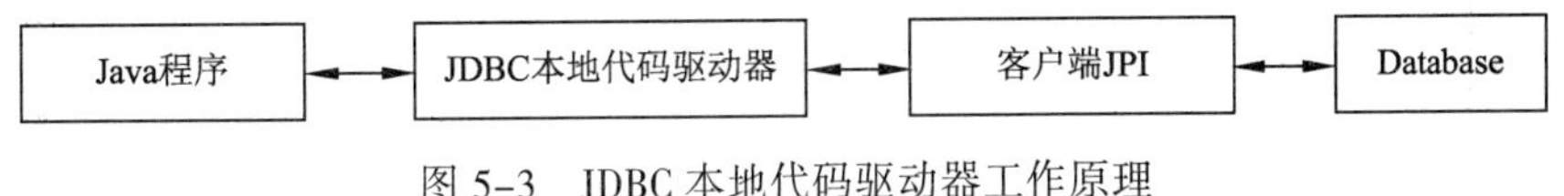

图 5-3　JDBC 本地代码驱动器工作原理

3. JDBC 网络驱动器

该驱动器完全由 Java 代码编写，用一种与具体数据库服务器无关的协议将请求发送给服务器的特定组件，再由组件按照特定数据库协议对请求进行翻译，并把翻译后的内容发送给数据库服务器，其工作原理如图 5-4 所示。

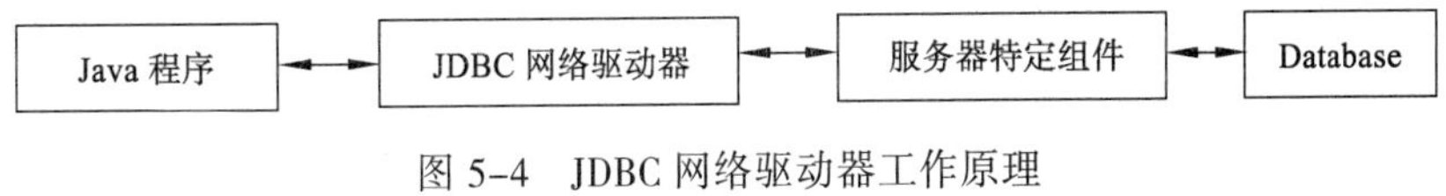

图 5-4　JDBC 网络驱动器工作原理

4. 纯 JDBC 驱动器

该驱动器完全由 Java 代码编写，直接按照特定数据库协议与数据库服务器进行通信，其工作原理如图 5-5 所示。

图 5-5　纯 JDBC 驱动器工作原理

5.1.2　JDBC API 简介

JDBC API 位于 java.sql 包中，使用 JDBC 的程序要导入该包，下面介绍该包中的主要接口和类的使用。

1. Driver 接口

由 Sun 公司制定，为数据库服务提供商提供了开发 JDBC 驱动器的统一接口，每种数据库的驱动程序都应该提供一个实现该接口的类，简称 Driver 类，在加载 Driver 类时，应该创建自己的实例并向 java.sql.DriverManager 类注册该实例。通常情况下通过 java.lang.Class 类的 forName(String className)方法加载要连接数据库的 Driver 类。

如果使用的是 JDBC-ODBC 的方法，则使用如下的语句：

```
Class.forName("sun.jdbc.odbc.Jdbc.OdbcDriver");
```

如果使用的是纯 JDBC 驱动器，则使用以下的语句：

```
Class.forName("driver_class_name");
```

其中 driver_class_name 是驱动的类名，下面列举了各种常见数据库驱动器的加载语句：

```
Class.forName("com.Microsoft.sqlserver.jdbc.SQLServerDriver");//SQL Server
Class.forName("com.mysql.jdbc.Driver"); //MySQL
Class.forName("Oracle.jdbc.driver.OracleDriver"); //Oracle
```

2. DriverManager 类

该类负责管理注册到系统中的 JDBC 驱动器，已经由 Sun 公司实现，负责跟踪可用的驱动程序，并能通过相应的驱动器与数据库服务器建立连接。该类主要定义如下几个方法。

（1）registerDriver(Driver driver)：用来在 DriverManager 类中注册 JDBC 驱动器。

例如：`DriverManager.registerDriver(new com.mysql.jdbc.Driver());`

（2）getConnection()：可以创建一个数据库连接对象。

例如：`DriverManager. getConnection("驱动类型:数据源","用户名","密码")`

当驱动类型是 JDBC-ODBC 时用 JDBC:ODBC，如果是 JDBC 时用 JDBC。不同数据库系统对应的数据源格式有所不同，下面列举了与各种常见数据库建立连接的语句：

```
DriverManager.getConnection("jdbc:odbc:DSname","用户名","密码");//JDBC-ODBC
DriverManager.getConnection("jdbc:microsoft:sqlserver:// 主 机 : 端 口 号 ;
DatabaseName=数据库名","用户名","密码"); //SQL Server
DriverManager.getConnection("jdbc:mysql://主机: 端口号/数据库名","用户名","密码");
//MySQL
DriverManager.getConnection("jdbc:Oracle:thin:@主机: 端口号: 数据库名","用户名",
"密码");//Oracle
```

如果建立连接操作不成功，系统会抛出 SQLException 异常，可以对连接语句进行异常捕获，例如：

```
try{
   DriverManager.getConnection("jdbc:mysql://localhost:3306","root","123456");
}catch(SQLException e){
   e.printStackTrace();
}
```

3. Connection 接口

该接口代表与一个特定数据库的会话，即数据库的连接。通过该接口可以向数据库发送 SQL 语句并取得返回结果。该接口主要定义如下几个方法：

（1）close()：用来关闭数据库连接，立即释放 JDBC 资源。

（2）isClosed()：检测一个 Connection 是否被关闭。

（3）isReadOnly()：检测该连接是否在只读状态。

（4）setReadOnly()：用于将连接设置为只读模式。

（5）getAutoCommit()：用于获得当前自动提交状态。默认情况下，每执行一个 SQL 语句后，Connection 会自动地提交更改。如果禁止自动提交，必须进行显式提交。

（6）setAutoCommit()：用于设置连接是否处于自动提交状态。

（7）commit()：提交上一次操作后的更改，使之成为永久的更改，只有当禁止自动提交时可以使用该方法。

（8）rollback()：回滚从上一次操作后的所有更改。

（9）createStatement()：用于创建 SQL 语句对象（Statement 对象），通常在执行无参数的 SQL 语句时创建该实例。返回的对象可用于执行基本的 SQL 语句，可以带一些参数。

例如：`Statement statement=connection.createStatement(int type,int concurrency);`

其中，type 决定了返回语句在执行了查询后的结果记录集的记录指针移动方式，可取以下 3 种值：

- ResultSet.TYPE_FORWORD_ONLY：结果集记录指针只能向下移动。
- ResultSet.TYPE_SCROLL_INSENSITIVE：结果集记录指针可以上下移动，但数据库内容发生变化时，结果集内容不变。
- ResultSet.TYPE_SCROLL_SENSITIVE：结果集记录指针可以上下移动，数据库内容发生变化后，结果记录集内容同步改变。

参数 concurrency 决定是否可以用结果记录集更新数据库中的表，可有如下两种取值：

- ResultSet.CONCUR_READ_ONLY：结果集只读，不能更新数据库中的数据。
- ResultSet.CONCUR_UPDATABLE：结果集可以更新数据库表中的数据。

ResultSet 代表结果集，相当于把数据库表中的数据取到本机缓冲区中的一个记录集。

- prepareStatement()：用来将一条带有或不带 IN 参数的 SQL 语句进行预编译并存放在 PrepareStatement 对象中，该对象用于多次有效地执行该语句。
- prepareCall()：用来创建一个 CallableStatement 对象，该对象可以用来调用数据库服务器中的一个存储过程。

4. Statement 接口

该接口提供了用于执行一条静态的 SQL 语句并获取它产生的结果的方法，任何时候每条语句仅能打开一个 ResultSet，ResultSet 是语句执行后返回的记录结果集。该接口定义常用的方法如下：

（1）execute(String sql)：执行各种 SQL 语句。返回值为布尔型，如果返回 true，则表明有结果集，可通过 getResultSet()获得结果集。

（2）executeQuery(String sql)：执行一条返回单个结果集的 select 语句，返回值是 ResultSet 类型。

（3）executeUpdate(String sql)：执行 SQL 的 INSERT、UPDATE 和 DELETE 语句。返回受语句影响的记录行数。

（4）getResultSet()：获得当前的 ResultSet 结果。

（5）getUpdateCount()：获得受语句影响的记录行数，返回值是 int 型数据，如果结果是一个 ResultSet 或没有其他结果，则返回-1。

（6）close()：关闭 Statement 对象，立即释放相应 JDBC 资源，同时关闭与之相关联的 ResultSet 对象。

5. PreparedStatement 接口

继承自 Statement 接口，用来执行动态的 SQL 语句，即包含参数的 SQL 语句。通过 PreparedStatement 实例执行的动态 SQL 语句，将被预编译并保存到 PreparedStatement 实例中，从而可以反复并且高效地执行该 SQL 语句。该接口定义的常用方法如下：

（1）setBoolean()：设置布尔型参数值。

（2）setByte()：设置字节型参数值。

（3）setBytes()：设置字节数组型参数值。

（4）setDate()：设置日期型参数值。

（5）setDouble()：设置双精度型参数值。

（6）setFloat()：设置单精度型参数值。

（7）setInt()：设置整型参数值。

（8）setShort()：设置短整型参数值。

（9）setString()：设置字符串型参数值。

（10）clearParameters()：立即清除当前参数值内容。

（11）executeQuery()：执行包含参数的动态 select 语句，并返回一个永远不能为 null 的 ResultSet 实例。

（12）executeUpdate()：执行包含参数的动态 INSERT、UPDATE 和 DELETE 语句。并返回受语句影响的记录行数。

需要注意的是，在通过 setXxx()方法为 SQL 语句中的参数赋值时，必须通过与输入参数的已定义 SQL 类型兼容的方法，也可以通过 setObject()方法设置各种类型的输入参数。

6. CallableStatement 接口

该接口继承自 PreparedStatement 接口，用来执行数据库中的存储过程。JDBC 允许以所有 RDBMS 的标准方式调用存储过程，但要遵循一定的格式。调用的语法格式有两种：包含结果参数的格式和不包含结果参数的格式。如果使用结果参数，它必须被注册为一个 OUT 参数，其他参数可以用于 IN、OUT 或 INOUT 参数，参数通过编号被顺序的引用，第一个参数编号是 1。具体语法格式如下：

```
?=call[ ?,?… ]  //包含结果参数的格式
  call[ ?,?… ]  //不包含结果参数的格式
```

可用 PreparedStatement 接口的 set 方法设置 IN 参数值，所有 OUT 参数的类型必须在执行该存储过程之前注册，执行后的参数值可以用该接口提供的 get 方法获得，该接口定义的常用方法如下：

（1）getBoolean()：获得一个 BIT 参数的值，作为一个 boolean 值返回。

（2）getByte()：获得一个 TINYINT 参数的值，作为一个 byte 值返回。

（3）getBytes()：获得一个 BINARY 或 VARBINARY 参数的值，作为一个 byte[]值返回。

（4）getDate()：获得一个 Date 参数的值，作为一个 Date 值返回。

（5）getDouble()：获得一个 double 参数的值，作为一个 double 值返回。

（6）getFloat()：获得一个 float 参数的值，作为一个 float 值返回。

（7）getInt()：获得一个 integer 参数的值，作为一个 int 值返回。

（8）getLong()：获得一个 float 参数的值，作为一个 long 值返回。

（9）getShort()：获得一个 smallint 参数的值，作为一个 short 值返回。

（10）getString()：获得一个 CHAR、VARCHAR 或 LONGVARCHAR 参数的值，作为一个 String 值返回。

7. ResultSet 接口

ResultSet 接口用来接收执行 SQL 查询语句后得到的记录集,具有指向其当前数据行的指针。最初，指针指向第一行记录之前的位置，当通过 next()把当前记录指针往下移动一行时，可用 getXXXX()方法得到指针所指向数据行中不同列的数据，getXXXX()方法可通过使用列的索引编号或列名来获取当前行的列值。通常使用列索引编号较为高效，列索引编号从 1 开始。getXXXX()方法中的列名是大小写敏感的。当使用列名执行一个 getXXXX()方法时，如果几个列有同样的名字，则返回第一个匹配的列。JDBC 驱动器尝试将基础数据转换为与 getXXXX()方法相应的 Java 类型值。该接口定义的常用方法如下：

- absolute()：当记录指针可以上下移动查询时移动当前记录指针。
- afterLast()：当记录指针可以上下移动查询时移动当前记录指针到最后一行的后面。
- beforeFirst()：当记录指针可以上下移动查询时移动当前记录指针到第一行的前面。
- first()：当记录指针可以上下移动查询时移动当前记录指针到第一行。
- last()：当记录指针可以上下移动查询时移动当前记录指针到最后一行。
- next()：把当前记录指针往下移一行。ResultSet 初始定位于它的第一行之前。如果当前行有效，则返回 true；如果没有更多的行，则返回 false。
- previous()：当记录指针可以上下移动查询时把当前记录指针向上移动一行。当移动到第一行之前时返回 false，否则返回 true。
- isAfterLast()：当记录指针可以上下移动时判断当前记录指针是否在最后一行之后。
- isBeforeFirst()：当记录指针可以上下移动时判断当前记录指针是否在第一行之前。
- isFirst()：当记录指针可以上下移动查询时判断当前记录指针是否在第一行。
- isLast()：当记录指针可以上下移动查询时判断当前记录指针是否在最后一行。
- getBoolean()：把当前行的列值作为一个 boolean 值获取，如果列值为空则返回 false。
- getByte()：把当前行的列值作为一个 byte 值获取，如果列值为空则返回 0。
- getBytes()：把当前行的列值作为一个 byte[]值获取，如果列值为空则返回 null。
- getDate()：把当前行的列值作为一个 Date 值获取，如果列值为空则返回 null。
- getDouble()：把当前行的列值作为一个 double 值获取，如果列值为空则返回 0。
- getFloat()：把当前行的列值作为一个 float 值获取，如果列值为空则返回 0。
- getInt()：把当前行的列值作为一个 int 值获取，如果列值为空则返回 0。
- getLong()：把当前行的列值作为一个 long 值获取，如果列值为空则返回 0。
- getShort()：把当前行的列值作为一个 short 值获取，如果列值为空则返回 0。
- getString()：把当前行的列值作为一个 String 值获取，如果列值为空则返回 null。
- getRow()：当记录指针可以上下移动查询时返回当前记录指针所指向的行号，行号从 1 开始，如果记录集中没有记录则返回 0。
- close()：立即释放该语句的数据库和 JDBC 资源。

5.2 MySQL 数据库的安装与配置

MySQL 是一个多用户、多线程的强壮的关系数据库服务器。MySQL 的官方网站 www.mysql.com

提供了免费安装软件，本章使用 MySQL 5.0 版本。

1. 安装 MySQL 5.0

MySQL 5.0 的安装比较简单，首先从 MySQL 官方网站下载软件，双击安装程序，出现图 5-6 所示的安装界面，单击 Next 按钮，出现图 5-7 所示的选择安装类型界面，这里选择 Custom 单选按钮。

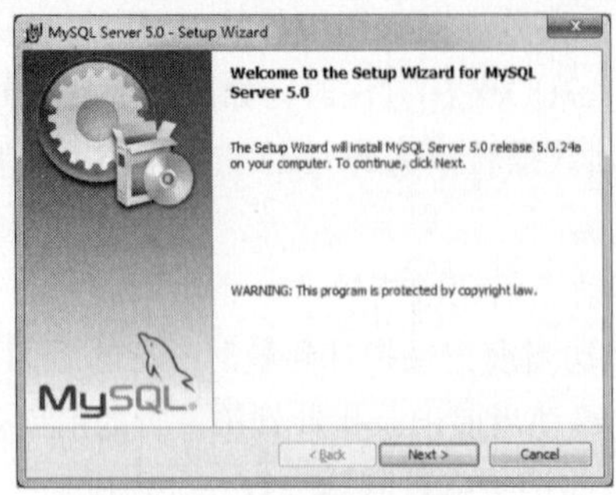

图 5-6 安装界面

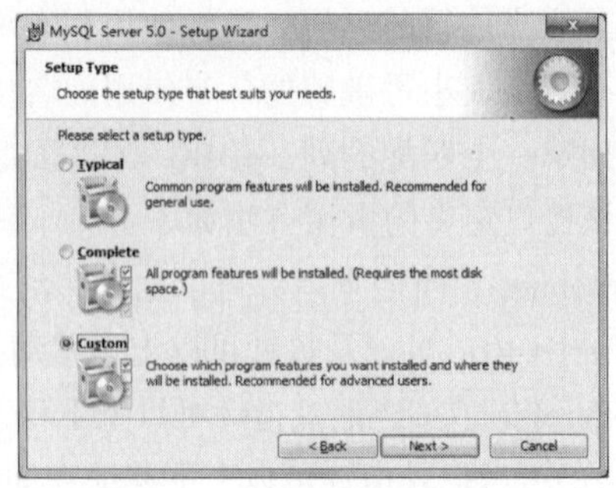

图 5-7 选择安装类型界面

图 5-8 所示为确定安装目录界面。图 5-9 会询问是否要注册界面，选择 Skip Sign-Up 单选按钮，单击 Next 按钮略过此步骤。

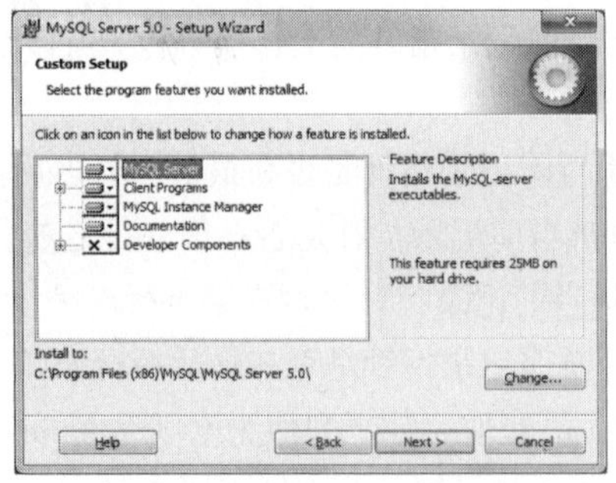

图 5-8 确定安装目录界面

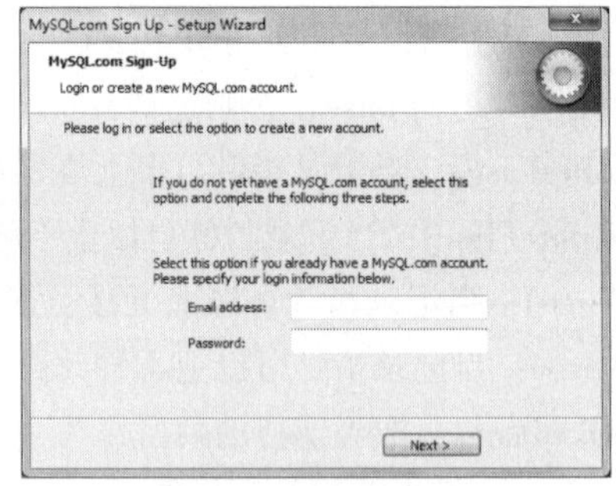

图 5-9 注册账号界面

如图 5-10 所示选中配置复选框，单击 Finish 按钮结束软件的安装并启动 MySQL 的配置向导。在图 5-11 中可以选择配置方式，这里选择 Detailed Configuration 单选按钮。

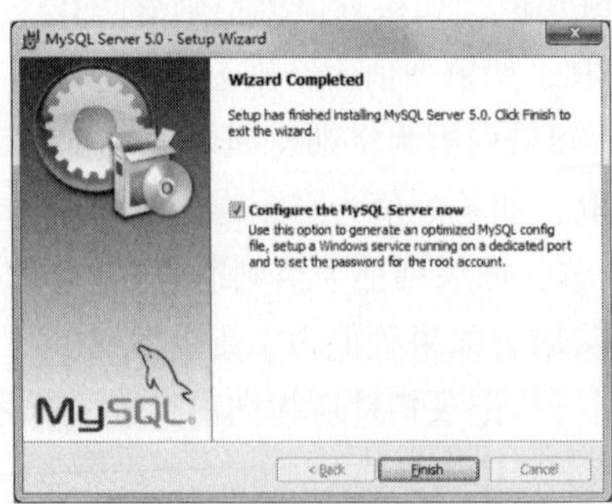

图 5-10 结束安装界面

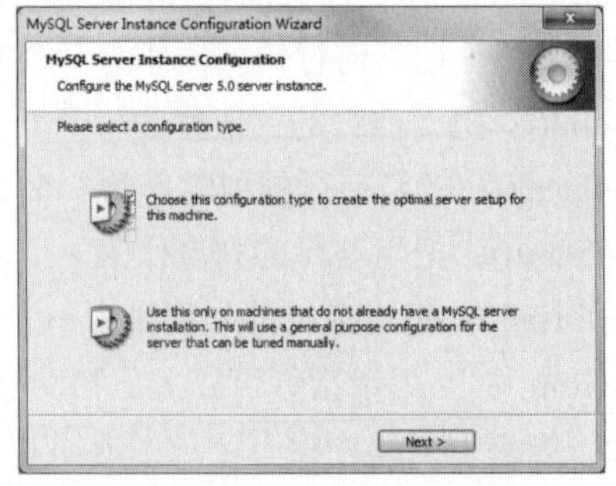

图 5-11 选择配置方式界面

在图 5-12 中可以选择服务器类型，这里选择 Developer Machine 单选按钮。在图 5-13 中选择 MySQL 数据库的大致用途，这里选择 Multifunctional Database。

图 5-14 所示为 InnoDB 数据库文件选择存储空间界面。如图 5-15 所示选择 MySQL 的访问量，即同时连接的数目。

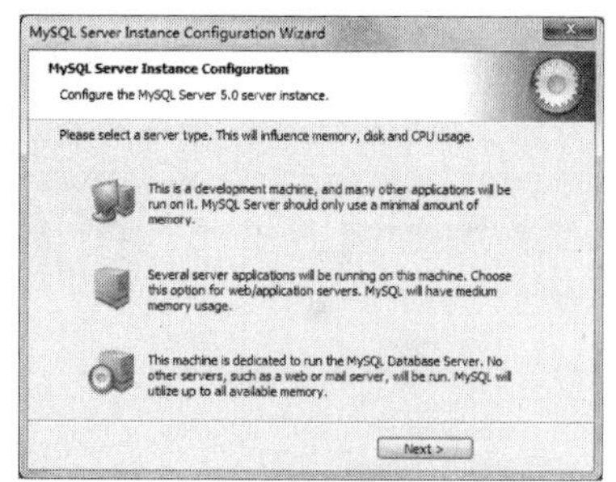

图 5-12 选择服务器类型

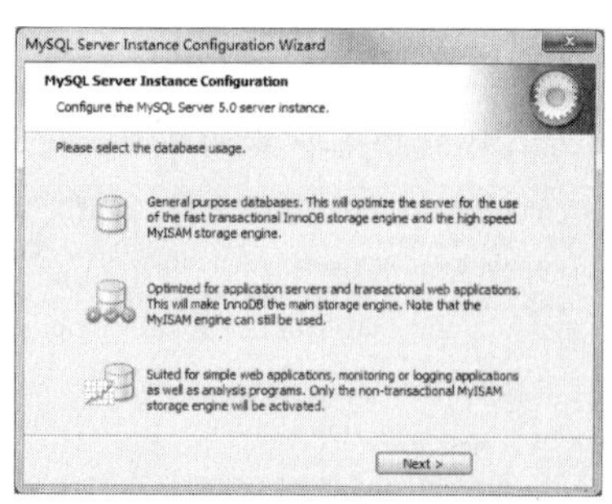

图 5-13 选择数据库用途

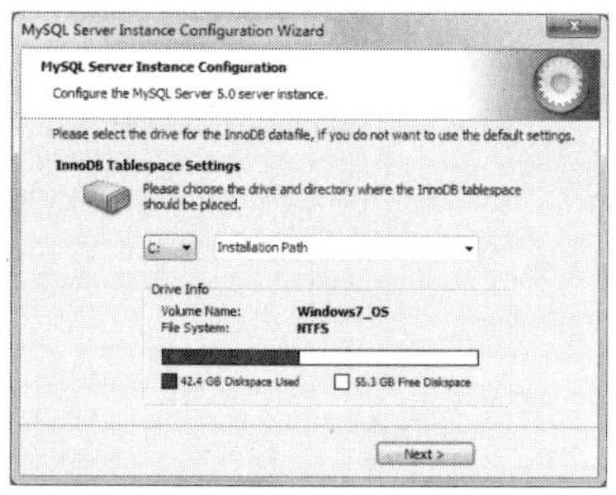

图 5-14 选择库文件存储空间

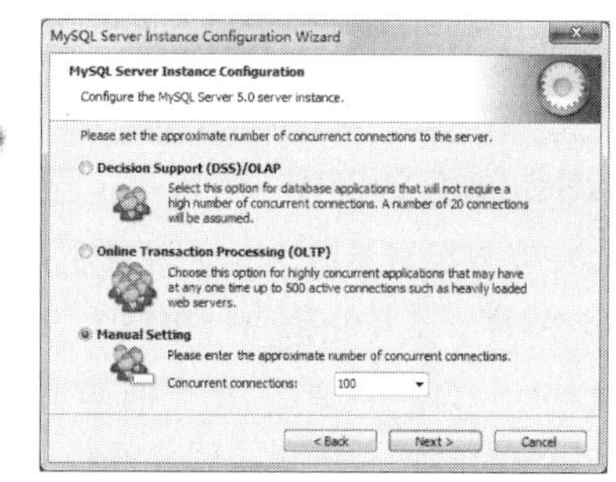

图 5-15 选择连接数目

如图 5-16 所示确定是否启用 TCP/IP 连接，并可设定服务器端口，端口默认为 3306。如图 5-17 所示可对 MySQL 默认数据库语言编码进行设置，这里选择 utf8 选项。

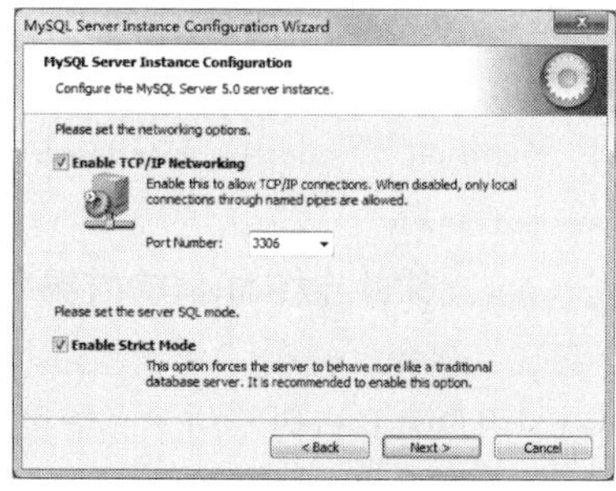

图 5-16 设定服务端口

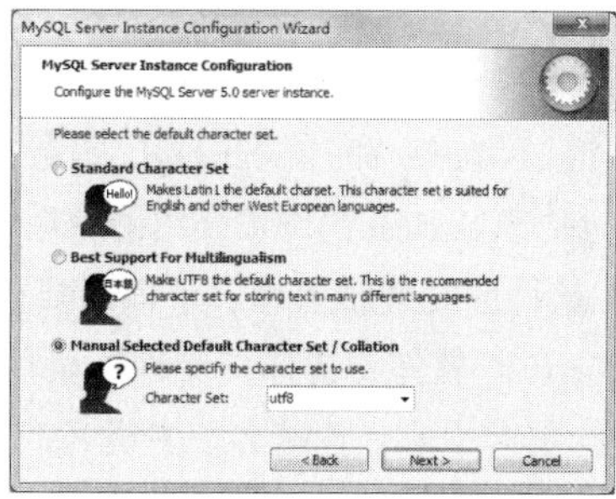

图 5-17 设置数据库语言编码

如图 5-18 所示选择是否将 MySQL 安装为 Windows 服务，是否将 MySQL 的 bin 目录加入到 Windows path 路径中。如图 5-19 所示询问是否要修改默认 root 用户密码，这里进行密码设定。Enable root access from remote machines 决定是否允许 root 用户在其他机器上登录。

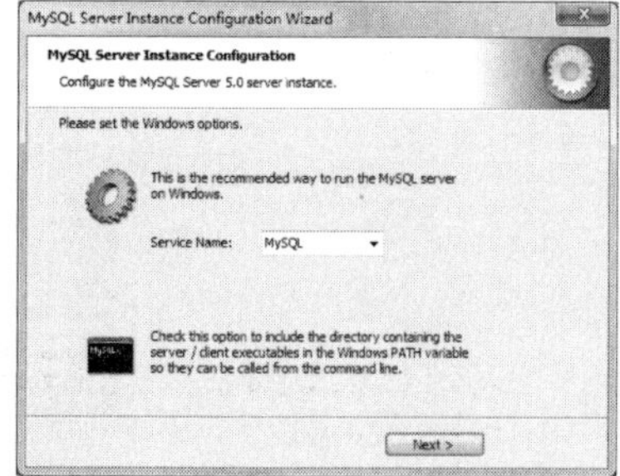

图 5-18 将 MySQL 安装为 Windows 服务

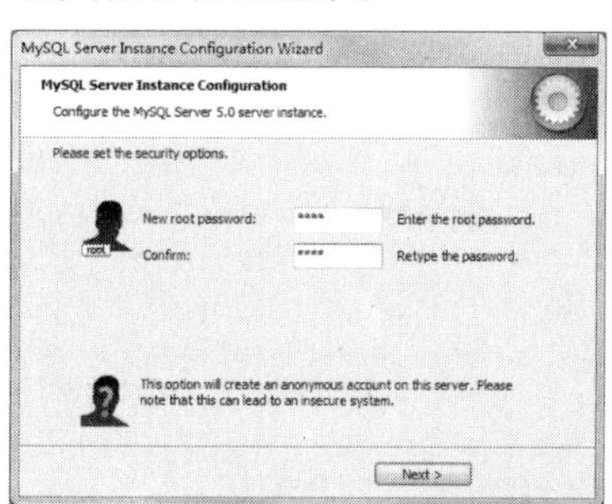

图 5-19 设置默认 root 用户密码

对前面的设置确认无误后，在图 5-20 中单击 Execute 按钮使设置生效。当出现图 5-21 所示的界面时表明结束 MySQL 安装与配置。

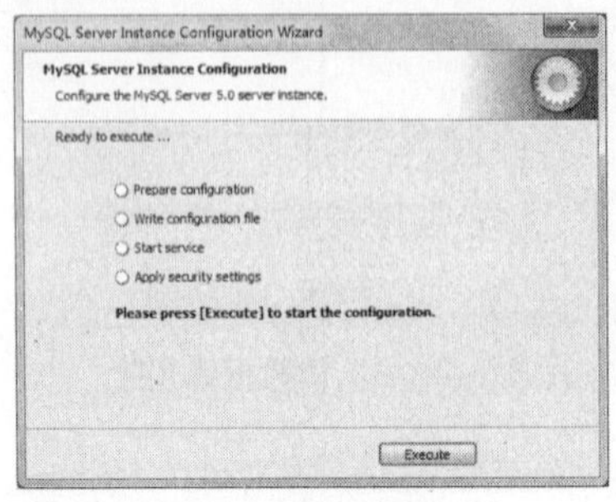

图 5-20　设置参数生效

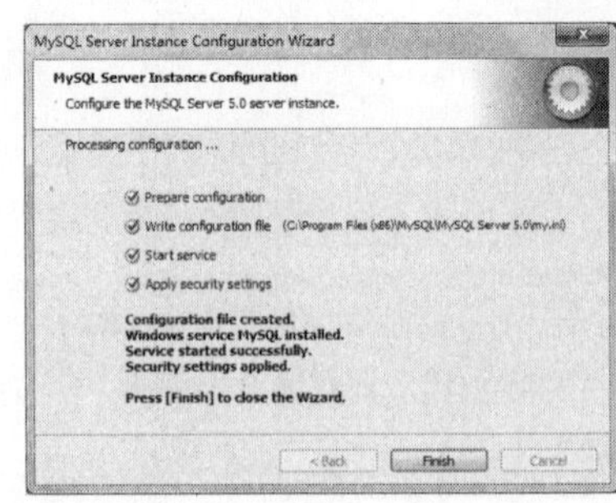

图 5-21　配置结束界面

2. MySQL 5.0 的使用

MySQL 在安装根目录的 bin 子目录中提供了 mysql.exe 文件，它是客户程序，支持在命令行中输入 SQL 语句，启动时需要输入 root 用户的密码，其工作界面如图 5-22 所示。关于 MySQL 具体命令及其使用请查阅相关资料。

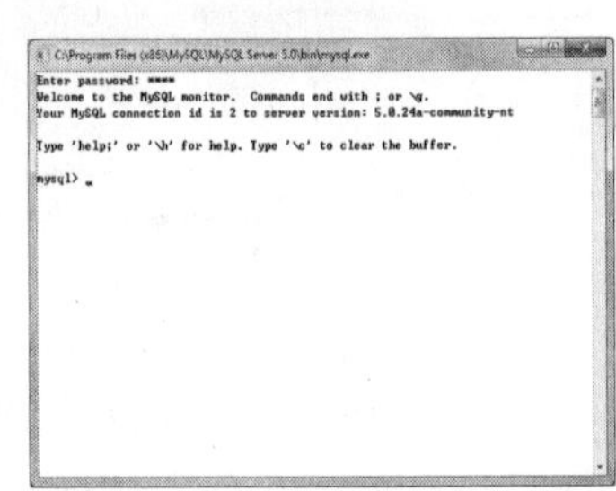

图 5-22　MySQL 客户程序界面

目前，有很多可视化的工具软件提供了对 MySQL 系统的支持。例如，Navicat、MySQL-Front 等，它们可以连接到 MySQL 数据库，且在图形界面中对数据库和数据表进行操作。这里采用 Navicat 10.0 实现对 MySQL 数据库的操作，它是一个直观的和强大的数据库工具，提供了可视化的用户界面和一系列强大且易于使用的功能，简化数据库管理，用于开发和管理 MySQL、MariaDB、SQL Server、SQLite、Oracle 和 PostgreSQL 等数据库，适用于 Microsoft Windows、Macintosh、Linux 和 iOS 等平台。关于 Navicat 的详细介绍请参见 https://www.navicat.com.cn。

Navicat 软件的安装很简单，下面简要说明如何使用 Navicat 软件连接 MySQL 数据库系统。

启动 Navicat 软件，选择“文件”菜单中的“新建连接”命令，弹出“新建连接”对话框，在“常规”选项卡中输入连接名、主机名或 IP 地址、端口、用户名和密码等信息，结果如图 5-23 所示，可以单击“连接测试”按钮确认一下是否能够连接，如果测试成功，则单击“确定”按钮。在接下来出现的窗口中，双击连接名称即可连接到 MySQL 数据库服务器，结果如图 5-24 所示。通过表对象可以实现数据表的操作，通过查询对象可以执行相应的 SQL 语句。通过右击连接名称，在弹出的快捷菜单中可以选择相应命令建立新的数据库。

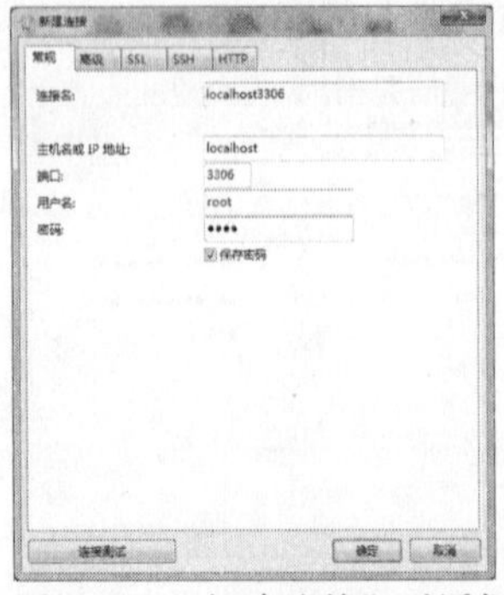

图 5-23　“新建连接”对话框

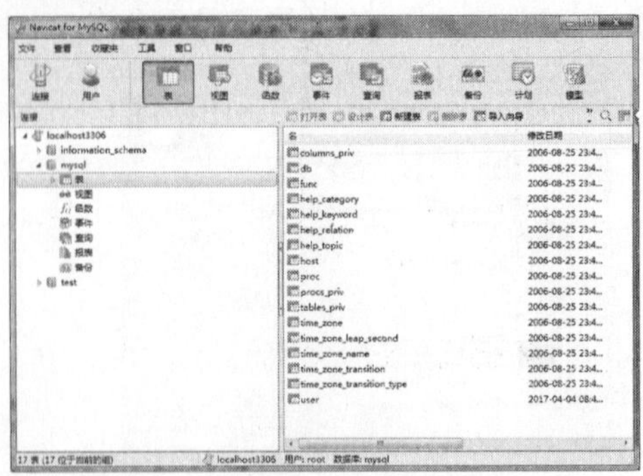

图 5-24　连接到 MySQL 数据库界面

为方便以后程序的运行，可以通过 Navicat 软件在 MySQL 数据库中创建名为 shopdb 的数据库，在数据库中创建 books 表和 accounts 表，并且向表中插入数据。例程 5-1 所示的 SQL 语句实现了对数据表的定义及数据的输入，可以在 Navicat 软件的查询窗口中执行。

例程 5-1：shopdbdatabase.sql。

```
create table books(
   id bigint not null auto_increment primary key,
   bookname varchar(16) not null,
   publisher varchar(16) not null,
   price float(2) unsigned,
   pages bigint,
   isguihua boolean
);
create table accounts(
   id bigint not null auto_increment primary key,
   name varchar(15),
   balance decimal(10,2),
   picture mediumblob
) TYPE=InnoDB;
insert into books(bookname,publisher,price,pages,isguihua) values('Java
程序设计','清华',40,300,true);
insert into books(bookname,publisher,price,pages,isguihua) values('Java
网络编程','邮电',50,400,true);
insert into accounts(name,balance) values('张三',1000);
insert into accounts(name,balance) values('李四',1000);
```

5.3 连接数据库

5.3.1 连接数据库的一般过程

对数据库的连接及访问一般都要经过如下几个步骤。

1. 设置驱动器类库

获得驱动器类库（jar 包），并将其添加到项目中，对于采用 JDBC-ODBC 驱动的连接方式可以不用设置。

2. 加载并注册驱动器

在程序中引入 java.sql 包，接下来加载并注册驱动器，其中 JDK 中自带 JDBC-ODBC，默认注册。通过调用方法 Class.forName()可显式加载驱动程序类。例如：

```
Class.forName("sun.jdbc.odbc.JdbcOdbcDriver"); //加载 JDBC-ODBC 驱动
Class.forName("com.mysql.jdbc.Driver");          //加载 MySql 的 JDBC 驱动
```

3. 建立与数据库的连接

使用 DriverManager 的 getConnection()方法建立与数据库的连接并返回一个 Connection 对象引用。例如：

```
Connection conn=DriverManager.getConnection("jdbc:odbc:datasource","sa","sa");
Connection conn=DriverManager.getConnection("jdbc:mysql://localhost:3306/shopdb",
"root","root");
```

4. 创建 Statement 对象

获得数据库连接对象后，通过该对象创建用于执行 SQL 语句的 Statement 对象。例如：

```
Statement stmt=conn.createStatement();
PrepareStatement pstmt=conn.prepareStatement(sql);
CallableStatement cstmt=con.prepareCall("{call getTestData(?,?)}");
```

5. 执行 SQL 语句

例如：

```
String sql="select id,bookname,publisher  from books";
ResultSet rs=stmt.executeQuery(sql);
```

6. 遍历 ResultSet 对象中的记录

例如：

```
while(rs.next()){
    long id=rs.getLong(1);//按列编号取，编号从 1 开始
    String bookname=rs.getString("bookname");//按列名取
    String publisher=rs.getString(3);
    //输出显示数据
    System.out.println("id="+id+",name="+bookname+",publisher="+publisher);
}
```

5.3.2 使用 JDBC-ODBC 驱动连接 Access 数据库

（1）启动 MyEclipse 10 开发环境，选择 File→New→Java Project 命令，新建项目 JdbcOdbcAccess。在项目中新建名为 useJdbcOdbcDriver.java 的程序，如例程 5-2 所示，用来实现通过 JDBC-ODBC 驱动来对名为 stu 的 ODBC 数据源的访问。

（2）创建名为 student.mdb 的 Access 数据库，数据库中包含名为 userTable 的数据表，表结构描述 userTable(id,name,password,address)，其中，字段 id 为自动编号类型，字段 name、password、address 为文本类型。

（3）通过控制面板设置 ODBC 数据源。具体过程为：打开“控制面板”，双击“管理工具”图标，双击“数据源 (ODBC)”选项，弹出图 5-25 所示的“ODBC 数据源管理器”对话框，在“系统 DSN”选项卡中单击“添加”按钮，弹出图 5-26 所示的“创建新数据源”对话框，选择 Microsoft Access Driver(*.mdb)选项后，单击“完成”按钮。在图 5-27 所示的“Microsoft ODBC Access 安装”对话框中输入数据源名（如 stu），单击“选择”按钮，弹出图 5-28 所示的“选择数据库”对话框，选择数据库文件后，单击“确定”按钮回到“ODBC Microsoft Access 安装”对话框，如图 5-29 所示，单击“确定”按钮后，最终显示图 5-30 所示的结果。至此，完成对 ODBC 数据源的设置。

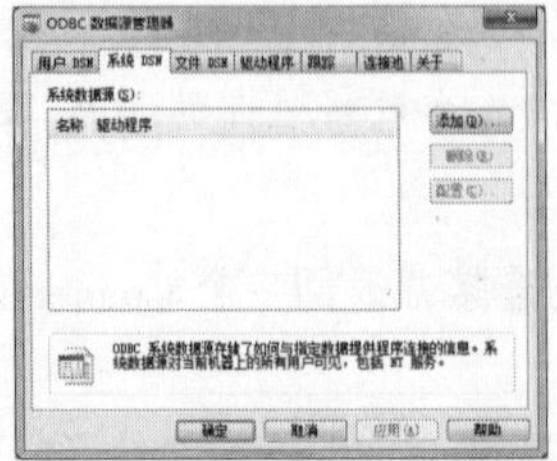

图 5-25 “ODBC 数据源管理器”对话框

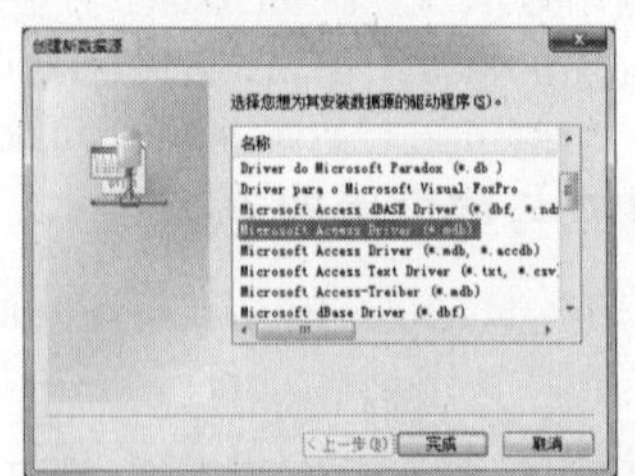

图 5-26 “创建新数据源”对话框

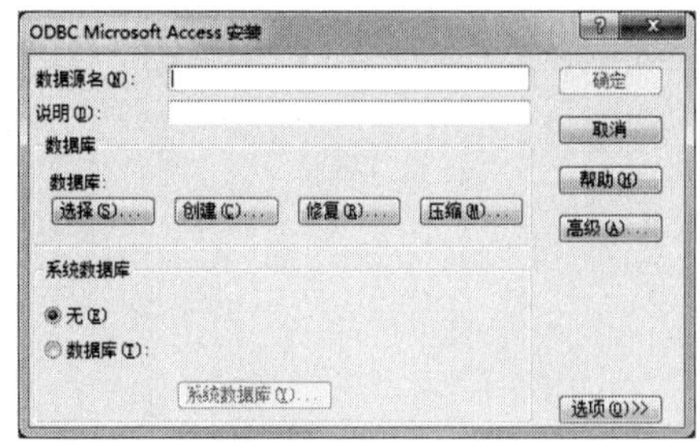

图 5-27 “Microsoft ODBC Access 安装”对话框

图 5-28 “选择数据库”对话框

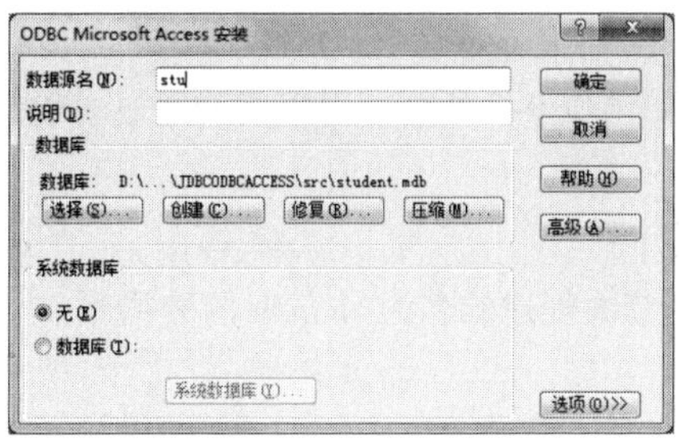

图 5-29 选择数据库文件结束

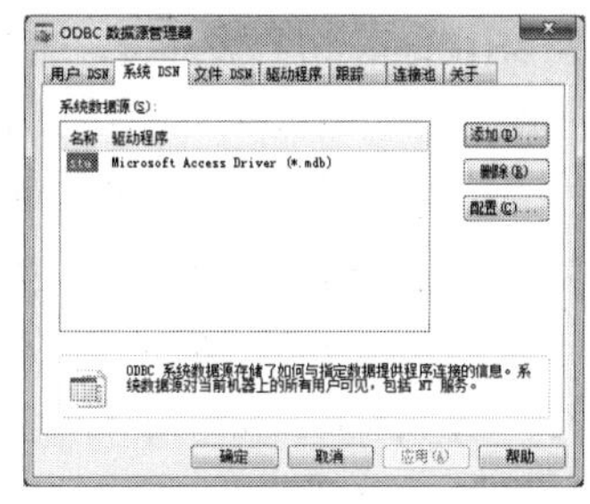

图 5-30 设置完成界面

例程 5-2：useJdbcOdbcDriver.java。

```
import java.sql.*;
public class useJdbcOdbcDriver{
    public static void main(String args[])throws Exception{
        Connection con;
        Statement stmt;
        ResultSet rs;
        //加载 JDBC-ODBC 驱动器
        Class.forName("sun.jdbc.odbc.JdbcOdbcDriver");
        String dbUrl="jdbc:odbc:stu";           //连接到数据库的 URL
        String dbUser=" ";                      //用户名
        String dbPwd=" ";                       //密码
        //建立数据库连接
        con=DriverManager.getConnection(dbUrl,dbUser,dbPwd);
        stmt=con.createStatement();             //创建一个 Statement 对象
        //增加新记录
        String newname="张三";
        String newpass="123456";
        String newaddress="北京";
        stmt.executeUpdate("insert into userTable(name,password,address)
                    values('"+newname+"','"+newpass+"','"+newaddress+"')");
        //查询记录
        rs=stmt.executeQuery("select * from userTable");
        //输出查询结果
          while (rs.next()){
          long id=rs.getLong(1);
          String name=rs.getString(2);
          String pass=rs.getString(3);
          String address=rs.getString(4);
```

```
        //输出显示数据
        System.out.println("id="+id+",name="+name+",pass="+pass+",address="+address);
      }
      //释放相关资源
      rs.close();
      stmt.close();
      con.close();
    }
}
```

5.3.3 使用 JDBC 驱动连接 MySQL 数据库

（1）启动 MyEclipse 10 开发环境，选择 File→New→Java Project 命令，新建项目 JdbcDriverMysql。在项目中新建名为 useJdbcDriverMysql.java 的程序，如例程 5-3 所示，用来实现通过 JDBC 驱动对 MySQL 数据库中的 shopdb 数据库的访问。

（2）将 MySQL 的 JDBC 驱动（jar 包）加载到项目中。

（3）接下来，创建相应的数据库，这里使用 5.2 节中创建的名为 shopdb 的数据库。

例程 5-3：useJdbcDriverMysql.java。

```
import java.sql.*;
public class useJdbcDriverMysql{
   public static void main(String args[])throws Exception{
      Connection con;
      Statement stmt;
      ResultSet rs;
      Class.forName("com.mysql.jdbc.Driver"); //加载 MySQL 驱动器
      DriverManager.registerDriver(new com.mysql.jdbc.Driver());//注册驱动
      String dbUrl="jdbc:mysql://localhost:3306/shopdb";//连接数据库的 URL
      String dbUser="root";
      String dbPwd="root";
      con=DriverManager.getConnection(dbUrl,dbUser,dbPwd); //建立连接
      stmt=con.createStatement();//创建 Statement 对象
      //增加新记录
      String newname=new String("软件工程");
      String newpub=new String("清华");
      stmt.executeUpdate("insert into books(bookname,publisher)
      values('"+newname+ "','"+newpub+"')");
      //查询记录
      rs=stmt.executeQuery("select id,bookname,publisher from books");
      while(rs.next()){              //输出查询结果
        long id=rs.getLong(1);
        String name=rs.getString(2);
        String pub=rs.getString(3);
        //输出显示数据
        System.out.println("id="+id+",name="+name+",publisher="+pub);
      }
      //释放相关资源
      rs.close();
      stmt.close();
      con.close();
   }
}
```

5.4 数据库高级操作

5.4.1 使用存储过程

存储过程是定义在数据库管理系统服务器上的一组经过预编译的 SQL 语句的集合，由数据库管理系统管理控制，由服务器直接执行。由于存储过程是预编译的，能够节约 SQL 语句的编译时间，同时可以减少网络的数据传输量，所以调用存储过程对数据库操作比直接调用 SQL 语句具有更高的性能和效率。

CallableStatement 接口用来执行数据库中的存储过程，由 Connection 对象的 prepareCall()方法创建，从 PreparedStatement 接口中继承了用于处理 IN 参数的方法，还增加了用于处理 OUT 参数和 INOUT 参数的方法。

调用存储过程一般有两种形式：一种形式为带结果参数，另一种形式为不带结果参数。结果参数是一种输出（OUT）参数，是存储过程的返回值。两种形式都可带有数量可变的输入（IN 参数）、输出（OUT 参数）或输入和输出（INOUT 参数）的参数。问号将用作参数的占位符。

在 JDBC 中调用储存过程的语法如下所示（方括号表示其中的内容是可选项）：

- {call 过程名[(?, ?, ...)]}：调用无返回结果参数的存储过程。
- {? = call 过程名[(?, ?, ...)]}：调用有返回结果参数的存储过程。
- {call 过程名}：调用不带参数的存储过程。

例如，下例创建 CallableStatement 的实例，其中含有对储存过程 getTestData 的调用。该过程有两个变量，但不含结果参数。

```
CallableStatement cstmt=con.prepareCall("{call getTestData(?,?)}");
```

其中，?占位符的类型（IN、OUT 还是 INOUT 参数）取决于存储过程 getTestData 的定义。

将 IN 参数传给 CallableStatement 对象是通过 setXXX()方法完成的，传入参数的类型决定了所用的 setXXX()方法（例如，用 setFloat()来传入 float 值等）。

如果存储过程返回 OUT 参数，则在执行 CallableStatement 对象以前必须先注册每个 OUT 参数的 JDBC 类型，注册 JDBC 类型是用 registerOutParameter()方法来完成的。

语句执行完后，CallableStatement 的 getXXX()方法可以取回参数值（例如，用 getFloat()来获取 float 值等）。

既支持输入又接收输出的参数（INOUT 参数）除了调用 registerOutParameter() 方法外，还要求调用 setXXX() 方法。setXXX() 方法将参数值设置为输入参数，而 registerOutParameter() 方法将它的 JDBC 类型注册为输出参数。

setXXX() 方法提供一个 Java 值，而驱动程序先把这个值转换为 JDBC 值，然后将它送到数据库中。这种 IN 值的 JDBC 类型和提供给 registerOutParameter() 方法的 JDBC 类型应该相同。然后，要检索输出值，就要使用对应的 getXXX() 方法。

例如，Java 类型为 byte 的参数应该使用方法 setByte() 来赋输入值。应该给 registerOutParameter() 提供类型为 TINYINT 的 JDBC 类型，同时应使用 getByte() 来检索输出值。

下面介绍在 Java 程序中调用数据库服务器端的存储过程。

（1）启动 MyEclipse 10 开发环境，选择 File→New→Java Project 命令，新建项目

JdbcDriverMysqlProcedure。在项目中新建名为 useJdbcDriverMysqlProcedure.java 的程序，如例程 5-4 所示，用来实现对已定义的存储过程进行调用。

（2）将 MySQL 的 JDBC 驱动（jar 包）加载到项目中。

（3）接下来，创建相应的数据库，这里使用 5.2 节中创建的名为 shopdb 的数据库。在 MySQL 的 shopdb 数据库中创建如下存储过程，创建语句如下：

```
CREATE PROCEDURE demo_procedure (IN param1 varchar(20),IN param2 varchar(20),
IN param3 float(2))
BEGIN
   insert into books (bookname,publisher,price) values (param1,param2,param3);
END;
```

例程 5-4：useJdbcDriverMysqlProcedure.java。

```
import java.sql.*;
public class useJdbcDriverMysqlProcedure {
  public static void main(String[] args) throws Exception{
    Connection con;
    Statement sql;
    ResultSet rs;
    Class.forName("com.mysql.jdbc.Driver"); //加载 MySQL 驱动器
    DriverManager.registerDriver(new com.mysql.jdbc.Driver());//注册驱动器
    String dbUrl="jdbc:mysql://localhost:3306/shopdb";//连接到数据库的 URL
    String dbUser="root";
    String dbPwd="root";
    con=DriverManager.getConnection(dbUrl,dbUser,dbPwd); //建立数据库连接
    String strSQL="{call demo_procedure(?,?,?)}";
    CallableStatement cstmt=con.prepareCall(strSQL);
    cstmt.setString(1,"C 语言");
    cstmt.setString(2,"机械");
    cstmt.setFloat(3,20);
    int i=cstmt.executeUpdate();    //执行存储过程
    cstmt.close();
    sql=con.createStatement();
    rs=sql.executeQuery("select * from books");
    while(rs.next())
    {
       System.out.print("图书 ID 号:"+rs.getLong(1));
       System.out.print(",图书名:"+rs.getString(2));
       System.out.println(",出版社:"+rs.getString("publisher"));
    }
    rs.close();
    sql.close();
    con.close();
  }
}
```

5.4.2 事务操作

事务是构成单一逻辑工作单元的操作集合，表现为一组 SQL 语句，是一个独立的运行处理单元，其中的若干操作要么全都做，要么全都不做。如果事务中的所有操作成功则永久保存更新数据，如果失败则回滚到执行事务前的初始状态。

实践中，经常要用到事务处理。一个典型的实例是银行中的账务处理，采用复式计账法，即

有一个账户进就必有一个账户出，两个账户在一笔交易中都需要操作，为保持一致性，必须应用事务来解决这个处理过程，即要么两个账户操作都不成功，要么都成功。

数据库系统支持两种事务模式：一是自动提交，每个语句是一个事务；二是手工提交，即指定事务边界。JDBC 中默认的方式是自动提交的方式，Connection 对象的 setAutoCommit()方法可以设定是否自动提交。Java 中用 Connection 对象的 commit()方法提交事务，用 rollback()方法回滚事务。回滚事务就是撤销事务中已做的操作，恢复到事务操作前的数据库状态。

（1）启动 MyEclipse 10 开发环境，选择 File→New→Java Project 命令，新建项目 JdbcDriverMysqlTransaction。在项目中新建名为 useJdbcDriverMysqlTransaction.java 的程序，如例程 5-5 所示，用来实现数据库的事务控制。

（2）将 MySQL 的 JDBC 驱动（jar 包）加载到项目中。

（3）创建相应的数据库，这里使用 5.2 节中创建的名为 shopdb 的数据库。

例程 5-5：useJdbcDriverMysqlTransaction.java。

```
import java.sql.*;
public class useJdbcDriverMysqlTransaction {
  public static void main(String[] args) throws Exception{
     Connection con;
     Statement sql;
     ResultSet rs;
     Class.forName("com.mysql.jdbc.Driver"); //加载 MySQL 驱动器
     DriverManager.registerDriver(new com.mysql.jdbc.Driver());//注册驱动器
     String dbUrl="jdbc:mysql://localhost:3306/shopdb";//连接到数据库的 URL
     String dbUser="root";
     String dbPwd="root";
     con=DriverManager.getConnection(dbUrl,dbUser,dbPwd); //建立数据库连接
     try{
        con.setAutoCommit(false);
        Statement stmt=con.createStatement();
        stmt.executeUpdate("delete from ACCOUNTS");
        stmt.executeUpdate("insert    into    ACCOUNTS(ID,NAME,BALANCE)"    +
"values(1,'Tom',1000 )" ) ;
        stmt.executeUpdate("insert      into      ACCOUNTS(ID,NAME,BALANCE)"
+"values( 2,'Jack',1000)");
//int x=1/0;     //测试行，可用于产生错误，导致事务回滚
stmt.executeUpdate("update ACCOUNTS set BALANCE=900 where ID=1");
        stmt.executeUpdate("update ACCOUNTS set BALANCE=1100 where ID=2");
        con.commit();
    }catch(SQLException e){
        con.rollback(); //撤销整个事务
    }finally{
        con.close();
    }
    System.out.println("事务执行成功");
  }
}
```

如果将程序中的“测试行”注释去掉，然后再次执行程序，程序执行到测试行时会因抛出异常而中断执行，由于事务的原子性，“测试行”前面两条语句的执行会回滚撤销。

5.4.3 操作二进制数据

在数据库编程中，往往需要把二进制数据保存到数据库，二进制数据在不同的数据库系统中表示方法不一样，MySQL 使用 Blob 类型来表示。在 JDBC 中操作二进制对象和其他数据类型有所不同，二进制对象通常使用输入/输出流的方式来写入和读取。

PreparedStatement 的 setBinaryStream()方法可以向数据库中写入 Blob 类型的数据。要读取数据库中的 Blob 类型数据，可以先通过 ResultSet 对象的 getBlob()方法返回一个 Blob 对象，然后调用 Blob 对象的 getBinaryStream()获得一个输入流，最后通过这个输入流将 Blob 数据读取到内存中。

（1）启动 MyEclipse 10 开发环境，选择 File→New→Java Project 命令，新建项目 JdbcDriverMysqlProcessBlobData。在项目中新建名为 useJdbcDriverMysqlProcessBlobData.java 的程序，如例程 5-6 所示，用来向 shopdb 数据库中 accounts 数据表中保存 Blob 类型数据，然后从中读取 Blob 数据。

（2）将 MySQL 的 JDBC 驱动（jar 包）加载到项目中。将名为 tom.gif 的图片文件复制到项目目录中。

（3）创建相应的数据库，这里使用 5.2 节中创建的名为 shopdb 的数据库。

例程 5-6：useJdbcDriverMysqlProcessBlobData.java。

```
import java.sql.*;
import java.io.*;
public class useJdbcDriverMysqlProcessBlobData {
  Connection conn;
  public useJdbcDriverMysqlProcessBlobData(Connection con){this.conn=con;}
    public static void main(String args[])throws Exception{
     Connection con;
     Class.forName("com.mysql.jdbc.Driver"); //加载MySQL驱动器
     DriverManager.registerDriver(new com.mysql.jdbc.Driver());//注册驱动器
     String dbUrl="jdbc:mysql://localhost:3306/shopdb";//连接到数据库的URL
     String dbUser="root";
     String dbPwd="root";
     con=DriverManager.getConnection(dbUrl,dbUser,dbPwd); //建立数据库连接
     useJdbcDriverMysqlProcessBlobData                                  tester=new
useJdbcDriverMysqlProcessBlobData(con);
     tester.saveBlobToDatabase();
     tester.getBlobFromDatabase();
     con.close();
    }
    /**向数据库中保存Blob数据 */
    public void saveBlobToDatabase()throws Exception{
       PreparedStatement      stmt=conn.prepareStatement("insert        into
accounts(id,name,balance,picture) values(?,?,?,?)");
       stmt.setInt(1,3);
       stmt.setString(2,"tom");
       stmt.setFloat(3,200);
       FileInputStream fin=new FileInputStream("tom.gif");
       ByteArrayOutputStream baos=new ByteArrayOutputStream();
       byte[] b=new byte[1024];
       int len;
       while((len=fin.read(b)) != -1){
          baos.write(b, 0, len);
       }
```

```
        stmt.setBytes(4, baos.toByteArray());
        stmt.executeUpdate();
        baos.close();
        fin.close();
        stmt.close();
    }
    /** 从数据库中读取 Blob 数据 */
public void getBlobFromDatabase()throws Exception{
  PreparedStatement ps=null;
  ResultSet rs=null;
  String sql="select picture from accounts where id=?";
  ps=conn.prepareStatement(sql);
     ps.setInt(1, 3);
     rs=ps.executeQuery();
     rs.next();
     Blob blob=rs.getBlob("picture");
     //把数据库中的 Blob 数据复制到 tom_bak.gif 文件中
     InputStream in=blob.getBinaryStream();
     FileOutputStream fout=new FileOutputStream("tom_bak.gif");
     int b=-1;
     while((b=in.read())!=-1)
        fout.write(b);
     fout.close();
     in.close();
     rs.close();
     ps.close();
    }
}
```

5.5　数据库连接池技术

5.5.1　连接池概述

建立和销毁数据库连接需要浪费大量的系统时间，而且连接数目的不断增长会消耗大量的系统资源，甚至导致系统崩溃，针对以上问题，可以考虑使用数据库连接池。数据库连接池的基本实现原理：事先在连接池中建立一定数量的数据库连接，当客户端请求一个连接时，连接池可以从池中获取一个空闲的连接分配给它，当客户端使用完连接时，连接池再将其放回池中以便再次使用，当客户端请求数量超出池中已经创建的连接数目时，连接池将为其创建新的连接。当请求数目少于连接数时，连接池将关闭不必要的空连接。数据库连接池实现原理如图 5-31 所示。

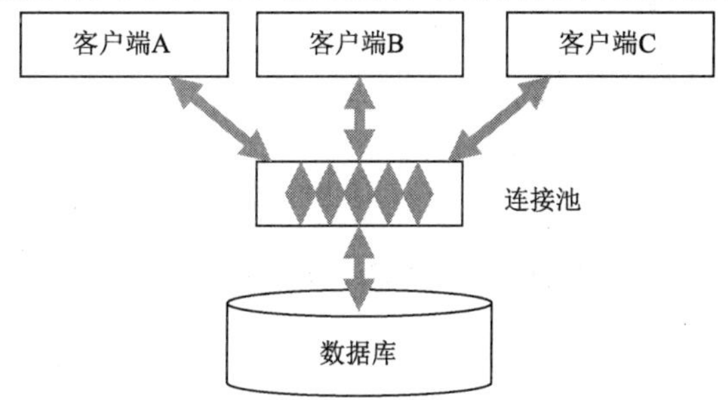

图 5-31　数据库连接池实现原理

数据库连接池负责分配、管理和释放数据库连接，允许应用程序重复使用一个现有的数据库连接，而不是重新建立一个；释放空闲时间超过最大空闲时间的数据库连接来避免因为释放数据库连接而引起的数据库连接遗漏。数据库连接池技术的优点体现在以下几方面。

（1）资源重用：由于数据库连接得以重用，避免了频繁创建、释放连接引起的大量性能开销。在减少系统消耗的基础上，也增加了系统运行环境的平稳性。

（2）更快的系统反应速度：数据库连接池在初始化过程中，往往已经创建了若干数据库连接置于连接池中备用。此时连接的初始化工作均已完成。对于业务请求处理而言，直接利用现有可用连接避免了数据库连接初始化和释放过程的时间开销，从而减少了系统的响应时间。

（3）新的资源分配手段：对于多应用共享同一数据库的系统而言，可在应用层通过数据库连接池的配置实现某一应用最大可用数据库连接数的限制，避免某一应用独占所有的数据库资源。

（4）统一的连接管理，避免数据库连接泄露：在较为完善的数据库连接池实现中，可根据预先的占用超时设定，强制回收被占用连接，从而避免了常规数据库连接操作中可能出现的资源泄露。

可以根据需要创建自己的数据库连接池，也可以使用第三方提供的连接池产品。创建连接池一般要满足如下要求：

- 能够限制连接池中最多可容纳的连接数。
- 当客户请求连接，而连接池中没有空闲连接时，能够创建临时连接来解决。
- 当客户用完连接时，需要把连接重新放入连接池。
- 限制连接池中允许处于空闲状态的连接的最大数目。

① 启动 MyEclipse 10 开发环境，选择 File→New→Java Project 命令，新建项目 JdbcDriverMysqlConnectionPool。在项目中新建名为 ConnectionPool.java 的程序，如例程 5-7 所示，实现了一个能够取出、释放和关闭连接的数据库连接池。在项目中新建名为 UseConnectionPool.java 的程序，如例程 5-8 所示，对例程 5-7 中定义的数据库连接池进行使用。

② 将 MySQL 的 JDBC 驱动（jar 包）加载到项目中。

③ 创建相应的数据库，这里使用 5.2 节中创建的名为 shopdb 的数据库。

例程 5-7：ConnectionPool.java。

```
import java.sql.*;
import java.util.*;
public class ConnectionPool {
     private final ArrayList<Connection> pool=new ArrayList<Connection>();
     private int poolSize=5;
     public ConnectionPool (){}
     public ConnectionPool (int poolSize){
          this.poolSize=poolSize;
     }
     /** 从连接池中取出连接 */
     public Connection getConnection() throws SQLException {
          synchronized (pool) {
              if(!pool.isEmpty()){
                  int last=pool.size()-1;
                  Connection con=pool.remove(last);
                  return con;
              }
          }
       Connection con=null;
```

```
    try {
        Class.forName("com.mysql.jdbc.Driver");
        DriverManager.registerDriver(new com.mysql.jdbc.Driver());
        String dbUrl="jdbc:mysql://localhost:3306/shopdb";
        String dbUser="root";
        String dbPwd="root";
        con=DriverManager.getConnection(dbUrl, dbUser, dbPwd);
    } catch(Exception e) {
        e.printStackTrace();
    }
  return con;
 }
    /** 把连接返回连接池 */
    public void releaseConnection(Connection con) throws SQLException {
        synchronized(pool) {
            int currentSize=pool.size();
            if(currentSize<poolSize ) {
                pool.add(con);
                return;
            }
        }
        try {
            con.close();
        }catch (SQLException e) {e.printStackTrace();}
    }
    protected void finalize() {
        close();
    }
    /** 关闭连接池*/
    public void close() {
        Iterator<Connection> iter=pool.iterator();
        while( iter.hasNext()) {
            try {
                iter.next().close();
            }catch (SQLException e){e.printStackTrace();}
        }
        pool.clear();
    }
}
```

例程 5-8：UseConnectionPool.java。

```
import java.sql.*;
public class UseConnectionPool implements Runnable{
  ConnectionPool pool=new ConnectionPool();
  public static void main(String args[])throws Exception{
    UseConnectionPool tester=new UseConnectionPool ();
    Thread[] threads=new Thread[30];
    for(int i=0;i<threads.length;i++){
      threads[i]=new Thread(tester);
      threads[i].start();
      Thread.sleep(300);
    }
    for(int i=0;i<threads.length;i++){
      threads[i].join();
    }
```

```
        tester.close(); //关闭连接池
    }
    public void close(){
        pool.close();
    }
    public void run(){
        try{
            Connection con=pool.getConnection();
            System.out.println(Thread.currentThread().getName()+": 从连接池取
出一个连接"+con);
            Statement stmt=con.createStatement();
            stmt.executeUpdate("insert into books (bookname,publisher) " +
"VALUES ('VB','电子')");
            //释放相关资源
            stmt.close();
            pool.releaseConnection(con);
            System.out.println(Thread.currentThread().getName()+": 释放连接"+con);
        }catch(Exception e){
            e.printStackTrace();
        }
    }
}
```

5.5.2 C3P0 连接池的使用

目前的连接池技术多种多样，最为常用的是 DBCP、C3P0 和 Proxool 等。这里以 C3P0 为例介绍数据库连接池的使用。

C3P0 是一个开源的 JDBC 连接池，它实现了数据源和 JNDI 绑定，支持 JDBC3 规范和 JDBC2 的标准扩展。目前使用它的开源项目有 Hibernate、Spring 等。

（1）下载 C3P0 连接池 jar 包。

（2）启动 MyEclipse 10 开发环境，选择 File→New→Java Project 命令，新建项目 JdbcDriverC3P0ConnectionPool。

（3）将 MySQL 的 JDBC 驱动（jar 包）、C3P0 的驱动（jar 包）加载到项目中。

（4）在项目的 src 包中创建名为 config.properties 的文件，用来存放数据库连接池的配置参数，以便实现灵活配置，内容如例程 5-9 所示。

（5）在项目中新建名为 C3P0Properties.java 的程序，用来读取配置文件中的参数，如例程 5-10 所示。

（6）在项目中新建名为 useJdbcDriverC3P0ConnectionPool.java 的程序，如例程 5-11 所示。通过数据库连接池访问数据库。

例程 5-9：config.properties。

```
DriverClass=com.mysql.jdbc.Driver                    //连接池连接数据库所需的驱动类
JdbcUrl=jdbc:mysql://localhost:3306/shopdb           //连接数据库的 URL
User=root                              //连接数据库的用户名
Password=root                          //连接数据库的密码
MaxPoolSize=20                         //连接池的最大连接数
MinPoolSize=2                          //连接池的最小连接数
InitialPoolSize=5                      //连接池的初始连接数
MaxStatements=30                       //连接池的缓存 Statement 的最大数
MaxIdleTime=100                        //最大空闲时间
```

例程 5-10：C3P0Properties.java。

```
import java.sql.Connection;
import java.util.Properties;
import com.mchange.v2.c3p0.ComboPooledDataSource;
public class C3P0Properties {
    private ComboPooledDataSource cpds;
    private static C3P0Properties c3P0Properties;
    static{
        c3P0Properties=new C3P0Properties();
    }
    public C3P0Properties() {
        try {
            cpds=new ComboPooledDataSource();
            //加载配置文件
            Properties props = new Properties();
props.load(C3P0Properties.class.getClassLoader().getResourceAsStream("conf
ig.properties"));
            cpds.setDriverClass(props.getProperty("DriverClass"));
            cpds.setJdbcUrl(props.getProperty("JdbcUrl"));
            cpds.setUser(props.getProperty("User"));
            cpds.setPassword(props.getProperty("Password"));
            cpds.setMaxPoolSize(Integer.parseInt(props.getProperty("MaxPoolSize")));
            cpds.setMinPoolSize(Integer.parseInt(props.getProperty("MinPoolSize")));
            cpds.setInitialPoolSize(Integer.parseInt(props.getProperty("InitialPoolSize")));
            cpds.setMaxStatements(Integer.parseInt(props.getProperty("MaxStatements")));
            cpds.setMaxIdleTime(Integer.parseInt(props.getProperty("MaxIdleTime")));
        } catch(Exception e) {
            e.printStackTrace();
        }
    }
    public static C3P0Properties getInstance(){
        return c3P0Properties;
    }
    public Connection getConnection(){
        Connection conn=null;
        try {
            conn=cpds.getConnection();
        } catch (Exception e) {
            e.printStackTrace();
        }
        return conn;
    }
}
```

例程 5-11：useJdbcDriverC3P0ConnectionPool.java。

```
import java.sql.*;
public class useJdbcDriverC3P0ConnectionPool {
    public PreparedStatement getPrepareStatement(Connection conn,String sql){
        PreparedStatement ps=null;
        try {
            ps=conn.prepareStatement(sql);
        } catch (SQLException e) {
            e.printStackTrace();
        }
        return ps;
```

```
    }
    public PreparedStatement setPrepareStatementParameter(PreparedStatement
ps,Object... values){
        try {
            if(null != values) {
                for(int i=1; i<=values.length;i++) {
                    ps.setObject(i,values[i-1]);
                }
            }
        } catch (SQLException e) {
            e.printStackTrace();
        }
        return ps;
    }
    //释放资源
    public static void realeaseResource(ResultSet rs,PreparedStatement
ps,Connection conn){
        if(null!=rs){
            try {
                rs.close();
            } catch (SQLException e) {
                e.printStackTrace();
            }
        }
        if(null!=ps){
            try {
                ps.close();
            } catch (SQLException e) {
                e.printStackTrace();
            }
        }
        try {
            conn.close();
        } catch (SQLException e) {
            e.printStackTrace();
        }
    }
    public static void main(String[] args) {
        Connection conn=null;
        PreparedStatement ps=null;
        ResultSet rs=null;
        try {
            conn=C3P0Properties.getInstance().getConnection();
            String sql="select * from books where id >= ? ";
            useJdbcDriverC3P0ConnectionPool c3p0Instance=new useJdbcDriverC3P0
ConnectionPool();
            ps=c3p0Instance.getPrepareStatement(conn,sql);
            c3p0Instance.setPrepareStatementParameter(ps,new Object[]{1});
                rs=ps.executeQuery();
            while(rs.next()){
                Object obj1=rs.getObject(1);
                Object obj2=rs.getObject(2);
                Object obj3=rs.getObject(3);
                Object obj4=rs.getObject(4);
```

```
                System.out.println("ID:  " + obj1 + ",bookNAME: " + obj2+
",Publisher: " + obj3+ ",Price: " + obj4);
            }
        } catch (SQLException e) {
            e.printStackTrace();
        }finally{
            //释放资源
            useJdbcDriverC3P0ConnectionPool.realeaseResource(rs,ps,conn);
        }
    }
}
```

小　　结

JDBC 是 Sun 公司为简化 Java 程序访问数据库而制定的规范，它定义了 Java 程序与各种关系数据库之间的编程接口。JDBC API 主要位于 JDK 的 java.sql 包中，它为 Java 程序访问数据库提供了统一的编程接口，但对接口的具体实现需要数据库的设计者来完成，JDBC 的驱动器封装了与各种数据库服务器通信的细节。本章对 JDBC API 中的接口与类进行讲解，介绍了连接数据库的一般过程，举例介绍了如何通过 JDBC-ODBC 驱动访问 Access 数据库，如何通过 JDBC 驱动访问 MySQL 数据库。在数据库的高级操作部分，介绍了如何实现对存储过程的调用，如何实现事务的控制、如何实现对二进制数据的存取。最后，介绍了数据库连接池技术的概念及实现原理，并通过实例讲解了 C3P0 开源数据库连接池的使用。

习　　题

1. 简述 JDBC 的工作原理。
2. 简述连接数据库的一般过程。
3. 创建名为 userdb.mdb 的 Access 数据库，在数据库中创建名为 usertable 的数据表，数据表结构为：usertable(id(autoinc),username(varchar),password(varchar),birth(date))。为 userdb.mdb 创建名为 user 的 ODBC 数据源，修改例程 5-2，使其能对 ODBC 数据源进行访问。
4. 练习安装 MySQL 5.0 和 Navicat for MySQL 软件。创建名为 userdb 的数据库，在数据库中创建名为 usertable 的数据表，数据表结构为 usertable(id(autoinc),username(varchar),password(varchar),birth(date),photo(blob))。修改例程 5-3，使其能对 userdb 进行访问。
5. 练习使用 JDBC 驱动方式连接其他数据库系统。例如，MS SQLServer、Oracle、DB2 等。
6. 修改例程 5-4，使其能对 userdb 数据库进行存储过程调用。
7. 修改例程 5-5，使其能对 userdb 数据库操作进行事务控制。
8. 修改例程 5-6，使其能对 userdb 数据库进行二进制数据的存取访问。
9. 按照 5.5.2 节的操作过程，修改例程 5-9 和例程 5-11，使其能通过数据库连接池实现对 userdb 数据库的访问。
10. 简述使用存储过程实现数据库操作的一般过程。
11. 简述如何通过事务控制保证数据库操作的原子性。
12. 简述使用数据库连接池对系统性能有何影响。

第 6 章 Web 前端开发技术

随着网络的普及和发展，互联网的应用无处不在，网站作为一种很强大的工具和平台已经融入了人们的生活，而与用户关系最密切的前端开发技术也逐渐得到应有的重视。

互联网进入 Web 2.0 时代，各种类似桌面软件的 Web 应用大量涌现，网站的前端由此发生了翻天覆地的变化。网页不再只是承载单一的文字和图片，各种丰富媒体让网页的内容更加生动，网页上软件化的交互形式为用户提供了更好的使用体验，这些都是基于前端技术实现的。

前端技术包括 JavaScript、ActionScript、CSS、xHTML 等“传统”技术与 Adobe RIA、Google Gears,以及概念性较强的交互式设计、艺术性较强的视觉设计等。

本章主要介绍前端技术的 3 个重要的技术要素：HTML、CSS 和 JavaScript 。

6.1 HTML

互联网上的一个超媒体文档称为一个页面，在逻辑上将视为一个整体的一系列页面的有机集合称为网站（Website 或 Site）。HTML 就是为“网页创建和其他可在网页浏览器中看到的信息”设计的一种标记语言。

6.1.1 HTML 基本概念与组成

1. HTML 是什么

HTML（HyperText Marked Language，超文本标记语言）是一种用来制作超文本文档的简单标记语言。

用 HTML 编写的超文本文档称为 HTML 文档，它能独立于各种操作系统平台。超文本传输协议 HTTP 规定了浏览器在运行 HTML 文档时所遵循的规则和进行的操作。协议的制定使浏览器在运行超文本时有了统一的规则和标准。

自 1990 年以来 HTML 就一直被用作 W W W（World Wide Web）的信息表示语言，使用 HTML 语言描述的文件，需要通过 Web 浏览器显示出效果。

事实上每一个 HTML 文档都是一种静态的网页文件，这个文件里面包含了 HTML 指令代码，这些指令代码并不是一种程序语言，只是一种排版网页中资料显示位置的标记结构语言。

综上所述，HTML 是这样的一种语言：

（1）HTML 表示超文本标记语言。

（2）HTML 文件是一个包含标记的文本文件。

（3）这些标记说明浏览器怎样显示这个页面。

(4) HTML 文件扩展名为.htm 或者.html。

(5) HTML 文件可以用一个简单的文本编辑器创建。

本章中只对 HTML 文件的基本结构和常用标签做简单讲解，如果需要深入学习 HTML，可以参阅其他参考文献。

2. HTML 文件基本结构

打开“记事本”等文本编辑工具，在输入界面输入例程 6-1 所示的内容。

例程 6-1：Example6_1.html。

```
<html>
    <head>
        <title>Title of page</title>
    </head>
    <body>
        This is my first homepage.
        <br>
        <b>This text is bold</b>
    </body>
</html>
```

将文件保存为 Example6_1.html。然后用浏览器打开该文件，运行效果如图 6-1 所示。

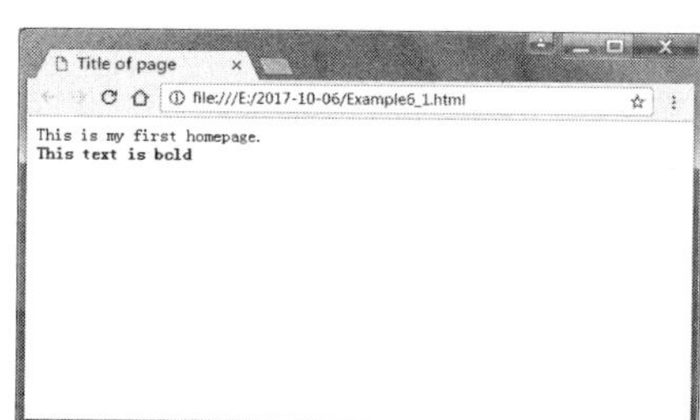

图 6-1 Example6_1.html 运行结果

可以看出：

(1) 一个 HTML 文档是由一系列的元素和标签组成。

(2) 元素名不区分大小写。

(3) HTML 用标签来规定元素的属性和它在文件中的位置。

(4) HTML 文档分为文档头和文档体两大部分。文档头是对文档进行必要的定义，文档体中是要显示的各种文档信息。

6.1.2 标签与属性

1. HTML 标签定义

HTML 的标签分为单标签和成对标签两种。成对标签是由首标签<标签名> 和尾标签</标签名>组成的，成对标签的作用域只作用于这对标签中的文档。单独标签的格式<标签名>，单独标签在相应的位置插入元素。

大多数标签都有自己的一些属性，属性要写在首标签内，属性用于进一步改变显示的效果；各属性之间无先后次序，属性是可选的，属性也可以省略，系统自动采用默认值。其格式如下：

```
<标签名字 属性 1 属性 2 属性 3 … >内容</标签名字>
```

作为一般的原则，大多数属性值不用加双引号。但是包括空格、%、# 等特殊字符的属性值必须加入双引号。为了养成良好的代码书写习惯，提倡全部对属性值加双引号。例如，下面是设置字体属性的标签：

```
<font color="#ff00ff" face="宋体" size="30"> 字体设置 </font>
```

注意：输入始标签时，不要在“<”与标签名之间输入多余的空格，也不能在中文输入法状态下输入这些标签及属性，否则浏览器将不能正确识别标签及属性，从而无法正确显示网页内容与格式。

2. HTML 主体标签<body>及颜色属性

在<body>和</body>中放置的是页面中所有的内容，如图片、文字、表格、表单、超链接等设置。<body>标签有自己的属性，设置 <body>标签内的属性，可控制整个页面的显示方式。<body>标签的主要属性如表 6-1 所示。

表 6-1　<body>标签属性

属　性	描　述
link	设定页面默认的超链接颜色
alink	设定鼠标正在单击时的超链接颜色
vlink	设定访问后链接文字的颜色
background	设定页面背景图像
bgcolor	设定页面背景颜色
leftmargin	设定页面的左边距
topmargin	设定页面的上边距
text	设定页面文字的颜色
bgproperties	设定页面背景图像为固定，不随页面的滚动而滚动

例程 6-2：Example6_2.html，主要说明<body>标签的属性应用。

```
<html>
   <head>
      <title>bady的属性实例</title>
    </head>
   <body bgcolor="#FFFFB7"  text="#ff0000"  link="#3300FF"  alink="red"
   vlink="#9900FF">  <center>
   <h2>设定不同的链接颜色</h2> 测试body 标签<p>
   <a href="http://www.baidu.com/">默认的链接颜色</a> <p>
   <a href="http://www.sina.com.cn">正在按下的链接颜色,</a> <p>
   <a href="http://www.sohu.com/">访问过后的链接颜色,</a>
   <P>
   <a href="#" onClick="window.history.back()">返回</a> </conter>
    </body>
</html>
```

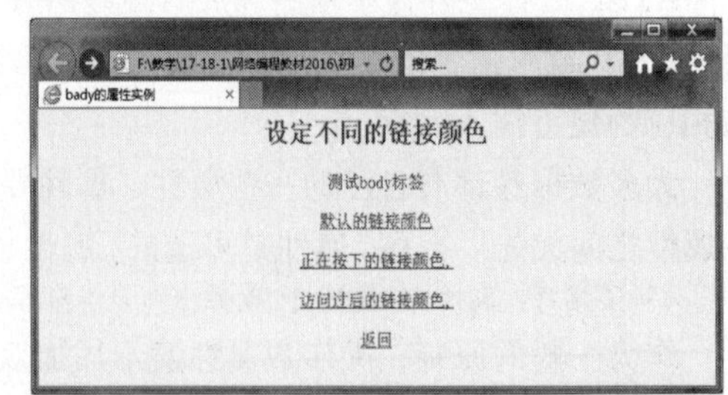

图 6-2　Example6_2.html 运行结果

运行结果如图 6-2 所示。可以看到，对于颜色的设定，主要是通过关键字或者 RGB 格式的数值来设置。下面具体说明颜色的设置过程。

颜色是由 红色（red）、绿色（green）和蓝色（blue）三原色组合而成的，因此，在 HTML 中对颜色的定义采用 6 位十六进制数来表示，其中三原色分别占用 2 位十六进制数，也就是说，每个原色可有 256 种彩度，故此三原色可混合成 256 × 256 × 256，共 16 777 216 种颜色。

例如：

白色的组成是 red=FF，green=FF，blue= FF，其 RGB 值即为 FFFFFF；

红色的组成是 red=FF，green= 00，blue= 00，其 RGB 值即为 FF0000；

绿色的组成是 red=00，green=FF，blue= 00，其 RGB 值即为 00FF00；

蓝色的组成是 red=00，green= 00，blue= FF，其 RGB 值即为 0000FF；

黑色的组成是 red=00，green=00，blue=00，其 RGB 值即为 000000。

为了使用方便，系统设置了 16 个颜色关键字，可以直接引用：aqua（湖绿色）、black（黑色）、blue（蓝色）、fuchsia（紫红色）、gray（灰色）、green（绿色）、lime（酸橙色）、maroon（褐红色）、navy（藏青色）、olive（黄褐色）、purple（紫色）、red（红色）、silver（银色）、teal（水鸭蓝）、white（白色）、yellow（黄色）。

6.1.3　文档标记及文件格式设置

1. 换行标签

换行标签是单标签，也叫空标签，不包含任何内容，在 HTML 文件中的任何位置只要使用了
标签，当文件显示在浏览器中时，该标签之后的内容将显示在下一行。

例程 6-3：Example 6_3.html。

```
<html>
    <head>
    <title>换行示例</title> </head>
    <body>
        无换行标记：登鹳雀楼 白日依山尽，黄河入海流。欲穷千里目，更上一层楼。
        <br>有换行标记：
        <br>登鹳雀楼
        <br>白日依山尽，
        <br>黄河入海流。
        <br>欲穷千里目，
        <br>更上一层楼。
    </body>
</html>
```

运行效果如图 6-3 所示。

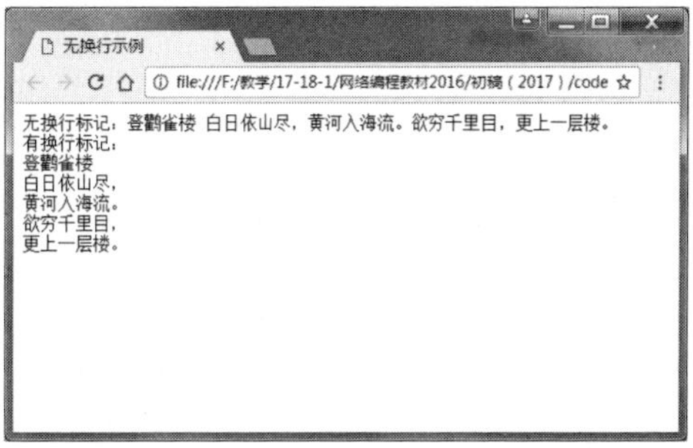

图 6-3　Example6_3.html 运行结果

2. 段落标签<p>

由<p>标签所标识的文字，代表同一个段落的文字。用以区别文字的不同段落。

段落标签<p>可以单独使用，也可以成对使用。单独使用时，下一个<p>的开始就意味着上一个<p>的结束。

两种格式分别如下：

```
<p>
<p  align=参数>
```

其中，align 是<p>标签的属性，属性有 3 个参数 left、center、right。这 3 个参数设置段落文字的左、中、右位置的对齐方式。

3. 居中对齐标签<center>

文本在页面中使用<center>标签进行居中显示设置。<center>是成对标签，在需要居中的内容部分开头处加<center>，结尾处加</center>。

4. 水平分隔线标签<hr>

<hr>标签是单独使用的标签，产生一条水平线，用于段落与段落之间的分隔，使文档结构清晰明了，使文字的编排更整齐。通过设置<hr>标签的属性值，可以控制水平分隔线的样式。

<hr>标签属性如表 6-2 所示。

表 6-2 <hr>标签属性

属　性	参数及单位	描　述	默 认 值
size	像素	水平分隔线的粗细	2
width	像素或%	水平分隔线的宽度	100%
Align	left、center、right	水平分隔线的对齐方式	center
color	RGB	水平分隔线的颜色	black
noshade		取消水平分隔线的 3D 阴影	

5. 署名标签<address>

<address>署名标签一般用于说明这个网页是由谁或是由哪个公司编写的，以及其他相关信息。在<address></address>标签之间的文字显示效果是斜体字。

例程 6-4：Example6_4.html。

```
<HTML>
    <HEAD><TITLE>测试水平分隔线标签和署名标签</TITLE>
    </HEAD>
    <BODY>
    <CENTER> 春  晓
        <hr> 春眠不觉晓，
        <hr size="6"> 处处闻啼鸟。
        <hr width="40%"> 夜来风雨声，
        <hr width="60" align="left"> 花落知多少？
        <hr size="6" width="30%" align="center"  noshade color=red >
        <address>[唐] 孟浩然</address>
    </CENTER>
    </BODY>
</HTML>
```

文件运行效果如图 6-4 所示。

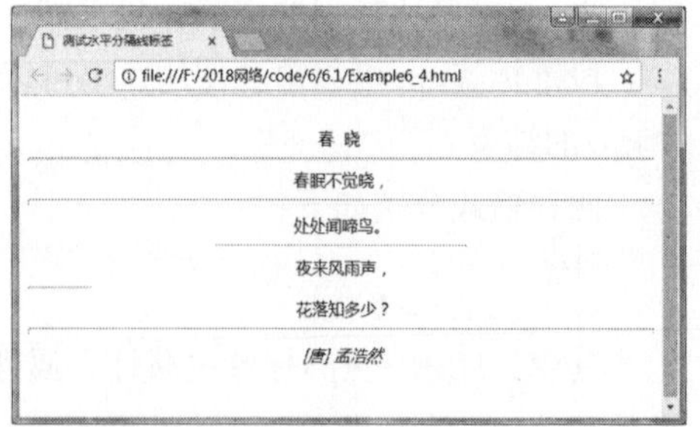

图 6-4 Example6_4.html 运行结果

6. 特殊字符的显示

在 HTML 文档中，有些字符没办法直接显示出来，例如“<”等。通常情况下，HTML 会自动截去多余的空格。无论文档中增加多少空格，都被看作一个空格。

而有些 HTML 文档的特殊字符可以通过键盘输入，但浏览器在解析 HTML 文件时会报错，为防止代码混淆，必须使用一些代码来表示它们，称为转义字符。HTML 中的特殊字符及其对应转义字符设置如表 6-3 所示。

表 6-3 HTML 中的特殊字符及其转义字符

特殊字符	转义字符	特殊字符	转义字符
<	<	®	®
>	>	×	×
&	&	©	©
“	"	连续空格	

7. 注释标签

在 HTML 文档中可以加入相关的注释标记，便于查找和记忆有关的文件内容和标识，这些注释内容并不会在浏览器中显示出来。

注释标签的格式如下：

```
<!--注释的内容-->
```

8. 字体设置相关标签

在 HTML 文档中设置字体格式等相关内容，可以使用以下两种方式。

1）标题标签<hn>

<hn>标签用于设置网页中的标题文字，被设置的文字将以黑体或粗体的方式显示在网页中。

标题标签的格式：

```
<hn align=参数> 标题内容 </hn>
```

说明：<hn>标签是成对出现的，<hn>标签共分为 6 级，在<h1>...</h1>之间的文字就是第一级标题，是最大最粗的标题；依此类推，<h6>...</h6>之间的文字是最后一级，是最小最细的标题文字。align 属性用于设置标题的对齐方式，其参数为 left（左）、center（中）、right（右）。<hn>标签本身具有换行的作用，标题总是从新的一行开始。

2）字体标签<font>

<font>标签用于控制文字的字体、大小和颜色。格式如下：

```
<font face=值 1 size=值 2 color=值 3> 文字 </font>
```

<font>标签的属性如表 6-4 所示。

表 6-4 <font>标签的属性

属性	描述	默认值
face	设置文字使用的字体	宋体
size	设置文字使用的大小	5
color	设置文字使用的颜色	黑色

说明：如果用户的系统中没有 face 属性所指的字体，则将使用默认字体。size 属性的取值为 1~7。也可以用"+"或"-"来设定字号的相对值。color 属性的值为：rgb 颜色"#nnnnnn"或颜色的关键字名称。

3）文字样式标签

在有关文字的显示中，常常会使用一些特殊的字形或字体来强调、突出、区别以达到提示的效果。在 HTML 中用于这种功能的标签可以分为两类：物理类型和逻辑类型。常用的文字样式标签如表 6-5 所示。

表 6-5　常用的文字样式标签

标签名称	描述	类型
<b>	<b>与</b>标签之间的文字以粗体方式显示	物理类型
<i>	<i>与</i>标签之间的文字以斜体方式显示	物理类型
<u>	<u>与</u>标签之间的文字以下画线方式显示	物理类型
<em>	用于强调的文本，显示为斜体字	逻辑类型
<strong>	用于特别强调的文本，显示为粗体字	逻辑类型
<cite>	用于引证和举例，通常是斜体字	逻辑类型
<code>	用来指出这是一组代码	逻辑类型
<small>	文本以小号字显示	逻辑类型
<big>	文本以大号字显示	逻辑类型
<samp>	显示宽度相等的字体	逻辑类型
<var>	用来表示变量，通常显示为斜体字	逻辑类型
<sup>	表示上标	逻辑类型
<sub>	表示下标	逻辑类型

例程 6-5：Example6_5.html，字体标签的使用。

```
<html>
   <head>
      <title>字体的物理类型</title> </head>
    <body> <center>
      <h1>有关字体标签的应用</h1><p>
      <font color="#FF0000" size="+2">
<b>这些文字是粗体的</b></font>
      <br><br> <i>这些文字是斜体的</i>
      <br><br>  <u>这些文字带有下画线</u></p>
      <p><font size=5> <pre>
         em 标签：<em>用于强调的文本，一般显示为斜体字</em>
         strong 标签：<strong>用于特别强调的文本，显示为粗体字</strong>
         cite 标签：<cite>用于引证和举例，通常是斜体字</cite>
         code 标签：<code>用来指出这是一组代码</code>
         small 标签：<small>规定文本以小号字显示</small>
         big 标签：<big>规定文本以大号字显示</big>
         samp 标签：<samp>显示一段计算机常用
的字体，即宽度相等的字体</samp>
         var 标签：<var>用来表示变量，通常显示
为斜体字</var>
         sup 标签：12<sup>2</sup>=144
         sub 标签：硫酸亚铁的分子式是 Fe<sub>2
</sub>SO<sub>4</sub>
         </font> </pre>
      </center>
   </body>
</html>
```

程序运行结果如图 6-5 所示。

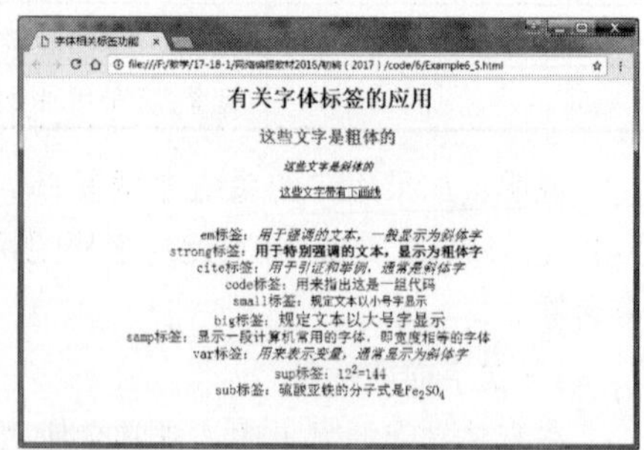

图 6-5　Example6_5.html 运行结果

6.1.4 HTML 列表

在 HTML 页面中，合理的使用列表标签可以起到提纲和格式排序文件的作用。

列表分为两类：一是无序列表。一是有序列表，无序列表就是项目各条列间并无顺序关系，纯粹只是利用条列来呈现资料而已，此种无序标签，在各条列前面均有一符号以示间隔；有序条列就是指各条列之间是有顺序的。列表的主要标签如表 6-6 所示。

表 6-6 列表的主要标签

标签名称	描述	标签名称	描述
<ul>	无序列表	<menu>	菜单列表
<ol>	有序列表	<dl>/<dt>/<dd>	定义列表的标记
<dir>	目录列表	<li>	列表项目的标记
<dl>	定义列表		

1. 无序列表<ul>

无序列表是成对标签：<ul></ul>，无序列表指没有进行编号的列表，每一个列表项前使用<li>进行标记。

<li>的属性 type 有 3 个选项：disc（实心圆）、circle（空心圆）、square（小方块）。这 3 个选项都必须小写。默认值为 disc（实心圆）。

例程 6-6：Example6_6.html，无序列表的基本应用。

```
<html>
    <head><title>无序列表</title> </head>
    <body>
    <ul> <li>默认的无序列表加"实心圆"
    <li>默认的无序列表"实心圆"
    <li>默认的无序列表"实心圆" </ul>
    <ul><li type=square>无序列表 square 加方块
    <li type=square>无序列表 square 加方块
    <li type=square>无序列表 square 加方块 </ul>
    <ul> <li type=circle>无序列表 circle 加空心圆
    <li type=circle>无序列表 circle 加空心圆
    <li type=circle>无序列表 circle 加空心圆
    </ul> </body>
</html>
```

程序运行结果如图 6-6 所示。

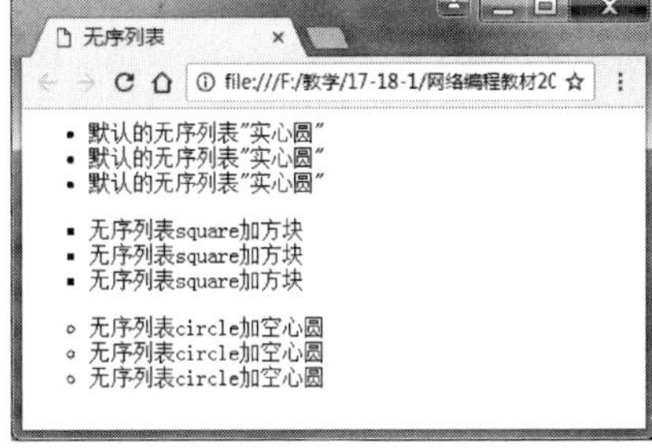

图 6-6 Example6_6.html 运行结果

2. 有序列表<ol>

有序列表和无序列表的使用格式基本相同，使用标签<ol></ol>，每一个列表项前使用<li>。

<ol>列表带有前后顺序之分的编号。如果插入和删除一个列表项，编号会自动调整。顺序编号的设置是由<ol>的两个属性 type 和 start 来完成。

start=编号开始的数字，如 start=2 则编号从 2 开始，如果从 1 开始可以省略，或是在<li>标签中设定 value = "n"改变列表行项目的特定编号，例如<li value=7>。

type=编号的数字、字母等的类型， type 参数的具体类型和描述如表 6-7 所示。

表 6-7 type 参数的具体类型和描述

类 型 值	描 述
1	列表项目用数字标号（1，2，3...）
A	列表项目用大写字母标号（A，B，C...）
a	列表项目用小写字母标号（a，b，c...）
I	列表项目用大写罗马数字标号（Ⅰ，Ⅱ，Ⅲ...
i	列表项目用小写罗马数字标号（i，ii，iii...）

例程 6-7：Example6_7.html，有序列表的基本应用。

```
<html>
    <head><title>有序列表</title> </head>
    <body>
        <ol><li>默认的有序列表
        <li>默认的有序列表
        <li>默认的有序列表</ol>
        <ol  type= "a"  start=5>  <li>第 1 项
            <li>第 2 项
            <li>第 3 项
            <li value= 20>第 4 项  </ol>
        <ol  type= "I" start=2><li>第 1 项
            <li>第 2 项
            <li>第 3 项 </ol>
    </body>
</html>
```

程序运行结果如图 6-7 所示。

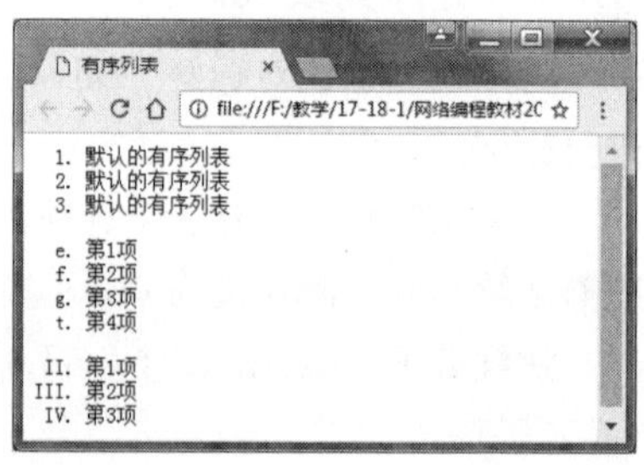

图 6-7 Example6_7.html 运行结果

6.1.5 HTML 表格

表格在网站应用中非常广泛。表格可以方便灵活地排版，很多动态大型网站也都是借助表格进行网页排版。表格可以把相互关联的信息元素集中定位，使浏览页面的人一目了然。

1. 定义表格的基本语法

在 HTML 文档中，表格是通过<table>、<th>、<tr>、<td>标签来完成的。表格相关标签如表 6-8 所示。

表 6-8 表格相关标签

标 签	描 述
<table>...</table>	定义一个表格开始和结束
<caption>…</caption>	定义表格的标题
<th>...</th>	定义表头单元格，文字以粗体显示
<tr>...</tr>	定义一行标签（<th>标签必须放在<tr>标签内）
<td>...</td>	定义单元格，一组<td>标签将建立一个单元格（<td>标签必须放在<tr>标签内）

注意：最基本的表格中，必须包含一组<table>标签，一组标签<tr>和一组<td>标签或<th>。

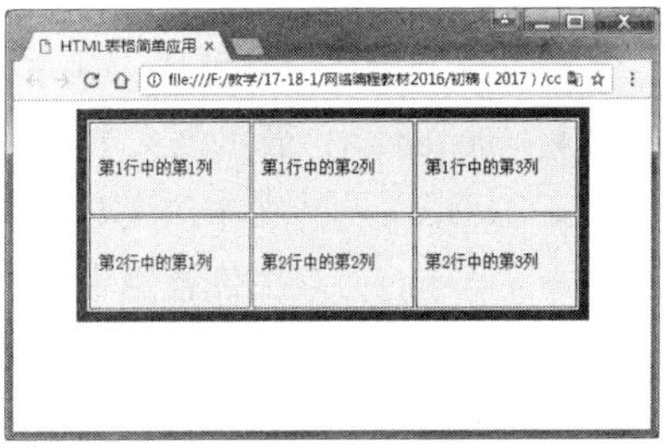

2. <table>标签属性

表格标签<table>有很多属性，主要属性如表 6-9 所示。

表 6-9　<table>标签主要属性

属　　性	描　　　述
width	表格的宽度
height	表格的高度
align	表格在页面的水平摆放位置
background	表格的背景图片
bgcolor	表格的背景颜色
border	表格边框的宽度（以像素为单位）
bordercolor	表格边框颜色（当 border>=1 时起作用）
bordercolorlight	表格边框明亮部分的颜色（当 border>=1 时起作用）
bordercolordark	表格边框昏暗部分的颜色（当 border>=1 时起作用）
cellspacing	单元格之间的间距
cellpadding	单元格内容与单元格边界之间的空白距离的大小

例程 6-8：Example 6_8.html。表格标签的基本应用。

```
<html>
    <head><title>HTML 表格简单应用</title> </head>
    <body>
    <table border=10 bordercolor="#006803"
 align="center" bgcolor="#DDFFDD" width=500 height="200"bordercolorlight="
#FFFFCC" bordercolordark="#660000" background="../../imge/b0024.gif" cells
pacing="2" cellpadding="8">
        <tr><td>第 1 行中的第 1 列</td>
            <td>第 1 行中的第 2 列</td>
            <td>第 1 行中的第 3 列</td> </tr>
        <tr><td>第 2 行中的第 1 列</td>
            <td>第 2 行中的第 2 列</td>
            <td>第 2 行中的第 3 列</td></tr>
        </table>
    </body>
</html>
```

程序运行结果如图 6-8 所示。

图 6-8　Example6_8.html 运行结果

6.1.6　HTML 表单

表单在 Web 网页中用来给访问者填写信息，从而能采集客户端信息，使网页具有交互的功能。一般是将表单设计在 HTML 文档中，当用户填写完信息后做提交（Submit）操作，于是表单的内容就从客户端的浏览器传送到服务器上，经过服务器上的处理程序处理后，再将用户所需信息传送回客户端的浏览器上，这样网页就具有了交互性。这里只说明怎样使用 HTML 语法来设计表单。

表单是由窗体和控件组成的，一个表单一般应该包含用户填写信息的输入框、提交按钮等，这些输入框、按钮叫做控件。表单很像容器，能够容纳各种各样的控件。

表单用<form></form>标签来创建。也即定义表单的开始和结束位置，在开始和结束标志之间的一切定义都属于表单的内容。

<form>标志具有 action、method 和 target 属性。

action 属性的值是处理表单信息的处理程序名称（包括网络路径：网址或相对路径），如果这个属性是空值（""）则当前文档的 url 将被使用。当用户提交表单时，服务器将执行网址里面的程序（以前一般是 CGI 程序，现在大都是 JSP、Servlet 等动态处理程序）。

method 属性用来定义处理程序从表单中获得信息的方式，可取值为 GET 和 POST 等。GET 方式是处理程序从当前 HTML 文档的首部获取数据，这种方式传送的数据量是有所限制的，一般限制在 1 KB（256 个字节）以下。POST 方式与 GET 方式相反，是从当前的 HTML 文档的主体部分把数据传送给处理程序，传送的数据量要比使用 GET 方式的大得多。

target 属性用来指定目标窗口。可选_self（当前窗口）、_parent（父级窗口）、_top（顶层窗口）和_blank（空白窗口）。

表单标签的基本格式如下：

```
<form action="url" method=get|post name="myform" target="_blank">... </form>
```

下面简单介绍表单中包含的<input>标签的基本用法。

<input>是单标签。<input type="">用来定义一个用户输入区，用户可在其中输入信息。此标签必须放在 <form></form>之间。

<input type="">标签中共提供了 9 种类型的输入区域，具体是哪一种类型由 type 属性来决定。下面具体说明这 9 种类型的用法。

1）单行文本框

格式：`<input type="text" size="" maxlength=""…>`

属性：

- name：定义控件名称。
- value：指定控件初始值，该值是浏览器被打开时在文本框中的内容。
- size：指定控件宽度，表示该文本输入框所能显示的最大字符数。
- maxlength：表示该文本输入框允许用户输入的最大字符数。
- onchang：当文本改变时要执行的函数。
- onselect：当控件被选中时要执行的函数。
- onfocus：当文本接收焦点时要执行的函数。

2）普通按钮

格式：`<input type="button">`

属性：

- name：按钮名称。
- value：按钮表面显示的文字。
- onclick：单击按钮后要调用的函数。
- onfocus：按钮接收焦点时要调用的函数。

3）提交按钮

格式：`<input type="SUBMIT">`

属性：单击提交按钮会调用在<form>标签中属性 action 设置的处理程序，将表单信息发送到服务器。

4）重置按钮

格式：<input type="RESET">

属性：与 button 属性基本相同。不同的是，单击重置按钮将会将表单中用户的所有输入内容清除。

5）复选框控件

格式：<input type="CHECKBOX" checked>

属性：

- name：控件名称。
- value：控件的值。
- checked：设定控件初始状态是被选中的。
- onclick：控件被选中时要执行的函数。
- onfocus：控件获得焦点时要执行的函数。

6）隐藏文本区域

格式：<input type="HIDDEN">

属性：

- name：控件名称。
- value：控件默认值。
- hidden：隐藏控件的默认值，会随表单一起发送给服务器。

例如，<input type="Hidden" name="ss" value="688">，控件的名称设置为 ss，设置其数据为"688"，当表单发送给服务器后，服务器就可以根据 hidden 的名称 ss，读取 value 的值 688。

7）图像提交按钮

使用图像来代替 SUBMIT 按钮。

格式：<input type="IMAGE" src="URL">

属性：

- name：图像按钮名称。
- src：图像的 url 地址。

8）密码输入框

密码输入区域，当用户输入密码时，区域内将会显示“*”。

格式：<input type="PASSWARD">

属性：

- name：控件名称。
- value：控件初始值，该值就是浏览器被打开时在文本框中的内容。
- size：控件宽度，表示该文本输入框所能显示的最大字符数。
- maxlength：该文本输入框允许用户输入的最大字符数。

9）单选按钮控件

格式：<input type="RADIO">

属性：

- name：控件名称。
- value：控件的值。
- checked：控件初始状态是被选中的。
- onclick：控件被选中时要执行的函数。
- onfocus：控件获得焦点时要执行的函数。

对于单选按钮控件，所有按钮的 name 属性必须相同。

例程 6-9：Example6_9.html，表单的基本应用。

```
<html>
    <head><title>&lt;input&gt;的控件</title> </head>
    <body><center>
        <h2><font color="#339933">&lt;input&gt;控件的使用</font></h2> </center>
        <pre><form action="" method="post" target="_parent">
        单行的文本输入区域: <INPUT class=nine name=T1>
        普通按钮: <INPUT class=nine name=B1 type=submit value=Submit>
        提交按钮<INPUT class=nine name=B1 type=submit value=Submit>
        重置按钮: <INPUT name=B1 type=reset value=Reset>
        复选框: 你喜欢哪些教程:
            <INPUT name=C1 type=checkbox value=ON> Html 入门
            <INPUT CHECKED name=C2 type=checkbox value=ON> 动态 Html
            <INPUT name=C3 type=checkbox value=ON> ASP
        图像来代替 Submit 按钮:
    <INPUT border=0 height=20 name=I2 src="../../image/nnn.gif"  type=image width=65>
    密码的区域: <INPUT class=nine name=p1  type=password> </P>
    单选按钮:你的休闲爱好是什么:
    <INPUT CHECKED name=R1 type=radio value=V1> 音乐
    <INPUT name=R1 type=radio value=V2> 体育
    <INPUT name=R1 type=radio value=V3> 旅游 </form>  </pre>
    <a href="#" onClick="window.history.back()"><FONT size=4>返回
    </FONT></A></SUB> </pre>
    </body>
</html>
```

程序运行效果如图 6-9 所示。

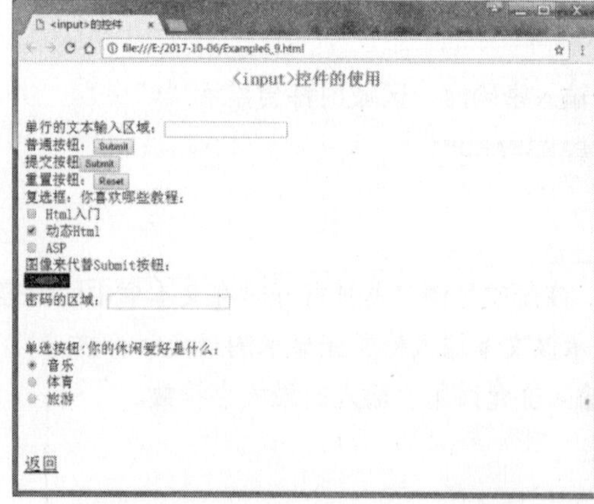

图 6-9　Example6_9.html 运行结果

6.2 HTML5 简介

HTML5 草案的前身名为 Web Applications 1.0，于 2004 年被 WHATWG 提出，2007 年被 W3C（万维网联盟）接纳，并成立了新的 HTML 工作团队。HTML5 的第一份正式草案于 2008 年 1 月 22 日公布。2012 年 12 月 17 日，W3C 正式宣布了 HTML5 规范。W3C 的发言稿称："HTML5 是开放的 Web 网络平台的奠基石。"

HTML5 在语法上与 HTML4 是兼容的，同时增加了很多新特性。使得运用 HTML5 设计网页更加方便、简单，也会更美观、新颖、有个性。

下面简单介绍 HTML5 的新增特性与功能。

6.2.1 简化的文档类型和字符集

<! DOCTYPE>声明位于 HTML 文档中最前面的位置，位于<html>标签之前。该标签说明浏览器文档使用的 HTML 或 XHTML 规范。

1. HTML4 的文档类型定义

在 HTML4 中，<! DOCTYPE>标签可以声明 3 种 DTD（Document Type Definition，文档类型定义）类型，如表 6-10 所示。

表 6-10 HTML4 中的 DTD 类型

DTD 类型	说　明
Strict（严格）版本	标记简单干净，通常与 CSS（层叠样式表）结合使用
Transitional（过渡）版本	可以包含在 CSS 中呈现的属性和元素
Frameset（框架）版本	使用框架

例如，在 HTML4 文档中经常可以看到这样的 DTD 定义：

```
<! DOCTYPE html
   PUBLIC " -//W3C//DTD XHTML 1.0  Strict//En"
     "http://www.w3.org/TR/xhtml1/DTD/xhtml1-strict.dtd">
```

2. HTML5 的文档类型定义

HTML5 对此标签进行了简化，只支持一种文档类型，定义如下：

```
<! DOCTYPE HTML >
```

之所以这么简单，是因为 HTML5 是独立的标记语言，不再是 SGML（Standard Generalized Markup Language，标准通用标记语言）的一部分。

6.2.2 HTML5 的新结构

HTML5 的设计者认为网页应该像 XML 文档和图片一样有结构。通常，网页中有导航、网页内容、工具栏、页眉和页脚等结构。在 HTML5 中增加了一些新的标记以实现这些网页结构，如图 6-10 所示。

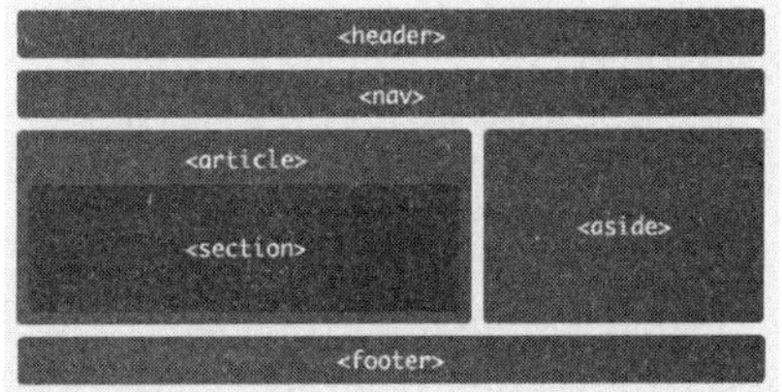

图 6-10 HTML5 网页布局

1．<section> 标签

<section>标签用于定义文档中的区段，如章节、页眉、页脚等。

2.<header> 标签

<header>标签用于定义文档的页眉。

3．<footer> 标签

<footer> 标签用于定义文档的页脚。通常包含作者的姓名以及文档的基本信息等内容。

4．<nav> 标签

<nav>标签用于定义导航链接。

5．<article> 标签

<article>标签用于定义网页或文章的主要内容。

6．<aside> 标签

<aside>标签用于定义主要内容之外的其他内容。

7．<figure> 标签

<figure>标签用于定义独立的流内容（图像、图表、照片、代码等。

6.2.3 HTML5 的新增内联元素

HTML5 中新增了一些基于语义级的内联元素。

1．<mark> 标签

<mark> 标签用于定义标记文本。可以高亮显示文档中的文字以达到醒目的效果。

例程 6-10：Example6_10.html。

```
<!DOCTYPE html>
<html>
   <head> <style> mark {
         background-color:#00ff90; font-weight:bold;
      }</style>
   <title>使用 Mark 元素高亮显示文本</title></head>
   <body>
      <article> <header> <h1>百度百科</h1>
      </header>
      <p>百度百科是一部内容开放、自由的网络<mark>百科</mark>全书，旨在创造一个涵盖所有领域知识，服务所有互联网用户的中文知识性<mark>百科</mark>全书。在这里你可以参与词条编辑，分享贡献你的知识</p></article>
   </body>
</html>
```

文件在浏览器中显示效果如图 6-11 所示。

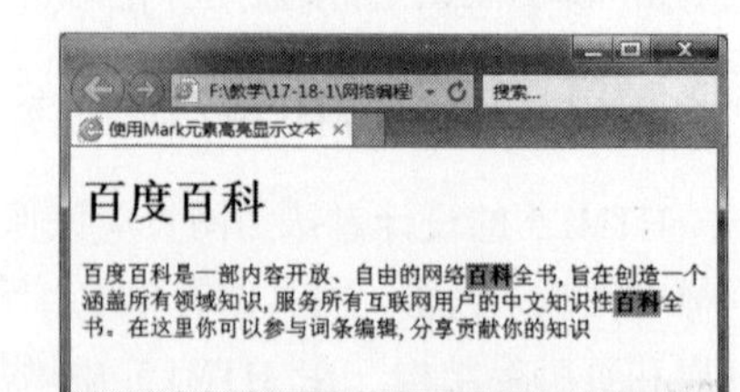

图 6-11 <mark>标签显示效果

2．<progress> 标签

<progress> 标签用于定义一个进度条，表示任务的进度。范围和单位可以任意设定，通常被认为代表的比例是从 0~100%，例如从加载到完成。

格式：`<progress value=number  max=number >进度条后面显示的内容</progress>`

其中，属性 value 用来设置或获取进度条的当前值；属性 max 用来设置或获取进度条的最大值。如果没有属性设置，则显示进度条变化的动画。

例程 6-11：Example6_11.html。

```
<!DOCTYPE html>
<html>
<head><title>progress 标签应用</title></head>
<body><center>
    <h2> 带有属性的进度条</h2>
        正在下载:
        <progress value="35" max="100">35%</progress><br>
        <h2> 没有属性定义的进度条</h2>
        正在下载:
        <progress></progress><br>
        <p>   <b>注释: </b>
            Internet Explorer 9 以及更早的版本不支持 progress 标签。
        </p></center>
    </body>
</html>
```

浏览器运行效果如图 6-12 所示。

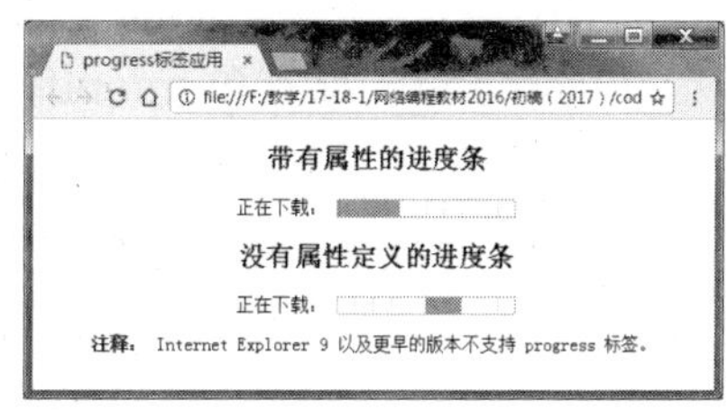

图 6-12 <progress>标签显示效果

3. <meter>标签

<meter>标签用于表示某种度量值，适用于温度、质量、金额等量化的表现。和<progress>标签不同，<meter>标签的最小值和最大值在使用前必须要知道，如果为默认，它们会被假设为 0 和 1。

在大多数浏览器中，<meter>标签的外观和<progress>标签非常相似，但它不能动画显示。

格式：

```
<meter value=number min=number max=number high=number low=number optimum=number>
</meter>
```

其中各个属性说明如下：

- value：定义度量的值。
- min：定义最小值，默认为 0。
- max：定义最大值，默认为 1。
- high：定义度量的值位于哪个点，被界定为高的值。
- low：定义度量的值位于哪个点，被界定为低的值。
- optimum：定义什么样的度量值为最佳值。如果该值大于 high 属性的值，意味着值越高越好；如果该值小于 low 属性的值，意味着值越低越好。

例程 6-12：Example6_12.html。

```
<!DOCTYPE html>
<html>
    <head><title>meter 标签应用</title></head>
<body>
    <h3>简单属性设置</h3>
    <meter min="0" max="20"  value="5"></meter>自定义最大最小值<br>
    <meter value="0.1"></meter>使用默认属性<br>
    <h3>完整属性设置</h3>
```

```
    <meter value="0.15" optimum="0.05" high=
"0.9" low="0.2" max="1" min="0"></meter>
    <span>15%</span>越小越好<br>
    <meter min="0" max="100" low="20" high="75"
value="10" optimum="101"></meter>
    <span>10%</span>越大越好<br>
    </body>
</html>
```

浏览器运行效果如图 6-13 所示。

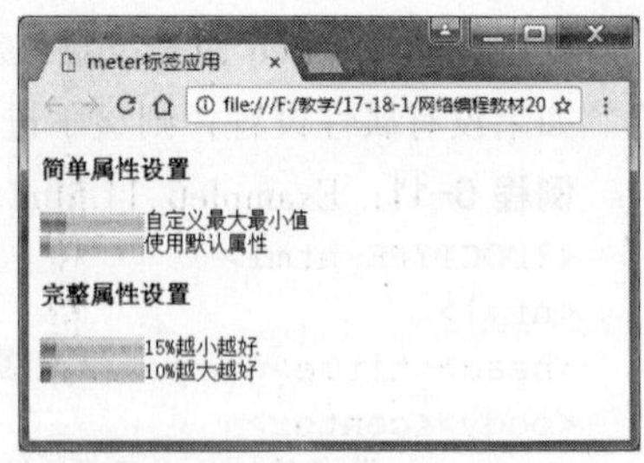

图 6-13 <meter>标签显示效果

6.2.4 HTML5 的新增动态支持功能

HTML5 提供了很多新特性，可以使创建动态 HTML 页面更加方便。

1. <menu> 标签和<menuitem>标签

在 HTML5 中，可以使用<menu> 标签定义菜单，使用<menuitem>标签定义菜单项。<menu>标签也经常用于表单中控件列表的组织。

这两个标签的常用属性如表 6-11 和表 6-12 所示。

表 6-11 <menu>标签的常用属性

属　性	说　明
autosubmit	如果为 true，表单控件改变时会自动提交
label	菜单的名字

表 6-12 <menuitem>标签的常用属性

属　性	说　明
label	菜单项的标题
icon	菜单项前面显示的图标
onclick	指定单击此菜单项时执行的 JavaScript 代码

例程 6-13 应用这两个标签定义一个右键菜单。

例程 6-13：Example6_13.html。

```
<!DOCTYPE html>
<html>
    <head><title>menu 标签应用</title></head>
<body>
    <img src="picture.jpg" draggable="true" contextmenu="mymenu"/>
    <menu type="context" id="mymenu" >
        <menuitem label="刷新" onclick = "window.location.reload();"
        icon="refresh.ico"> </menuitem>
    <menu label="演示子菜单...">
        <menuitem label="子菜单 1" onclick="alert('子菜单 1');"></menuitem>
        <menuitem label="子菜单 2" onclick="alert('子菜单 2');"></menuitem>
    </menu>
    </menu>
    </body>
</html>
```

浏览器运行效果如图 6-14 所示。

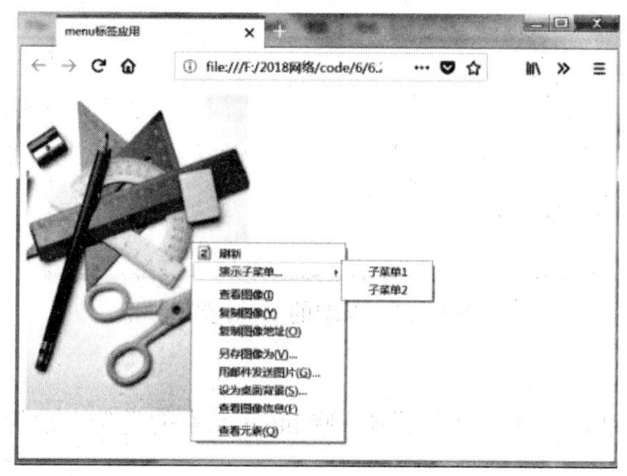

图 6-14　<menu>标签定义右键菜单

注意：目前只有 Firefox 浏览器支持 HTML5 的右键菜单功能。

2. 全新的表单设计

HTML5 中支持 HTML4 中的所有标准控件，而且新增了很多功能和特性。包括新的 input 类型、新的表单控件、新的表单属性以及新增表单验证功能。下面只对新的 input 类型和新增的表单验证功能进行简单讲解。其他内容请参阅相关资料。

1）新的 input 类型

新增的 input 类型包括 email、url、number、date、color 等。

例程 6-14 综合应用以上几种新的 input 类型元素。

例程 6-14：Example6_14.html。

```
<!DOCTYPE html>
<html>
    <head><title>新增的 input 类型</title></head>
    <body><br>
        <form name="form1" id="form1" method="post" action="do.jsp">
        您的 Email:<input type="email" name="user_email" /><br><br>
    您的首页: <input type="url" name="user_url" /><br><br>
    您的年龄: <input type="number" name="user_age" min="1" max="150"
          value="30" /><br><br>
    您的生日: <input type="date" name="user_birth" /><br><br>
    选择您喜欢的颜色: <input type="color" name="user_color" /><br><br>
    <button type="submit" name="submit" id="submit">提交</button>
    <button type="reset" name="reset" id="reset">重置</button></li>
    </form></body>
</html>
```

浏览器运行效果如图 6-15 所示。其中单击 date 类型会在页面弹出日期时间控件供用户选择；单击颜色类型可以弹出颜色对话框供用户选择。

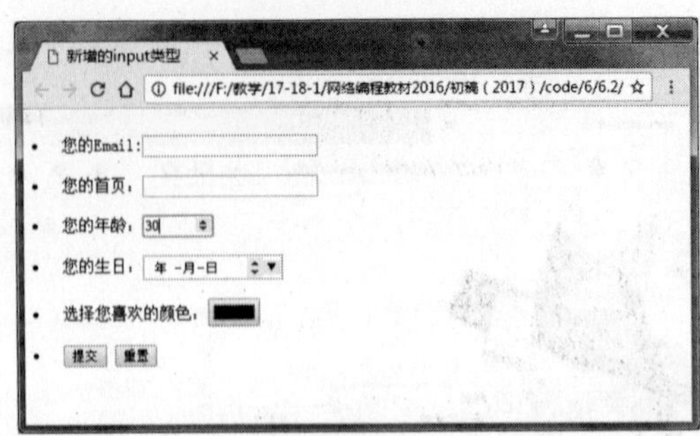

图 6-15　新增的 input 类型

2）表单验证

在提交 HTML5 的表单时，浏览器会根据一些 input 元素的类型自动对其进行验证。大大简化了表单的验证功能设计。

例程 6-15：Example6_15.html。

```
<!DOCTYPE html>
<html>
<head><meta charset="UTF-8"> <title>表单验证</title></head>
<body>
   <header><h3>用户注册</h3></header>
   <section><fieldset>
      <legend>请正确填写相关信息</legend>
   <form action="#" method="post" autocomplete="on">
        <p><span style="letter-spacing: 1.3em">真实姓</span>名:
<label><input type="text" required name="name" pattern="[\u4e00-\u9fa5]{2,}"
oninvalid="validatelt(this,'真实姓名必须是中文，且长度不小于2')"/></label></p>
         <!-- require 属性，规定必须在提交之前填写输入域（不能为空）-->
         <!-- pattern 属性，描述了一个正则表达式用于验证 <input> 元素的值-->
         <!-- required 属性，要求该输入域不能为空 -->
      <p><span style="letter-spacing:6em">昵</span>称:
      <label><input type="text" placeholder="该昵称用于登录"
            required name="nichen"/></label></p>
         <!-- placehokder 属性，用于对该输入框的提示内容-->
      <p><span style="letter-spacing: 1.3em">登录密</span>码:
      <label><input type="password" pattern="[A-Za-z0-9]{6,30}" name="password"
         oninvalid="validatelt(this,'密码长度至少为六位，且不能有中文')" />
         </label></p>
      <p><span style="letter-spacing: 6em">性</span>别:
      <label><input type="radio" name="sex" value="man" />男: </label>
          <input type="radio" name="sex" value="women"/>女: </label></p>
      <p><span style="letter-spacing: 1.3em">出生日</span>期:
      <label><input type="date" name="birthday" max="2016/7/10" required/>
      </label></p>
      <p><span style="letter-spacing: 1.3em">电子邮</span>箱:
      <label><input name="email" type="email" required/></label></p>
      <p><span style="letter-spacing: 1.3em">联系电</span>话:
      <label><input name="phone" type="text" required pattern="1[34578]\d{9}$"
         oninvalid="validatelt(this,'电话号只能是11位的整数')" /></label></p>
      <p><span>选择你喜欢的颜色: </span>
      <label><input name="color" type="color" required/></label></p>
      <input type="submit"/>
```

```
     <input type="reset" /></form>
    </fieldset></section>
  </body>
  <script>
    //使用 JavaScript 设置悬浮窗的功能
    function validatelt(inputelement,err){
       if(inputelement.validity.patternMismatch){
          inputelement.setCustomValidity(err);
       }else{
          inputelement.setCustomValidity("");
          return true;
       }
    }
  </script>
  </html>
```

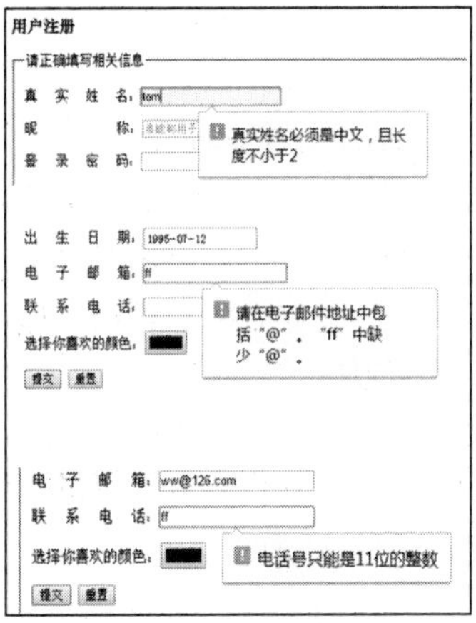

在浏览器运行网页后，填写表单时如果没有按照填写规则填写，会出现图 6-16 所示的提示。

图 6-16　表单验证功能效果

除了以上介绍的 HTML5 的新增功能外，HTML5 还有很多新的功能特性，包括强大的绘图功能和多媒体功能、Web 通信、本地存储和离线应用等功能。篇幅所限，这里不再进一步讲解。

6.3　CSS

HTML 定义了一系列标记和属性，这些标记和属性主要用于描述网页的结构和定义一些基本的格式。更多的文本、图片和网页的样式在 HTML 中并没有涉及。如果对网页的页面布局、背景和颜色等效果实现更为精确的控制，就需要用到 CSS 技术。CSS（Cascading Style Sheet，层叠样式表）的文件扩展名为.css。CSS 能够对网页中元素位置的排版进行像素级精确控制，支持几乎所有的字体字号样式，拥有对网页对象和模型样式编辑的能力。

6.3.1　CSS 简介

CSS 是一种为结构化文档（如 HTML）添加样式（字体、间距、颜色等）的计算机语言。

在网页设计中经常会遇到格式的问题，虽然 HTML 也提供了一些用于格式定义的标签和属性，但是对于大型网站来说，网页数量庞大，每个页面都需要单独设置，同时也无法保证完全一致。那么就需要一致能够统一规则的格式定义，这就是 CSS 的功能。CSS 能够提供比 HTML 更多的标签和特性，应用起来也更加灵活，HTML 文件也会变得简洁，文件容量减小。

CSS 在几乎所有的浏览器上都可以使用。CSS 的主要特点是能控制页面每一个元素；能够对页面精确定位；是对 HTML 语言很好的补充，实现了把内容和格式处理相分离。

6.3.2　创建样式表

HTML 语言由标签和属性组成，CSS 也是如此。CSS 文件属于文本文件，不需要复杂的编辑工具，一般的文本编辑器即可。也可以使用 Web 开发工具创建。

1. 语法结构

CSS 规则由两部分组成：选择符（selector）和声明。声明由属性（property）和属性值组成。

其语法结构为：

```
选择符{属性1:取值; 属性2:取值; 属性3:取值 }
```

说明：

选择符（selector）：这组样式编码所要针对的对象，可以是标记，如 body，也可以是定义了特定 id 或 class 的标记，如 #main 选择符表示选择<div id=main>。

属性（property）：样式控制的核心，如颜色、大小、定位、浮动方式等。

值（value）：属性的具体数值。

例如：

```
P{color: red}
```

表示将<P>标签（段落）中的所有内容颜色设置为红色。

2. 注释

注释是用户嵌入 CSS 代码中的注释信息，浏览器会选择忽略。其格式如下：

```
/*  注释内容   */
```

3. 组合规则

为了减少样式表的重复声明，可以对不同的选择符做组合声明。例如：

```
H1,H2,H3{
   color: red;
   font-family: sans-serif  }
```

该规则标明 H1、H2、H3 的标签内容均设置为红色，并且字体为 sans-serif。

4. 继承

实际上，所有在选择符中嵌套的选择符都会继承外层选择符指定的属性值，除非进行了另外的更改。例如，如果在<body>标签中定义的颜色，也会应用于段落标签<P>中的内容。

也有些特殊情况是内部选择符不继承外层选择符的属性值。例如，上边界属性是不会被继承的。这种情况比较少见。

6.3.2 使用样式表

为了使 CSS 设置的样式能够在网页中产生效果，必须通过一定的方法将 CSS 和 HTML 链接在一起。样式表放在不同的地方，产生作用的范围也不同。

在 HTML 中，使用样式表的方式大致有两种：内联样式表和外联样式表。其中内联样式表包括行内样式表和嵌入样式表两种；外联样式表包括链接样式表和导入样式表两种。

1. 行内样式表

行内样式表是最简单的一种使用方式，由<style>标签属性完成，例如：

```
<P  style="font-size:  10px; bgcolor: #FFF000;">
```

这种方式简单，但是必须在需要的地方都加入<style>标签，比较麻烦。在某些只需要特殊设置样式的地方非常有效。

2. 嵌入样式表

嵌入样式表是一个样式集合，在<style>标签中定义，可以作用于整个文档。一般可以写在 HTML 文档的头部。例如，下面一段代码说明了怎样使用嵌入式样式表：

```
<html>
```

```
<head> <style type="text/css">
      <! - -
       body,td,th{ font-size: 13px; color: #993399; }
       body{background-color: #cc9900; margin-left: 0px; margin-top: 0px; }
       - - >
</style> </head>
```

使用嵌入式样式表的好处是编辑简单，提供了 HTML 文件的即时样式。但是使用嵌入式样式表的文件维护和更新相对比较困难，如果是多个同类型的网页，只能使用复制粘贴的方式。对于这类应用，就应用使用外联样式表的方式。

3. 链接样式表

链接样式表属于外联样式表，首先要定义一个样式表文件，其扩展名为.css。该文件中包含所有需要用到的 CSS 样式规则，不包含任何 HTML 代码。

创建样式表后，需要将其与 HTML 文件建立关联，使用<link>标签实现。<link>标签只在 HTML 文件的<head>标签部分出现。其基本语法格式如下：

```
<head>
<link href="style.css" rel="stylesheet" type="text/css"/> </head>
```

其中，rel 属性表示链接类型，定义为"stylesheet"；href 属性指定样式表文件的位置与名称，style.css 是独立的样式表文件；type 属性定义链接样式表的语言，取值为"text/css"。

4. 导入样式表

导入样式表也属于外联样式表，与链接样式表类似，不同之处在于链接样式表不能与其他使用样式表的方式混合使用，而导入样式表可以和其他方式例如嵌入样式表方式结合使用。其基本语法格式如下：

```
<style type="text/css">
<! - -
@import url(style.css)
- - > </style>
```

其中，@import 必须写在<style>标签内，style.css 为导入的外部样式表文件。

6.4　JavaScript

由于 HTML 和 CSS 都没有运算能力，当网页中需要利用程序实现一些处理任务时，就需要在网页中嵌入脚本语言编写的程序。JavaScript 就是一种可以直接嵌入网页文档中的脚本语言。所谓脚本语言，是一种应用程序扩展语言，用于系统的扩展。

JavaScript 是一种动态类型、弱类型、基于原型的脚本语言，内置支持类型。它的解释器称为 JavaScript 引擎，为浏览器的一部分，广泛用于客户端的脚本语言，其最早是在 HTML（标准通用标记语言下的一个应用）网页上使用，用来给 HTML 网页增加动态功能。

JavaScript 在网页中可以完成的基本功能包括：

（1）将文本动态嵌入 HTML 页面。

（2）对表单控件事件做出响应并处理。

（3）读写 HTML 元素。

（4）验证用户输入内容。

（5）创建 Cookie，存储或读取用户信息。

（6）利用 Ajax 技术与服务器完成异步通信，实现页面的异步刷新。

下面介绍 JavaScript 的基本语法与 JavaScript 的对象应用。

6.4.1 JavaScript 语法基础

JavaScript 脚本语言与其他语言一样，有其自身的基本数据类型、表达式、运算符和程序基本框架结构。

JavaScript 语言的基本特点如下：

（1）语法类似于 C 语言和 Java 语言，标识符书写区分大小写。

（2）由客户端浏览器解释执行。

（3）数据类型属于弱类型。

（4）代码中多余的空格会被忽略，同一标识符的字母书写必须连续。

（5）每行代码用“;”结束；代码可以分行书写。

（6）JavaScript 代码可以放置在网页中任何位置。使用<Script type="text/javascript">标签标识。

1. JavaScript 数据类型

JavaScript 的数据类型分为两大类：基本数据类型和引用数据类型。JavaScript 基本数据类型及描述如表 6-13 所示。

表 6-13 JavaScript 基本数据类型及描述

数据类型	描述
number	数值类型，包括整型数值（32 位）和浮点数数值（64 位）
string	字符串类型，可用单引号或双引号声明
boolean	布尔类型，true 或者 false
null	空值，表示不存在，即“无对象”
undefined	未定义值，当声明的变量未初始化时，值为 undefined；当声明的变量未初始化时，值为 undefined

所有的基本数据类型都属于弱类型。

除了基本数据类型，JavaScript 还有一类数据类型定义，即 Object 对象（引用类型）。包括 JavaScript 自身对象，如 Object、String、Number、Boolean、Array、Date 等；还包括浏览器对象，如 Document、Window 等，将在本书后续内容中详细讲解。

2. JavaScript 变量

JavaScript 变量的命名规则如下：

（1）必须以字母或下划线开头，后面可以由数字、字母和下划线组成。

（2）变量名不能包含空格、算术运算符等符号。

（3）变量名严格区分大小写。

（4）不能使用 JavaScript 关键字作为变量名。

在 JavaScript 中，一般使用变量之前需要声明变量，但有时可以不必先声明，在使用变量时根据变量的实际数值确定其所属的数据类型。在实际应用中，不事先声明变量增加了程序出错的概率，因此一般不建议直接使用变量。

1）基本数据类型变量声明与赋值

使用关键字 var 声明变量，格式如下：

```
var 变量;          //声明变量
var 变量=值;       //声明变量并赋值
```

2）引用数据类型变量声明与赋值

引用数据类型的变量声明，格式如下：

```
var 变量= new 类型名(初值);
```

例如：

```
var a=new Array("red", "yellow", "blue") ; //声明一个数组对象
```

对于弱类型变量，可以使用以下方式进行定义和赋值：

```
var  i;
i = 20;
i = "hello";
```

变量 i 声明时没有赋值，为 undefined 类型，赋值为 20，即成为 number 类型数据；再赋值为 "hello"后，又成为 String 类型数据。

3. JavaScript 运算符

运算符用于实现数据之间的赋值、比较和运算。JavaScript 运算符如表 6-14 所示。

表 6-14　JavaScript 运算符

运算符类型	说　　明
算术运算符	+、-、*、/、%（取模）、-（取反）、++、- -
赋值运算符	=
关系运算符	<、>、<=、>=、= =（等于）、= = =（严格等于）、!=、!= =（严格不等于）
逻辑运算符	&&（逻辑与）、||（逻辑或）、!（逻辑非）
字符串运算符	+（字符串连接）

4. JavaScript 基本语句

和其他语言一样，JavaScript 的基本流程控制语句也包括 3 类：顺序、分支和循环语句。这里不再赘述。

5. JavaScript 函数

JavaScript 函数使用关键字 function 来定义，定义格式如下：

```
function 函数名(参数表){
    函数体
    Return 表达式;
}
```

函数定义可以没有参数，但是函数名后面的括号不能省略。参数的类型可以不必声明。函数通过函数调用来执行，其语法格式如下：

```
函数名(实际参数表);
```

在函数体外面定义的变量为全局变量，在函数体内和函数体外都可以使用；在函数体内定义的变量，如果使用了 var 定义，则为局部变量，只在函数体内有效；如果没有使用 var 关键字定义，则为全局变量。

6.4.2 JavaScript 内置对象

对象（Object）是 JavaScript 中最重要的数据类型。一个对象中可以包含若干属性和方法。

引用对象属性的语法格式如下：

对象名.属性名

引用对象方法的语法格式如下：

对象名.方法名(方法参数)

JavaScript 支持 3 种对象：内置对象（脚本对象）、浏览器对象 BOM 和 HTML DOM 对象。

JavaScript 提供了一些内置对象，用户可以直接调用。这里介绍 3 个比较常用的内置对象：Math 对象、String 对象和 Date 对象的基本使用方法。

1. Math 对象

Math 对象封装与数学基本运算相关的特性。Math 对象常用方法如表 6-15 所示。

表 6-15　Math 对象常用方法

方法名	说明	示例
abs(x)	返回 x 的绝对值	abs(-2)　　//结果为 2
acos(x)	返回 x 的反余弦值	acos(1)　　//结果为 0
asin(x)	返回 x 的反正弦值	asin(-1)　　//结果为-0.8415
cos(x)	返回 x 的余弦值	cos(2)　　//结果为 -0.4161
sin(x)	返回 x 的正弦值	sin(0)　　//结果为 0
tan(x)	返回 x 的正切值	tan(Math.PI/4)　　//结果为 1
atan(x)	返回 x 的反正切值	atan(1)　　//结果为 0.7854
ceil(x)	返回大于 x 的最小整数	ceil(-10.8)　　//结果为-10
exp(x)	返回 e 的指数	exp(2)　　//结果为 7.389
floor(x)	返回小于 x 的最大整数	floor(10.3)　　//结果为 10
log(x)	返回 x 自然对数（底为 e）	log(Math.E)　　//结果为 1
max(x,y)	返回 x 和 y 中的最大值	max(3,5)　　//结果为 5
min(x,y)	返回 x 和 y 中的最小值	min(3,5)　　//结果为 3
pow(x,y)	返回 x 的 y 次幂	pow(2,3)　　//结果为 8
random()	返回 0~1 之间的随机数	random()
round(x)	把 x 四舍五入为最接近的整数	round(6.8)　　//结果为 7
sqrt(x)	返回 x 的平方根	sqrt(9)　　//结果为 3

下面的代码段说明了 Math 对象的基本使用方式：

```
<script language="javascript"
<!- -
     var r=2;    //定义变量 r 表示半径
     var pi=Math.PI;  //从 Math 对象中获取圆周率常量
     var s= pi*r*r;  //计算圆面积
     alert("半径为 2 的圆，圆面积为: " + s ) ; //弹出对话框，显示结果
-- > </script>
```

2. String 对象

String 对象封装了与字符串相关的特性。通过 String 对象，可以对字符串进行剪切、合并、替换等。

字符串的一个关键属性是 length，表明字符串中的字符个数（包括所有符号）。例如：

```
String  s= "This is a JavaScript Program.";
int len=s.length;  //字符串 s 的长度为 29
```

String 对象常用方法如表 6-16 所示。

表 6-16　String 对象常用方法

方　法　名	说　　明
anchor( )	创建 HTML 锚点
blink( )	显示闪动字符串
bold( )	使用粗体显示字符串
charAt( )	返回在指定位置的字符
charCodeAt( )	返回在指定的位置的字符的 Unicode 编码
concat( )	连接字符串
fontcolor( )	使用指定的颜色来显示字符串
fontsize( )	使用指定的尺寸来显示字符串
indexOf( )	检索字符串
italics( )	使用斜体显示字符串
lastIndexOf( )	从后向前搜索字符串
link( )	将字符串显示为链接
localeCompare( )	用本地特定的顺序来比较两个字符串
match( )	找到一个或多个正则表达式的匹配
replace( )	替换与正则表达式匹配的子串
search( )	检索与正则表达式相匹配的值
slice( )	提取字符串的片断，并在新的字符串中返回被提取的部分
small( )	使用小字号来显示字符串
split( )	把字符串分割为字符串数组
strike( )	使用删除线来显示字符串
sub( )	把字符串显示为下标
substr( )	从起始索引号提取字符串中指定数目的字符
substring( )	提取字符串中两个指定的索引号之间的字符
sup( )	把字符串显示为上标
toLowerCase( )	把字符串转换为小写
toUpperCase( )	把字符串转换为大写
toString( )	返回字符串
valueOf( )	返回某个字符串对象的原始值

需要注意的是，JavaScript 的字符串是不可变的。String 类定义的方法不能改变字符串内容。类似 String.toUpperCase() 这样的方法，返回的是全新的字符串，而不是修改原始字符串。

例程 6-16 说明了 String 对象的基本用法。

例程 6-16：Example6_16.html。

```
<!DOCTYPE html>
<html><body>
<script language="javascript">
<!--
   var comment="静夜思李白床前明月光，疑是地上霜。举头望明月，低头思故乡。";
   var partial=comment.substr(0,3); //提取标题
   partial=partial.bold(); //标题加粗
   partial=partial.big();  //标题字号加大
   document.write("<p><br>");
   document.write(partial);
   partial=comment.slice(3,5); //提取诗歌作者
   document.write("<br><br>");
   document.write(partial);
   partial=comment.slice(5,17);  //提取诗歌第 1 句，并设置字体颜色为红色
   partial=partial.fontcolor("red");
   document.write("<br><br>");
   document.write(partial);
   partial=comment.slice(17,29); //提取诗歌第 2
句，并设置字体颜色为蓝色
   partial=partial.fontcolor("blue");
   document.write("<br><br>");
   document.write(partial);
   document.write("</p>");
   -->  </script></body></html>
```

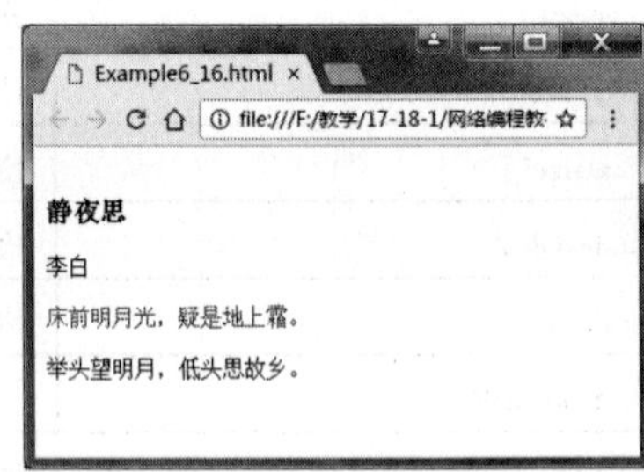

图 6-17 Example6_16.html 运行结果

程序运行结果如图 6-17 所示。

3. Date 对象

Date 对象，是操作日期和时间的对象。Date 对象对日期和时间的操作没有提供直接的属性，只能通过方法调用的方式来使用。

Date 对象常用方法如表 6-17 所示。

表 6-17 Date 对象常用方法

方 法 名	说 明
Date()	返回当日的日期和时间
getDate()	从 Date 对象返回一个月中的某一天（1 ~ 31）
getDay()	从 Date 对象返回一周中的某一天（0 ~ 6）
getMonth()	从 Date 对象返回月份（0 ~ 11）
getFullYear()	从 Date 对象以 4 位数字返回年份
getHours()	返回 Date 对象的小时（0 ~ 23）
getMinutes()	返回 Date 对象的分钟（0 ~ 59）
getSeconds()	返回 Date 对象的秒数（0 ~ 59）

续表

方 法 名	说　　明
getMilliseconds()	返回 Date 对象的毫秒（0 ~ 999）
getTime()	返回 1970 年 1 月 1 日至今的毫秒数
getTimezoneOffset()	返回本地时间与格林威治标准时间（GMT）的分钟差
parse()	返回 1970 年 1 月 1 日午夜到指定日期（字符串）的毫秒数
setDate()	设置 Date 对象中月的某一天（1 ~ 31）
setMonth()	设置 Date 对象中的月份（0 ~ 11）
setFullYear()	设置 Date 对象中的年份（四位数字）
setHours()	设置 Date 对象中的小时（0 ~ 23）
setMinutes()	设置 Date 对象中的分钟（0 ~ 59）
setSeconds()	设置 Date 对象中的秒钟（0 ~ 59）
setMilliseconds()	设置 Date 对象中的毫秒（0 ~ 999）
setTime()	以毫秒设置 Date 对象
toString()	把 Date 对象转换为字符串
toTimeString()	把 Date 对象的时间部分转换为字符串
toDateString()	把 Date 对象的日期部分转换为字符串
toLocaleString()	根据本地时间格式，把 Date 对象转换为字符串
toLocaleTimeString()	根据本地时间格式，把 Date 对象的时间部分转换为字符串
toLocaleDateString()	根据本地时间格式，把 Date 对象的日期部分转换为字符串

6.4.3　浏览器对象模型 BOM

在 JavaScript 中，通过使用 BOM（Browser Object Document，浏览器对象模型），可以实现与 HTML 文档进行交互。

BOM 提供了独立于内容而与浏览器窗口进行交互的对象。BOM 由一系列相关的对象构成，并且每个对象都提供了很多方法与属性；BOM 主要用于管理窗口与窗口之间的通信，因此其核心对象是 window。BOM 的基本结构如图 6-18 所示。

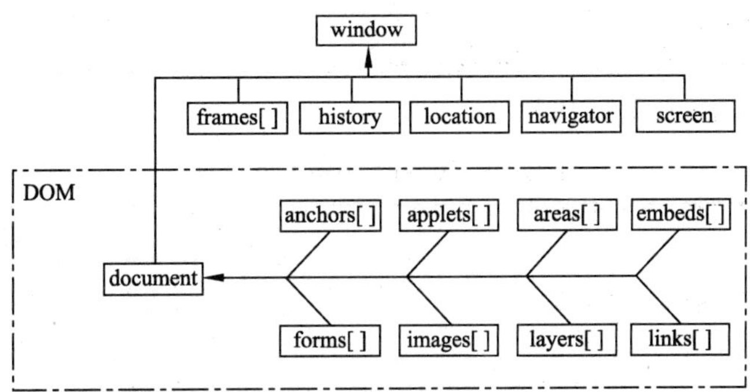

图 6-18　BOM 的基本结构

这里重点介绍 window 对象的使用。

1. window 对象

window 对象是 BOM 的核心，window 对象指当前的浏览器窗口。

window 对象常用属性如表 6-18 所示。

表 6-18 window 对象常用属性

属 性 名	描 述
name	设置或返回窗口的名称
document	对 Document 对象的引用
history	对 History 对象的引用
location	对 Location 对象的引用
navigator	对 Navigator 对象的引用
screen	对 Screen 对象的引用
parent	返回父窗口
self	返回对当前窗口的引用。等价于 window 属性
top	返回最顶层的先辈窗口
window	window 属性，等价于 self 属性，包含了对窗口自身的引用
innerheight	返回窗口的文档显示区的高度
innerwidth	返回窗口的文档显示区的宽度
outerheight	返回窗口的外部高度
outerwidth	返回窗口的外部宽度
pageXOffset	设置或返回当前页面相对于窗口显示区左上角的 X 位置
pageYOffset	设置或返回当前页面相对于窗口显示区左上角的 Y 位置
defaultStatus	设置或返回窗口状态栏中的默认文本
screenLeft screenTop screenX screenY	窗口的左上角在屏幕上的 x 坐标和 y 坐标（注意：不同浏览器的支持参数可能不同）
status	设置窗口状态栏的文本
closed	返回窗口是否已被关闭

window 对象常用方法如表 6-19 所示。

表 6-19 window 对象常用方法

方 法 名	说 明
open()	打开一个新的浏览器窗口或查找一个已命名的窗口
alert()	显示带有一段消息和一个确认按钮的警告框
confirm()	显示带有一段消息以及确认按钮和取消按钮的对话框
prompt()	显示可提示用户输入的对话框

续表

方 法 名	说　　明
blur( )	把键盘焦点从顶层窗口移开
focus( )	把键盘焦点给予一个窗口
createPopup( )	创建一个 pop-up 窗口
setInterval( )	按照指定的周期（以毫秒计）来调用函数或计算表达式
setTimeout( )	在指定的毫秒数后调用函数或计算表达式
clearInterval( )	取消由 setInterval() 方法设置的 timeout
clearTimeout( )	取消由 setTimeout() 方法设置的 timeout
moveBy( )	可相对窗口的当前坐标把它移动指定的像素
moveTo( )	把窗口的左上角移动到一个指定的坐标
resizeBy( )	按照指定的像素调整窗口的大小
resizeTo( )	把窗口的大小调整到指定的宽度和高度
scrollBy( )	按照指定的像素值来滚动内容
scrollTo( )	把内容滚动到指定的坐标
close( )	关闭浏览器窗口

例程 6-17 说明了 window 对象中的各种弹出消息框的用法。

例程 6-17：Example6_17.html。

```
<!DOCTYPE  html >
<head>
<title>window 对象弹出消息框应用 </title></head>
<body>
<script type="text/javascript">
var user=prompt("请输入你的用户名: ");
if(!!user) {   //输入的信息进行判断确认
    var ok=confirm("你输入的用户名为: \n"+user+"\n 请确认");
        if(ok) {  alert("欢迎你:\n"+user);
             }else {   //重新输入信息
               user=prompt("请输入你的用户名: ");
              alert("欢迎你:\n"+user);
             }
        } else { //提示输入信息
             user=pormpt("请输入你的用户名: ");
    }</script>
</body>
</html>
```

程序运行结果如图 6-19 所示。

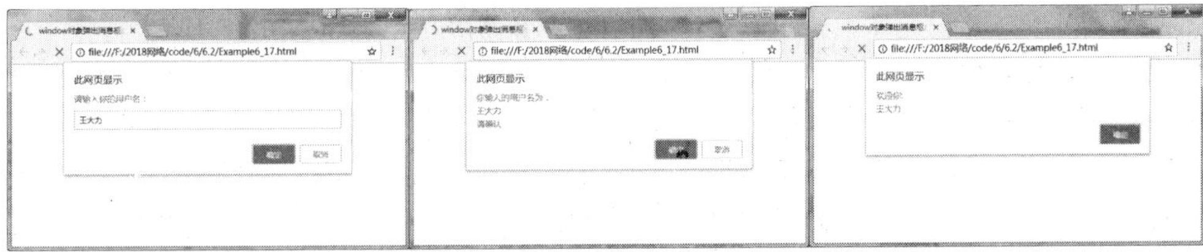

图 6-19　window 消息框运行结果

window 对象的另外一个重要应用是计时器的使用。在 JavaScript 中使用计时器，可以在设定的时间间隔之后来执行代码，而不是在函数被调用后立即执行。

window 计时器分为两种类型：一次性计时器（仅在指定的延迟时间之后触发一次）和间隔性触发计时器（每隔一定的时间间隔就触发一次）。

例程 6-18 中设置了一个定时器，每隔 100 毫秒触发一次，单击按钮时停止触发。

例程 6-18：Example6_18.html。

```
<!DOCTYPE HTML>
<html>
<head><meta http-equiv="Content-Type" content="text/html; charset=gb2312">
<title>计时器</title>
<script type="text/javascript">
  function clock(){
        var time=new Date();
        var  HH=time.getHours();
        var  mm=time.getMinutes();
        var  ss=time.getSeconds();
        attime=HH+":"+mm+":"+ss ;
        document.getElementById("clock").value=attime;
     }// 每隔 100 毫秒调用 clock()函数，并将返回值赋值给 i
    var i=setInterval("clock()",100);
</script></head>
<body>
  <form>
    <input type="text" id="clock" size="15" />
    <input   type="button"   value=" 停 止 "
onclick="clearInterval(i)"  />
  </form>
</body></html>
```

程序运行效果如图 6-20 所示。

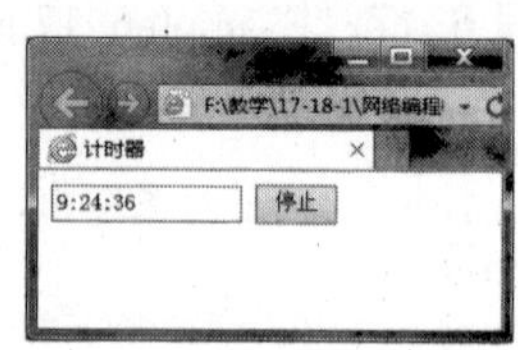

图 6-20　window 计时器运行结果

2. History 对象

History 对象记录了用户曾经浏览过的页面（URL），并可以实现浏览器前进与后退相似的导航功能。

调用 History 对象的语法格式如下：

```
window.history. [ 属性 | 方法 ]
```

注意：格式中的 window 可以省略。

History 对象的属性只有一个：length。说明浏览器历史列表中的 URL 数量。

History 对象常用方法如表 6-20 所示。

表 6-20　History 对象常用方法

方法名	说明
back()	加载 history 列表中的前一个 URL
forward()	加载 history 列表中的后一个 URL
go()	加载 history 列表中的某个具体页面

3. Location 对象

Location 对象包含有关当前 URL 的信息。引用 Location 对象的语法格式与 History 对象相同。

Location 对象常用属性和方法如表 6-21 所示。

表 6-21　Location 对象常用属性和方法

属性或方法	描　　述
hash	属性。设置或返回从井号（#）开始的 URL（锚）
host	属性。设置或返回主机名和当前 URL 的端口号
hostname	属性。设置或返回当前 URL 的主机名
href	属性。设置或返回完整的 URL
pathname	属性。设置或返回当前 URL 的路径部分
port	属性。设置或返回当前 URL 的端口号
protocol	属性。设置或返回当前 URL 的协议
search	属性。设置或返回从问号（?）开始的 URL（查询部分）
assign()	方法。加载新的文档
reload()	方法。重新加载当前文档
replace()	方法。用新的文档替换当前文档

Location 对象中的具体属性在 URL 中的结构和位置如图 6-21 所示。

图 6-21　Location 对象属性结构图

4. Navigator 对象

Navigator 对象包含有关浏览器的信息。

Navigator 对象包含的属性描述了正在使用的浏览器。可以使用这些属性进行平台专用的配置。这里不做详细说明。

5. Screen 对象

Screen 对象包含有关客户端显示屏幕的信息。JavaScript 程序将利用这些信息来优化输出，以达到用户的显示要求。

例如，可以根据显示器的尺寸选择使用大图像还是使用小图像，还可以根据显示器的颜色深度选择使用 16 位颜色还是使用 8 位颜色的图形。另外，JavaScript 程序还能根据有关屏幕尺寸的信息将新的浏览器窗口定位在屏幕中间。

Screen 对象没有方法，只有属性设置与使用。Screen 对象常用属性如表 6-22 所示。

表 6-22 Screen 对象常用属性

属 性 名	描 述
availHeight	返回显示屏幕的高度 （除 Windows 任务栏之外）
availWidth	返回显示屏幕的宽度 （除 Windows 任务栏之外）
bufferDepth	设置或返回调色板的比特深度
colorDepth	返回目标设备的调色板的颜色深度（通常为 32 位）
deviceXDPI	返回显示屏幕的每英寸水平点数
deviceYDPI	返回显示屏幕的每英寸垂直点数
fontSmoothingEnabled	返回用户是否在显示控制面板中启用了字体平滑
height	返回显示屏幕的高度
width	返回显示器屏幕的宽度
pixelDepth	返回显示屏幕的颜色分辨率（bit/像素，通常为 32 位）
updateInterval	设置或返回屏幕的刷新率

6.4.4 文档对象模型 DOM

DOM(Document Object Model,文档对象模型)定义访问和处理 HTML 文档的标准方法。DOM 将 HTML 文档呈现为带有元素、属性和文本的树结构（结点树）。

DOM 的设计是以对象管理组织（OMG）的规约为基础的，因此可以用于任何编程语言。最初人们把它认为是一种让 JavaScript 在浏览器间可移植的方法，不过 DOM 的应用已经远远超出了这个范围。DOM 技术使得用户页面可以动态地变化，可以动态地显示或隐藏一个元素、改变它们的属性、增加一个元素等，DOM 技术使得页面的交互性大大地增强。

先来看一个 HTML 文档：

```
<!DOCTYPE HTML>
<html><head><meta  http-equiv= "Content-Type"content= "text/html"; charset=
"gb2312"/>
    <title>HTML 基本结点结构</title></head>
    <body>
    <h2><a href="http://www.ytu.edu.cn">Yan tai University</a></h2>
    <p>对 HTML 元素进行操作</p>
    <ul>
        <li>JavaScript</li>
        <li>CSS</li>
        <li>DOM</li>
      </ul></body>
</html>
```

将这个 HTML 文档分解成结点树，如图 6-22 所示。

HTML 文档可以说由结点构成的集合，DOM 结点包括：

- 元素结点：图 6-22 中<html>、<body>、<p>等都是元素结点，即标签。
- 文本结点：向用户展示的内容，如<li>...</li>中的 JavaScript、DOM、CSS 等文本。
- 属性结点：元素属性，如<a>标签的链接属性 href="http://www.imooc.com"。

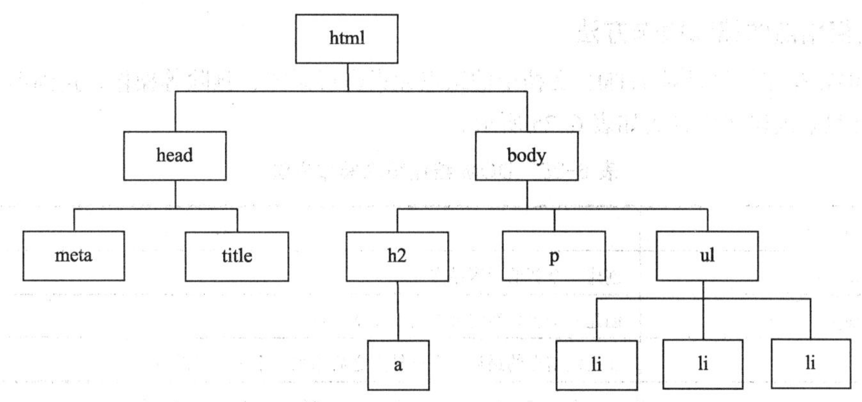

图 6-22 DOM 结点层次图

DOM 结点的属性及其描述如表 6-23 所示。

表 6-23 DOM 结点的属性

属 性 名	描 述
nodeName	返回结点的名字（字符串）
nodeType	返回结点的类型（整数）
nodeValue	返回结点的当前值

下面分别对这 3 个属性具体说明。

（1）nodeName：结点名称，是只读的。元素结点的 nodeName 与标签名相同；属性结点的 nodeName 是属性的名称；文本结点的 nodeName 永远是 #text；文档结点的 nodeName 永远是 #document。

（2）nodeType：结点类型，返回为整数。1 表示元素结点；2 表示元素属性；3 表示文本；8 表示注释；9 表示整个文档。

（3）nodeValue：结点的值。元素结点的值是 undefined 或 null；文本结点的值是文本自身；属性结点的值是属性的值。

1. 结点树的结构属性

DOM 结点树的结构属性如表 6-24 所示。

表 6-24 DOM 结点树的结构属性

属 性 名	描 述
childNodes	结点的子结点数组
firstChild	第一个子结点
lastChild	最后一个子结点
parentNode	给定结点的父结点
NextSibling	给定结点的下一个子结点
previousSibling	给定结点的上一个子结点

以图 6-22 中结点 ul 为例，其父级结点为 body，它的子结点为 3 个 li，它的兄弟结点为 h2 和 p。

2. 文档结点的编辑操作方法

通过 DOM 操作，可以对 HTML 文档中的结点元素进行添加、删除等操作，达到动态变化的效果。DOM 结点编辑操作方法如表 6-25 所示。

表 6-25　DOM 结点编辑操作方法

方 法 名	说　　明
createElement(element)	创建一个新的元素结点
createTextNode()	创建一个包含给定文本的新文本结点
appendChild()	在指定结点的最后一个子结点之后添加一个新的子结点
insertBefore()	把一个给定结点插入到一个给定元素结点的指定子结点前
removeChild()	从一个指定元素中删除一个子结点
replaceChild()	把一个指定元素的子结点替换为另外一个结点

注意： 使用方法创建新结点后，新结点并没有被添加到文档中（即不会在浏览器中显示出来），必须使用 appendChild()、insertChild()等方法，才能使其在浏览器界面显示出来。

除表 6-25 显示的方法之外，所有的 HTML 元素结点都具有 innerHTML（HTML 源代码）和 innerText（元素标签内容文本）两个属性，也可以达到增加或删除结点的目的。

3. 文档结点属性和内容的有关操作方法

表 6-26 说明了常用的 DOM 结点的及属性与值的操作方法。

表 6-26　DOM 结点的属性与值的操作方法

方 法 名	说　　明
getElementByID()	通过元素 ID 获取结点
getElementsByName()	通过元素 name 属性获取结点元素数组（可能大于 1 个）
getElementsByTagName()	通过 HTML 标签名字获取结点元素数组
getAttribute()	通过元素结点的属性名获取属性值
setAttribute()	设置元素结点某个属性的属性值（新增或者编辑）

注意： 通过 getElementById()方法获取的是唯一的 1 个元素。通过 getElementByName()和 getElementByTagName()获取的都是元素结点数组。数组和访问和其他语言的数组访问规则相同，下标从 0 开始。

例程 6-19 说明了上述 3 种 getXXX()方法的用法。

例程 6-19： Example6_19.html。

```
<!DOCTYPE HTML>
<html>
<head><title>DOM 结点学习</title>
<script type="text/javascript">
    function getElements(){
        var x=document.getElementsByName("alink");
        alert("网页上一共有  "+ x.length+"  个链接。");
```

```
    }    </script></head>
<body>
    <a name="alink" href="#" /> 我是第一个链接</a><br>
    <a name="alink" href="#" /> 我是第二个链接</a><br>
    <a name="alink" href="#" /> 我是第三个链接</a><br><br>
    <input type="button" onclick="getElements()" value="看看有几个链接" /><br>
    <p id="intro">我的课程</p>
    <ul>    <li id="u1">JavaScript</li>
        <li id="u2">JQuery</li>
        <li id="u3">HTML5</li>
        <li id="u4">Servlet</li>
    </ul><br>
    <script>
        var t=document.getElementById("u2");
        document.write("id为u2的节点元素值为: "+t.innerText+"<br><br>");
    </script>
    <script>
        var
list=document.getElementsByTagName("li");
            for(var i=0 ; i<list.length ; i++){
            document.write("第"+i+"个节点的
名称: "+list[i].nodeName+"<br>");
            document.write("第"+i+"个节点的
值: "+list[i].innerText+"<br>");
         }</script>
</body>
</html>
```

程序运行结果如图 6-23 所示。

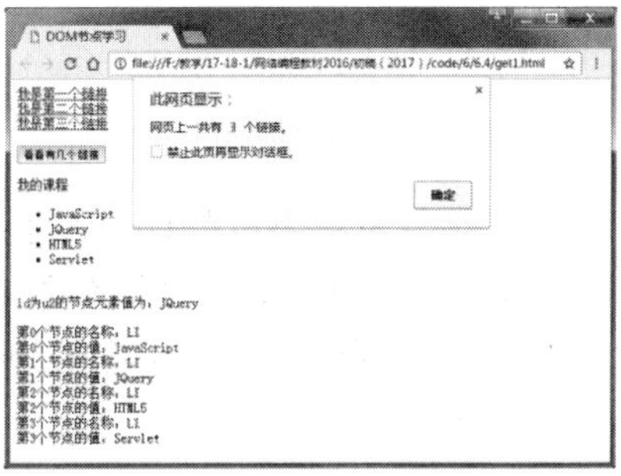

图 6-23　DOM 结点访问

小　　结

本章主要是简单介绍和讲述 Web 设计中的前端开发技术，主要内容分 3 部分，第一部分介绍 HTML 的基本概念、组成与应用，并简单介绍 HTML5 的新特性和行功能；第二部分主要介绍 CSS（层叠样式表）的基本概念与使用方法；第三部分主要介绍 JavaScript 的基本概念与语法；讲解 JavaScript 的 3 种对象：内置对象以及 BOM 与 DOM 的基本概念与组成。

本章对前端开发技术只做简单介绍，随着时代的发展，前端开发技术的三要素逐渐演变成为 HTML5、CSS3、jQuery。需要大家进一步学习和掌握。

习　　题

1. 描述 HTML5 的文档结构组成。

2. 详细说明 CSS 和 HTML 结合的几种使用方式。

3. 实验题目：设计两个 HTML 页面，分别完成用户注册和登录功能的操作页面。使用 CSS 进行统一的格式设置；使用 JavaScript 对注册页面中的用户密码设置做一致性验证；使用 JavaScript 对注册页面中的项目进行完整性验证。

第 7 章　JSP 基础技术

随着 Internet 和电子商务等网络应用的出现和发展，动态网页技术也随之诞生。JSP（Java Server Pages）是基于 Java 语言的服务器端脚本技术，提供了动态网页设计技术，建立在 Java Servlet 技术的基础上。介绍 JSP 的工作原理、基本语法及内置对象。

7.1　JSP 概述

JSP 是由 Sun 公司在 Java 语言基础上开发出来的一种动态网页制作技术，是与 Java 相关的一种 HTML 文档。JSP 是在服务器端应用的一种脚本，它接收 Web 客户机请求并生成响应，再返回客户端。由于 JSP 是服务器端应用，所以它拥有对服务器端资源的访问权限，诸如 Servlet、JavaBean、EJB 和数据库等。

7.1.1　JSP 的工作原理

1. JSP 工作过程

JSP 文件是在一个普通的静态 HTML 文档中添加了一些 Java 代码，JSP 文件的扩展名为.jsp。当第一次访问 JSP 页面时，这个文件首先会被 JSP 容器翻译为一个 Java 源文件，其实就是一个 Servlet，并进行编译生成相应的字节码文件.class，然后像其他 Servlet 一样，由 Servlet 容器来处理。Servlet 容器装载这个类，处理来自客户端的请求并把结果返回客户端。这个过程如图 7-1 所示。

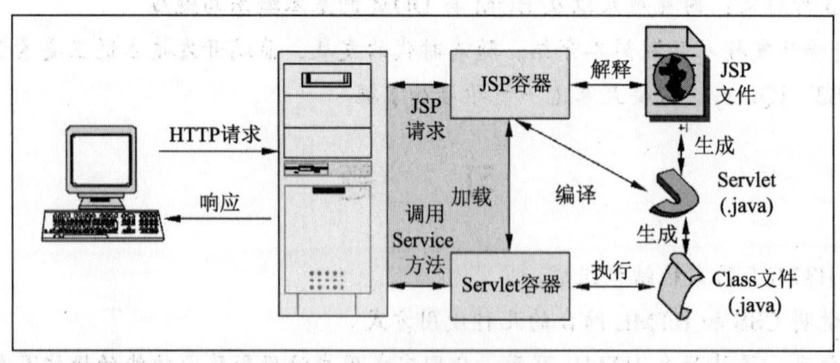

图 7-1　JSP 的工作过程

如果以后再访问这个页面，只要该文件没有发生过更改，JSP 容器就直接调用已经装载的 Servlet。如果已经做过修改，就会再次执行以上过程，翻译、编译并装载。所以，第一次访问某

JSP 页面时速度会较慢，但在以后运行时速度将非常快。

2. JSP 的生命周期

解释和编译的工作完成之后，JSP 的生命周期将分为 4 个阶段：

（1）装载和实例化：服务端为 JSP 页面查找已有的实现类，如果没找到则创建新的 JSP 页面的实现类，然后把这个类载入 JVM。在实现类装载完成之后，JVM 将创建这个类的一个实例。这一步会在装载后立刻执行，或者在第一次请求时执行。

（2）初始化：初始化 JSP 页面对象。如果希望在初始化期间执行某些代码，可以向页面中增加一个初始化方法，在初始化的时候就会调用该方法。

（3）请求处理：由页面对象响应客户端的请求。在执行完处理之后，服务器将响应返回给客户端。这个响应完全是由 HTML 标签和其他数据构成的，并不会把任何 Java 源码返回给客户端。

（4）生命周期终止：服务器不再把客户端的请求发给 JSP。在所有的请求处理完成之后，会释放掉这个类的所有实例。一般这种情况会发生在服务器关闭的时候，但是也有其他可能性，比如服务器需要保存资源、检测到有 JSP 文件更新，或者由于其他某些原因需要终止实例等情况。

JSP 页面在被编译为 Servlet 并加载到 Servlet 容器后，Servlet 容器使用 jspInit()、jspSevice()和 jspDestroy()3 个方法控制其生命周期。这些方法是根据 JSP 页面的状态由 JSP 容器调用的。

在 javax.servlet.jsp 包中定义了一个 JspPage 接口，该接口定义了 jspInit()与 jspDestroy()两个方法。jspInit()与 jspDestroy()方法分别用于完成初始化和释放资源的操作。针对 HTTP 通信协议，javax.sevler.jsp 包定义了一个 HttpJspPage 接口。该接口只定义了一个 jspService()方法，该方法由 JSP 容器调用，以响应客户端的 HTTP 请求。

一般把 jspInit()方法、jspService()以及 jspDestroy() 3 个方法称为 JSP 生命周期方法。当一个 JSP 页面被请求时，由 JSP 容器把该 JSP 页面转换成一个 Servlet。在转换成功后，JSP 容器将调用 jspInit()方法创建 Servlet 的一个实例。

jspInit()方法在 Servlet 生命周期只执行一次，然后将调用 jspService()方法处理来自客户端的请求。当同时有多个客户请求时，JSP 容器将创建该 Servlet 的多个线程响应，这样每个客户请求对应一个 Servlet 线程，以多线程方式执行提高了系统的并发性。由于 Servlet 始终驻留在内存中，所以响应速度非常快。如果在 JSP 页面被转换成 Servlet 后，该 JSP 页面又被修改了，则 JSP 容器会重新编译该 JSP 页面，并用新生成的 Servlet 取代内存中旧的 Servlet。当不再需要一个 Servlet 时，jspDestroy()方法将被调用，以释放该 Servlet 实例占用的系统资源。

7.1.2 JSP 的特点

JSP 技术是由 Servlet 技术发展而来的，在编写表示页面时远远比 Servlet 简单，并且不需要手工编译，目前 Servlet 主要用作视图控制器、处理后台应用等。

JSP 具有良好的伸缩性，与 Java Enterprise API 紧密地集成在一起，在网络数据库应用开发领域具有得天独厚的优势，基于 Java 平台构建网络程序已经被认为是未来最有发展前途的技术之一。JSP 与 EJB 等 Java EE 组件集成，可以编写出具有大伸缩性、高负载的企业级应用。JSP 技术在多个方面加速了动态 Web 页面的开发。

1．将内容的生成和显示进行分离

使用 JSP 技术，Web 页面开发人员可以使用 HTML 或者 XML 标识来设计和格式化最终页面。使用 JSP 标识或者小脚本来生成页面上的动态内容。生成的内容逻辑封装和标识在 JavaBeans 组件中，并且捆绑在小应用程序脚本中，所有的脚本在服务器端运行。如果核心逻辑被封装和标识在 Bean 中，那么其他人员（如 Web 管理人员和页面设计者）能够编辑和使用 JSP 页面，而不影响内容的生成。

在服务器端，JSP 引擎解释 JSP 标识和小应用程序脚本，生成所请求的内容（例如，通过访问 JavaBeans 组件，使用 JDBC 技术访问数据库等），并且将结果以 HTML 页面的形式返回浏览器。这既有助于保护开发者的代码，又能保证任何基于 HTML 的 Web 浏览器的完全可用性。

2．生成可重用的组件

绝大多数 JSP 页面依赖于可重用的、跨平台的组件（JavaBeans 或 Enterprise JavaBeans 组件）来执行应用程序所要求的更为复杂的处理。开发人员能够共享和交换执行等普通操作的组件，或者使用这些组件为更多的使用者或更多的客户团体所使用。基于组件的开发方法加速了总体开发过程，并且使得各种组织在现有的技能和优化结果的开发努力中得到平衡。

3．采用标识简化页面开发

Web 页面开发人员不一定都是熟悉脚本语言的编程人员。JSP 技术封装了许多功能，这些功能是在与 JSP 相关的 XML 标识进行动态内容生成时所需要的。标准的 JSP 标识能够访问和实例化 JavaBeans 组件，设置或者检索组件属性，下载 Applet，以及执行其他功能。

4．JSP 能提供所有的 Servlet 功能

JSP 能够提供所有的 Servlet 功能，使得书写和修改 HTML 更为方便。此外，还可以进行明确分工，Web 页面设计人员编写 HTML，只需要留出空间让 Servlet 开发人员插入动态部分即可。

5．健壮的存储管理和安全性

由于 JSP 页面的内置脚本语言是基于 Java 的，而且所有的 JSP 页面都是被编译成 Java Servlet，JSP 页面就具有 Java 技术的所有优点，包括健壮的存储管理和安全性。

6．一次编写，随处运行

这是 Java 语言的最明显特点，当然 JSP 也具有这种开发优势。越来越多的供应商将 JSP 加入到其产品中去，用户可以使用自己选择的服务器和工具，但并不影响当前的应用。

7．更为广泛的平台适应性

几乎所有平台都支持 Java、JavaBeans，它们可以在任何平台下运行无阻。因为 Java 语言本身具有的强大的跨平台性，所有编译生成的都是字节码文件，与平台无关。

7.2 建立 JSP 运行环境

7.2.1 JSP 运行环境要求

本节首先讲述 JSP 对运行环境的一些要求，从硬件、软件两个方面加以阐述。

1．硬件条件要求

表 7-1 所示为 JSP 运行的硬件最低配置要求。

表 7-1　JSP 运行的硬件最低配置要求

硬　　件	最低配置要求
CPU	Pentium Ⅲ及以上处理器
内存	64 MB（建议配置 256 MB 以上）
硬盘	500 MB 以上（建议 1 GB 以上）
光驱、显示器	无要求
其他计算机设备	网卡等网络设备

2. 软件环境要求

1）操作系统要求

由于 Java 具有跨平台的特性，所以只要能够安装 JDK，就能够安装 JSP 服务器。JSP 服务器能够运行在目前大多数操作系统上，如 Windows 系列和 UNIX、Linux 系列。

2）软件运行环境

要使用 JSP，在服务器端和客户端都必须有相应的运行环境。服务器端主要是 Servlet 兼容的 Web 服务器，目前使用比较多的主要是 Apache 的 Tomcat 服务器，在 Oracle 公司推出的 Java GUI 开发工具 NetBeans 开发平台中集成了 Tomcat 服务器，不再需要开发者去自行配置。客户端运行环境主要是浏览器软件。

7.2.2　JDK 的安装与配置

1. 下载 JDK 安装文件

可以到 Oracle 公司的官方网站 https://www.oracle.com/index.html 下载最新版本的 JDK。

2. 安装 JDK

双击下载的 JDK 安装文件，在安装过程中按照系统提示一步一步运行即可。

3. JDK 的环境配置

（1）在系统中依次选择“我的电脑→属性→高级→环境变量→系统变量”，新建变量并赋值。

（2）找到系统变量 Path，在其原有内容后添加 C:\Java\jdk1.9.0_01;（系统中 JDK 的安装路径）。

（3）新建两个系统变量，第一个变量名为 ClassPath ，其值为 C:\Java\j2sdk1.9.0_01\Lib;，第二个变量名为 Java_Home，其值为 C:\Java\j2sdk1.9.0_01;。

（4）单击“确定”按钮退出。

此时就可以运行 Java 语言编写的程序了。

7.2.3　JSP 服务器配置

在开发或者学习 JSP 过程中，有许多免费的、轻型的 Java Web 服务器可以选用，如 Tomcat、Resin、Orion 等。它们的使用都很方便，占用资源也很少，适合开发中不断地调试；还可以和 Eclipse、NetBeans、JBuilder 这样的集成开发工具集成使用。

根据实际开发的情况来看，Jakarta Tomcat 和 Java 结合得最好。Tomcat 是一个免费开源的 Servlet 容器，它是 Apache 基金会的 Jakarta 项目中的一个核心项目，由 Apache、Oracle 和其他一些公司及个人共同开发而成。由于有了 Oracle 的参与和支持，最新的 Servlet 和 JSP 规范总能在

Tomcat 中得到体现。Tomcat 技术先进、性能稳定，而且免费，因而深受 Java 爱好者的喜爱并得到了部分软件开发商的认可，成为目前比较流行的 Web 应用服务器。下面就以 Tomcat 为例，来说明服务器的安装和配置。

1. 安装 Tomcat

首先到 Tomcat 的官方网站 http://jakarta.apache.org/site/downloads/ 下载最新版本的 Tomcat 安装软件。下面以 Tomcat 7.0 为例说明其安装与配置过程。

运行安装文件，按照系统安装提示将 Tomcat 安装完毕。

安装结束后，启动 Tomcat 服务器，在浏览器的地址窗口中输入 http://localhost:8080，如果出现图 7-2 所示界面，就表示 Tomcat 服务器安装成功了。

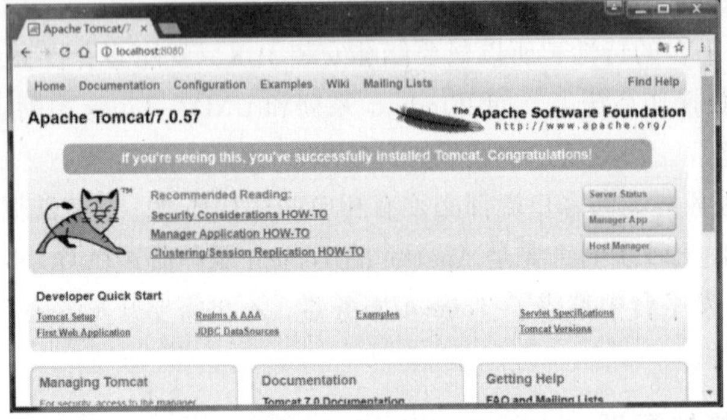

图 7-2 Tomcat 服务器启动成功界面

2. 调试服务器配置

（1）到 Tomcat 的安装目录的 webapps 文件夹，可以看到 ROOT、examples、 tomcat-docs 等 Tomcat 自带的文件夹。 这些文件夹都是有特定的用处的，如表 7-2 所示。

表 7-2 Tomcat 系统中文件夹列表

文件夹名称	功 能
/bin	存放启动和关闭 Tomcat 的各种脚本文件
/conf	存放 Tomcat 服务器的各种配置文件，最重要的是 server.xml
/server	包括 3 个子目录：Classes、lib、webapps；其中/server/webapps 中存放 Tomcat 自带的 Web 应用：admin 应用和 manager 应用。lib 存放服务器所需的各种 JAR 文件
/commond/lib	存放 Tomcat 服务器及所有 Web 应用都可以访问的 JAR 文件
/shared/lib	存放所有 Web 应用都可以访问的 JAR 文件
/logs	存放 Tomcat 的日志文件
/webapps	默认情况下把 Web 应用文件放在此文件夹中
/work	存放 JSP 生成的 Servlet

从表 7-2 中可以看出，在/server/lib、/commond/lib 和/shared/lib 文件夹中都可以存放 JAR 文件，它们的区别在于：在/server/lib 文件夹中的 JAR 文件只能被 Tomcat 服务器访问；在/shared/lib 文件夹中的 JAR 文件可以被所有 Web 应用访问，但不能被 Tomcat 服务器访问；/commond/lib 文件夹中的 JAR 文件可以被 Tomcat 服务器访问和所有 Web 应用访问。

因此，在用户自己建立的 Web 应用中，在它的 WEB-INF 目录中，也可以建立 lib 子文件夹，存放各种 JAR 文件，能被当前 Web 应用访问。

（2）在 webapps 文件夹中新建一个子文件夹，名字为 myapp（自取，设定为用户自己的 Web 应用文件夹）。

（3）在 myapp 文件夹中新建一个子文件夹，名字为 WEB-INF。（注意：文件夹名称是区分大小写的，此文件夹名称为大写。）

（4）在 WEB-INF 文件夹中新建一个文件 web.xml，内容如下：

```
<?xml version="1.0" encoding="gb2312"?>
   <web-app>
      <display-name>My Web Application</display-name>
      <description>
         A application for test.
   </description>
   </web-app>
```

web.xml 文件是 Web 应用系统的描述，用于应用的配置，指定了系统的一些设置。

3. 测试 JSP 页面

首先编写一个简单的 JSP 页面文件，如例程 7-1 所示。

例程 7-1：Example7_1.jsp。

```
<html>
    <head>
      <title>The First JSP Page! </title>
    </head>
    <body>
      <h1>JSP 2.0 Examples - Hello World </h1>
      <hr>
      <p>Welcome to the World of JSP </p>
       <br>
     </body>
</html>
```

启动 Tomcat 服务器，在浏览器的地址窗口输入 http://localhost:8080/myapp/Example7_1.jsp，看到图 7-3 所示的显示页面，说明 Example7_1.jsp 文件运行成功。

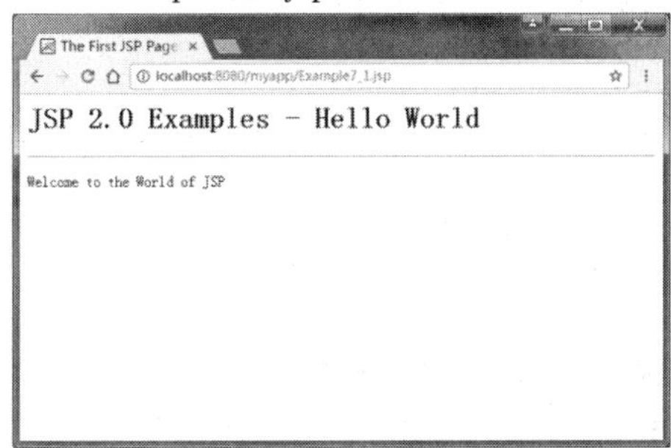

图 7-3　Example7_1.jsp 运行成功的浏览器界面

7.2.4　开发环境平台 MyEclipse

MyEclipse 是 Eclipse 的插件，是一款功能强大的 Java EE 集成开发环境。是对 Eclipse IDE 的扩展，利用它可以在数据库和 Java EE 的开发、发布以及应用程序服务器的整合方面极大地提高工作效率。它是功能丰富的 Java EE 集成开发环境，包括了完备的编码、调试、测试和发布功能，完整支持 HTML、Struts、JSP、CSS、Javascript、Spring、SQL、Hibernate 等 Web 开发技术与框架。

目前使用最为广泛的版本为 MyEclipse 10.0。该版本使用最高级的桌面和 Web 开发技术，包括 HTML5 和 Java EE 6，支持最新的框架技术，完整整合服务器技术。

有关 MyEclipse 的安装与配置，请参阅其他相关资料学习。

7.3 JSP 基本语法

7.3.1 一个典型的 JSP 文件

下面来看一个典型的 JSP 文件，以了解 JSP 的文件结构。

例程 7-2：Example7_2.jsp。

```
<%@ page language="java" contentType="text/html; charset=gb2312"%>
<%@ page info="一个典型的 JSP 文件" %>
<!--这是一个典型的 JSP，它包含了 JSP 中常用的元素-->
<%!
    int number=0;  //声明变量
    static  final int count=6;
    synchronized void countPeople(){ number++;    }    //声明方法
%>
<html>
<head><title>一个典型的 JSP 文件</title></head>
<body>
    <%@ include file="header.jsp" %>
    <div align="center">
    <table>
        <tr bgcolor=777777>
            <td>------------------------</td></tr>
    <%
        //color 表示颜色，通过它来动态控制颜色。
            String color="";
            for(int i=1;i<=count;i++){
            if(i%2==0)color="99ccff";
            else color="88cc33";
            out.println("<tr bgcolor=" + color + "><td>------------------------</td></tr>");
        }
        countPeople(); //在程序中调用方法。%>
    </table>
    <%-- 下面是使用表达式的例子--%>
    <P>您是第  <%=number%> 个访问本站的客户。
        <jsp:include page="footer.jsp"/> </div>
    </body>
</html>
```

启动 Tomcat 服务器，在浏览器的地址窗口输入 http://localhost:8080/myapp/Example7_2.jsp，可以看到图 7-4 所显示的运行页面。

从上面的示例程序可以看出，JSP 文件中包含了大量的 HTML 语言元素，包括指令元素、动作元素、脚本元素、JSP 声明、表达式以及 JSP 内置对象等。下面详细介绍。

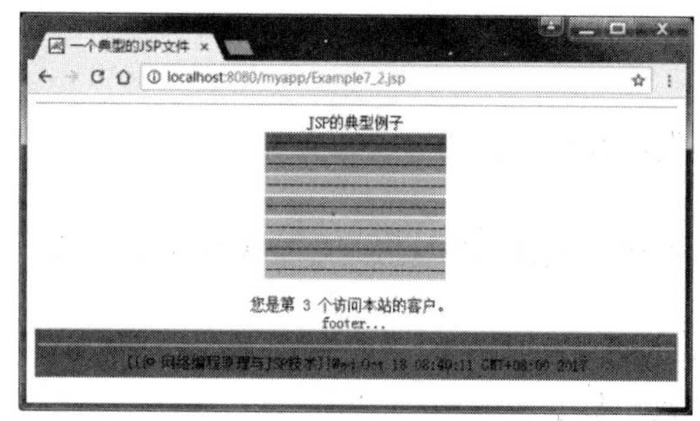

图 7-4　Example7_2.jsp 的运行结果页面

7.3.2　通用的语法规则

JSP 文件主要是由模板元素、指令元素、动作元素、脚本元素、声明、表达式、Scriptlets 和 JSP 内置对象等组成的。JSP 的页面是由许多的"元素"组成的，通用的语法规则对于这些"元素"都是成立的，也就是这些元素共有的特性。

1. 元素的语法规则

大部分的 JSP 元素都基于 XML 的语法。JSP 元素一般来说都具有一个包含元素名称的起始标签（start tag）、元素主体（body）以及相对应的结束标签（end tag）。在开始标签中可以声明附有的属性，或声明成空白的标签。JSP 标签声明其字母大小写是有区别的。

脚本元素及指令元素的声明用<%…………%>标签符号。

1）开始、结束标签及空白元素

元素的声明若只有开始标签，可使用空白的标签格式：

```
<元素名称  属性名称=属性值  .../>
```

元素的声明若包含开始标签及结束标签，声明格式如下：

```
<元素名称  属性名称=属性值  ...>
   元素主体
</元素名称>
```

元素的声明必须整体存在于一个 JSP 文件中。

2）属性值

根据 XML 语法的规定，属性值永远且必须包含于一对引号之间，单引号、双引号均可。

3）空格

在 HTML 及 XML 中空格并无任何意义。但是有一些特殊的例外情况。第一个例外就是一个 XML 文件必须以"<?xml"开头，其前不能有任何空格字符。

2. 注释

JSP 的注释有多种情况，有 JSP 自带的注释规范，也有 HTML/XML 的注释规范。

1）HTML/XML 注释

在客户端显示一个注释。其格式如下：

```
<!- -  网页注释内容 - ->
```

例如：

```
<!- - 这是一个典型的 JSP，它包含了 JSP 中常用的元素- ->
```

在客户端的 HTML 源代码中产生和上面一样的数据：

```
<!- - 这是一个典型的JSP，它包含了JSP中常用的元素- ->
```

2）隐藏注释

写在 JSP 程序中，但不发给客户端。其格式如下：

```
<%- -  网页注释内容 - -%>
```

这种注释 JSP 引擎并不处理，不会显示在客户端的浏览器中，也不会显示在源代码中。

例如：

```
<!- - 当前时间为: <%=(new java.util.Date()).toLocaleString() %> - ->
```

在客户端的 HTML 源代码中显示为：

```
<!- - 当前时间为: 2007-7-18 8:40:31 - ->
```

7.3.3 JSP 的脚本元素

JSP 的脚本元素用来插入 Java 代码，这些 Java 代码将出现在由当前 JSP 页面生成的 Servlet 中。主要包括表达式（Expression）、脚本（Scriptlet）和声明（Declaration）。

1. 表达式

表达式用来把 Java 数据直接插入到输出界面。其语法格式如下：

```
<%= Java Expression %>
```

表达式在 JSP 请求处理阶段计算它的值，所得的结果转换成字符串并与模板数据结合在一起，然后插入页面。表达式在页面的位置，也就是该表达式计算结果处在的位置。如果表达式的任何部分是一个对象，就可以使用 toString()进行转换。表达式必须有一个返回值或者本身就是一个对象，实际上表达式被转换成 out.println()方法中的内容。

例如，下面的代码：

```
<%= "Hello World!" %>
```

在编译成 Servlet 后，就变成：

```
out.write(String.valueOf("Hello World!"));
```

相当于 JSP 页面中的

```
out.println("Hello World!");
```

为简化这些表达式，JSP 预定义了一组可以直接使用的对象变量。对于 JSP 表达式来说，最常用的几个对象及其类型如下：

（1）request：HttpServletRequest。

（2）response：HttpServletResponse。

（3）session：和 request 关联的 HttpSession。

（4）out：PrintWriter（带缓冲的版本，JspWriter），用来把输出发送到客户端。

例如：

```
Your hostname: <%= request.getRemoteHost() %>
```

2. 脚本

如果要完成的任务比插入简单的表达式更加复杂，可以使用 JSP 脚本。JSP 脚本允许把任意的 Java 代码插入到 Servlet。其语法格式如下：

```
<% Java Code %>
```

和 JSP 表达式一样，脚本也可以访问所有预定义的变量。

例如，如果要向结果页面输出内容，可以使用 out 变量：

```
<% String queryData = request.getQueryString( );
out.println("Attached GET data: " + queryData); %>
```

注意：脚本中的代码将被照搬到 Servlet 内，而脚本前面和后面的静态 HTML（模板文本）将被转换成 println 语句。这就意味着，脚本内的 Java 语句并非一定要是完整的，没有关闭的块将影响脚本外的静态 HTML。

例如，下面的 JSP 片断混合了模板文本和脚本：

```
<% if (Math.random() < 0.5) { %>
Have a <B>nice</B> day!
<% } else { %>
Have a <B>lousy</B> day!
<% } %>
```

上述 JSP 代码将被转换成如下 Servlet 代码：

```
if(Math.random() < 0.5) {
   out.println("Have a <B>nice</B> day!");
} else {
   out.println("Have a <B>lousy</B> day!");}
```

如果要在 Scriptlet 内部使用字符“%>”，必须写成“%\ >”。

3. 声明

JSP 声明用来定义插入到 Servlet 类的方法和成员变量，其语法格式如下：

```
<% ! Java Code %>
```

由于声明不会有任何输出，因此它们往往和 JSP 表达式或脚本结合在一起使用。

例如，下面的 JSP 代码片断输出自从服务器启动（或 Servlet 类被改动并重新装载以来）当前页面被请求的次数：

```
<%! private int accessCount = 0; %>
   自从服务器启动以来页面访问次数为:
<%= ++accessCount %>
```

和 Scriptlet 一样，如果要使用字符串“%>”，必须使用“%\ >”代替。

7.3.4　JSP 指令

JSP 指令（Directive）影响 Servlet 类的整体结构，用于从 JSP 发送一个信息到容器上，用来设置全局变量，声明类、要实现的方法和输出内容的类型等。JSP 指令并不向客户产生任何输出，所有的指令都在 JSP 整个文件范围内有效。

JSP 指令的语法格式如下：

```
<%@ directive attribute="value" %>
```

也可以把同一指令的多个属性结合起来，即：

```
<%@ directive attribute1="value1"
   attribute2="value2"
   …
   attributeN="valueN" %>
```

JSP 指令分为 3 种类型：第一种是 page 指令，用来完成导入指定的类，自定义 Servlet 的超类等任务；第二种是 include 指令，用来在 JSP 文件转换成 Servlet 时引入其他文件；第三种是 taglib 指令，用作 JSP 开发者自己定义标记。

1. page 指令

page 指令用来定义 JSP 文件中的全局属性。一个 JSP 页面可以包含多个 page 指令。除了 import 以外，其他 page 指令定义的属性/值只能出现一次。page 指令的格式如下：

```
<%@ page  attribute="value"… %>
```

其详细语法为：

```
<%@ page
    [ language="java" ]
    [ extends="package.class" ]
    [ import="{package.class | package.*}, ..." ]
    [ session="true | false" ]
    [ buffer="none | 8kb | sizekb" ]
    [ autoFlush="true | false" ]
    [ isThreadSafe="true | false" ]
    [ info="text" ]
    [ errorPage="relativeURL" ]
    [ contentType="mimeType[;charset=characterSet]"|"text/html;charset=ISO-8859-1"]
    [ pageEncoding="ISO-8859-1"]
    [ isErrorPage="true | false" ]
    [ isElIgnored="true | false" ]
%>
```

对这些指令属性的描述如表 7-3 所示。

表 7-3　JSP Page 指令属性的描述

属　性	描　　述	默　认　值
language	定义要使用的脚本语言，只能是 java	java
import	和 java 语言中的 import 意义一样，用“,”隔开包或者类列表	默认忽略（不引入其他类或者包）
session	指定一个 HTTP 会话中这个页面是否参与	true
buffer	指定到客户输出流的缓冲模式。如果是 none，则不缓冲，如果指定数值，则输出缓冲区不小于这个值	不小于 8 KB，可根据服务器来设置
autoFlush	值为 true 时，缓冲区满时，到客户端输出被刷新；值为 false 时，缓冲区满时，出现运行异常，表示缓冲溢出	true
info	关于 JSP 页面的信息，定义字符串	
isErrorPage	表明当前页是否为其他页的 errorPage 目标。当值为 true 时，则可以使用 expression 对象；当值为 false 时，则不可以使用 expression 对象。	false
errorPage	定义此页面出现异常时调用的页面	默认忽略
isThreadSafe	用来设置 JSP 文件是否能多线程使用。值为 true 时，一个 JSP 可以同时处理多个用户的请求，反之则只能一次处理一个请求	true
contentType	定义 JSP 字符编码和页面响应的 MIME 类型	TYPE=text/html charset=iso8859-1
pageEncoding	JSP 页面的字符编码	pageEncoding="ISO-8859-1"
isELIgnored	指定 EL（表达式语言）是否被忽略。值为 true，则容器忽略“${ }”表达式的计算	默认值由 web.xml 描述的文件版本确定

2. include 指令

include 指令用于 JSP 页面转换成 Servlet 时引入其他文件。该指令语法格式如下：

```
<%@ include file="filename" %>
```

3. taglib 指令

taglib 指令用于定义一个标签库以及其自定义标签的前缀。首先用户要开发标签库，为标签库编写.tlb 配置文件，然后在 JSP 页面中使用自定义标签。

在 JSP 规范里，标签库得到了不断的加强，JSP 2.0 规范中增加了 JSTL 标签库，其语法格式如下：

```
<%@ taglib  uri="taglibURI"  prefix="tagPrefix" %>
```

其中，uri 表示标签描述符，也就是告诉容器怎么找到标签描述文件和标签库；tagPrefix 定义了在 JSP 页面里要引用这个标签时的前缀，这些前缀不可以是 jsp、jspx、java、javax、sun、servlet、sunw。

例如：

```
<%@ taglib prefix="c" uri="http://java.sun.com/jsp/jstl/core" %>
```

声明了要使用的 taglib，它的 prefix 为"c"，那么在后面的代码中使用“<c:”标识来使用标签。

4. 表达式语言

表达式语言（Expression Language，EL）是 JSP 2.0 新增加的技术。表达式使用“${Expr }”来表示。

表达式语言使得访问存储在 JavaBean 中的数据变得非常简单。表达式语言既可以用来创建算术表达式，也可以用来创建逻辑表达式。在 JSP 中，表达式语言内可以使用整型数，浮点数，字符串，常量 true、false，以及 null。

表达式语言最主要用来简化一些简单的属性、请求参数、标头、Cookie 等信息的获取，在设置 JavaBean 方面比 JSP 标准标签更加简洁；另外，也可以可以进一步减少页面中脚本（Scriptlet）的分量。

所有的 EL 表达式返回值均为字符串类型。

7.3.5 JSP 动作元素

与指令元素不同的是，JSP 的动作元素是在客户端请求处理阶段动态执行的，每次有客户端请求时都可能执行一次；而指令元素是在编译时期被编译执行，它只会被编译一次。

JSP 动作元素是使用 XML 语法写成的，其基本格式如下：

```
<prefix : tag attribute=value attribute-list … />
```

或者

```
<prefix : tag attribute=value attribute-list … >
…
</prefix : tag>
```

JSP 规范规定了一系列的标准动作，它们用 jsp 作为前缀。用来控制 JSP 容器的动作，可以动态插入文件、重用 JavaBean 组件、导向另一个页面等。

在标准动作中，有许多是 XML 语法的动作元素，这里不作介绍，下面主要介绍的是 JSP 中使用非常频繁的动作元素。

1. <jsp:param>

<jsp:param>动作元素是配合<jsp:include>、<jsp:forward>和<jsp:plugin>动作一起使用来传递参

数的。其语法格式如下：

```
<jsp:param name= "name"  value= "value" />
```

其中，name 表示参数名，value 表示传递的参数值。

2. <jsp:include>

<jsp:include>动作允许将静态 HTML 或其他 JSP 内容输出到当前 JSP 页面中。<jsp:include>动作具有两种形式：

（1）最简单的形式，不设置任何参数，其语法格式如下：

```
<jsp:include page= "URL"/>
```

（2）复杂的形式，支持为该动作设置参数，其语法格式如下：

```
<jsp:include page= "URL">
   [ <jsp : param…/>  ]*
</jsp:include>
```

<jsp:include>动作与前面介绍的 include 指令不同。include 指令在编译为 Servlet 时插入嵌入的文件（可以是 JSP 文件，也可以是 HTML 文件），在服务器生成一个 Servlet。而<jsp:include>动作在得到页面请求时，再插入文件，是动态变化的，会在后台服务器处理时生成两个或以上的 Servlet。

例程 7-3 和例程 7-4 说明了<jsp:include>动作和 include 指令的不同。

例程 7-3：静态指令 include。包含两个文件：staticInclude.jsp、header_static.jsp。

staticInclude.jsp：

```
<%@ page language="java" contentType="text/html; charset=gb2312"%>
<html>
<head>
<title>静态包含 include</title>
   </head>
   <body style="background-color:lightblue">
      <%@include file="header_static.jsp"%><!--静态包含-->
      <table border="1" align="center">
      <tr align="center"><td>姓名</td>
                 <td>性别</td>
                 <td>年龄</td>
                 <td>爱好</td>
      </tr> <tr align="center"><td>Tom</td>
                    <td>boy</td>
                    <td>23</td>
                    <td>basketball</td>
     </tr></table>
   </body>
</html>
```

header_static.jsp：

```
<%@page  language="java"  contentType="text/html; charset=gb2312" %>
<h2  style="font-family:arial;color:red;font-size:25px;text-align:center">
      静态包含的标题（JSP）
</h2>
```

程序运行结果如图 7-5 所示。

可以看到，在服务器生成了 1 个 Servlet：staticInclude_jsp.java 。

图 7-5　静态包含指令 include 运行结果

例程 7-4：动作元素 include。包含两个文件：dynamicInclude.jsp、header_dynamic.jsp。

dynamicInclude.jsp：

```
<%@page language="java" contentType="text/html; charset=gb2312"%>
<html>
    <head><title>动作元素 include</title>
    </head>
    <body style="background-color:lightblue">
      <jsp:include page="header_dynamic.jsp" flush="true"/><!--动态包含-->
      <table border="1" align="center">
         <tr align="center"> <td>姓名</td>
                    <td>性别</td>
                    <td>年龄</td>
                    <td>爱好</td>
         </tr> <tr align="center"><td>Mary</td>
                        <td>girl</td>
                        <td>22</td>
                        <td>dance</td>
         </tr> </table>
     </body>
</html>
```

header_dynamic.jsp

```
<%@page language="java" contentType="text/html; charset=gb2312"%>
<html> <body>
   <h2
style="font-family:arial;color:red;font-size:25px;text-align:center">
       动态包含的标题(JSP)
   </h2> </body>
</html>
```

程序运行结果如图 7-6 所示。

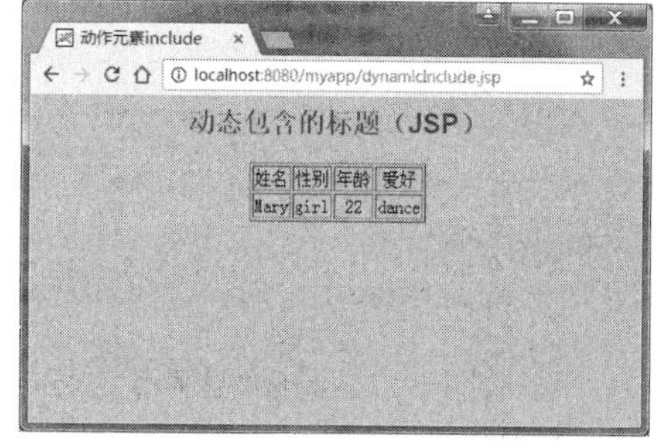

图 7-6　动态元素 include 运行结果

此时，在服务器生成了两个 Servlet 文件：dynamicInclude_jsp.java 和 header_dynamic_jsp.java。

可以得出结论：对于静态包含<%@include%>中包含的文件，只是简单地嵌入主文件中，在 JSP 页面转化成 Servlet 时才嵌入主文件中，因此运行的结果是只生成了一个 Servlet。而对于动态包含<jsp: incude>，如果被包含文件是动态的，那么就会生成两个 Servlet，被包含文件也要经过 JSP 引擎编译执行生成一个 Servlet，两个 Servlet 通过 request 和 reponse 进行通信。如果被包含的文件是静态的，那么这种情况和<%@include>就很相似，只生成了一个 Servlet，但是它们之间也不是简单地嵌入，依然是通过 request 和 reponse 进行通信。

3. <jsp:forward>

<jsp:forward>动作用来把当前的 JSP 页面导向到另一个页面上，用户看到的浏览器地址是当前网页的地址，内容则是另一个页面的。

<jsp:forward>动作具有两种形式：

（1）不设置参数，其语法格式如下：

```
<jsp: forward page= "URL"/>
```

（2）若添加参数，则其语法格式如下：

```
<jsp: forward page= "URL">
    [ <jsp : param…/> ]*
</ jsp: forward>
```

例程 7-5 中使用<jsp:forward>动作元素实现网站中的用户身份验证机制。

例程 7-5：包括 4 个文件，分别是 user.html、Login.jsp、welcome.jsp、errorPage.jsp。

user.html：

```
<html>
    <head><title>登录信息</title></head>
    <body>
        <form action="Login.jsp" method="post" name="Loginfrm" id="Loginfrm">
        <table width="350" border="0" align="center" cellpadding="2" cellspacing="1">
        <tr> <td align="right">用户名: </td>
            <td align="left"><input name="username" type="text"  size="20"></td>
        </tr><tr><td  align="right">密 码: </td>
            <td align="left"><input name="Password" type="password" size="20"></td>
        </tr><tr><td colspan="2" align="center"><input type="submit" value="登录">

        <input  type="reset"  value="取消"></td>
        </tr></table></form>
    </body>
</html>
```

由上面的 HTML 文件中可以看出，数据被提交到 Login.jsp 页面。在该页面中应该获取用户提交的数据，使用 request 对象的 getParameter()方法。当获取用户提交的用户名和密码后，判断其是否为字符串"Admin"。当相同时，使用<jsp:forword>动作元素将用户导向 welcome.jsp 页面；而当用户输入信息错误时，导向 errorPage.jsp 页面。但是可以看到，在浏览器的地址栏中始终显示是"Login.jsp"。

Login.jsp：

```
<%@page contentType="text/html;charset=gb2312" language="java"%>
<html>
  <head><title>用户登录</title></head>
  <body>
 <% String User=request.getParameter("username");
          String Password=request.getParameter("password");
```

```
            if(User.equals("Admin")&& Password.equals("Admin")){%>
              <jsp:forward page="welcome.jsp"/> <%}
            else
              {%> <jsp:forward page="errorPage.jsp"/>
              <% } %>
    </body>
</html>
```

welcome.jsp：

```
<%@ page contentType="text/html; charset=gb2312" language="java"%>
<html>
<head></head>
<body>
    Welcome!
    </body>
</html>
```

errorPage.jsp：

```
<%@page isErrorPage="true" contentType="text/html;charset=gb2312" %>
<html>
    <head><title>错误处理页面</title></head>
    <body>
        <h1>错误信息<h1>
            <hr><center>
                <h3>用户名或者密码错误! </h3></center>
    </body>
</html>
```

程序运行结果如图 7-7 所示。

（a）user.html

（b）登录成功（welcome.jsp）

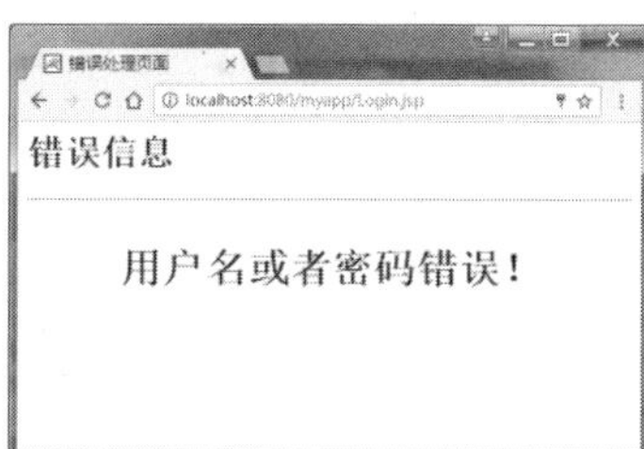

（c）登录错误（errorPage.jsp）

图 7-7　例程 7-5 运行结果

4. <jsp:useBean>

<jsp:useBean>动作能够让 JSP 页面中用到 JavaBean，从而能够充分应用 Java 语言的重用特性。也能够将页面与商业逻辑更好地分离。JSP 可以动态使用 JavaBean 组件来扩充 JSP 的功能。

<jsp:useBean>动作用来实例化 JavaBean，或者定位一个已经存在的 Bean 实例，并且把它赋给一个变量名（或者 id），并给定一个具体的范围来确定对象的生命周期。

<jsp:useBean>动作的语法格式如下：

```
<jsp: useBean id="name"  scope= "page | request | session | application"
typeSpec/>
typeSpec :: =class= "className" |
class= "className" type= "typeName" |
```

```
beanName= "beanName" type= "typeName" |
type= "typeName"
```

这部分内容以及下面介绍的<jsp:setProperty>和<jsp: getProperty >动作元素都将在本书的第 8 章中详细讲解。

5. <jsp:setProperty>

<jsp:setProperty>动作用于向一个 JavaBean 实例的属性赋值。其语法格式如下：

```
<jsp: setProperty name="beanName" prop_expr />
prop_expr :: =property= "*" |
property= "propertyName" |
property= "propertyName" param= "parameterName" |
property= "propertyName" value= "propertyValue"
propertyValue :: = string | JSP experssion
```

6. <jsp:getProperty>

<jsp:getProperty>动作对应于<jsp:setProperty>动作，用于从 JavaBean 实例中获取某个属性的值。无论属性值原先是什么类型，都被转换为 String 类型。其语法格式如下：

```
<jsp: getProperty name="name" property= "propertyName" />
```

7. <jsp:plugin>

<jsp:plugin>动作为 Web 开发人员提供了一种在 JSP 文件中嵌入客户端运行的 Java 程序（如 Applet、JavaBean）的方法。JSP 根据客户端浏览器的不同，执行后将分别输出为 OBJECT 或 EMBED 这两种不同的 HTML 元素。其语法格式如下：

```
<jsp: plugintype="bean | applet"
   type= "applet | bean"
   code= "classFile"
   codebase= "objectCodebase"
   [ align= "bottom | top | middle | left | right"]
   [ archive= "archiveList" ]
   [ height= "height" ]
   [ width= "width" ]
   [ hspace= "hspace" ]
   [ vspace= "vspace" ]
   [ jrevision= "jrevision" ]
   [ name= "componentName" ]
   [ nspluginurl= "URLToPlugin" ]
   [ iepluginurl= "URLToPlugin" ] >
[ <jsp:params>
   [ <jsp:param name= "paramName" value="paramValue" />] +
</jsp:params> ]
[ <jsp:fallback> text message for user </jsp:fallback> ]
</jsp:plugin>
```

表 7-4 列出了<jap:plugin>动作的属性。

表 7-4 <jsp:plugin>动作的属性

属　性	描　　述
type	标记组件的类型：JavaBean 或 Applet
code	与 Applet 和 HTML 规范相同，对象类的文件名

续表

属　性	描　述
codebase	指定 Applet 类的存储位置 URL
align	控制对象相对于基准线的水平对齐方式
archive	标记包含对象的 Java 类的.jar 文件的 URL
height	定义对象的显示区域的高度
width	定义对象的显示区域的宽度
hspace	对象与环绕文本之间的水平空白空间
vspace	对象与环绕文本之间的垂直空白空间
jrevision	标记组件需要的 Java 运行环境的规范版本号
name	Bean 或 Applet 实例的名字，将会在 JSP 其他地方调用
nspluginurl	指示对于 Netscape 的 JRE 插件的下载地址 URL
iepluginurl	指示对于 Internet Explorer 的 JRE 插件的下载地址 URL

传递给 Applet 或 JavaBean 的参数是通过<jsp:param>动作来完成的，而<jsp:fallback>动作是在用户浏览器上不支持 Java 的情况下显示的文本信息。

7.4 JSP 的内置对象

JSP 提供了可在脚本中使用的内置对象。这些对象使用户更容易收集通过浏览器请求发送的信息、响应浏览器以及存储用户的信息，而使程序开发更加方便。

这些内置对象的构建基础都是标准的 HTTP 协议。

7.4.1 内置对象介绍

为了 Web 应用程序开发方便，在 JSP 对部分 Java 对象进行了声明，即使不重新声明这些对象，也可以直接在 JSP 页面中直接使用。这些对象是在 JSP 页面初始化时生成的，称为内置对象或者隐含对象（Implicit Object）。表 7-5 列出了 JSP 的内置对象。

表 7-5 JSP 的内置对象

对 象 名	描　述	作 用 域
application	显示相应网页所有应用程序的对象	整个应用程序执行期间
config	JSP 页面通过容器初始化时接收到的对象	页面执行期间
exception	发生错误时生成的异常对象	页面执行期间
out	表示从服务器端向客户端打开的 output 数据流对象	页面执行期间
page	显示当前网页的对象	页面执行期间
pageContext	提供调用其他对象方法的对象	页面执行期间
request	包含客户端请求信息的对象	用户请求期间
response	包含从服务器端发送到客户端的响应内容的对象	页面执行（响应）期间
session	保存个人信息的个人所有对象	会话期间

内置对象是一个与语法有关的组件，使用 JSP 语法可以存取这些内置对象来与执行 JSP 网页的 Servlet 环境相互作用。它们的存取都是可行的。

从本质上讲，JSP 的这些内置对象其实都是由特定的 Java 类所产生的，每一种内置对象都映射到一个特定的 Java 类或者接口，在服务器运行时根据情况自动生成。

下面对 JSP 中的 9 个内置对象进行简要说明。

1．application

这是一个 javax.servlet.ServletContext 类型对象，作用范围为整个 Web 应用程序内，可通过 getServletConfig()、setContext()获得。

2．config

这是一个 javax.servlet.ServletConfig 类型对象，作用范围为当前页面内。

3．exception

这是一个 java.lang.Throwable 类型对象，仅在处理错误页面时有效，可以用来处理捕捉的异常。

4．out

这是一个 javax.servlet.JspWriter 类型对象，其使用是将结果输出到客户端。为了区分 response 对象，JspWriter 是具有缓存的 PrintWriter。可通过指令元素 page 属性调整缓存的大小，甚至关闭缓存。同时，out 在程序代码中几乎不用，因为 JSP 表达式会自动地放入输出流中，而无须再明确指向 out 输出。

5．page

这是一个 javax.servlet.jsp.HttpJspPage 类型对象， 用来表示 JSP 页面 Servlet 的一个实例，相当于 Java 中的 this 关键字。

6．pageContext

这是一个 javax.servlet.jsp.PageContext 类型对象，是 JSP 引入的新类，它封装了像高效执行的 JspWriter 等服务器端的特征。通过这种类而非直接得到像 JspWriter 等循环，在规则的 Server/JSP 引擎下仍然可以运行。

7．request

这是一个 javax.servlet.HttpServletRequest 类型对象，通过 getParameter()方法能够得到请求的参数、请求类型（GET、POST 或 HEAD 等）以及 HTTP headers（Cookie、Referer 等）。严格地说，request 是 ServletRequest 而不是 HttpServletRequest 的子类，但 request 还没有除 HTTP 协议之外的其他可实际应用研究的协议。

8．response

这是一个 javax.servlet.HttpServletResponse 类型对象，作用范围为页面内。它的作用是向客户端返回请求。输出流需要进行缓存。虽然在 Servlet 中，一旦将结果输出到客户端就不再允许设置 HTTP 状态及 response 头文件，但在 JSP 中进行这些设置是合法的。

9．session

这是与 request 对象相关的一个 javax.servlet.HttpSession 对象，作用范围为会话期内。会话是自动建立的，因此即使没有引入会话，这个对象也会自动创建，除非在指令元素 page 属性中将会话关闭，在这种情况下，如果要参照会话就会在 JSP 转换成 Servlet 时出错。

在 JSP 提供的 9 个内置对象中，有 5 个对应于 Servlet API 中的 7 个对象。其对应关系如表 7-6 所示。

表 7-6　JSP 的内置对象对应的 Servlet API

内 置 对 象	Servlet API
application	javax.servlet.ServletContext
config	javax.servlet.ServletConfig
request	javax.servlet.http.HttpServletRequest 和 javax.servlet.ServletRequest
response	javax.servlet.http.HttpServletReponse 和 javax.servlet.ServletReponse
session	javax.servlet.http.HttpSession

7.4.2　application 对象

application 对象为多个应用程序保存信息。对于一个容器而言，每个用户都共同使用一个 application 对象。服务器启动后，就会自动创建 application 对象，是全局对象，这个对象会一直保持，直到服务器关闭为止。

application 对象的主要方法有：

（1）getAttribute(String name)：返回由 name 指定的名字的 application 对象的属性值。

（2）getAttributeNames( )：返回所有 application 对象的属性的名字，其结果是一个 Enumeration（枚举）类型实例。

（3）getInitParameter(String name)：返回由 name 指定名字的 application 对象的某个属性的初始值。

（4）getServletInfo( )：返回 servlet 编译器的当前版本信息。

（5）setAttribute(String name,Object object)：设置由 name 指定名字的 application 的属性值 object。

例程 7-6 通过 application 对象来做一个页面访问的计数器。基于 application 对象对应用来说是共享的，所以通过 application 的 setAttribute()方法来设置和更新计数器的值。

例程 7-6：网站计数器。

下面先来看一个不使用 application 对象的简单网站计数器会存在什么样的问题。

```
simple_count.jsp
<%@ page language="java" contentType="text/html; charset=gb2312"%>
<html>
    <head><title>网站计数器</title>
    </head>
    <body>
    <%!int counter=0;  //初始化变量
        synchronized void counterFunction(){
            counter++;
    }%>
    <%
        counterFunction();  %> <h3>
    欢迎访问本站,你是第<%=counter %>个访问用户。</h3>
```

```
    </body>
</html>>
```

运行结果如图 7-8（a）所示。当单击刷新按钮时，会发现网站计数器开始计数，如图 7-8（b）所示。而实际上，这是不合理的。这个简单的网站计数器并不精确，访问人数应该是根据是否是一个新的会话来判断，而不是刷新一次，就增加一个网站的新访问用户。

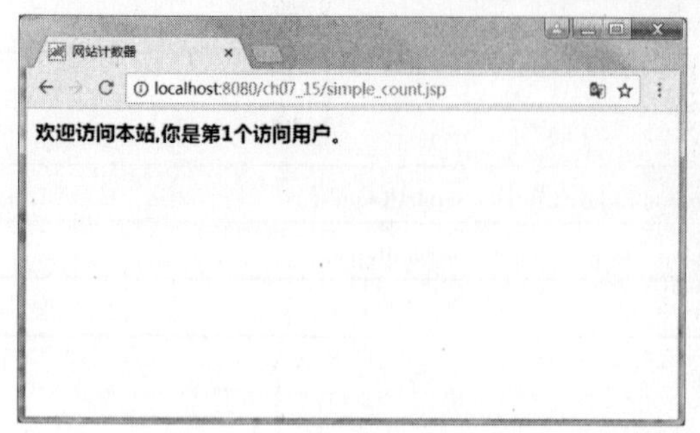

（a）初始运行界面

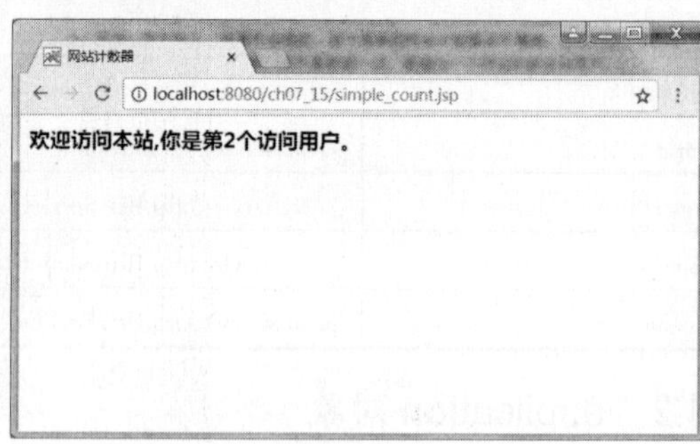

（b）单击刷新按钮之后的页面

图 7-8　不使用 application 的计数器页面

下面使用 application 对象来实现网站计数的功能，避免了以上问题的产生。

```
application_count.jsp
<%@ page language="java" contentType="text/html; charset=gb2312" %>
<html>
    <head><title>网站计数器</title>
    </head>
    <body>
    <%!
        synchronized void countPeople(){ //串行化计数函数
            ServletContext application=((HttpServlet)(this)).getServletContext();
            Integer number=(Integer) application.getAttribute("Count");
            if(number==null){  //如果是第 1 次访问本网页
                number = new Integer(1);
                application.setAttribute("Count", number);
            }else{
                number=new Integer(number.intValue()+1);
                application.setAttribute("Count", number);
            }
        }%>
    <%
        if(session.isNew())//如果是一个新会话
        countPeople();
        Integer yourNumber=(Integer)application.getAttribute("Count");
        %>
        <p><p> 欢迎访问本站,你是第<%=yourNumber %>个访问用户.
    </body>
</html>
```

程序运行结果如图 7-9 所示。

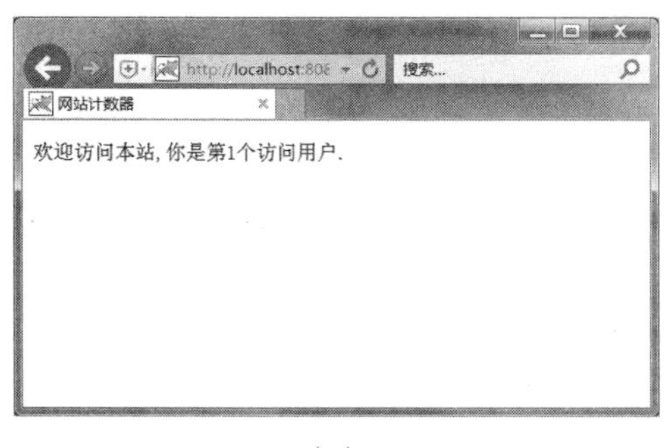

（a） （b）

图 7-9 使用 application 的计数器页面（使用不同的浏览器访问）

7.4.3 config 对象

config 对象代表当前 JSP 配置信息，但 JSP 页面通常无须配置，因此也就不存在配置信息。该对象在 JSP 页面中非常少用，但在 Servlet 则用处相对较大。因为 Servlet 需要配置在 web.xml 文件中，可以指定配置参数。

config 对象被封装为 javax.servlet.ServletConfig 接口，它表示 Servlet 的配置。当一个 Servlet 初始化时，容器把某些信息通过此对象传递给这个 Servlet。config 对象的常用方法有：

（1）setServletContext()：返回执行者的 Servlet 上下文。

（2）getServletName()：返回 Servlet 的名字。

（3）getInitParameter(String name)：返回名字为 name 的 Servlet 的初始参数值。

（4）getInitParameterNames()：返回 JSP 的所有初始参数的名字。

7.4.4 exception 对象

exception 对象是 java.lang.Throwable 类的一个实例，代表 JSP 脚本中产生的错误和异常，是 JSP 页面机制的一部分。实际上，JSP 脚本所包含的所有可能出现的异常都可以交给错误处理页面进行处理。

exception 对象只有在错误页面（页面指令中包含 isErrorPage= "true"的页面）才可以使用。 在 JSP 的异常处理机制中，一个异常处理页面可以处理多个 JSP 页面脚本部分的异常。异常处理页面通过 Page 指令的 errorPage 属性确定。

下面来看一个使用 exception 对象的例子。

例程 7-7：错误处理。包含两个文件：error.jsp、exception.jsp。

error.jsp：

```
<%@ page contentType="text/html; charset=gb2312" language="java" isErrorPage=
"true" %>
<html>
    <head><title>出错了！</title>
    </head>
    <body>出错了！<br>
        发生了以下的错误：
        <br><hr><font color=red>
        <%=exception.getMessage()%>
```

```
    </font></body>
</html>
```

要使用 exception 对象，必须在 page 指令中指定 isErrorPage= "true"。在出错页面中，使用<%=exception.getMessage( )%>来获得错误信息。

设计一个能出错的页面：exception.jsp。

```
<%@ page contentType="text/html; charset=gb2312" language="java" import=
"java.sql.*" errorPage="error.jsp" %>
<html>
    <head><title>出错页面</title></head>
    <body> <%=5/0%>
    </body>
</html>
```

程序运行结果如图 7-10 所示。

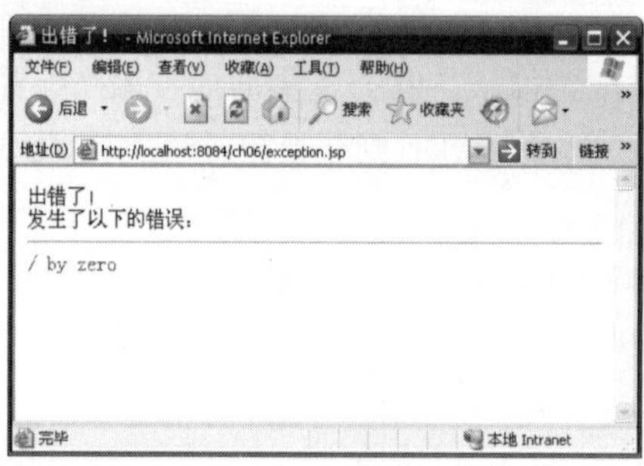

图 7-10 处理错误的显示页面

7.4.5 out 对象

out 对象代表一个页面输出流，通常用于在页面上输出变量值及常量。

out 对象被封装成 javax.servlet.jsp.JspWriter 接口，表示为客户打开的输出流。PrintWriter 使用它向客户端发送输出流。简单来说，out 对象主要用来向客户端输出数据。

out 对象的主要方法如表 7-7 所示。

表 7-7 out 对象的主要方法

方 法	描 述
print(boolean)、println(boolean)	输出 Boolean 类型的数据
print(char)、println(char)	输出 Char 类型的数据
print(char[ ])、println(char[ ])	输出 Char[ ]类型的数据
print(double)、println(double)	输出 Double 类型的数据
print(float)、println(float)	输出 Float 类型的数据
print(int)、println(int)	输出 int 类型的数据
print(long)、println(long)	输出 long 类型的数据
print(object)、println(object)	输出 object 类型的数据
print(String)、println(String)	输出 String 类型的数据
newLine( )	输出一个换行字符
flush( )	输出缓冲区里的数据

续表

方　　法	描　　述
close( )	关闭输出流
clearBuffer( )	清除缓冲区里的数据，并把数据输出到客户端
clear( )	清除缓冲区里的数据，但不把数据输出到客户端
getBufferSize( )	获得缓冲区的大小
getRemaining( )	获得缓冲区中没有被占用的空间大小
isAutoFlush( )	返回布尔值，如果 AutoFlush 为真返回 true，否则返回 false

out 对象是 JSP 中使用最频繁的对象，它的 print()和 println()方法更是随处可见。

例程 7-8： out.jsp。

```
<%@ page contentType="text/html; charset=gb2312" language="java" >
<%
response.setContentType("text/html");
out.println("学习使用 out 对象: <br><hr>");
out.println("<br>out.println(boolean):");
out.println(true);
out.println("<br>out.println(char):");
out.println('a');
out.println("<br>out.println(char[]):");
out.println(new char[]{'a','b'});
out.println("<br>out.println(double):");
out.println(2.3d);
out.println("<br>out.println(float):");
out.println(43.2f);
out.println("<br>out.println(int):");
out.println(34);
out.println("<br>out.println(long):");
out.println(2342342343242354L);
out.println("<br>out.println(object):");
out.println(new java.util.Date());
out.println("<br>out.println(string):");
out.println("string");
out.println("<br>out.newLine():");
out.newLine();
out.println("<br>out.getBufferSize():");
out.println(out.getBufferSize());
out.println("<br>out.getRemaining():");
out.println(out.getRemaining());
out.println("<br>out.isAutoFlush():");
out.println(out.isAutoFlush());
out.flush();
out.println("<br>调用 out.flush()后，测试是否输出");
out.close();
out.println("<br>调用 out.close()后测试是否输出");
out.clear();
out.println("<br>调用 out.clear()后测试是否输出");
%>
```

通过 out 对象可以输出任何类型的原始数据类型和对象，也可以输出以字符构成的数组(char[ ])。调用了 out.close()方法后，out 对象的输出流就不会发送到客户端。

程序运行结果如图 7-11 所示。

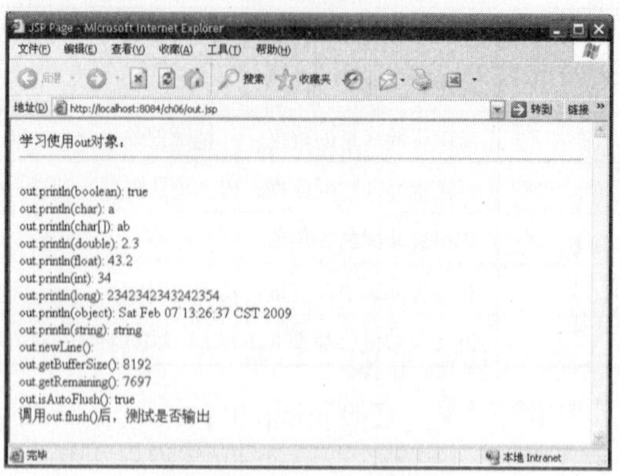

图 7-11　out 对象的应用

7.4.6　page 对象

page 对象是 java.lang.Object 类的一个实例，指的是 JSP 实现类的实例。也就是说，它是 JSP 本身，通过它可以对 JSP 本身进行访问。

page 对象是 JSP 实现类对象的一个句柄，只有在 JSP 页面的范围内才是合法的。

常用方法如下：

1．getClass()

返回此 object 的类。

2．toString( )

把此 object 对象转换成 String 类的对象。

7.4.7　pageContext 对象

pageContext 对象代表页面上下文，主要用于访问 JSP 页面之间的共享数据。pageContext 对象被封装成 javax.servlet.jsp.pageContext 接口。

使用 pageContext 可以访问 page、request、session、application 范围内的变量，通过两个方法来访问变量：

1．getAttribute(String name)

返回 page 范围内的 name 属性。

2．getAttributes(String name,int scope)

返回 scope 指定范围内的 name 属性，其中 scope 可以是如下 4 个值之一：

（1）PageContext.PAGE_SCOPE：对应 page 范围。

（2）PageContext.REQUEST_SCOPE：对应 request 范围。

（3）PageContext.SESSION_SCOPE：对应 session 范围。

（4）PageContext.APPLICATION_SCOPE：对应 application 范围。

pageContext 对象也提供了相应的 setAttribute()方法，用于将指定变量放入 page、request、session、application 范围内。

7.4.8　request 对象

request 对象代表的是来自客户端的请求（如在 FORM 表单中填写的信息等），是最常用的对象。request 对象是获取请求参数的重要途径。

每个 request 对象封装着一次用户请求，所有的请求参数都被封装在 requset 对象中。request 对象可代表本次请求范围，可用于操作 request 范围的属性。它被包装成 HttpServletRequest 接口。来自客户端的请求经 Servlet 容器处理后，由 request 对象进行封装，作为 jspService()方法的一个参数由容器传递给 JSP 页面。

request 对象的主要方法有：

1. getCookies( )

返回客户端的 Cookie 对象，结果是一个 Cookie 数组。

Cookie，有时也用其复数形式 Cookies，指网站为了辨别用户身份、进行 session 跟踪而存储在用户本地终端上的数据（通常经过加密）。Cookie 是由服务器端生成，发送给客户端（一般是浏览器），浏览器会将 Cookie 的 key/value 保存到某个目录下的文本文件内，下次请求同一网站时就发送该 Cookie 给服务器（前提是浏览器设置为启用 Cookie）。

2. getHeader(String name)

获得 http 协议定义的传送文件头信息。

3. getAttribute(String name)

返回 name 指定的属性值，若不存在指定的属性，就返回空值（null）。

4. getAttributeNames( )

返回 request 对象所有属性的名字，结果集是一个 Enumeration（枚举）类的实例。

5. getHeaderNames ( )

返回所有 request header 的名字，结果集是一个 Enumeration（枚举）类的实例。

6. getHeaders(String name)

返回指定名字的 request header 的所有值，结果集是一个 Enumeration（枚举）类的实例。

7. getMethod( )

获得客户端向服务器端传送数据的方法，有 GET、POST、PUT 等类型。

8. getParameter(String name)

获得客户端传送给服务器端的参数值，该参数由 name 指定。

9. getParameterNames( )

获得客户端传送给服务器端的所有参数名，结果集是一个 Enumeration（枚举）类的实例。

10. getParameterValues(String name)

获得指定参数所有值。

11. getQueryString( )

获得查询字符串，该串由客户端以 GET 方法向服务器端传送。

12．getRequestURL( )

获得发出请求字符串的客户端地址。

13．getServletPath( )

获得客户端所请求的脚本文件的文件路径。

14．setAttribute(String name,Jave.lang.Object o)

设定名字为 name 的 request 参数值，该值由 Object 类型的 o 指定。

15．getServletName( )

获得服务器的名字。

16．getServerPort( )

获得服务器的端口号。

17．getRemoteAddr( )

获得客户端的 IP 地址。

18．getRemoteHost( )

获得客户端计算机的名字，若失败，则返回客户端计算机的 IP 地址。

19．getProtocol( )

获取客户端向服务器端传送数据所依据的协议名称，如 http/1.1。

例程 7-9：使用 request 对象传递页面数据，包含两个文件 Form.jsp、Request.jsp。

Form.jsp：

```
<%@ page language="java" contentType="text/html; charset=gb2312"  %>
<html>
    <head><title>提交表单页</title>
    </head>
    <body>
        <form id="form1" action="Request.jsp" method="post">
            用户名:<input type="text" name="name"><br />
            性别:<br />
                男:<input type="radio" name="gender" value="男"><br />
                女:<input type="radio" name="gender" value="女"><br />
            喜欢的颜色:<br />
                白:<input type="checkbox" name="color" value="白">
                黑:<input type="checkbox" name="color" value="黑"><br />
            国家: <select name="country">
                    <option value="中国">中国</option>
                    <option value="美国">美国</option>
                </select><br />
            <input type="submit" value="提交">
            <input type="reset" value="重置">
        </form></body>
</html>
```

Request.jsp：

```
<%@ page language="java" contentType="text/html; charset=gb2312"%>
<%@page import="java.util.Enumeration"%>
<html>
    <head><title>获取表单参数</title></head>
```

```
    <body>
    <%
        Enumeration<String> headerNames = request.getHeaderNames();
        while (headerNames.hasMoreElements()) {
            String headerName = headerNames.nextElement();
            out.println(headerName + ": " + request.getHeader(headerName) + "<br/>");
        }
        out.println("<hr/>");
        request.setCharacterEncoding("gb2312");
        String name=request.getParameter("name");
        String gender=request.getParameter("gender");
        String[] color=request.getParameterValues("color");
        String national=request.getParameter("country");
    %>
    名字:<%=name%><br />
    性别:<%=gender%><br />
    颜色:<%
        for (String c : color) {
            out.println(c + "");
        } %><br />
    国家:<%=national%>
    </body>
</html>
```

程序运行结果如图 7-12 所示。

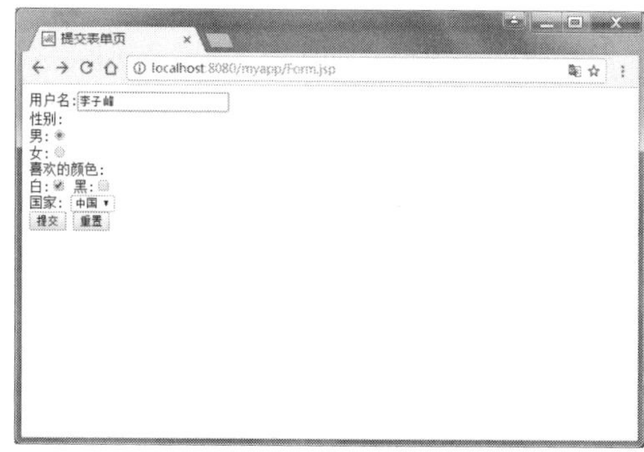

（a）Form.jsp 运行界面

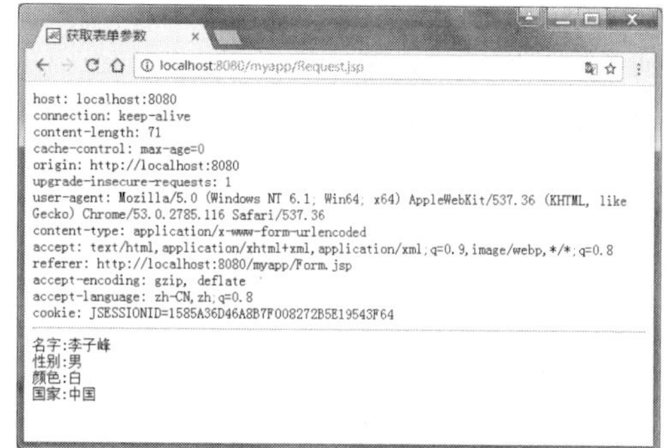

（b）Request.jsp 获取表单参数

图 7-12　例程 7-9 运行结果

7.4.9　response 对象

response 代表服务器对客户端的响应。大部分时候，程序无须使用 response 来响应客户端请求，因为有更简单的响应对象-out。

response 被包装成 HttpServletResponse 接口，封装了 JSP 产生的响应，然后被发送到客户端以响应客户的请求。

假如需要在 JSP 页面中动态生成一幅位图，使用 out 作为响应将无法完成，此时必须使用 response 作为响应输出。此外，response 对象也主要应用于产生页面的重定向操作。与前面讲解的 <jsp:forward>不同的是，response 重定向会丢失所有的请求参数及请求属性。

response 对象的另一个重要应用是增加 Cookie 对象。

resquest 对象的主要方法有：

1．addCookies(Cookie cookie)

添加一个 Cookie 对象，用来保存客户端的用户信息。

2．addHeader(String name，String value)

添加 HTTP 文件头信息，传送到客户端，如果已经存在同名的 Header，则会覆盖原有的 Header。

3．containsHeader(String name)

判断指定名字的 HTTP 文件头是否存在，返回逻辑值。

4．encodeURL( )

使用 sessionId 来封装 URL，如果没有必要封装 URL，则返回原值。

5．flushBuffer( )

强制把当前缓冲区的内容发送到客户端。

6．getBufferSize( )

返回缓冲区的大小。

7．getOutputStream( )

返回到客户端的输出流对象。

8．sendError(int)

向客户端发送错误的信息（如：404 是指网页不存在或者请求的页面无效）。

9．sendRedirect(String location)

把响应发送到另一个位置进行处理。

10．setContentType(String contentType)

设置响应的 MIME 类型。

11．setHeader(String name,String Value)

设置指定名字的 HTTP 文件头的值，如果该值已经存在，则新值会覆盖原有的旧值。

例程 7-10 为 response 使用的一个实例程序。虽然现在 Cookie 在许多网站已经不再使用，但是使用 Cookie 仍然会给编程带来很多方便。通过 Cookie，可以保存用户的一些个性化信息，如用户上次访问的时间。

例程 7-10：使用 response 对象操作 Cookie 对象。

response.jsp：

```
<%@page contentType="text/html" pageEncoding="UTF-8" language="java"%>
<%@ page import="javax.servlet.http.Cookie,java.util.*"%>
<html>
   <head>
      <title>JSP Response 对象</title> </head>
   <body><center>
   <%  String userName="Tom";
      Cookie[] cookie=request.getCookies();
      Cookie cookie_response=null;
      List list=Arrays.asList(cookie);
      Iterator it=list.iterator();
```

```
        while(it.hasNext()){
            Cookie temp=(Cookie)it.next();
            if(temp.getName().equals(userName+"_access_time")) {
                cookie_response=temp;
                break;
            }
        }
        out.println("当前的用户为: "+userName+"<br>");
        out.println("当前的时间: "+new java.util.Date()+"<br>");
        if(cookie_response!=null){
            out.println(userName+"上一次访问的时间: "+cookie_response.getValue());
                cookie_response.setValue(new Date().toString());
        }else{
            cookie_response=new Cookie(userName+"_access_time", new java.util.
            Date(). toString());
        }
        response.addCookie(cookie_response);
        response.setContentType("text/html");
        response.flushBuffer();
        %></center>
    </body>
</html>
```

在该程序中，使用了一个 Cookie，当用户登录时，它通过 resquest 对象把客户端的所有 Cookie 获取过来，然后读取 Cookie 的值，如果有客户曾经访问过此网页，那么 resquest 对象应该包含这个 Cookie，此时读取这个 Cookie 的值，并且在页面中显示出来，最后更新 Cookie，把它发送到客户端。

程序运行效果如图 7-13 所示。

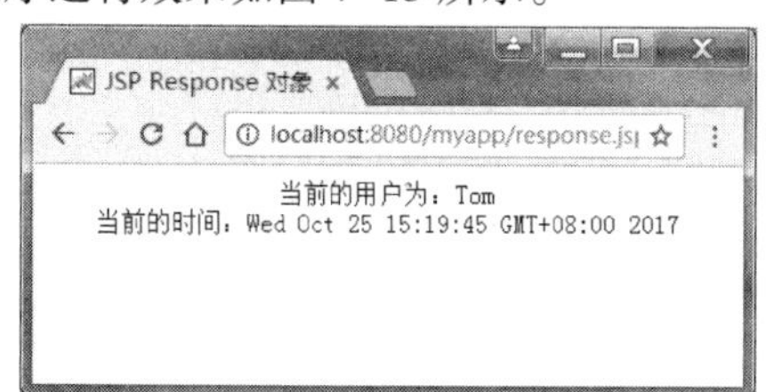

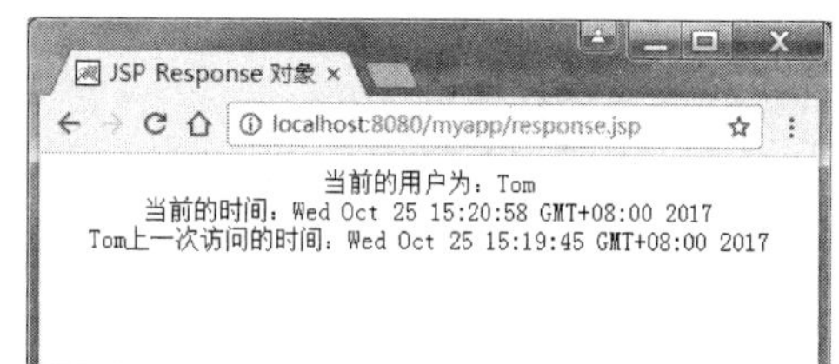

图 7-13　response 对象的应用

7.4.10　session 对象

session 在 Web 开发中是一个非常重要的概念。在不同的场合，session 的含义也不相同。这里只探讨 HTTP Session。

session 代表一次用户会话，其含义是：从客户端浏览器连接服务器开始，到客户端浏览器与服务器断开为止，这个过程就是一次会话。

session 通常用于跟踪用户的会话信息，如判断用户是否登录系统，或者在购物车应用中，系统是否跟踪用户购买的商品等。session 里的属性可以在多个页面的跳转间共享。一旦关闭浏览器，session 即结束，session 对象里的属性将全部清空。

session 对象用来保存每个用户信息，以便跟踪每个用户的操作状态。其中，session 信息保存在容器里，session 的 ID 保存在客户机的 Cookie 中。在许多服务器上，如果浏览器支持 Cookie，就直接使用 Cookie。但是如果不支持 Cookie，就自动转化为 URL-rewriting（重写 URL，这个 URL 包含客户端的信息），session 自动为每个流程提供方便存储信息的方法。

一般情况下，用户首次登录系统时容器会给此用户分配一个唯一标识的 session id，这个 ID 用来区分其他的用户，当用户退出系统时隔不久，这个 session 就会自动消失。

session 对象的主要方法有：

1．getAttribute(String name)

获取与指定名字 name 相联系的属性。

2．getAttributeName( )

返回 session 对象中存储的每一个属性对象，其结果为一个枚举类的实例。

3．getCreationTime( )

返回 session 被创建的时间，最小单位为千分之一秒。

4．getId( )

返回唯一标识，每个 session 的 ID 是不同的。

5．getLastAccessedTime( )

返回和当前 session 对象相关的客户端最后发送请求的时间，最小单位为千分之一秒。

6．getMaxInactiveInterval( )

返回总时间（秒），负值表示 session 永远不会超时，正值为该 session 对象的生存时间。

7．invalidate( )

销毁 session 对象，使得和它绑定的对象都失效。

8．isNew( )

如果客户端不接收使用 session，那么每个请求中都会产生一个 session 对象。

9．removeAttribute(String name)

删除与指定 name 相联系的属性。

10．setAttribute(String name,Java.lang.Object value)

设定名字为 name 的属性值 value，并把该值存储在 session 对象中。

session 对象和客户端的会话紧密联系在一起，它由容器自动创建。例程 7-11 中，如果用户登录成功，那么就可以把用户登录的信息保存在 session 中，在其他页面中就可以使用。

例程 7-11：session 对象应用。包含 3 个文件：session_login.html、check_login.jsp、loginsuccess.jsp。

（1）用户登录时填写的表单 session_login.html：

```
<html><head><meta lang= "utf-8"></head>
   <body><form method=post action="check_login.jsp">
      <table>
         <tr><td>name:</td><td>
         <input type=text name=name>
         </td></tr><tr><td>password:</td><td>
         <input type=text name=password>
         </td></tr><tr colspan=2><td>登录类型:
         <input type=radio name=type value=manager Checked>管理员
         <input type=radio name=type value=user>普通用户
         </td></tr><tr colspan=2>
      <td><input type=submit value=login></td></tr>
```

```
</table>
</body></html>
```

（2）用户验证 check_login.jsp：

```
<% String name=request.getParameter("name");
   String password=request.getParameter("password");
   String type=request.getParameter("type");
   //检查用户登录是否成功,这里假设用户名为 admin，登录成功，不检验密码。
   if(name.equals("admin")){
      session.setAttribute("name",name);
      session.setAttribute("type",type);
      response.sendRedirect("loginsuccess.jsp");
   }else{
      response.sendRedirect("session_login.html");
   } %>
```

可以看出，通过 session.setAttribute()方法把相关的信息保存起来。然后通过 response.sendRedirect("loginsuccess.jsp")语句把页面重定向到 loginsuccess.jsp。

（3）用户登录成功 loginsuccess.jsp：

```
<br><hr>
   登录成功。欢迎您!
<%=session.getAttribute("name")%>
<%
   if(session.getAttribute("type").equals("manager")) {
      %>    <a href=manage.jsp>进入管理系统</a><%
   } else {
      %> <a href="user.jsp">进入使用界面</a> <%
      }  %>
```

运行结果如图 7-14 所示。

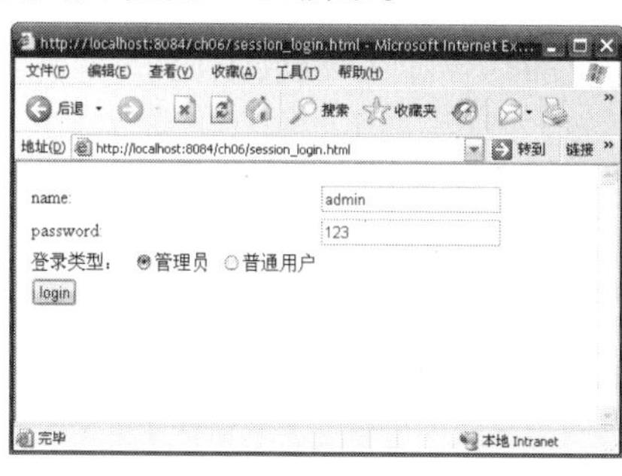

（a）登录页面

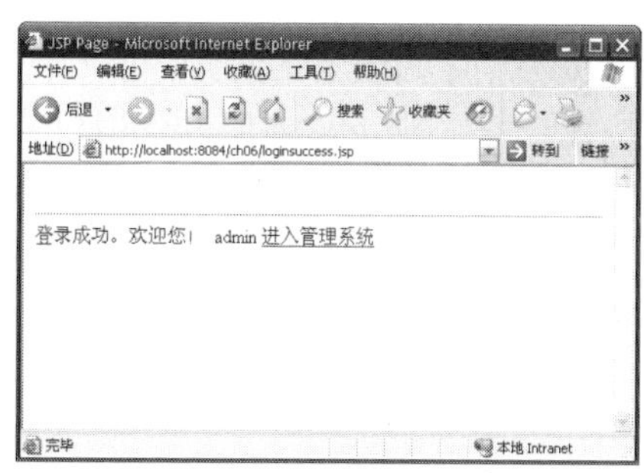

（b）用户登录成功页面

图 7-14　例程 7-11 运行结果

7.5　JSP 的异常处理

像普通的 Java 程序一样，可以把异常处理引入 JSP 程序中。如果在执行 JSP 的 Java 代码时发生异常，可以通过下面的指令将 HTTP 请求转发给另一个专门处理异常的网页：

```
<%@ page errorPage="errorpage.jsp" %>
```

并且在处理异常的网页中，应该包含下面的声明语句：

```
<%@ page isErrorPage="true" %>
```

在处理异常的网页中可以直接访问 exception 对象，获取详细的异常信息。

例程 7-12：异常处理。包含两个文件 errorpage.jsp 和 jspSum.jsp。

（1）errorpage.jsp：

```
<%@ page contentType="text/html;charset=GB2312" %>
<%@ page isErrorPage="true" %>
<%@ page import="java.io.PrintWriter" %>
<html>
    <head><title>Error Page</title></head>
    <body>
    <p> 你输入的参数
     (num1=<%=request.getParameter("num1")%>,num2=<%=request.getParameter
("num2")%>)有错误 </p>
    <p>错误原因为:<% exception.printStackTrace(new PrintWriter(out)); %></p>
    </body>
</html>
```

（2）jspSum.jsp：

```
<%@ page contentType="text/html;charset=GB2312" %>
<%@ page errorPage="errorpage.jsp" %>
<html>
    <head><title>Sum Page</title> </head>
    <body>
    <%! private int toInt(String num){
    return Integer.valueOf(num).intValue();
    } %>
    <% int num1=toInt(request.getParameter("num1"));
    int num2=toInt(request.getParameter("num2"));
    %>
    <p>  运算结果为:<%=num1%>+<%=num2%>=<%=num1+num2%>  </p>
    </body>
</html>
```

在 errorpage.jsp 这个异常的网页中可以直接访问 exception 隐含对象，获取详细的异常信息，例如

```
<p>错误原因为: <% exception.printStackTrace(new PrintWriter(out)); %></p>
```

在 jspSum.jsp 中读取客户请求的两个参数 num1 和 num2，把它们转化为整数类型，再对其求和，最后把结果输出到网页上。将字符串转化为整数，如果客户输入的参数不能转化为整数，就会抛出 NumberFormatException，这时客户请求就会转入 errorpage.jsp 页面。

在浏览器中输入 http://localhost:8080/jspSum.jsp?num1=100&num2=200，生成的网页如图 7-15（a）所示。

在浏览器中输入 http://localhost:8080/jspSum.jsp?num1=100&num2=two，生成的网页如图 7-15（b）所示。

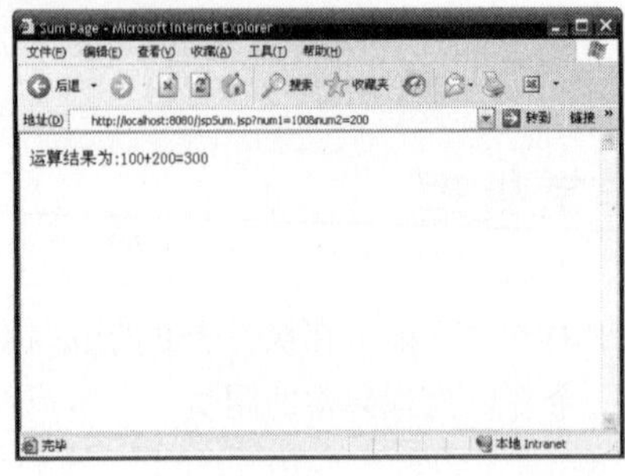

（a）输入正确的页面

（b）输入错误的页面

图 7-15　例程 7-12 运行结果

7.6　JSP 相关应用技术

随着 JSP 规范的不断进展，以及可用的 JSP 开发工具数量不断增多，JSP 技术涉及的领域不断扩展，促进了基于 JSP 技术的高维护性能和标准化的网络应用的开发。本节介绍一些 JSP 实用应用技术。

7.6.1　JSP 的目录操作

目录操作相对应的应用类是 File，所在类包是 java.io。File 类的常用方法如表 7-8 所示。

表 7-8　File 类的常用方法

方　法	功　　能
File(String pathname)	构造函数，根据路径创建 File 类对象
File(URL url)	构造函数，根据网络地址创建 File 类对象
isDirectory()	判断输入的字符串是否是目录
isFile()	判断输入的字符串是否是文件
delete()	删除目录或文件
mkdir()	创建目录
mkdirs()	根据字符串创建所有不存在的目录（如：c:/demo/aa，如果这两个目录都不存在，则一并创建）
getPath()	获取文件所在路径的名称
getName()	获取目录或文件的名称
exists()	判断目录或文件是否存在

1. 创建文件夹

例程 7-13：Dircreate.jsp。

```
<%@ page contentType="text/html; charset=GBK" %>
<%@ page import="java.io.*;" %>
<html>
   <head><title>创建目录示例</title></head>
   <body><center><h3>目录创建示例</h3>
      <%          //在 E 盘创建 dirdemo 目录
         File file=new File("e:\\dirdemo");
         boolean result=false;
         if(!file.exists()){
            result=file.mkdir();
            if(result){
               System.out.println("成功创建目录 e:\\dirdemo.");
            }
         }else{
            System.out.println("目录 e:\\dirdemo 已存在.");
         }
         file=new File("e:\\dirdemo\\demo\\sdemo");
         if(!file.exists()){
            result=file.mkdir();  //创建目录， mkdir 方法只能创建单个目录
         if(!result){
```

```
System.out.println("demo 目录不存在,创建目录 e:\\dirdemo\\demo\\sdemo 失败!");
        }
    }else{
        System.out.println("目录 e:\\dirdemo\\demo\\sdemo 已存在.");
    }
    if(!file.exists()){     //mkdirs 方法可以创建多个目录
        result=file.mkdirs();
        if(result){
        System.out.println("成功创建目录 e:\\dirdemo\\demo\\sdemo.");
    }
  } %>
  </center></body>
</html>
```

程序运行结果如图 7-16 所示。

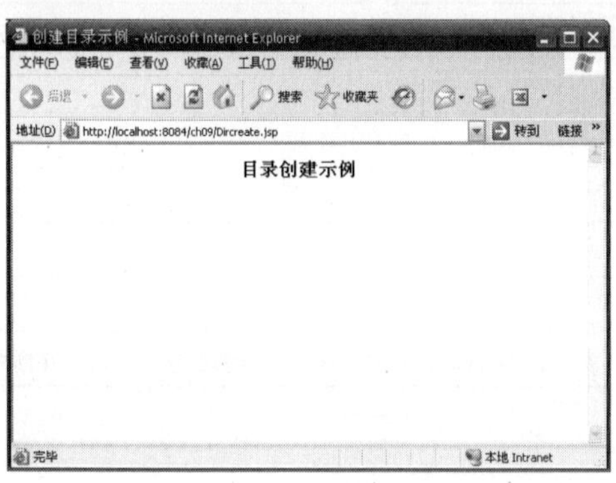

（a）JSP 文件运行的浏览器页面

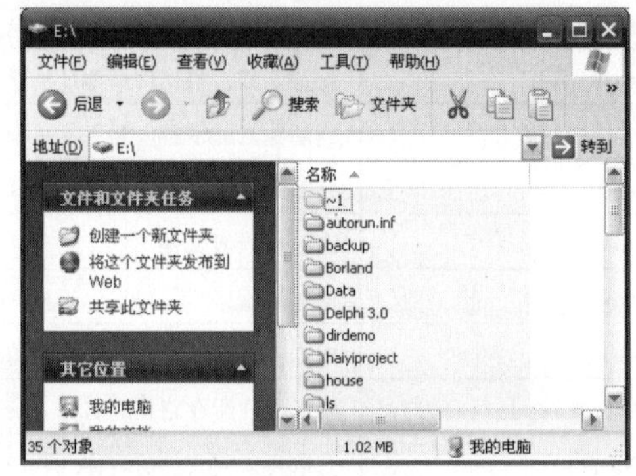

（b）成功建立文件夹

图 7-16　例程 7-13 运行结果

2. 删除文件夹

例程 7-14：Dirdelete.jsp。

```
<%@ page contentType="text/html; charset=GBK" %>
<%@ page import="java.io.*;" %>
<html>
    <head><title>目录删除示例</title></head>
    <body>
        <center><h3>目录删除示例</h3>
        <% File file=new File("e:\\dirdemo\\demo");
            boolean result=false;
            if(file.exists()){
                try{       //删除目录
                    result=file.delete();
                    if(result) {
                        out.println("<p>成功删除 e:\\dirdemo\\demo 目录.</p>");
                    }else{
                        out.println("<p>无法删除 e:\\dirdemo\\demo 目录.</p>");
                }
```

```
            }catch(Exception
ex){ ex.printStackTrace(); }
            }else{
                out.println("<p>e:\\dirdemo
\\demo 目录不存在.</p>");
        }        %>
    </center></body>
</html>
```

程序运行结果如图 7-17 所示。

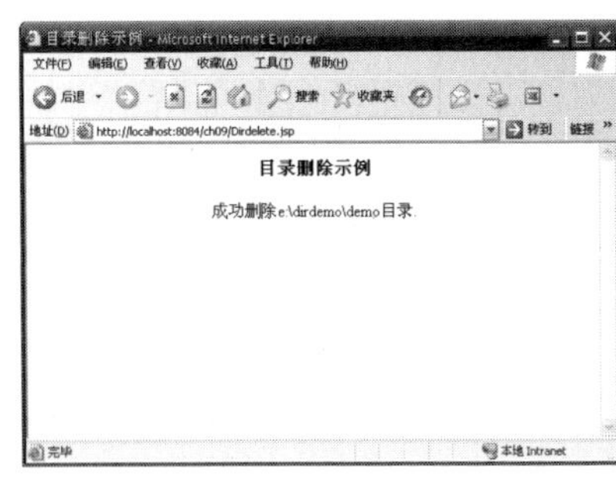

图 7-17　例程 7-14 运行结果

7.6.2　JSP 的文本文件操作

1. 相关语法

读入和写出文本文件的类是 FileReader 类和 FileWriter 类，所在类包是 java.io。FileReader 类的常用方法如表 7-9 所示，FileWriter 类的常用方法如表 7-10 所示。

表 7-9　FileReader 类的常用方法

方　　法	功　　能
FileReader(File file)	构造函数，创建文件读入类对象
FileReader(String filename)	构造函数，根据参数字符串创建文件读入类对象
read()	读入一字节
getEncoding()	取得读入类的编码机制
ready()	判断文件读入类是否到达文件末尾

表 7-10　FileWriter 类的常用方法

方　　法	功　　能
FileWriter(File file)	构造函数，创建文件写出类对象
FileWriter(String filename)	构造函数，根据参数字符串创建文件写出类对象
close()	关闭文件写出类，将内容保存到文件中
write(char[ ] cbuf , int off , int len)	写入字符数组，off 定义写开始位置，len 定义长度
write(String str str , int off , int len)	写入字符串，off 定义写开始位置，len 定义长度
write(int c)	写入一个字符
getEncoding()	取得写出类的编码机制

2. 文本文件的读入和写出

例程 7-15：Textfile.jsp。

```
<%@ page contentType="text/html; charset=GBK"  language="java" %>
<%@ page import="java.io.*;" %>
<html>
   <head><title>文本文件的读入与写出的示例</title></head>
   <body><center><h3>文本文件的读入与写出的示例</h3>
   <%  String path=application.getRealPath("e://irdemo/demo1.txt");
      File inputFile = new File("e://dirdemo/demo1.txt");
      File outputFile = new File("demo2.txt");
```

```
        out.println("<p>文件的保存路径是" + outputFile.getAbsolutePath() + "</p>");
        FileReader fileReader = new FileReader(inputFile);   //创建文件读入类
        FileWriter fileWriter = new FileWriter(outputFile); //创建文件写出类
        int c;
        //如果到了文件尾，read()方法返回的数字是-1
        out.println("demo2.txt 的内容为: ");
        while((c=fileReader.read()) != -1) {
            fileWriter.write(c);        //使用 write()方法向文件写入信息
            out.print((char)c);
        }
      fileReader.close();           //关闭文件读入类
      fileWriter.close();           //关闭文件写出类
      out.println("<p>成功创建文件 demo2.txt.</p>");
    %></center></body>
</html>
```

程序运行结果如图 7-18 所示。

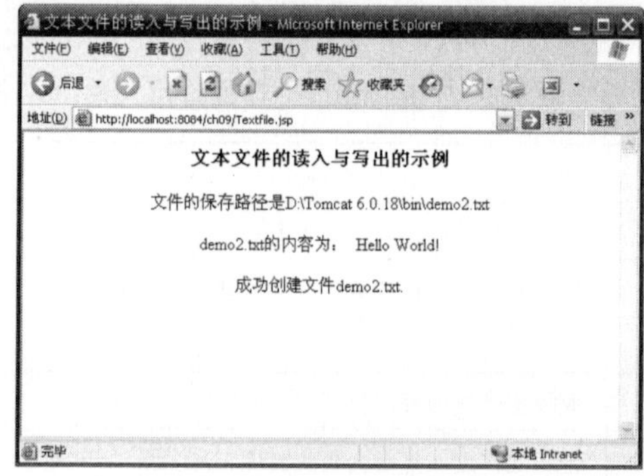

图 7-18　文本文件的读写

使用 BufferReader 类和 BufferWriter 类也可以实现逐行读入和写出文本文件的功能。

例程 7-16：Textfilebuf.jsp。

```
<%@ page contentType="text/html; charset=GBK" %>
<%@ page import="java.io.*;" %>
<html>
    <head><title>文本文件的逐行读入与写出的示例</title></head>
    <body><center><h3>文本文件的逐行读入与写出示例</h3>
        <%                                                  //设置文件的读写目录
        String path=application.getRealPath("e://dirdemo");
        File inputFile=new File(path + "\\demo1.txt");
        File outputFile=new File(path + "\\demo3.txt");
        FileReader reader=new FileReader(inputFile);        //读入 demo1.txt 文件
        //根据 FileReader 创建 BufferedReader
        BufferedReader bufferedReader=new BufferedReader(reader);
        FileWriter writer = new FileWriter("demo3.txt");     // 创建文件 demo3.txt
        //根据 FileWriter 创建 BufferedWriter
        BufferedWriter bufferedWriter=new BufferedWriter(writer);
        //读入 demo1.txt 文件的内容，然后将其写出 demo3.txt 文件
        while(bufferedReader.ready()){
            String inStr = bufferedReader.readLine();      //读入一行内容
            out.println("行的内容 = " + inStr+"<br>");
            bufferedWriter.write(inStr);                   //写出一行内容
            bufferedWriter.newLine();                      //创建新行
```

```
        }
        bufferedWriter.close();                          //保存 demo3.txt 文件的内容
        bufferedReader.close();
        System.out.println("成功创建 demo3.txt 文件.");
    %></center></body>
</html>
```

程序运行结果如图 7-19 所示。

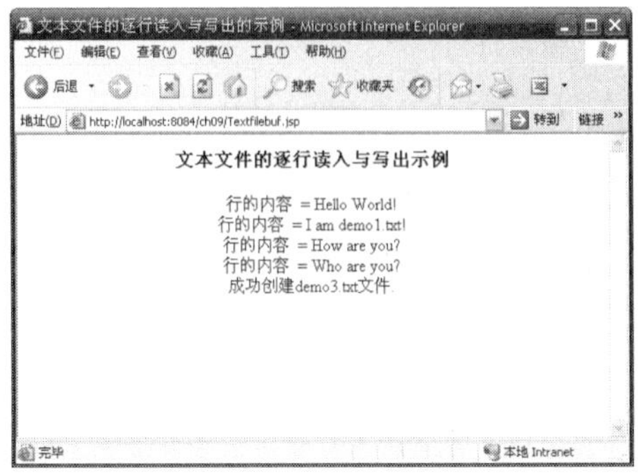

图 7-19　实现文本文件的读写

7.6.3　JSP 的流文件操作

1. 相关语法

读入和写出流文件的类是 FileInputStream 类和 FileOutputStream 类，所在类包是 java.io。FileInputStream 类的常用方法如表 7-11 所示，FileOutputStream 类的常用方法如表 7-12 所示。

表 7-11　FileInputStream 类的常用方法

方　法	功　能
FileInputStream(File file)	构造函数，根据 File 类对象创建流文件读入类对象
FileInputStream(String name)	构造函数，根据字符串参数创建流文件读入类对象
available()	返回流文件长度
read()	读取一字节数据
read(byte[ ] b)	读取流文件的全部数据，保存在字节数组中
read(byte[ ] b , int off , int len)	读取流文件中指定范围的数据，保存在字节数组中
skip(long n)	跳过流文件中的长度为 n 的数据

表 7-12　FileOutputStream 类的常用方法

方　法	功　能
FileOutputStream (File file)	构造函数，创建流文件写出类对象
FileOutputStream (String name)	构造函数，根据字符串参数创建流文件写出类对象
close ()	关闭流文件写出类，将内容保存到文件中
write (byte[ ]　b)	将字符数组的内容写入文件
write (byte[ ]　b , int off , int len)	将指定范围的数据写入文件
write (int b)	写入一个数据到文件

2. 流文件操作实例

例程 7-17：Streamfile.jsp。

```
<%@ page contentType="text/html; charset=GBK" %>
<%@ page import="java.io.*;" %>
<html>
<head><title>流文件的读入与写出的示例</title></head>
<body>
<center><h3>流文件的读入与写出的示例</h3>
<%
  String path=application.getRealPath(this.getServletName());
  path=path.substring(0, path.lastIndexOf("\\"));
  //创建流读入类
  FileInputStream fileInputStream=new FileInputStream(path + "\\picture1.jpg");
  //创建新文件 picture2.jpg
  FileOutputStream fileOutputStream=new FileOutputStream(path + "\\picture2.jpg");
  //创建 byte 数组，通过 available 方法取得流的最大字符数
  byte[] inOutb=new byte[fileInputStream.available()];
  fileInputStream.read(inOutb);          //读入流,保存在 byte 数组
  fileOutputStream.write(inOutb);        //写出流,保存在文件 picture2.jpg
  fileInputStream.close();               //关闭文件类
  fileOutputStream.close();
  System.out.println("成功创建 newPicture.jpg 文件.");
%></center>
</body></html>
```

程序运行结果如图 7-20 所示。

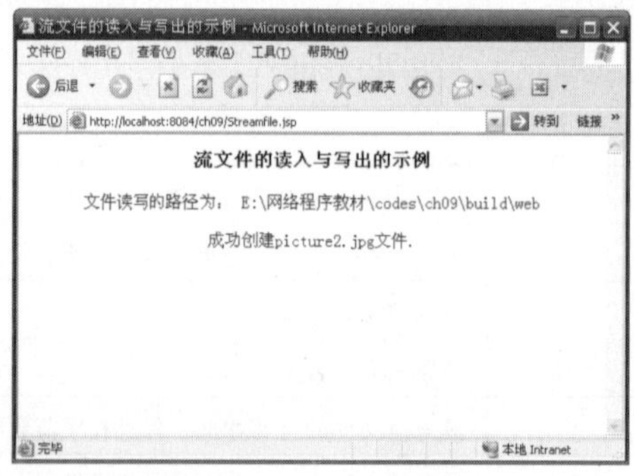

图 7-20　流文件的读写

7.6.4 文件的上传和下载

实现文件的上传和下载，可以使用 Java 的 I/O 流来实现，也可以使用专业的上传与下载组件。这些组件提供了现成的类，开发人员只要调用这些类中的方法即可实现文件夹的上传与下载。下面介绍如何应用 jspSmartUpload 组件实现文件的上传与下载。

1. jspSmartUpload 组件的安装与配置

在互联网上下载 jspSmartUpload.zip，解压后得到的是一个 Web 应用程序，其目录结构如图 7-21 所示。

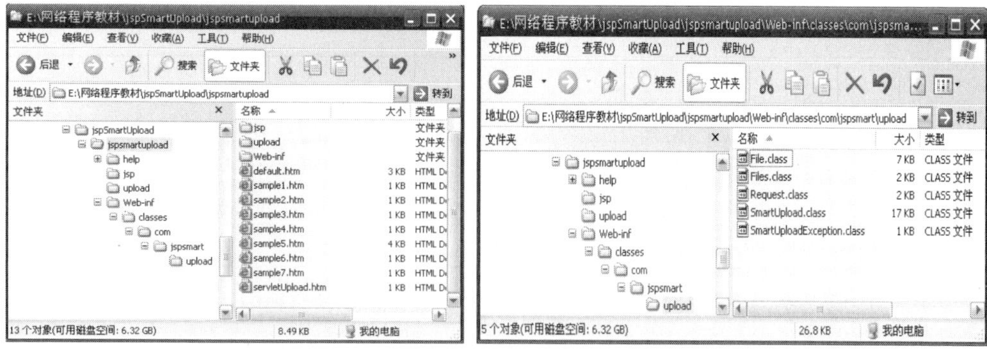

图 7-21 jspSmartUpload 包的目录结构

default.htm 为 Web 应用的首页面，sample1.htm~sample7.htm 分别为 7 个应用实例，给用户提供上传与下载文件的静态页面。jsp 文件夹中存在其相应的 JSP 文件，用来实现其动态内容。在这些 JSP 文件中将调用 jspSmartUpload 组件中的类来实现文件的上传与下载。Web-inf 文件夹中存放的就是其类文件。

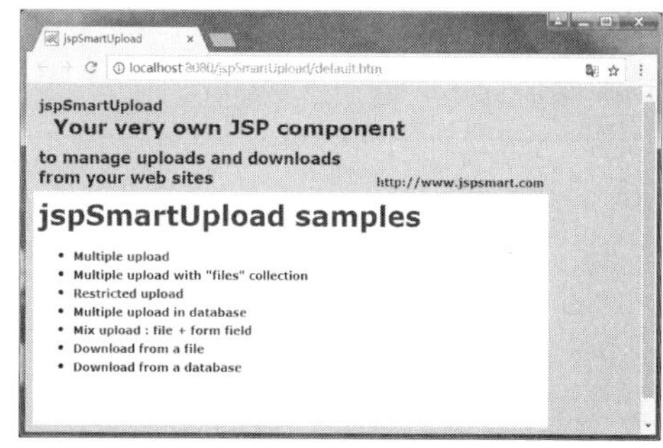

图 7-22 jspSmartUpload 应用首页面

要运行该应用程序，首先要将 Web-inf 文件夹的名称改为 WEB-INF，将 jspsmartupload 文件夹整体复制到 Tomcat\webapps 目录下，在浏览器中访问，可得到运行结果如图 7-22 所示。

可以将其打包成 jspSmartUpload.jar 文件，放在用户应用中的 WEB-INF\lib 文件夹下，就可以在自己的应用中使用 jspSmartUpload 组件了。

2. jspSmartUpload 组件中的主要类

在 jspSmartUpload 组件中主要包含了 File、Files、Request 和 SmartUpload 核心类。

File 类用于保存单个上传文件的相关信息，不同于 java.io.File 类。File 类的常用方法如表 7-13 所示。

表 7-13 File 类的常用方法

方　法	功　能
saveAs()	保存文件
isMissing()	判断用户是否选择了文件。对应<input type= "file">标记
getFileName()	获取文件的文件名
getFilePathName()	获取文件的文件全名，包括文件的完整路径
getFileExt()	获取文件的扩展名，不包含“.”
getSize()	获取文件大小，单位为字节，返回值为 int 类型
getBinaryData(int index)	获取文件数据中 index 指定位置的一字节，返回值为 byte 类型

Files 用于保存所有上传文件的相关信息，包括所有上传文件的数量和总长度等。Files 类的常用方法如表 7-14 所示。

表 7-14　Files 类的常用方法

方　法	功　能
getCount()	获取上传文件的数目，返回值为 int 类型
getSize()	获取上传文件的总长度，单位为字节，返回值为 long 类型
getCollection()	将所有 File 对象以 Collection 的形式返回
getEnumberation()	将所有 File 对象以 Enumberation 的形式返回

当 Form 表单实现文件上传时，通过 JSP 的内置对象 request 的 getParameter()方法无法获取其他表单项的值，所以提供了 Request 类来获取。Request 类的常用方法如表 7-15 所示。

表 7-15　Request 类的常用方法

方　法	功　能
getParameter(String name)	获取 Form 表单中由参数 name 指定的表单元素的值。当该表单元素不存在时，返回 null
getParameterNames()	获取 Form 表单中除<input type= "file">外的所有表单元素的名称，返回值为枚举类型的对象
getParameterValues(String name)	获取 Form 表单中多个具有相同名称的表单元素的值，该名称由参数 name 指定，返回值为字符串数组

SmartUpload 类用于实现文件的上传与下载操作。SmartUpload 类中提供的方法如下：

（1）文件上传下载必须实现的方法。

在使用 jspSmartUpload 组件实现文件上传与下载时，必须先实现 initialize()方法。在 SmartUpload 类中提供了该方法的 3 种形式。

① initialize (ServletConfig config, HttpServletRequest request, HttpServletResponse response)

② initialize (ServletContext application, HttpSession session, HttpServletRequest request, HttpServlet Response response, JspWriter out)

③ initialize (PageContext pageContext)

通常应用第三种形式的方法，参数为 JSP 的内置对象 pageContext（页面上下文）。

（2）文件上传使用的方法。

实现文件上传，首先应实现 initialize()方法，然后实现如下的两个方法即可将文件上传到服务器中。

① upload()方法。实现了 initialize()方法后，紧接着就应实现该方法。upload()方法用来完成一些准备操作。首先在该方法中调用 JSP 的内置对象 request 的 getInputStream()方法获取客户端的输入流，通过该输入流的 read()方法读取用户上传的所有文件数据到字节数组中，然后在循环语句中从该字节数组中提取每个文件的数据，并将当前提取出来的文件的信息封装到 File 类对象中，最后将该 File 类对象通过 Files 类的 addFile()方法添加到 Files 类对象中。

② save()方法。在实现了 initialize()方法和 upload()方法后，通过调用 save()方法就可以将全部上传文件保存到指定目录下，并返回保存的文件个数。该方法具有以下两种语法形式：

- `save(String destPathName)`
- `save(String destPathName,int option)`

实际上在 SmartUpload 类的 save()方法中最终是调用 File 类中的 saveAs()方法保存文件的，所以 save()方法中的参数使用与 File 类的 saveAs()方法中的参数使用是相同的。但在 save()方法中 option 参数指定的保存选项的可选值为 SAVE_AUTO、SAVE_VIRTUAL 和 SAVE_PHYSICAL。它们是 SmartUpload 类中的静态字段，分别表示整数 0、1 和 2。

通过以上的 3 个方法就可以实现文件的上传。SmartUpload 类的常用方法如表 7-16 所示。

表 7-16 SmartUpload 类的常用方法

方法	功能
setDeniedFilesList(String deniedFilesList)	设置禁止上传的文件，参数 deniedFileList 指定禁止上传文件的扩展名，多个扩展名之间以“，”分隔
setAllowedFilesList(String allowedFilesList)	设置允许上传的文件，参数 allowedFileList 指定允许上传文件的扩展名，多个扩展名之间以“，”分隔
setMaxFileSize(long maxFileSize)	设置允许上传文件的最大长度
setTotalMaxFileSize(long TotalMaxFileSize)	设置允许上传文件的总长度
getFiles()	获取全部上传文件，以 File 对象形式返回
getSize()	获取上传文件的总长度
getRequest()	获取 com.jspsmart.upload.Request 对象
setContentDisposition(String contentDisposition)	文件下载使用的方法，用于将数据追加到 MIME 文件头的 CONTENT-DISPOSITION 域，参数为要追加的数据
downloadFile()	实现文件下载

其中 downloadFile()方法有 4 种不同的语法形式：

- downloadFile(String sourceFilePathName)
- downloadFile(String sourceFilePathName,String contentType)
- downloadFile(String sourceFilePathName,String contentType,String destFileName)
- downloadFile(String sourceFilePathName,String contentType,String destFileName,int blockSize)

downloadFile()方法中的参数及说明如表 7-17 所示。

表 7-17 downloadFile()方法中的参数及说明

参数	说明
sourceFilePathName	指定要下载文件的文件名（可带路径），若该文件名存在，则 sourceFilePathName = pageContext.getServletContext().getReal Path(sourceFilePathName)
contentType	指定一个文件内容类型（MIME 格式的文件类型信息）
destFileName	指定下载的文件另存为的文件名
blockSize	指定存储读取的文件数据的字节数组的大小，默认值为 65 000

3. 应用 jspSmartUpload 组件进行文件操作

下面通过例程 7-18 说明如何使用 jspSmartUpload 组件来实现文件的上传和下载。

例程 7-18： 包括 5 个 jsp 文件。

（1）建立初始页面 index.jsp。

```
<%@page contentType="text/html" pageEncoding="UTF-8" language="java"%>
<html>
    <head><title>File Upload and Download</title></head>
    <body><center><h2>应用 jspSmartUpload 组件实现文件的上传和下载 </h2><br>
```

```
    <p><table  border="1"  height="100"  width="220"  bordercolor="gray"
bordercolorlight= "gray" bordercolordark="white" cellspacing="0" >
      <tr bgcolor="lightgrey"><td align="center">请选择文件操作</td></tr>
      <tr> <td align="center">
           <a href="fileup.jsp">[文件上传]</a>
           <a href="filedown.jsp">[文件下载]</a></td></tr>
      </table></p></center>
    </body></html>
```

其运行界面如图 7-23 所示。

图 7-23　index.jsp 页面

（2）实现文件上传。

创建提交上传文件的 fileup.jsp 页面，该文件包含一个 Form 表单，在进行文件上传时，表单的“method”属性必须为“post”，并且必须设置 enctype="multipart/ form-data"属性，<input type="file">标记实现的表单元素可用来选择文件。通过上面的属性设置后，Form 表单中通用的表单元素如<input type="text">，在表单提交后，通过 JSP 的内置对象 request 的 getParameter()方法将无法获取其值，可应用 jspSmartUpload 组件提供的 Request 类中的 getParameter()方法获取。

fileup.jsp：

```
<%@ page contentType="text/html;charset=gb2312"%>
<% String errors=(String)request.getAttribute("errors");
   if(errors==null||errors.equals(""))
   errors="<li>请选择要上传的文件！</li>";  %>
<html>
  <head> <title>文件下载</title>
    <link rel="stylesheet" type="text/css" href="../css/style.css"> </head>
  <body> <center><form action="doup.jsp" method="POST" enctype="multipart/form-data">
   <table   border="1"   height="100"   width="350"   bordercolor="gray"
bordercolorlight= "gray" bordercolordark="white" cellspacing="0">
<tr bgcolor="lightgrey" height="25">
<td align="center" colspan="3"><%=errors%></td></tr>
      <% for(int i=1;i<3;i++){ %>
  <tr> <td align="right" rowspan="2" width="20%">文件<%=i%>: </td>
<td align="center" colspan="2">
<input type="file" name="file<%=i%>" size="35"></td></tr>
        <tr> <td bgcolor="lightgrey" align="right" width="25%">文件描述: </td>
        <td align="center">
<input type="text" name="info<%=i%>" size="33" maxlength="20"></td></tr>
```

```
    <% } %>
        <tr bgcolor="lightgrey"> <td align="right" colspan="3">
            <input type="submit" value="上传">
            <input type="reset" value="重置">
            <a href="../down/filedown.jsp">[文件下载]</a>
          </td> </tr></table>
    </form></center>
  </body>
</html>
```

fileup.jsp 的运行结果如图 7-24 所示

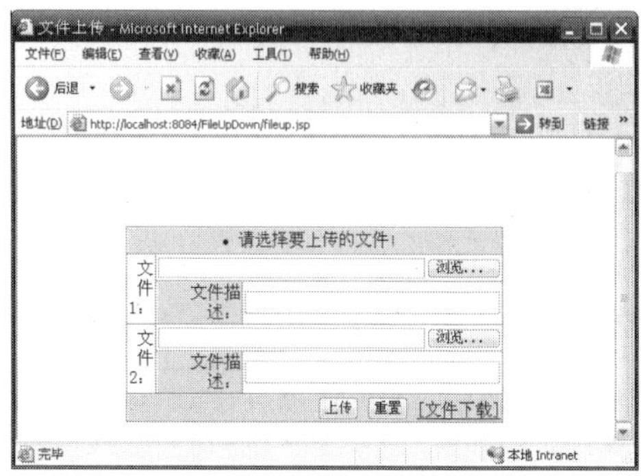

图 7-24　fileup.jsp 运行页面

（3）创建接收表单、进行文件上传的 doup.jsp 文件。

在该 JSP 文件中将调用 jspSmartUpload 组件进行文件上传。在 doup.jsp 页面中不仅将文件上传到了服务器，并且将文件的信息存储到了数据库中，如文件的实际名称、上传到服务器进行存储的文件名和文件类型等。所以，这里不能直接调用 SmartUpload 类的 save()方法将上传的所有文件存储到服务器中，而应逐个获取以 jspSmartUpload 组件中的 File 类对象所表示的单个文件，然后获取当前文件的相应信息并存储在数据库中，最后调用 Files 类的 saveAs()方法保存文件。

doup.jsp：

```
<%@ page contentType="text/html;charset=gb2312"%>
<%@ page import="com.jspsmart.upload.File" %>
<%@ page import="com.jspsmart.upload.Files" %>
<jsp:useBean id="myup" class="com.jspsmart.upload.SmartUpload"/>
<jsp:useBean id="mydb" class="com.fileUD.javabean.DB"/>
<center>正在上传文件，请稍等……</center>
<%  String filedir="/file/";
  String errors="";
  String sql="";
  long maxsize=2*1024*1024;
  try{
  myup.initialize(pageContext);
  myup.setMaxFileSize(maxsize);
  myup.upload();
  Files files=myup.getFiles();
  for(int i=0;i<files.getCount();i++){
      File singlefile=files.getFile(i);
         if(!singlefile.isMissing()){
```

```
            String info=myup.getRequest().getParameter("info"+(i+1));
                if(info==null||info.equals(""))info="无描述信息！";
        String type=singlefile.getContentType();
     sql="insert into tb_file values('"+singlefile.getFileName()+"','','"+
type+"','"+info+"')";           int num=mydb.CUD(sql);
     if(num<=0){
     errors+="<li>文件"+(i+1)+"上传失败：请检查是否输入了非法字符！</li>";
     } else{
          sql="select MAX(id) as maxid from tb_file";
         java.sql.ResultSet rs=mydb.Read(sql);
          String destname="";
          if(rs.next()){
              int maxid=rs.getInt("maxid");
          destname=maxid+"."+singlefile.getFileExt();
          sql="update tb_file set file_save='"+destname+"' where id="+maxid;
          num=mydb.CUD(sql);
              if(num<=0){
                  errors+="<li>文件"+(i+1)+"上传失败！</li>";
                  }else{
                      singlefile.saveAs(filedir+destname,File.SAVEAS_VIRTUAL);
                      errors+="<li>文件"+(i+1)+"上传成功！</li>";
              } }} } }
  request.setAttribute("errors",errors);
  }catch(Exception e){
  request.setAttribute("errors","文件上传失败！");
  e.printStackTrace();
  }    %>
<jsp:forward page="fileup.jsp"/>
```

（4）实现文件下载。首先创建显示已上传文件的 filedown.jsp 页面，在该页中，会调用 com.fileUD.javabean.DB 类来查询已上传文件的信息，接着通过 JSP 中的 Scriptlet 进行显示。通过单击“下载”超链接进入 dodown.jsp 页面，在该页面中将调用 jspSmartUpload 组件进行文件下载。

filedown.jsp：

```
<%@ page contentType="text/html;charset=gb2312"%>
<%@ page import="java.sql.ResultSet" %>
<jsp:useBean id="mydb" class="com.fileUD.javabean.DB"/>
<%  String errors=(String)request.getAttribute("errors");
    if(errors==null||errors.equals(""))
        errors="<li>请选择要下载的文件！";
    String sql="select * from tb_file";
    ResultSet rs=mydb.Read(sql);  %>
<html>
    <head><title>文件下载</title>
    <body><center>
        <table  border="1"  height="100"  width="350"  bordercolor="gray"
bordercolorlight="gray" bordercolordark="white" cellspacing="0" >
         <tr height="25"><td align="center" colspan="3"><%=errors%></td></tr>
         <tr height="25"><td  bgcolor="lightgrey" align="center">文件名</td>
           <td bgcolor="lightgrey" align="center">文件描述</td>
```

```
        <td  bgcolor="lightgrey" align="center">下载</td> </tr>
    <%if(rs.next()){
       rs.previous();
       while(rs.next()){
            String filename=rs.getString("file_name");
            String filesave=rs.getString("file_save");
            String fileinfo=rs.getString("file_info");
    %>
      <tr> <td align="center" height="25"><%=filename%></td>
       <td align="center"><%=fileinfo%></td>
       <td align="center"><a href="dodown.jsp?downfile=<%=filesave%>">[下载]</a>
      </tr>
    <%} } else{
          out.println("<tr><td align='center' colspan='3'>没有文件显示! </td></tr>");
      }    %>
      <tr height="25"><td align="center" colspan="3"><a href="../up/fileup.
jsp">[文件上传]</a></td></tr>
    </table></center>
  </body>
</html>
```

filedown.jsp 页面的运行结果如图 7-25 所示。

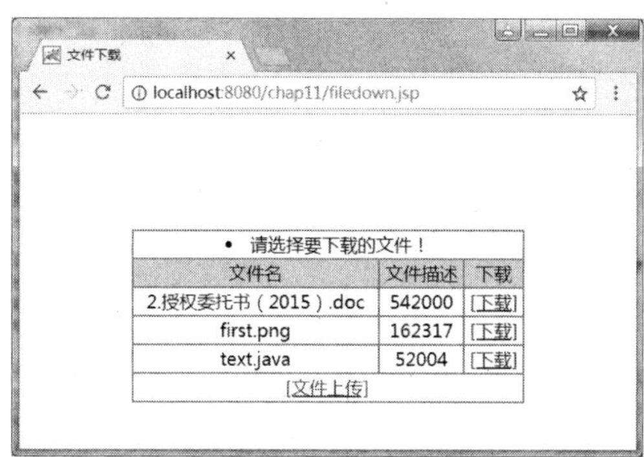

图 7-25　filedown.jsp 运行页面

（5）dodown.jsp:

```
<%@ page contentType="text/html;charset=gb2312"%>
<jsp:useBean id="mydown" class="com.jspsmart.upload.SmartUpload"/>
<% String downfile="/file/"+request.getParameter("downfile");
  try{
      response.reset();
  out.clear();
  out = pageContext.pushBody();
      mydown.initialize(pageContext);
      mydown.setContentDisposition(null);
      mydown.downloadFile(downfile);
  }catch(Exception e){
  String errors="<li>文件下载失败：请检查选择的文件是否存在？</li>";
      request.setAttribute("errors",errors);
      RequestDispatcher rd=request.getRequestDispatcher("filedown.jsp");
```

```
        rd.forward(request,response);
    }%>
```

7.6.5 JSP 的邮件发送技术

在现今的网络社会，通过 E-mail 发送电子邮件已经成为人与人之间通信交流的一种重要方式。虽然在日常应用时经常可以应用 Foxmail、OutlookExpress 等客户端电子邮件工具进行电子邮件操作，但是在开发 Web 应用时，经常需要将数据通过电子邮件方式发送给客户或管理人员。例如，在网站注册模块中自动发送客户回执邮件等。下面主要讲解如何应用 JavaMail 组件发送电子邮件。

1．JavaMail API 简介

JavaMail API 是 Sun 开发的最新标准扩展 API 之一，它给 Java 应用程序开发者提供了独立于平台和协议的邮件/通信解决方案。JavaMail API 的结构尽可能地保持简单，不失为在应用程序中加入健壮的邮件/通信支持的简单工具。

JavaMail API 是读取、撰写、发送电子信息的可选包。可用它来建立与 Eudora、Foxmail、MS Outlook Express 类似的邮件用户代理程序（Mail User Agent，MUA）。而不是像 sendmail 或者其他邮件传输代理（Mail Transfer Agent，MTA）程序那样传送、递送、转发邮件。从另外一个角度来看，电子邮件用户日常用 MUA 程序来读写邮件，而 MUA 依赖着 MTA 处理邮件的递送。

2．使用 JavaMail API

下面通过使用 Java Mail API 的实例程序来了解它的核心流程。

在获得了 Session 后，建立并填入邮件信息，然后发送它到邮件服务器。这便是使用 Java Mail API 发送邮件的过程，在发送邮件之前，需要通过设置 Properties 的 mail.smtp.host 属性来设置 SMTP 服务器。

1）发送邮件的 HTML 页面

例程 7-19：sendmail.html，使用 JavaMail 发送邮件。

```
<html>
    <head><meta http-equiv="Content-Type" content="text/html; charset=gb2312">
    <title>撰写邮件</title></head>
    <body><form name="form1" method="post" action="testmail.jsp">
        <table  width="75"  border="0"  align="center"  cellspacing="1"
bgcolor="#006600" class="black">
        <tr bgcolor="#FFFFFF"> <td width="24%">收信人地址:</td>
            <td width="86%"><input name="to" type="text" id="to"></td></tr>
        <tr bgcolor="#FFFFFF"><td>主题:</td>
            <td><input name="title" type="text" id="title"></td></tr>
        <tr><td height="107" colspan="2" bgcolor="#FFFFFF">
            <textarea        name="content"        cols="50"        rows="5"
id="content"></textarea></td>
    </tr>
    <tr align="center"><td colspan="2" bgcolor="#FFFFFF">
        <input type="submit" name="Submit" value="发送">
        <input type="reset" name="Submit2" value="重置"></td></tr>
  </table></form>
    </body>
</html>
```

程序运行结果如图 7-26 所示。

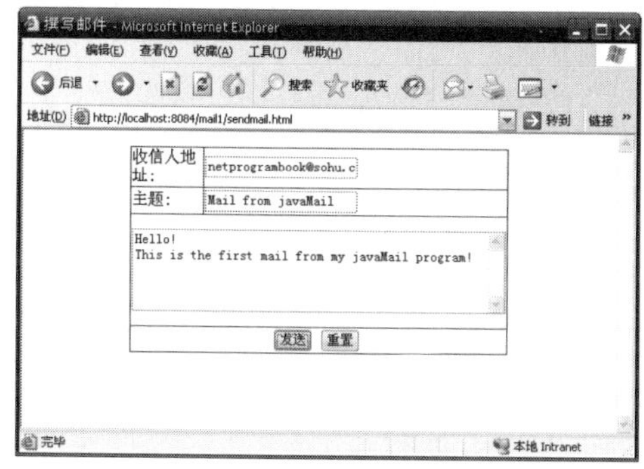

（a）sendmail.html 运行页面

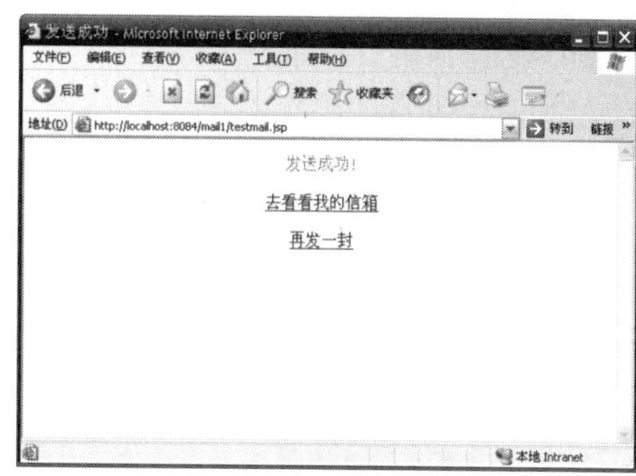

（b）发送邮件成功的页面

图 7-26　运行结果

在图 7-26（a）所示的页面中，可以输入收件人电子邮件地址、邮件主题和邮件正文等内容。单击“发送”按钮后，页面信息会提交到下面的 sendmail.jsp 页面进行处理请求。

2）处理发送邮件的 JSP 页面

testmail.jsp：

```
<%@ page contentType="text/html;charset=GB2312" %>
<%request.setCharacterEncoding("gb2312");%><!--中文处理代码-->
<!--引入要用到的类库-->
<%@          page          import="java.util.*,javax.mail.*"%><%@          page
import="javax.mail.internet.*"%>
<%@page import="javax.activation.*" %>
<html>
   <head><meta http-equiv="Content-Type" content="text/html; charset=gb2312">
   <title>发送成功</title></head>
   <body><%
      try{   //从 html 表单中获取邮件信息
         String tto=request.getParameter("to");
         String ttitle=request.getParameter("title");
         String tcontent=request.getParameter("content");
   Properties props=new Properties();       //也可用 Properties props =
   System.getProperties();
   props.put("mail.smtp.host","127.0.0.1");//存储发送邮件服务器的信息
   props.put("mail.smtp.auth","true");      //同时通过验证
      //根据属性新建一个邮件会话
   Session s  = Session.getInstance( props, new Authenticator() {
      protected  PasswordAuthentication  getPasswordAuthentication()  {
       return  new  PasswordAuthentication("username","password");
                                          } });
      s.setDebug(true);
   MimeMessage message=new MimeMessage(s); //由邮件会话新建一个消息对象
   //设置邮件
   InternetAddress from=new InternetAddress("user_Emailaddress");
   message.setFrom(from);                  //设置发件人
   InternetAddress to=new InternetAddress(tto);
```

```
//设置收件人,并设置其接收类型为 TO
message.setRecipient(Message.RecipientType.TO,to);
message.setSubject(ttitle);               //设置主题
message.setText(tcontent);                //设置信件内容
message.setSentDate(new Date());          //设置发信时间
//发送邮件
message.saveChanges();                    //存储邮件信息
Transport transport=s.getTransport("smtp");
transport.connect("smtp.163.com","usename","password"); //以 smtp 方式登录邮箱
//发送邮件,其中第二个参数是所有已设好的收件人地址
transport.sendMessage(message,message.getAllRecipients());
transport.close();          %>
<div align="center">
<p><font color="#FF6600">发送成功!</font></p>
<p><a href="recmail.jsp">去看看我的信箱</a><br>
<br> <a href="sendmail.html">再发一封</a> </p>
</div>
<%  }catch(MessagingException e){
       out.println(e.toString());
    }%>
</body>
```

从程序中可以看出，处理发送邮件请求的步骤是这样的：

① 使用 Session.getInstancd()创建一个至邮件主服务器的会话。

② 使用 new InternetAddress()创建发送者和接收者地址对象。

③ 使用 new MimeMessage(Session session)创建一个消息体。

④ 使用 Message 对象的 setFrom()和 setRecipient()方法指定地址。

⑤ 使用 setSubject()指定邮件主题。

⑥ 使用 setContext()指定消息体和解码类型。

⑦ 使用 Transport.send(message)来发送消息，完成邮件发送。

发送包含附件的 E-mail 其实就是在 B/S 环境下的文件上传操作。HTTP 数据流由标志性的数据加上文件数据组成，只要得到数据流将其标志性数据去掉，余下的就是所需的数据文件，将其写入文件就是完成了文件上传。这里不再详述。

小　结

本章主要内容分三大部分。第一部分介绍 JSP 技术的运行环境和基本语法，包括 JSP 的组成、脚本元素、指令元素、动作元素等。第二部分主要介绍 JSP 的内置对象，并提供了应用实例。JSP 的内置对象包括 application、config、exception、out、page、request、reponse、session 等。application 对象为从多个应用程序保存信息，多个客户端共享一个 application 对象；config 对象表示 Servlet 的配置；exception 对象指的是运行时的异常，只有错误处理页面才能使用 exception 对象； out 对象是 JSP 开发中使用最频繁的对象之一，用于向客户端输出动态内容；page 对象为 JSP 页面包装页面的上下文；request 对象代表请求对象，被包装成 HttpServletRequest 接口；response 对象被包装成 HttpServletResponse 接口，封装了 JSP 产生的响应；session 对象用来保存每个用户的信息，

以便跟踪每个用户的操作状态。第三部分主要介绍 JSP 的相关应用技术，包括 JSP 的文件操作和 JavaMail API 的应用。

习　题

1. 列出 session 对象设置和获取参数的方法。

2. 描述 application 和 config 对象的不同。

3. 实验题目：设计一个 JSP 页面，完成一个在线调查表单的数据采集，应用 request 对象获取用户数据，并使用 out 对象在新的页面显示出来。

4. 实验题目：应用 JavaMail API，设计可以发送附件的电子邮件发送页面。

第 8 章 JSP 核心技术之 JavaBean

JavaBean 是 Java Web 程序设计中的一种组件技术。对象管理小组(Object Management Group, OMG) 将组件定义为:“系统中一种物理的、可代替的部件，它封装了实现并提供了一系列可用的接口。” 换句话说，组件就是利用某种编程手段，将一些人们所关心的业务逻辑规则的操作细节进行实现的封装体，每个组件提供了方法、属性、事件的接口供用户使用。通过组件技术可以很容易实现系统的业务改进、功能组合和功能扩展。而且，当组件被设计成可以完成同类工作的通用部件时，还可以很好地实现软件复用。本章介绍 JavaBean 的基本概念，介绍如何编写 JavaBean，以及如何在 JSP 页面中对 JavaBean 进行调用。

8.1 JavaBean 概述

8.1.1 什么是 JavaBean

JavaBean 是使用 Java 语言描述的一种软件组件模型，Sun 公司把 JavaBean 定义为一个可重复使用的软件组件。简单地说，JavaBean 就是一个可以重复使用的 Java 类，是一个在面向对象编程中封装了属性和方法的、用来完成特定的某种功能的类，可以用来执行复杂的计算任务，或负责与数据库进行交互等。

在 JSP 页面中，如果所有功能和业务处理全部用 JSP 中的 Java 代码和 HTML 代码来实现，将使 JSP 页面中的逻辑应用变得十分混乱，随着功能要求不断增强，程序代码越来越多，Java 代码和 HTML 代码在一起错综复杂，无论是程序的编写者还是代码的阅读者都会觉得比较麻烦。为尽量减少 JSP 页面中 Java 代码的使用，用 JavaBean 来实现 Java 代码的功能是比较好的选择，页面中的程序逻辑会很清晰，编写程序和阅读修改程序会相对容易一些。将 JSP 页面中的 Java 代码封装到 JavaBean 中，可较大程度地实现页面中静态内容与动态内容的分离。

使用 JavaBean 具有代码可重用的优点，可大大降低后续开发中程序员的劳动强度，并能缩短开发时间，因为可以直接利用经测试和可信任的已有组件，避免重复开发。

总之，使用 JavaBean 具有以下优点。

（1）可以实现代码的重复利用。

（2）易编写、易维护、易使用。

（3）可以压缩在 JAR 文件中，以更小的体积在网络中应用。

（4）完全是 Java 语言编写，可以在安装了 Java 运行环境的平台上使用，而不需要重新编译。

8.1.2　编写简单的 JavaBean

编写 JavaBean 其实质就是编写一个 Java 类，因此可以使用任何一个文本编辑器来编写，如记事本等。使用专业的 Java 编程工具，可以减少代码的编写工作量，提高编程的效率。定义一个完整的 JavaBean 需要遵守以下规则。

1. set()/get()方法

如果类的成员变量名字是 xxx，则为了设置或获取成员变量的值，在类中要定义如下两个方法：

（1）public void setXxx(dataType data)：用来设置变量值。

（2）public dataType getXxx()：用来获取变量值。

dataType 是成员变量的数据类型，参数 data 是要给成员变量赋的值。getXxx()和 setXxx()中成员变量名字的第一个字母要大写。

2. 布尔型数据

如果成员变量是 boolean 型数据，可以定义如下 3 种形式的方法：

（1）public boolean isXxx()。

（2）public boolean getXxx()。

（3）public void setXxx(boolean data)。

3. 访问权限

JavaBean 类是一个公共类，类中方法的访问权限必须是 public。

4. 构造函数

类中如果有构造函数，则构造函数的访问权限也必须是 public 的，而且是无参数的。

例程 8-1 中定义了一个用于保存用户信息的 JavaBean，其中定义了 3 个简单属性，针对属性定义相应的 set()/get()方法。

（1）启动 MyEclipse 10 开发环境，选择 File→New→Web Project 命令，新建项目 JavaBean DemoOne。创建 com.ytu.bean 的包结构，在 bean 包中新建名为 userBean.java 的程序，如例程 8-1 所示。

（2）在打开的程序页面中声明成员变量后，右击并选择 Source→Generate Getter and Setter 命令，可快速生成成员变量的 set( )和 get( )方法。

例程 8-1：userBean.java。

```
package com.ytu.bean;
public class userBean {
   private String userName;
   private String passWord;
   private boolean newUser;
   public String getUserName() {
      return userName;
   }
   public void setUserName(String userName) {
      this.userName=userName;
   }
   public String getPassWord() {
      return passWord;
```

```
    }
    public void setPassWord(String passWord) {
        this.passWord=passWord;
    }
    public boolean isNewUser() {
        return newUser;
    }
    public boolean getNewUser() {
        return newUser;
    }
    public void setNewUser(boolean newUser) {
        this.newUser=newUser;
    }
    public String saySomething() {//显示用户信息
        return "Hello! "+"My name is "+userName+",i am a "+ (newUser?"new":"old")
+" user.";
    }
}
```

8.1.3 JavaBean 的属性

JavaBean 的属性与一般 Java 程序中所指的属性是同一个概念，在程序中的具体体现就是类中的变量。在 JavaBean 中，按照属性作用的不同可将属性分为 4 类，即简单（Simple）、索引（Index）、绑定（Bound）与约束（Constrained）属性。

1. 简单属性

简单（Simple）属性表示为一般数据类型的变量，并且 getXxx()和 setXxx()方法是以属性来命名的。JavaBean 中如果有若干伴随有一对 get()/set()方法的变量，则变量名与和该变量相关的 get()/set()方法名对应。如果有 setAttribute()和 getAttribute()方法，则暗指在当前 JavaBean 中有一个名为 attribute 的变量。如果有一个名为 isNewUser()的方法，则通常暗指 newUser 是一个布尔类型的变量。下面的程序段对简单属性进行说明：

```
package com.ytu.bean;
public class userSimple  {
    private String userName;
    private boolean newUser;
    public void setUserName(String name) {
        userName=name;
    }
    public String getUserName() {
        return userName;
    }
    public boolean isNewUser(){
        return newUser;
    }
    …
}
```

2. 索引属性

索引（Index）属性表示一个数组值或者一个集合，可以描述多值的变量。使用与该属性对应的 set()/get()方法可按索引值设置或取得数组中的数值。该属性也可一次设置或取得整个数组的值。下面的程序段对索引属性进行说明：

```
package com.ytu.bean;
import java.util.HashMap;
import java.util.Map;
public class userIndex {
   private String[] emailAddress=new String[5];     //数组
   private Map map=new HashMap();                    //集合
   public void setEmailAddress(String[] address){
      emailAddress=address;
   }
   public String[] getEmailAddress(){
      return emailAddress;
   }
   public void setEmailAddress(int index,String value){
      emailAddress[index]=value;
   }
   public String getEmailAddress(int index){
      return emailAddress[index];
   }
   public void setMap(Object key,Object value) {
      map.put(key,value);
   }
   public Object getMap(Object key) {
      return map.get(key);
   }
   public void setMap(Map map) {
      this.map=map;
   }
   public Map getMap() {
      return map;
   }
}
```

3. 绑定属性

绑定（Bound）属性提供一种监听机制，可以通过实现 PropertyChangeListener 接口的监听器监听 JavaBean 中属性值的改变。当属性值发生变化时，监听器接收由 JavaBean 组件产生的 PropertyChangeEvent 事件对象，PropertyChangeEvent 对象中封装对应的属性名称、旧的属性值以及新的属性值。使用绑定属性的 JavaBean 实现 addProtertyChangeListener() 和 remove PropertyChangeListener()方法，以便加入和删除属性变化监听器。

绑定属性在 JavaBean 的图形用户界面编程中会经常用到，而在 Web 程序中很少涉及，因此这里不再给出详细的介绍。

4. 约束属性

约束（Constrained）属性与 Bound 属性相似，不同之处在于约束属性值的变化在被所有的监听器验证之后，值的变化才能够对 JavaBean 组件产生作用。当这个属性的值要发生变化时，与这个属性已建立了某种连接的其 Java 对象可否决属性值的改变。在 Web 开发中很少使用到这种属性，故不详细介绍。

8.2 在 JSP 中使用 JavaBean

8.2.1 在 JSP 中调用 JavaBean

在 JSP 页面调用 JavaBean 可采用如下两种方法。

（1）先通过页面指令 page 对要使用的 JavaBean 进行引入，然后通过<jsp:useBean>动作指令进行指定。page 指令的语法格式如下：

```
<%@page  import="package.class"%> //可以省略
<jsp:useBean>动作指令的语法格式如下:
<jsp:useBean    id="beanid"    class="package.class"    scope="page|request|
session|application">
</jsp:useBean>
```

或

```
<jsp:useBean id="beanid" class=" package.class" scope="page|request|session|
application"/>
```

其中，id 用来给出 JavaBean 实例的名称，可以由用户任意给定；class 为 JavaBean 类名；scope 用来指定 JavaBean 的作用范围，可以取如下 4 个值：

- page：表示 JavaBean 只能在当前页面中使用，如果关闭此 JSP 页面，该 JavaBean 将会被进行垃圾回收。
- request：表示 JavaBean 在相邻的两个页面中有效，即在请求与被请求页面之间共享。当对请求做出响应后，JavaBean 就会被取消。
- session：表示 JavaBean 在整个用户会话过程中都有效，同一个客户在一次会话期间打开多个 JSP 页面中使用的是同一个 JavaBean。如果在同一客户的不同 JSP 页面中声明了相同 id 的 JavaBean，且范围仍为 session，则如果更改此 JavaBean 的成员变量值，其他页面中此 id 的 JavaBean 成员变量值也会被改变。当客户打开服务器上的所有网页都被关闭时，对应的这一次会话中的 JavaBean 也被取消。
- application：表示 JavaBean 在当前整个 Web 应用的范围内有效，即服务器的所有客户之间共享 JavaBean。一个客户改变成员变量的值，另一个客户的这个 JavaBean 的同一个成员变量值也会将改变。当服务器关闭时 JavaBean 才会被取消。

例程 8-2 通过方法（1）在 JSP 页面中使用例程 8-1 中定义的 userBean.java。

启动 MyEclipse 10 开发环境，打开项目 JavaBeanDemoOne，在 WebRoot 目录中新建名为 UseBeanFirst.jsp 的程序，如例程 8-2 所示。

例程 8-2：UseBeanFirst.jsp。

```
<%@ page language="java" contentType="text/html; charset=GBK"
    pageEncoding="GBK"%>
<%@ page import="com.ytu.bean.userBean"%>
<html>
<head>
<meta http-equiv="Content-Type" content="text/html; charset=GBK">
<title>UseBeanFirst</title>
</head>
<body>
```

```
    <jsp:useBean id="user" class="com.ytu.bean.userBean" scope="page">
    </jsp:useBean>
    <%
     user.setUserName("tom");
     user.setNewUser(true);
     String newOrNot=user.isNewUser()?"是":"否";
     String name=user.getUserName();
     String tosay=user.saySomething();
     out.println("在 JSP 中使用 JavaBean(一)<br>");
     out.println("用户名: "+name+"<br>");
     out.println("是否新用户: "+newOrNot+"<br>");
     out.println("调用 saySomething 方法结果: "+tosay+"<br>");
    %>
</body>
</html>
```

程序中先通过 import 语句引入 userBean 类，再用 setXxx()方法分别设定类实例 user 的 userName 和 newUser 属性，再用 getUserName()方法和 isNewUser()方法分别获取显示实例 user 的两个属性，最后输出显示 saySomething()方法调用结果。程序运行结果如图 8-1 所示。

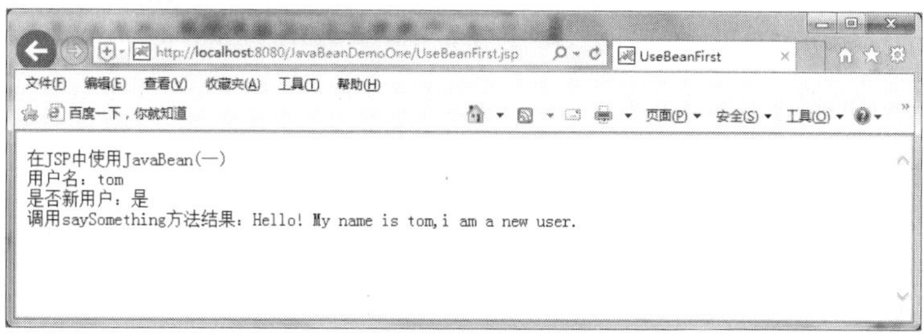

图 8-1　UseBeanFirst.jsp 运行结果

（2）保留页面指令 page 中的 import 属性，省略<jsp:useBean>指令，直接在页面中创建 JavaBean 对象。

启动 MyEclipse 10 开发环境，打开项目 JavaBeanDemoOne，在 WebRoot 目录中新建名为 UseBeanSecond.jsp 的程序，如例程 8-3 所示。例程 8-3 通过方法（2）在 JSP 页面中使用，程序运行结果如图 8-2 所示。

例程 8-3：UseBeanSecond.jsp。

```
<%@ page language="java" import="com.ytu.bean.userBean" pageEncoding="GBK"%>
<html>
   <head>
     <title>UseBeanSecond</title>
   </head>
 <BODY>
    <%
     userBean user=new userBean();
     user.setUserName("tom");
     user.setNewUser(true);
     String newOrNot=user.isNewUser()?"是":"否";
     String name=user.getUserName();
     String tosay=user.saySomething();
```

```
        out.println("在 JSP 中使用 JavaBean(二)<br>");
        out.println("用户名: "+name+"<br>");
        out.println("是否新用户: "+newOrNot+"<br>");
        out.println("调用 saySomething 方法: "+tosay+"<br>");
      %>
    </BODY>
    </HTML>
```

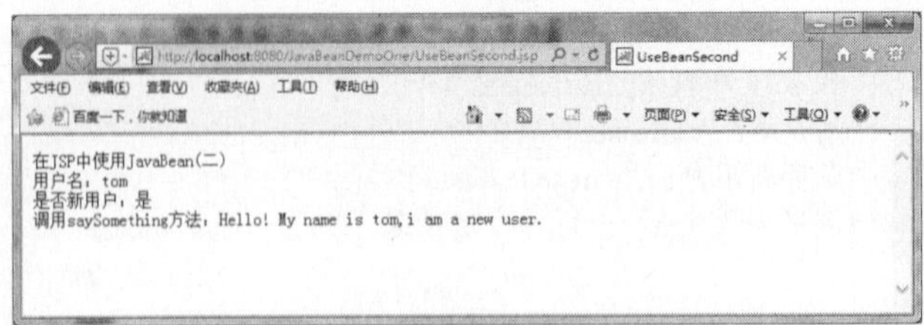

图 8-2　UseBeanSecond.jsp 运行结果

8.2.2　通过动作指令获取与设置 JavaBean 的属性值

在 JSP 页面中，除了调用 JavaBean 本身的 setXxx()方法和 getXxx()方法来设置和获取 JavaBean 的属性值外，还可以使用动作指令<jsp:getProperty>与<jsp:setProperty>实现以上功能。

1．<jsp:getProperty>指令

<jsp:getProperty>指令用来获取 JavaBean 的属性值，并将这个属性值以字符串的形式显示出来，其语法格式如下：

```
<jsp:getProperty name=" Bean 对象名"  property=" Bean 属性名"/>
```

或

```
<jsp:getProperty name=" Bean 对象名"  property=" Bean 属性名">
</jsp:getProperty>
```

2．<jsp:setProperty>指令

<jsp:setProperty>指令用来设置 JavaBean 的属性值，该指令有 3 种使用方法。

（1）直接把字符串或表达式设置为属性值，JSP 会将属性值中的数据按相应类型赋值给 JavaBean 对象，其语法格式如下：

```
<jsp:setProperty name=" Bean 对象名"  property=" Bean 属性名"  value="属性值"  />
```

启动 MyEclipse 10 开发环境，打开项目 JavaBeanDemoOne，在 WebRoot 目录中新建名为 UseSetPropertyFirst.jsp 的程序，如例程 8-4 所示。例程 8-4 通过方法（1）在 JSP 页面中对 userBean 的对象进行赋值，结果如图 8-3 所示。

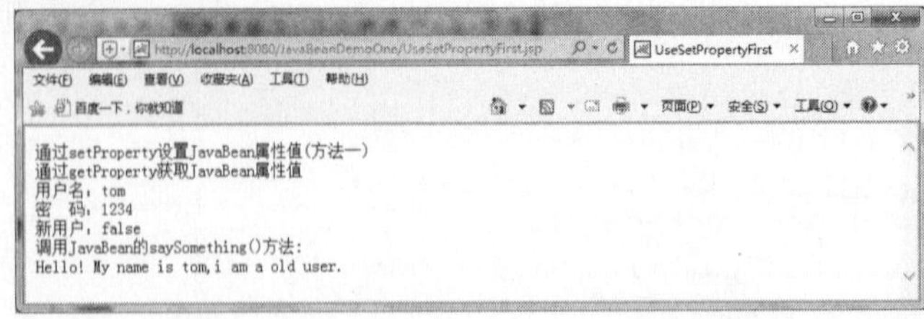

图 8-3　UseSetPropertyFirst.jsp 运行结果

例程 8-4：UseSetPropertyFirst.jsp。

```
<%@ page language="java" contentType="text/html; charset=GBK"  pageEncoding="GBK"%>
```

```
<html>
<head>
<meta http-equiv="Content-Type" content="text/html; charset=GBK">
<title>UseSetPropertyFirst</title>
</head>
  <body>
   <jsp:useBean id="user" class="com.ytu.bean.userBean" scope="page"/>
       通过 setProperty 设置 JavaBean 属性值(方法一) <br>
   <jsp:setProperty name="user" property="userName" value="tom"/>
   <jsp:setProperty name="user" property="passWord" value="1234"/>
   <jsp:setProperty name="user" property="newUser" param="true"/>
   通过 getProperty 获取 JavaBean 属性值<br>
   用户名: <jsp:getProperty name="user" property="userName"/><br>
   密  码: <jsp:getProperty name="user" property="passWord"/><br>
   新用户: <jsp:getProperty name="user" property="newUser"/><br>
   调用 JavaBean 的 saySomething()方法:<br>
   <%
    String tosay=user.saySomething();
    out.println(tosay+"<br>");
   %>
  </body>
</html>
```

（2）通过页面表单来设置 JavaBean 的属性值。这种方法要求 HTML 表单输入项的名称要与 JavaBean 属性的名称相同，这样服务器引擎会自动进行匹配并把字符串转换为相应的 JavaBean 属性的数据类型数据，可使用如下的语法格式：

```
<jsp:setProperty name=" Bean 对象名"  property="*"/>
```

启动 MyEclipse 10 开发环境，打开项目 JavaBeanDemoOne，在 WebRoot 目录中新建名为 register.html 的程序，如例程 8-5 所示，在 WebRoot 目录中新建名为 UseSetPropertySecond.jsp 的程序，如例程 8-6 所示。

例程 8-5 用于实现用户注册，当单击“注册”按钮时会向例程 8-6 提交用户注册信息，接下来通过方法（2）在 JSP 页面中对 userBean 的对象进行赋值，结果如图 8-4 所示。

注意：表单元素名与 userBean 中的属性名要一致。

例程 8-5：register.html。

```
<html>
  <head>
    <title>register</title>
    <meta http-equiv="content-type" content="text/html; charset=UTF-8">
   </head>
   <body>
       用户信息注册: <br><hr>
    <form method="get" action="UseSetPropertySecond.jsp">
          姓名: <input type="text" name="userName"><br>
          密码: <input type="password" name="passWord" ><br>
          类型: <input type="checkbox" name="newUser" >新用户<br>
        <input type=submit value="注册"><br>
    </form>
```

```
  </body>
</html>
```

例程 8-6：UseSetPropertySecond.jsp。

```
<%@ page language="java"  pageEncoding="GBK"%>
<html>
  <head>
   <title>UseSetPropertySecond</title>
  </head>
  <body>
    <jsp:useBean id="user" class="com.ytu.bean.userBean" scope="page"/>
      通过 setProperty 设置 JavaBean 属性值（方法二）<br>
   <jsp:setProperty name="user" property="*" />
      通过 getProperty 获取 JavaBean 属性值<br>
    用户名：<jsp:getProperty name="user" property="userName"/><br>
    密  码：<jsp:getProperty name="user" property="passWord"/><br>
    新用户：<jsp:getProperty name="user" property="newUser"/><br>
    调用 JavaBean 的 saySomething()方法:<br>
   <%
    String tosay=user.saySomething();
    out.println(tosay+"<br>");
   %>
  </body>
</html>
```

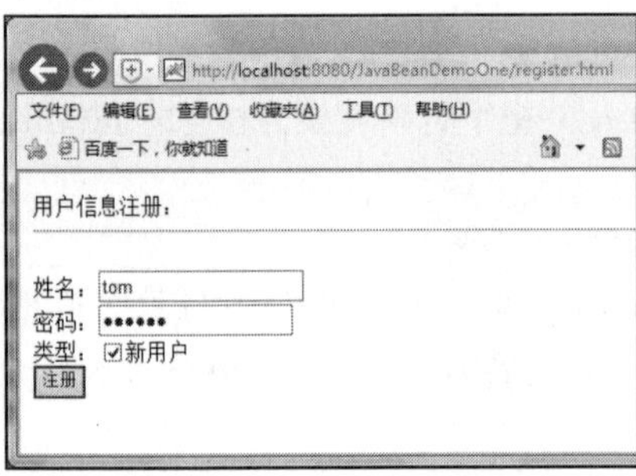

（a）register.html 运行界面

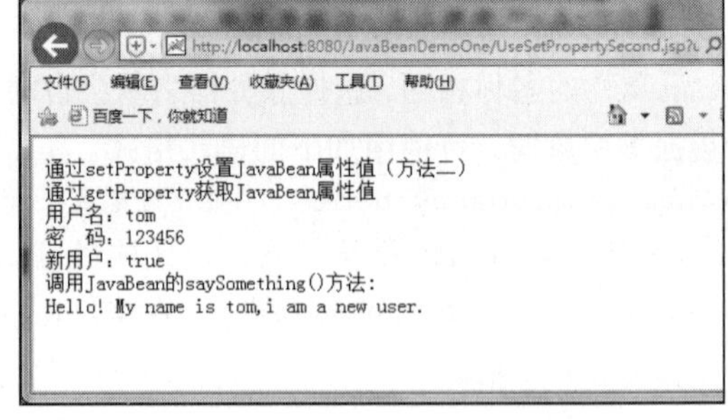

（b）UseSetPropertySecond.jsp 运行界面

图 8-4　例程 8-5 和例程 8-6 运行结果

（3）利用请求对象 request 中封装的参数值来设置 JavaBean 的属性值。request 对象中的参数名称和 JavaBean 对象中的属性名称可以不同，服务器引擎会自动进行匹配并把字符串转换为相应的 JavaBean 属性的数据类型数据。这样设置比方法（2）灵活，具体语法格式如下：

```
<jsp:setProperty name="Bean 对象名"  property="Bean 属性名" param="request 参数名"/>
```

启动 MyEclipse 10 开发环境，打开项目 JavaBeanDemoOne，在 WebRoot 目录中新建名为 register87.html 的程序，如例程 8-7 所示，在 WebRoot 目录中新建名为 UseSetPropertyThird.jsp 的程序，如例程 8-8 所示。

例程 8-7 是基于例程 8-5 修改而来的，使表单元素的名称可以不与 JavaBean 的属性名相同。例程 8-8 是基于例程 8-6 修改而来，通过方法（3）在 JSP 页面中对 userBean 的对象进行赋值，运行结果如图 8-5 所示。

例程 8-7：register87.html。

```
<html>
  <head>
```

```
    <title>register87</title>
    <meta http-equiv="content-type" content="text/html; charset=UTF-8">
   </head>
   <body>
       用户信息注册: <br><hr>
   <form method="get" action="UseSetPropertyThird.jsp">
      姓名: <input type="text" name="username"><br>
      密码: <input type="password" name="password"><br>
      类型: <input type="checkbox" name="newuser">新用户<br>
    </form>
  </body>
</html>
```

例程 8-8：UseSetPropertyThird.jsp。

```
<%@ page language="java" pageEncoding="GBK"%>
<html>
  <head>
    <title>UseSetPropertyThird</title>
  </head>
  <body>
     <jsp:useBean id="user" class="com.ytu.bean.userBean" scope="page"/>
     通过 setProperty 设置 JavaBean 属性值（方法三）<br>
<jsp:setProperty name="user" property="userName" param="username"/>
<jsp:setProperty name="user" property="passWord" param="password"/>
<jsp:setProperty name="user" property="newUser" param="newuser"/>
    通过 getProperty 获取 JavaBean 属性值<br>
    用户名: <jsp:getProperty name="user" property="userName"/><br>
    密  码: <jsp:getProperty name="user" property="passWord"/><br>
    新用户: <jsp:getProperty name="user" property="newUser"/><br>
    调用 JavaBean 的 saySomething()方法:<br>
    <%
     String tosay=user.saySomething();
     out.println(tosay+"<br>");
    %>
  </body>
</html>
```

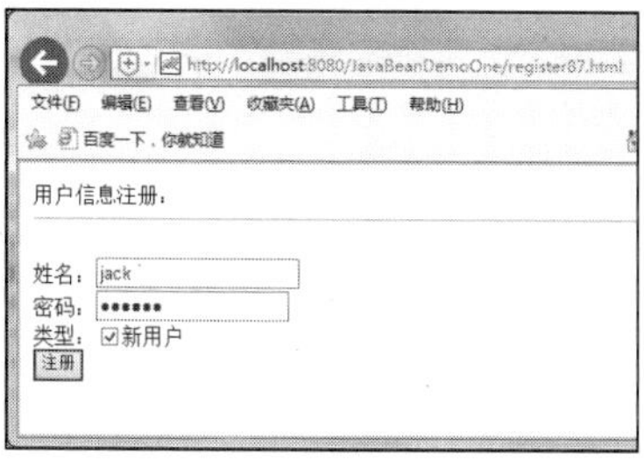

（a）register87.html 运行界面

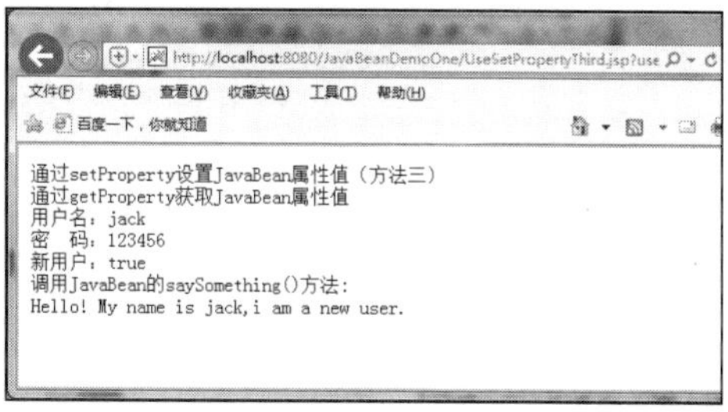

（b）UseSetPropertyThird.jsp 运行界面

图 8-5　例程 8-7 和例程 8-8 运行结果

8.3　JavaBean 应用实例

8.3.1　通过 JavaBean 解决中文乱码

在 JSP 程序开发过程中，如果通过表单提交的数据中存在中文，则获取该数据后输出到页面中时将显示乱码，所以在输出获取的表单数据之前，必须进行转码操作。将转码操作放在 JavaBean 中实现，可以实现代码的重用。下面通过实例介绍如何应用 JavaBean 解决中文乱码问题。

（1）启动 MyEclipse 10 开发环境，选择 File→New→Web Project 命令，新建项目 JavaBeanDemoTwo。创建 com.ytu.bean 的包结构，在 bean 包中新建名为 keywordsBean.java 的程序，如例程 8-9 所示。在 bean 包中新建名为 toolBean.java 的程序，如例程 8-10 所示。

例程 8-9：keywordsBean.java。

```
package com.ytu.bean;
public class keywordsBean {
    private String bookname;
    private String publisher;
    public String getBookname() {
        return bookname;
    }
    public void setBookname(String bookname) {
        this.bookname=bookname;
    }
    public String getPublisher() {
        return publisher;
    }
    public void setPublisher(String publisher) {
        this.publisher=publisher;
    }
}
```

例程 8-10：toolBean.java。

```
package com.ytu.bean;
import java.io.*;
public class toolBean {
    public static String toChinese(String str){
        if(str==null) str="";
        try {
            //通过 String 类的构造方法将指定的字符串转换为"gb2312"编码
            str=new String(str.getBytes("ISO-8859-1"),"gb2312");
        } catch (UnsupportedEncodingException e) {
            str="";
            e.printStackTrace();
        }
        return str;
    }
}
```

（2）在 WebRoot 目录中新建名为 inputkeywords.jsp 的程序，如例程 8-11 所示；新建名为 dokeywords.jsp 的程序，如例程 8-12 所示；新建名为 showkeywords.jsp 的程序，如例程 8-13 所示。

例程 8-11：inputkeywords.jsp。

```
<%@ page contentType="text/html;charset=GBK"%>
<html>
  <head>
    <title>inputkeywords</title>
    <meta http-equiv="content-type" content="text/html; charset=UTF-8">
```

```
   </head>
   <body>
<form action="dokeywords.jsp" method="post">
<table border="1" rules="rows">
    <tr height="30">
        <td>图书名称: </td>
        <td><input type="text" name="bookname" size="35"></td>
    </tr>
    <tr height="30">
        <td>出版社: </td>
        <td><input type="text" name="publisher" size="35"></td>
    </tr>
    <tr align="center" height="30">
        <td colspan="2">
            <input type="submit" value="查询">
            <input type="reset" value="重置">
        </td>
</table>
</form>
  </body>
</html>
```

例程 8-12：dokeywords.jsp。

```
<%@ page contentType="text/html; charset=gbk"%>
<html>
  <head>
    <title>dokeywords</title>
  </head>
  <body>
<jsp:useBean id="mykeyWord" class="com.ytu.bean.keywordsBean" scope="request">
    <jsp:setProperty name="mykeyWord" property="*"/>
</jsp:useBean>
<jsp:forward page="showkeywords.jsp"/>
  </body>
</html>
```

例程 8-13：showkeywords.jsp。

```
<%@ page contentType="text/html; charset=gbk"%>
<%@ page import="com.ytu.bean.toolBean" %>
<html>
  <head>
    <title>showkeywords</title>
  </head>
  <body>
  <jsp:useBean id="mykeyWord" class="com.ytu.bean.keywordsBean" scope="request"/>
    <table border="1" height="200" rules="rows">
        <tr>
            <td align="center">图书名称: </td>
            <!-- 获取图书名称后进行转码操作 -->
            <td><%=toolBean.toChinese(mykeyWord.getBookname()) %></td>
        </tr>
        <tr height="30">
```

```
            <td align="center">出版社: </td>
            <!-- 获取出版社后进行转码操作 -->
            <td><%=toolBean.toChinese(mykeyWord.getPublisher()) %></td>
        </tr>

        <tr><td colspan="2" align="center"><a href="inputkeywords.jsp">继续
查询</a></td>
    </table>
  </body>
</html>
```

（3）将 Web 项目 JavaBeanDemoTwo 部署到 Tomcat 服务器，在浏览器中运行 inputkeyword.jsp，运行结果如图 8-6 所示。

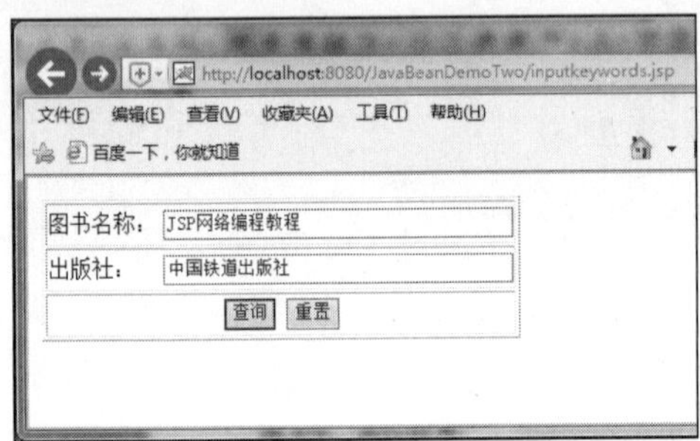

（a）inputkeywords.jsp 运行界面

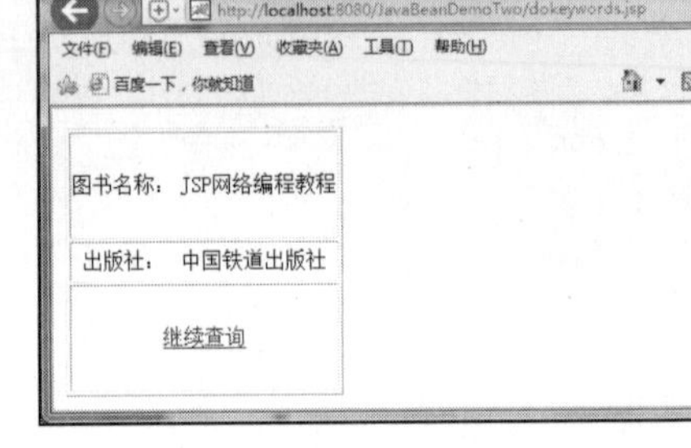

（b）showkeywords.jsp 运行界面

图 8-6 运行结果

8.3.2 通过 JavaBean 连接数据库

在 JSP 页面中嵌入用来连接数据库的 Java 代码，这种编程模式的可维护性较差，无法实现代码的可重用性。可以将访问数据库的代码写到 JavaBean 中或 Servlet 中，这样既容易对页面进行维护，又可以实现代码的重用性。例程 8-14 将数据库的连接与操作定义到 JavaBean 中。

（1）启动 MyEclipse 10 开发环境，选择 File→New→Web Project 命令，新建项目 JavaBeanDemoThree。创建 com.ytu.bean 的包结构，在 bean 包中新建名为 ConnectionBean.java 的程序，如例程 8-14 所示。

（2）将 MySQL 驱动包加载到项目中。数据库采用例程 5-1 所定义数据库 shopdb。

例程 8-14：ConnectionBean.java。

```
package com.ytu.bean;
import java.sql.*;
public class ConnectionBean {
   private Connection con;
   public ConnectionBean(){  //初始化连接。
      String CLASSFORNAME="com.mysql.jdbc.Driver";
      String SERVANDDB="jdbc:mysql://localhost:3306/shopdb";
      String USER="root";
      String PWD="root";
      try{
         Class.forName(CLASSFORNAME);
         con = DriverManager.getConnection(SERVANDDB,USER,PWD);
```

```
        }catch(Exception e){
            e.printStackTrace();
        }
    }
    //向数据库中添加信息
    public void addBook(String name,String pub,float price,int pages,Boolean
    guihua)throws Exception{
        try{
            PreparedStatement    pstmt=con.prepareStatement("insert    into
books(bookname, publisher, price, pages, isguihua) values (?,?,?,?,?)");
            pstmt.setString(1,name);
            pstmt.setString(2,pub);
            pstmt.setFloat(3,price);
            pstmt.setInt(4,pages);
            pstmt.setBoolean(5,guihua);
            pstmt.execute();
        }catch(Exception e){
            e.printStackTrace();
        }
    }
    public  ResultSet getBook(String bookName){  //按书名查询记录
        try{
            Statement stm=con.createStatement();
            ResultSet  result=stm.executeQuery("select  *  from  books  where
bookname='"+bookName+"'");
            return result;
        }catch(Exception e){
            return null;
        }
    }
}
```

（3）在 WebRoot 目录中新建名为 useConnectionBeanA.jsp 的程序，如例程 8-15 所示。例程 8-15 对例程 8-14 中定义的 JavaBean 进行引用，运行结果如图 8-7 所示。

例程 8-15：useConnectionBeanA.jsp。

```
<%@ page contentType="text/html; charset=gb2312" import="java.sql.*,java.io.*"%>
<jsp:useBean id="book" class="bean.ConnectionBean" scope="page"/>
<html>
    <body>
    使用 JavaBean 来操作数据库: <hr>
    <table border=1>
    <tr><td>图书名</td><td>出版社</td><td>价格</td></tr>
    <%
    try {
        book.addBook("Java","铁道,40,400,true);
        ResultSet rst=book.getBook("Java");
        while(rst.next()) {
            out.println("<tr>");
            out.println("<td>"+rst.getString("bookname")+"</td>");
            out.println("<td>"+rst.getString("publisher")+"</td>");
```

```
            out.println("<td>"+rst.getString("price")+"</td>");
            out.println("</tr>");
        }
    rst.close();
    }catch(Exception e){}
    %></table>
    </body>
</html>
```

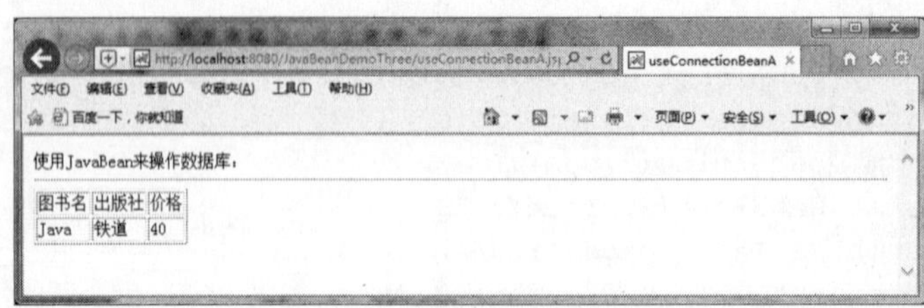

图 8-7　例程 8-15 运行结果

如例程 8-14 所示将访问数据库所需的参数都写在程序中，而在实际应用中，为了增强程序的灵活性，可以将参数存储在单独的一个配置文件中，JavaBean 执行时可以从配置文件中获取参数。

在项目 JavaBeanDemoThree 的 bean 包中新建名为 property.conf 的配置文件，如例程 8-16 所示。例程 8-16 中存储了与数据库建立连接相关的参数。

例程 8-16：property.conf。

```
driver=com.mysql.jdbc.Driver
url=jdbc:mysql://localhost:3306/shopdb
user=root
password=root
```

在项目 JavaBeanDemoThree 的 bean 包中新建名为 GetConnectionB.java 的程序，如例程 8-17 所示。例程 8-17 中定义一个工具类，用来读取配置文件中的参数并将参数存储到一个 Properties 对象中，可以按参数名从 Properties 中获取相应参数值，通过获取的参数来实现数据库连接的建立。

例程 8-17：GetConnectionB.java。

```
package com.ytu.bean;
import java.io.*;
import java.util.Properties;
import java.sql.*;

public class ConnectionBeanB {
    private static Properties p;          //保存属性键-值对的静态属性对象。
    static {
        try {
          p=new Properties();
            // 获取属性文件输入流
            InputStream is =
ConnectionBeanB.class.getResourceAsStream("property.conf");
            p.load(is);                       // 加载属性文件
            is.close();
        } catch (IOException e) {
            e.printStackTrace();
        }
    }
```

```
    public static String getProperty(String key) {//根据传入的属性键值，获取属性值。
        return p.getProperty(key);
    }
    static String driver=ConnectionBeanB.getProperty("driver");
    static String url=ConnectionBeanB.getProperty("url");
    static String name=ConnectionBeanB.getProperty("user");
    static String pass=ConnectionBeanB.getProperty("password");
        static {
            try {Class.forName(driver);
            } catch (ClassNotFoundException e) {
                e.printStackTrace();
            }
        }
    public static Connection getConnection() throws SQLException {
        return DriverManager.getConnection(url,name,pass);
    }
}
```

在项目 JavaBeanDemoThree 的 WebRoot 文件夹中新建名为 UseConnectionBeanB.jsp 的程序，如例程 8-18 所示。例程 8-18 通过例程 8-17 中定义的 JavaBean 获得数据库连接。

例程 8-18：UseConnectionBeanB.jsp。

```
<%@ page contentType="text/html;charset=GBK"%>
<%@ page import="java.sql.*" %>
<html>
  <head>
    <title>UseConnectionBeanB</title>
  </head>
  <body>
   <jsp:useBean id="connbean" class="com.ytu.bean.ConnectionBeanB" 
scope="page"/>
        <% Connection con;
         Statement sql;
         ResultSet rs;
         try{
           con=connbean.getConnection();
            sql=con.createStatement();
            rs=sql.executeQuery("select * from books");
            out.print("<Table >");
            out.print("<TR><td >图书信息</td></tr>");
            out.print("<TR>");
            out.print("<Td width=100 >"+"图书 ID 号</td>");
            out.print("<Td width=50 >"+"图书名</td>");
            out.print("<Td width=100>"+"出版社</td>");
            out.print("</TR>");
            while(rs.next()){
                out.print("<TR>");
                out.print("<TD>"+rs.getLong(1)+"</TD>");
                out.print("<TD>"+rs.getString(2)+"</TD>");
                out.print("<TD>"+rs.getString("publisher")+"</TD>");
                out.print("</TR>") ;
            }
            out.print("</Table>");
            con.close();
         }catch(SQLException e1) {
            out.print("SQL 异常！");
```

```
            }
        %>
    </body>
</html>
```

8.3.3 通过 JavaBean 实现分页显示

在数据库的查询操作中，当查询结果较多时，可以用数据分页的方法显示数据。

有两种分页的解决方案。一种是第一次把所有结果都查询出来，然后再分页显示，如果数据量很大会使系统性能大大降低；另一种是使用多次查询，每次只获得本页的数据。下面通过实例介绍如何采用 JSP+ JavaBean 的方式来实现数据的分页显示。

（1）启动 MyEclipse 10 开发环境，选择 File→New→Web Project 命令，新建项目 JavaBeanDemoFour。创建 com.ytu.bean 的包结构，在 bean 包中新建名为 PageBean .java 的程序，如例程 8-19 所示。

（2）将 MySQL 驱动包加载到项目中。数据库采用例程 5-1 所定义数据库。

例程 8-19：PageBean .java。

```
package com.ytu.bean;
import java.sql.*;
import java.util.*;

public class PageBean {
   private String DBLocation= "jdbc:mysql://localhost:3306 /shopdb ? user=
root& password=root&useUnicode=true&characterEncoding=GB2312";
    private String DBDriver="com.mysql.jdbc.Driver";
    private Connection conn=null;
    public PageBean(){}
    public String DBConnect(){                    //建立连接
        String strExc="Success!";                 //strExc 用来存储状态信息
        try{
            Class.forName(DBDriver);
            conn=DriverManager.getConnection(DBLocation);
        }catch(ClassNotFoundException e){
            strExc="数据库驱动没有找到，错误提示: <br>" +e.toString();
        }catch(SQLException e){
            strExc="sql 语句错误，错误提示<br>" +e.toString();
        }catch(Exception e){
            strExc="错误提示: <br>"+e.toString();
        }
        return (strExc);
    }
    public String DBDisconnect(){                 //断开连接
        String strExc="Success!";
        try{
            if(conn!=null)conn.close();
        }catch(SQLException e){
            strExc=e.toString();
        }
        return (strExc);
    }
    //通过传入 SQL 语句来返回一个结果集
    public ResultSet query(String sql) throws SQLException,Exception{
```

```
        ResultSet rs=null;
        if(conn==null){
            DBConnect();
        }if(conn==null){
            rs=null;
        }else{
            try{
                Statement s=conn.createStatement();
                rs=s.executeQuery(sql);
            }catch(SQLException e){throw new SQLException("Cound not execute query.");
            }catch(Exception e){throw new Exception("Cound not execute query.");}
        }
        return(rs);
    }
    //通过传入 SQL 语句和 pageSize（每页所显示的结果数目）计算并返回总共的页数
    public int getTotalPage(String sql,int pageSize){
        ResultSet rs=null;
        int totalRows=0;
        if(conn==null){
            DBConnect();
        }if(conn==null){
            rs=null;
        }else
            try{
            Statement s=conn.createStatement();
            rs=s.executeQuery(sql);            //通过传入的 sql 得到结果集
            while(rs.next())
            totalRows++;//通过 totalRows++计算出返回结果集中总的条目数
            }catch(SQLException e){}
        rs=null;
        return((totalRows-1)/pageSize+1);
    }
    //通过传入 SQL 语句，每页显示的条目数（pageSize）和页码，得到一个结果集
    public ResultSet getPagedRs(String sql,int pageSize,int pageNumber){
        ResultSet rs=null;
        int absoluteLocation;
        if(conn==null){
            DBConnect();
        }if(conn==null){
            rs=null;
        }else
            try{
                Statement s=conn.createStatement();
                //pageSize*pageNumber 每页显示的条目数乘以页码,计算出最后一行结果的编号
                //任何编号大于这个 maxrows 的结果都会被 drop
                s.setMaxRows(pageSize*pageNumber);
                rs=s.executeQuery(sql);
            }catch(SQLException e){}
                //absoluteLocation = pageSize*(pageNumber-1)这个表达式计算出上一
页最后一个结果的编号
                //（如果有本页，上一页显示的结果条目数肯定是 pageSize）
                absoluteLocation=pageSize*(pageNumber-1);
            try{    //这个 for 循环的作用是让结果集 rs 定位到本页之前的最后一个结果处
                for(int i=0;i<absoluteLocation;i++){
                    rs.next();
```

```
            }
        }catch(SQLException e) { }
        return(rs);//此时返回的结果集被两头一夹，就是该页（pageNumber）要显示的结果
    }
    public String execute_sql(String sql){
        String strExc;
        strExc="Success!";
        if(conn!=null){
            try{
                PreparedStatement update;
                update=conn.prepareStatement(sql);
                update.execute();
            }catch(SQLException e){
                strExc=e.toString();
            }catch(Exception e){strExc=e.toString();}
        }else{
            strExc="Connection Lost!";
        }
        return(strExc);
    }
}
```

在项目 JavaBeanDemoFour 的 WebRoot 文件夹中新建名为 pagebean.jsp 的程序，如例程 8-20 所示。例程 8-20 通过对例程 8-19 中定义的 JavaBean 进行引用来实现分页显示，运行结果如图 8-8 所示。

例程 8-20：pagebean.jsp。

```
<%@ page contentType="text/html;charset=gbk"%>
<%@ page import="java.util.*"%>
<%@ page import="java.sql.*"%>
<html>
  <head>
    <title>pagebean</title>
  </head>
  <body>
  <jsp:useBean id="pagebean" class="com.ytu.bean.PageBean" scope="page"/>
<%
    String sql;
    ResultSet rs;
    int id;
    String reply,Exc;
    Exc=pagebean.DBConnect();                    //建立连接
    if(!Exc.equals("Success!")){
        throw new Exception(Exc);
    }
    int pageSize=10;                             //定义每页显示的数据条数
    int currentPage=1;
    //当前页(第一次显示的是第一页),以后的"当前页"由下面出现的页面中的 pages 参数传入
    int allPage=-1;
    //取得页面中 pages 参数，此参数代表的页面就是要显示的"当前页面"
    String pages=request.getParameter("pages");
    if(pages!=null)
        currentPage=Integer.valueOf(pages).intValue();
        //返回的结果集采用 desc 降序排列，好处是显示在前面的是最新的信息
        sql="select * from books order by id desc";
```

```
        allPage=pagebean.getTotalPage(sql,pageSize); //得到总页码数
        rs=pagebean.getPagedRs(sql,pageSize,currentPage);
        //得到当前页面要显示的结果集
%>
<table border="0" cellspacing="1" cellpadding="3" width="590" bgcolor="#ffffff">
    <%
    out.print("<TR><td >分页显示图书信息</td></tr>");
    out.print("<TR bgcolor=#FF6600 style=color:white>");
    out.print("<Td width=100>"+"图书 ID 号</td>");
    out.print("<Td width=50>"+"图书名</td>");
    out.print("<Td width=100>"+"出版社</td>");
    out.print("</TR>");
    while(rs.next()){
        id=rs.getInt("id");//得到数据库(结果集)中 id 编号
    %>
    <tr bgcolor="#FF6600" style="color:white">
    <td ><%=rs.getString("bookname")%></td>
    <td ><%=rs.getString("publisher")%></td>
    <td ><%=rs.getFloat("price")%></td></tr>
    <%}%>
    <tr><td height="1"></td></tr>
    <tr><td colspan=4 align=right bgcolor="#FF6600" style="color:white;">
        现在是第<%=currentPage%>页,
    <%if(currentPage>1){%>
    <!--如果不在第一页，则显示出"首页"链接-->
        <A HREF="pagebean.jsp?pages=<%=(currentPage-1)%>">首页</A>
    <%}
    for(int i=1;i<=allPage;i++){
        //显示出 1、2、3、4……到最后一页的链接
        out.println("<a href=pagebean.jsp?pages="+i+">"+i+"</a>");
    }%>
    <%if(currentPage<allPage){%>
        <!--如果不在最后一页，则显示出"末页"链接-->
        <A HREF="pagebean.jsp?pages=<%=(currentPage+1)%>">末页</A>
    <%}%></td></tr></table>
  </body>
</html>
```

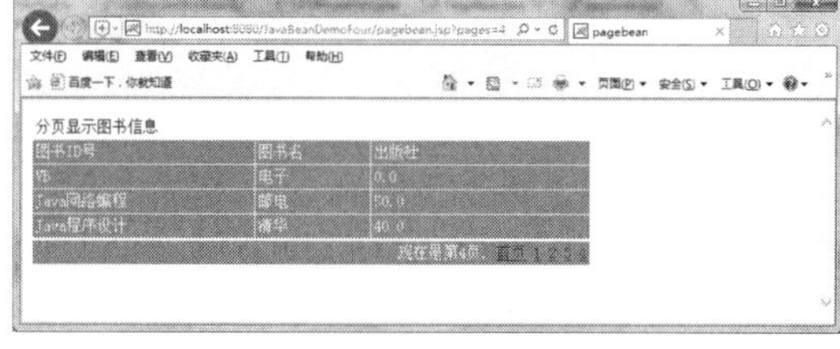

图 8-8 例程 8-20 运行结果

小 结

JavaBean 是一种可重复使用的软件组件，是一个封装了属性和方法的用来实现特定业务逻辑的类。JSP 开发中使用 JavaBean 可使 JSP 页面中的静态内容与动态内容较大程度地实现分离。

定义 JavaBean 时需要遵守相应的要求，如果类的成员变量名字是 xxx，则为了设置或获取成

员变量的值，在类中要定义相应的 setXxx()和 getXxx()方法，类中方法的访问权限必须是 public 的。类中如果有构造函数，则构造函数的访问权限也必须是 public 的，而且是无参数的。

在 JSP 页面中可以先通过页面指令 page 对要使用的 JavaBean 进行引入，然后通过<jsp:useBean>动作指令进行指定，使用动作指令<jsp:setProperty>与<jsp:getProperty>可以对 JavaBean 属性值进行设置和获取。在应用实例部分介绍了如何借助 JavaBean 来解决中文乱码问题，如何通过 JavaBean 连接数据库，以及如何通过 JavaBean 实现数据分页显示。

习　题

1. 什么是 JavaBean？编写一个完整的 JavaBean 需要遵守哪些要求？

2. 编写一个名为 bookBean 的 JavaBean，属性包括 bookname、publisher、price、pages、isGuihua；类型分别为 String、String、double、int、boolean；分别定义属性的 set()/get()方法，定义用于输出显示所有信息的 showBookInfo()方法，方法返回类型为 String。

3. 参照例程 8-2，编写一个通过<jsp:usebean>标记来访问 bookBean 的 JSP 页面（要用到第 2 题中定义的 bookBean），在页面中设置并显示 bookBean 的属性。

4. 参照例程 8-5，编写一个用来添加图书信息的 addbook.html 文件，运行结果如图 8-9 所示，当单击“添加”按钮时，向 addbook.jsp 页面提交图书信息（参照例程 8-6。其中，要用到第 2 题中定义的 bookBean），addbook.jsp 页面先通过<jsp:setProperty>标记将图书信息写入到 bookBean，然后通过<jsp:getProperty>标记将图书信息显示输出。

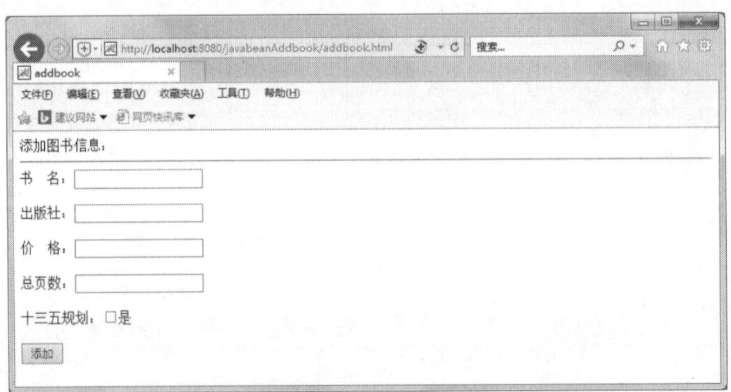

图 8-9　添加图书信息页面运行结果

5. 编写一个用来添加图书信息的 addbook.html 文件，运行结果如图 8-9 所示，当单击“添加”按钮时，向 addbook.jsp 页面提交图书信息（要用到第 2 题中定义的 bookBean），addbook.jsp 页面首先使用 JavaBean 实现对提交的数据进行转码操作（参照 8.3.1 节的项目 JavaBeanDemoTwo），接下来，通过 JavaBean 实现数据库操作将图书信息写到数据库中（参照 8.3.2 节的项目 JavaBean DemoThree），最后跳转到 showbooks.jsp 页面，通过 JavaBean 实现分页将图书信息显示输出（参照 8.3.3 节的项目 JavaBeanDemoFour）。

第 9 章 JSP 核心技术之 Servlet

本章将介绍 Servlet 的基本概念、生命周期以及 Servlet 常用类和接口的使用，通过实例介绍如何开发、配置 Servlet；掌握 Servlet 在获取表单数据、读取和设置 HTTP 头、处理 Cookie、管理 HTTP 会话、创建监听器和过滤器、连接数据库等方面的应用；了解 MVC 设计模式。

9.1 Servlet 概述

9.1.1 Servlet 容器与 Tomcat 服务器

Java Servlet 是运行在服务器端的组件，是一个标准的 Java 类，用来扩展服务器的性能，是建立基于 Web 的应用程序的基础。通常，Servlet 采用一种无状态的“请求-响应”模型来访问，它能处理客户端传来的 HTTP 请求，从中提取参数，处理业务逻辑，最终返回数据或输出 HTML。它还可以访问数据库，而且可以和 Enterprise JavaBean 组件进行通信。

JSP 页面在 Servlet/JSP 容器中运行前会被编译器先转换为 Servlet 源文件，再编译成字节码，因此 JSP 页面有与之一一对应的 Servlet。一般情况下，JSP 注重页面的表现，而 Servlet 注重业务逻辑的实现。

本章中使用的 Web 服务器是 Tomcat 服务器，Tomcat 服务器的主要功能是充当 Java Web 应用的容器，负责管理、配置和运行 Web 应用，其具体功能是由各种组件来实现的，组件之间的结构关系如图 9-1 所示，其中，Servlet/JSP 容器代表整个 Tomcat 服务器，简称 Servlet 容器。Tomcat 服务器由一系列可配置的组件构成，每个组件在配置文件 server.xml 中对应一种配置元素，其核心组件是 Catalina Servlet 容器，即 Servlet 容器，它是所有其他 Tomcat 组件的顶层容器。

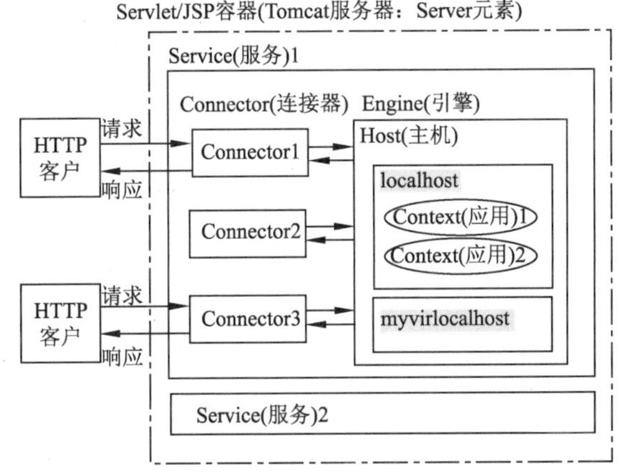

图 9-1　Tomcat 服务器组件结构关系

Servlet 容器对应<Server>元素和<Service>元素，它们位于整个配置文件的顶层，包含一个容器（引擎<Engine>元素），以及一个或多个连接器（<Connector>元素）。这些<Connector>元素共享同一个<Engine>元素。

连接器为<Connector>元素，代表着和客户程序实际交互的组件，负责将客户的请求发送给引擎<Engine>处理，并将处理的响应结果传递给客户。

引擎容器为<Engine>元素，处理在同一个<Service>元素中的所有接收到的客户请求。一个<Engine>元素中包含多个主机容器<Host>元素。

主机容器为<Host>元素，定义虚拟主机处理所有客户请求。默认为 localhost 本地主机。一个<Host>元素包含一个或多个 Web 应用，即多个上下文容器<Context>元素。

上下文容器为<Context>元素，一个<Context>元素代表了运行在虚拟主机上的单个 Web 应用。Java Web 应用的主要特征就是与 Context 的关系。每个 Web 应用有唯一的 Context。当 Java Web 运行时，Servlet 容器为每个 Web 应用创建唯一的 ServletContext 对象，它被同一个 Web 应用中的组件共享。在 Java Web 应用中可以包含的文件或组件有 Servlet 类、JSP 页面、实用类、JavaBean 组件、静态文档（网页或图片等）、客户端类和描述 Web 应用信息的配置文件（如 web.xml）等，其中，最主要的是 JSP 页面和 Servlet 类。Web 应用的配置是在发布描述符文件 web.xml 中完成的。

由上可知，Servlet 容器通过连接器接收客户请求，交给引擎容器处理，并将引擎容器处理的响应结果传递给客户。引擎容器负责安排处理用户请求的默认主机地址，由主机容器设置每个 Web 应用的虚拟主机来运行 Web 应用。

Servlet 容器与 Servlet 之间的接口是由 Java Servlet API 定义的，在 Tomcat 服务器中自带的为 servlet-api.jar 包。Java Servlet API 中定义了 Servlet 类和各种方法，用来实现与客户的 HTTP 协议通信和对 Servlet 生命周期的控制。

9.1.2 Servlet 的特点

Servlet 运行在 Servlet 容器中，是一种动态加载的模块，完全运行于 Java 虚拟机上，其最主要的用途是扩展 Web 服务器的功能，提供安全的、可移植的、易于使用的 CGI 替代品。Servlet 程序与传统的 CGI 技术以及其他类似 CGI 的技术相比，具有更高效率、更容易使用、功能更强大、更好的移植性、更节省投资等特点。

1. 高效

在传统的 CGI 中，每个请求都要启动一个新的进程。如果 CGI 程序本身的执行时间较短，启动进程所需要的开销很可能超过实际执行时间。而在 Servlet 中，每个请求由一个轻量级的 Java 线程处理。

2. 方便

Servlet 提供大量的实用工具例程，例如自动地解析和解码 HTML 表单数据、读取和设置 HTTP 头、处理 Cookie 以及跟踪会话状态等。

3. 功能强大

在 Servlet 中，可以轻松地完成许多使用传统 CGI 程序很难完成的任务。例如，Servlet 能够直接和 Web 服务器交互，而普通的 CGI 程序则不能。Servlet 还能够在各个程序之间共享数据，使得类似于数据库连接池的功能很容易实现。

4. 可移植性好

Servlet 由 Java 编写，Servlet API 具有完善的标准。因此，为某一服务器写的 Servlet 无须任何实质性修改即可移植到其他服务器中。几乎所有的主流服务器都直接或通过插件支持 Servlet。

5. 节省投资

不仅有许多廉价甚至免费的 Web 服务器可供个人或小规模网站使用，而且对于现有的服务器，即使它不支持 Servlet，要加上这部分功能往往也是免费的（或只需要极少的投资）。

开发 Servlet 需要掌握较多的 Java 知识，虽然开发出来的程序功能强大，但开发时没有可视化界面及辅助工具辅助 HTML 代码的编写，因此开发 Servlet 不及开发 JSP 程序效率高。

9.1.3　Servlet 的生命周期

Servlet 的生命周期由 Servlet 容器来控制，Servlet 容器负责编译并执行 Servlet。Servlet 的生命周期开始于被装载到 Servlet 容器中，结束于被中止或重新装载时。javax.servlet.Servlet 接口中的 3 个方法：init()、service()和 destroy()会分别在不同阶段被调用。当启动 Servlet 容器或者是有客户第一次请求调用 Servlet 时，可以装载 Servlet，并创建 Servlet 实例。接下来，调用 init()方法进行初始化，然后，调用 service()方法进行请求处理，当调用 destroy()方法时将销毁 Servlet 实例。图 9-2 所示为 Servlet 的生命周期示意图。

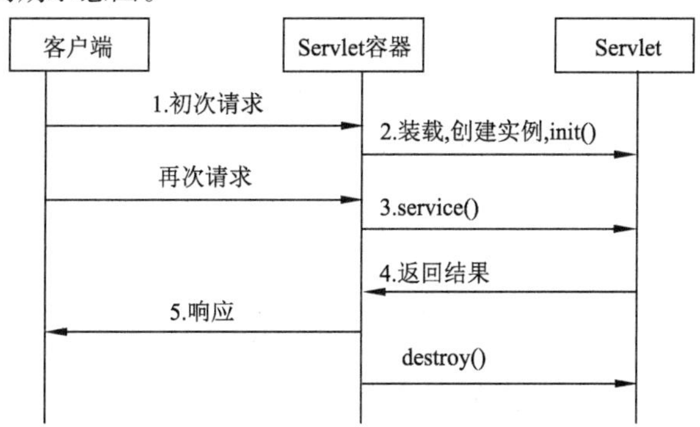

图 9-2　Servlet 的生命周期示意图

1. 装载类

当 Servlet 容器启动时会自动装载某些 Servlet，是否自动装载取决于 Web 应用的 web.xml 中的属性设置。大多数情况下，当客户首次发出请求时才装载相应的 Servlet。当然，当 Servlet 的类文件被更新后，也需要重新载入它。

2. 创建实例

当 Servlet 被装载后，Servlet 容器就会创建这个 Servlet 所对应的实例。

3. 初始化

创建 Servlet 实例后，Servlet 容器通过调用实例的 init()方法来完成一些初始化工作。初始化时，Servlet 容器会为 Servlet 创建一个 ServletConfig 对象，用来存放 Servlet 的初始化信息。在 Servlet 的生命周期中，init()方法只会被调用一次。

4．服务

当一个客户端的请求到达 Servlet 容器时，Servlet 容器会创建一个请求对象和一个响应对象，然后调用 Servlet 的 service()方法。service()方法从请求对象中获得关于请求的信息，然后调用其他方法对请求进行处理，如 doGet()、doPost()等方法。service()方法通过对响应对象进行处理，将响应信息返回 Servlet 容器，最终到达客户端。此后，当再有客户请求此 Servlet 时，服务器会创建新的请求和响应对象，再次调用此 Servlet 的 service()方法进行请求处理。

5．销毁

Servlet 类的实例自第一次被创建后将常驻内存，继续等待客户的请求。当 Web 应用被终止，或 Servlet 容器被关闭，或 Servlet 容器重新装载 Servlet 并创建新的实例时，Servlet 容器会先调用 Servlet 的 destroy()方法销毁此实例并释放其所占用的资源。

9.1.4 Servlet API 简介

要学会编写 Servlet 就要熟悉与 Servlet 相关的接口和类。javax.servlet 包中定义了所有 Servlet 类都必须实现或扩展的接口和类，其中 javax.servlet.Servlet 接口是所有的 Servlet 都必须实现的接口，该接口定义了 Servlet 的生命周期方法。javax.servlet.http 包中定义了支持 HTTP 协议通信的 HttpServlet 类，HttpServlet 类提供了一些方法，如 doGet()和 doPost()等，用于处理特定于 HTTP 协议的服务。

1．javax.servlet.Servlet 接口

该接口定义必须由 Servlet 类实现且能由 Servlet 容器识别和管理的方法集。Servlet 接口的基本目标是提供生命周期方法 init()、service()和 destroy()等。主要定义如下几种方法：

- init(ServletConfig config)：用于初始化 Servlet。
- destroy()：用于销毁 Servlet，当 Servlet 将要卸载时由 Servlet 容器调用。
- getServletInfo()：返回描述 Servlet 的一个字符串。
- getServletConfig()：获得 Servlet 配置相关信息。
- service(ServletRequest request,ServletResponse response)：运行应用程序逻辑的入口点，处理 request 对象中描述的请求，使用 response 对象返回请求结果。

2．javax.servlet.GenericServlet 类

Servlet API 提供对 Servlet 接口的直接实现，此类提供除了 service()方法外的所有接口中方法的默认实现。该类还实现了 ServletConfig 接口，处理初始化参数和 Servlet 上下文，提供获取被授权传递到 init()方法中的 ServletConfig 对象的方法。主要定义了如下几种方法：

- getInitParameter(String name)：返回具有指定名称的初始化参数值。
- getInitParameterNames()：返回此 Servlet 已编码的所有初始化参数的一个枚举类型值。
- getServletName()：返回在 Web 应用发布描述器（web.xml）中指定的 Servlet 的名字。
- getServletConfig()：返回传递到 init()方法的 ServletConfig 对象。
- service (Request request,Response response)：由 Servlet 容器调用，是 GenericServlet 中唯一的抽象方法，也是唯一必须被子类所覆盖的方法。

3．javax.servlet.http.HttpServlet 类

对 Servlet 一般是扩展其 HTTP 子类 HttpServlet。HttpServlet 类通过调用指定到 HTTP 请求的

方法实现 service()，即对 HEAD、GET、POST 等请求，分别调用 doHead()、doGet()、doPost()等方法，将请求和响应对象置入其 HTTP 指定子类。主要定义了如下几种方法：

- doGet (HttpServletRequest request,HttpServletResponse response)：支持 Http Get 请求。
- doPost(HttpServletRequest request, HttpServletResponse response)：支持 Http Post 请求。

4．javax.servlet.ServletRequest 接口

该接口封装了客户端请求的细节，主要功能包括：找到客户端的主机名和 IP 地址、检索请求参数、取得和设置属性、取得输入和输出流等。主要定义了如下几种方法：

- getAttribute(String name)：返回具有指定名字的请求属性。
- getCharacterEncoding()：返回请求所用的字符编码。
- getParameter(String name)：返回指定输入参数，如果不存在，则返回 null。
- getProtocol()：返回请求使用协议的名称和版本。
- setAttribute(String name,Object obj)：以指定名称保存请求中指定对象的引用。
- removeAttribute(String name)：从请求中删除指定属性。

5．javax.servlet.http.HttpServletRequest 类

HttpServletRequest 类主要功能包括：读取和写入 HTTP 头标、取得和设置 Cookie、取得路径信息、标识 HTTP 会话等。主要定义了如下几种方法：

- Cookie[] getCookies()：返回与请求相关 Cookie 的一个数组。
- String getHeader(String name)：返回指定的 HTTP 头标。
- Enumeration getHeaderNames()：返回请求给出的所有 HTTP 头标名称的枚举值。
- Enumeration getHeaders(String name)：返回请求给出的指定类型的所有 HTTP 头标的名称的枚举值。
- HttpSession getSession(boolean create)：返回当前 HTTP 会话，如果不存在，则创建一个新的会话，create 参数为 true。
- HttpSession getSession()：调用 getSession(true)的简化版。

6．javax.servlet.ServletResponse 接口

该接口对 servlet 生成的结果进行封装，由 servlet 容器创建。主要定义了如下几种方法：

- String getCharacterEncoding()：返回响应使用字符解码的名字，默认为 ISO-8859-1 。
- OutputStream getOutputStream()：返回用于将返回的二进制输出写入客户端的流。
- void setContentLength(int length)：设置内容体的长度。
- void setContentType(String type)：设置内容类型。

7．javax.servlet.http.HttpServletResponse 类

HttpServletResponse 提供设置状态码、状态信息和响应头标的功能。主要定义了如下几种方法：

- void addCookie(Cookie cookie)：将一个 Set-Cookie 头标加入响应。
- void setHeader(String name,String value)：设置具有指定名字和取值的一个响应头标。
- sendRedirect(String url)：把响应发送到另一页面或者 Servlet 进行处理。
- void setContextType(String type)：设置响应的 MIME 类型。
- SetCharacterEncoding(String charset)：设置响应的字符编码类型。
- setContentLength(int length)：设置 Content-Length 头。

8．javax.servlet.ServletConfig 接口

该接口代表了对 Servlet 的配置，Servlet 配置信息包括 Servlet 的名字、初始化参数和 Servlet 上下文等，这些配置信息放在 web.xml 文件中。主要定义了如下几种方法：

- getInitParameter(String name)：返回特定名字的初始化参数。
- getInitParameterNames()：返回所有初始化参数的名字。
- getServletContext()：返回 Servlet 的上下文对象的引用。

9．javax.servlet.ServletContext 接口

该接口代表 Servlet 容器上下文，Servlet 上下文的作用主要包括：在调用期间保存和检索属性并与其他 Servlet 共享这些属性、读取 Web 应用中文件内容和其他静态资源、互相发送请求的方式、记录错误和信息化消息等。Web 应用中 Servlet 可以使用 Servlet 上下文得到，Servlet 上下文的引用可以通过 ServletConfig 对象的 getServletContext()方法得到。主要定义了如下几种方法：

- getAttribute (String name)：返回 Servlet 上下文中名称为 name 的属性。
- setAttribute(String name,Object obj)：在 Servlet 上下文中设置一个属性，属性的名字为 name，值为 obj 对象。
- getAttributeNames()：返回保存在 Servlet 上下文中所有属性名字的枚举。
- ServletContext getContext(String uripath)：返回映射到另一个 URL 的 Servlet 上下文。
- String getInitParameter(String name)：返回指定上下文范围的初始化参数值。
- void removeAttribute(String name)：从 servlet 上下文中删除指定属性。

10．javax.servlet.http.HttpSession 接口

HttpSession 类似于哈希表的接口，它提供了 setAttribute()和 getAttribute()方法存储和检索对象。HttpSession 提供了一个会话 ID 关键字，一个参与会话行为的客户端在同一会话的请求中存储和返回它。servlet 容器查找适当的会话对象，并使其对当前请求可用。主要定义了如下几种方法：

- Object getAttribute(String name)：按名称返回前面保存的对象。
- void setAttribute(String name,Object value)：在会话中按名字保存一个对象。
- void removeAttribute(String name)：按名称删除前面保存的对象。
- Enumeration getAttributeNames()：返回捆绑到当前会话的所有属性名的枚举值。
- long getCreationTime()：返回表示会话创建和最后访问日期和时间的一个长整型值，该整型形式为 java.util.Date()构造器中使用的形式。
- long getLastAccessedTime()：返回客户端最后一次发出与这个 Session 有关的请求时间，如果这个 Session 是新建立的，则返回 -1。
- String getId()：返回会话 ID，servlet 容器设置的一个唯一关键字。
- ing getMaxInactiveInterval()：如果没有与客户端发生交互，设置和返回会话存活的最大秒数。
- void setMaxInactiveInterval(int seconds)：设置一个秒数，表示客户端在不发出请求时，Session 被 Servlet 容器维持的最长时间。
- void invalidate()：使得会话被终止，释放其中所有对象。
- boolean isNew()：如果客户端仍未加入会话中，则返回 true。当会话首次被创建时，会话 ID 被传入客户端，但客户端仍未进行包含此会话 ID 的第二次请求时，返回 true。

9.2 编写简单的 Servlet

9.2.1 Servlet 基本结构

下面的代码显示了一个简单 Servlet 的基本结构。该 Servlet 能够处理 HTTP 协议的 GET 请求。所谓的 GET 请求，可以把它看成当用户在浏览器地址栏输入 URL、单击 Web 页面中的链接、提交没有指定 Method 的表单时浏览器所发出的请求。Servlet 也可以很方便地处理 POST 请求。POST 请求是提交指定了 Method="POST"的表单时所发出的请求。

```
import java.io.*;
import javax.servlet.*;
import javax.servlet.http.*;
public class SomeServlet extends HttpServlet {
   public void doGet(HttpServletRequest request,HttpServletResponse response)
throws ServletException, IOException {
   // 使用"request"读取和请求有关的信息（比如 Cookies）和表单数据
   // 使用"response"指定 HTTP 应答状态代码和应答头（比如指定内容类型等）
   PrintWriter out=response.getWriter();
   // 使用"out"把应答内容发送到浏览器
   }
   public void doPost(HttpServletRequest request,HttpServletResponse response)
throws ServletException, IOException {
      doGet(request,response);
   }
}
```

如果要设计一个能够处理 HTTP 请求的 Servlet，一般要继承自 HttpServlet 类，接下来，根据请求方法是 GET 还是 POST，对 doGet()或 doPost()方法进行重写。doGet()和 doPost()方法都有两个参数，分别为 HttpServletRequest 类型和 HttpServletResponse 类型。HttpServletRequest 提供访问有关请求信息的方法，例如 HTTP 请求头、表单数据等。HttpServletResponse 提供用于设定 HTTP 应答状态、应答头字段等方法。doGet()和 doPost()这两个方法是由 service()方法调用的。

9.2.2 输出纯文本的 Servlet

下面是一个能够处理 HTTP 协议的 GET 请求并且输出纯文本的简单 Servlet。

（1）启动 MyEclipse 10 开发环境，选择 File→New→Web Project 命令，新建项目 ServletDemoOne。创建 com.ytu.servlet 的包结构，在 servlet 包中新建名为 HelloWorld.java 的 Servlet 程序，如例程 9-1 所示。

例程 9-1：HelloWorld.java。

```
package com.ytu.servlet;
import java.io.*;
import javax.servlet.*;
import javax.servlet.http.*;
public class HelloWorld extends HttpServlet {
public HelloWorld() {
    super();
}
```

```
public void init() throws ServletException {
    //Put your code here
}
public void destroy() {
    super.destroy(); //Just puts "destroy" string in log
    //Put your code here
}
  public void doGet(HttpServletRequest request,HttpServletResponse response)
throws ServletException, IOException {
    PrintWriter out=response.getWriter();
    out.println("Hello World");
    }
}
```

（2）配置 Servlet。打开 WebRoot\WEB-INF 文件夹下的 web.xml，添加 Servlet 和 servlet-mapping 配置信息，如例程 9-2 所示。

例程 9-2：web.xml。

```
<?xml version="1.0" encoding="UTF-8"?>
<web-app version="2.5"
xmlns="http://java.sun.com/xml/ns/javaee"
xmlns:xsi="http://www.w3.org/2001/XMLSchema-instance"
xsi:schemaLocation="http://java.sun.com/xml/ns/javaee
http://java.sun.com/xml/ns/javaee/web-app_2_5.xsd">
  <display-name></display-name>
  <servlet>
    <servlet-name>HelloWorld</servlet-name>
    <servlet-class>com.ytu.servlet.HelloWorld</servlet-class>
  </servlet>
  <servlet-mapping>
    <servlet-name>HelloWorld</servlet-name>
    <url-pattern>/HelloWorld</url-pattern>
  </servlet-mapping>
 </web-app>
```

（3）运行 Servlet。配置完成 Servlet 后，将项目部署到 Tomcat 服务器，启动 Tomcat 服务器，在浏览器的地址栏中输入 http://localhost:8080/ServletDemoOne/HelloWorld，即可运行 Servlet，运行结果如图 9-3 所示。

图 9-3　HelloWorld 运行结果

9.2.3 输出 HTML 的 Servlet

Servlet 可以输出带有 HTML 标记的内容，在输出内容之前，要通过设置 Content-Type（内容类型）应答头来告诉浏览器接下来发送的是 HTML 格式的内容。

（1）启动 MyEclipse 10 开发环境，打开项目 ServletDemoOne。在 servlet 包中新建名为 HtmlServlet.java 的 Servlet 程序，如例程 9-3 所示。例程中用 response 对象的 setContentType()设置输出类型及字符编码，用 response 对象的 getWriter()得到输出流，用 request 对象的 getRemoteAddr()方法得到客户端的 IP 地址。

例程 9-3： HtmlServlet.java。

```
package com.ytu.servlet;
import java.io.*;
import javax.servlet.*;
import javax.servlet.http.*;
import javax.servlet.annotation.WebServlet;//注解配置时使用

@WebServlet(urlPatterns={"/HtmlServlet"},asyncSupported=true,loadOnStartup
=10,name="HtmlServlet",displayName="HtmlServlet")//注解配置 Servlet

public class HtmlServlet extends HttpServlet {
  public void doGet(HttpServletRequest request,HttpServletResponse response)
         throws ServletException ,IOException {
        response.setContentType("text/html;charset=utf-8");//设置内容类型
        PrintWriter out=response.getWriter();
        out.println("<HTML> <BODY>");
        out.println("这是一个输出 HTML 的 servlet。");
        out.println("客户端 IP 地址是: "+request.getRemoteAddr()+"<br>");
        out.println("</body> </html>");
    }
}
```

（2）配置 Servlet。Servlet 3.0 提供了配置 Servlet 的注解（annotation），这样，在编写 Servlet 时就可以对其进行配置描述，不再需要在 web.xml 文件中进行 Servlet 的部署描述，简化了开发流程。本例配置结果如例程 9-3 所示。

（3）运行 Servlet。将项目部署到 Tomcat 服务器，启动 Tomcat 服务器，在浏览器的地址栏中输入 http://localhost:8080/ServletDemoOne/HtmlServlet，即可运行 Servlet，运行结果如图 9-4 所示。

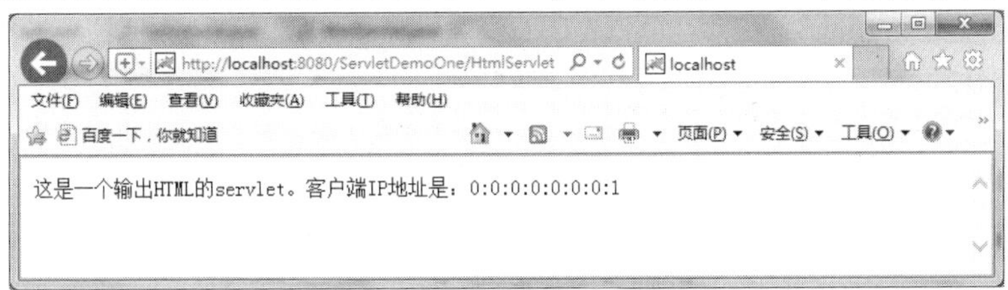

图 9-4 HtmlServlet 运行结果

9.2.4 Servlet 的配置

Servlet 的配置信息可以以 XML 格式写在 Servlet 容器的 web.xml 中，其配置项包含 Servlet 的名字、Servlet 的类描述、初始化参数、启动装载时的优先级、Servlet 的映射、运行的安全设置等。下面介绍如何对 Servlet 进行配置。

前面已经给出两个 Servlet，为了说明 Servlet 的配置，下面再给出另外一个用来接收用户登录请求的 Servlet。

（1）启动 MyEclipse 10 开发环境，打开项目 ServletDemoOne。在 servlet 包中新建名为 LoginServlet.java 的 Servlet 程序，如例程 9-4 所示。

例程 9-4：LoginServlet.java。

```
package com.ytu.servlet;
import java.io.*;
import javax.servlet.*;
import javax.servlet.http.*;
public class LoginServlet extends HttpServlet {
   String username;
   String password;
   public   void   doPost(HttpServletRequest   request,HttpServletResponse
response) throws ServletException ,IOException {
     username=getInitParameter("username");
     password=getInitParameter("password");
     String user=request.getParameter("user");
     String pass=request.getParameter("pass");
     response.setContentType("text/html;charset=GBK");
     PrintWriter out=response.getWriter();
     if(username.equals(user)&&password.equals(pass))
        out.println("用户"+username+"登录成功");
     else
        out.println("用户名或密码错误");
}
   public void doGet(HttpServletRequest request,HttpServletResponse response)
   throws     ServletException, IOException {
     doPost(request,response);
 }
}
```

（2）修改配置信息。打开 WebRoot\WEB-INF 文件夹下的 web.xml，对已经生成的 Servlet（HelloWorld、HtmlServlet 和 LoginServlet）进行配置。在配置 Servlet 时，必须指定 Servlet 的名字、Servlet 的类、Servlet 映射等选项。此外，可以选择性地设置其他选项，如描述信息、部署时显示的名字、部署时显示的 Icon 等。如例程 9-5 所示的 web.xml 文件中包含了前面 3 个 Servlet 的配置信息。

例程 9-5：web.xml。

```
<?xml version="1.0" encoding="UTF-8"?>
<web-app version="2.5"
xmlns="http://java.sun.com/xml/ns/javaee"
xmlns:xsi="http://www.w3.org/2001/XMLSchema-instance"
xsi:schemaLocation="http://java.sun.com/xml/ns/javaee
http://java.sun.com/xml/ns/javaee/web-app_2_5.xsd">
 <display-name>Welcome to Tomcat</display-name>
  <description>
    关于 Servlet 的配置
  </description>
 <servlet>
     <description>输出文本的 Servlet</description> <!--描述信息-->
     <servlet-name>HelloWorld</servlet-name>  <!--Servlet 名称-->
     <servlet-class>com.ytu.servlet.HelloWorld</servlet-class>
                                              <!--Servlet 类名-->
     <load-on-startup>20</load-on-startup>    <!--调入优先级-->
```

```
</servlet>
<servlet>
        <description>输出 HTML 的 Servlet</description>
        <servlet-name>HtmlServlet</servlet-name>
        <servlet-class> com.ytu.servlet.HtmlServlet</servlet-class>
<load-on-startup>10</load-on-startup>
</servlet>
<servlet>
        <description>配置 Servlet 的初始化参数</description>
        <display-name> LoginServlet </display-name>
        <servlet-name>LoginServlet</servlet-name>
        <servlet-class> com.ytu.servlet.LoginServlet</servlet-class>
        <init-param> <!--定义初始化参数-->
           <param-name>username</param-name>
           <param-value>root</param-value>
        </init-param>
        <init-param>
           <param-name>password</param-name>
           <param-value>root</param-value>
        </init-param>
        <load-on-startup>1</load-on-startup>
 </servlet>
 <servlet-mapping>  <!--Servlet 访问映射地址-->
       <servlet-name>HelloWorld</servlet-name>
       <url-pattern>/HelloWorld</url-pattern>
 </servlet-mapping>
 <servlet-mapping>
       <servlet-name>HtmlServlet</servlet-name>
       <url-pattern>/HtmlServlet</url-pattern>
 </servlet-mapping>
 <servlet-mapping>
       <servlet-name>LoginServlet</servlet-name>
       <url-pattern>/LoginServlet</url-pattern>
</servlet-mapping>
 <servlet-mapping><!--另外一个映射地址-->
       <servlet-name> LoginServlet</servlet-name>
       <url-pattern>/login/*</url-pattern>
</servlet-mapping>
  <servlet-mapping>
       <servlet-name> LoginServlet</servlet-name>
       <url-pattern>/mylogin/loginservlet/login.html</url-pattern>
  </servlet-mapping>
  <servlet-mapping>
       <servlet-name>LoginServlet</servlet-name>
       <url-pattern>/mylogin/login.html</url-pattern>
  </servlet-mapping>
</web-app>
```

在以上的配置中，<servlet>标记用来对相应 Servlet 的名字和类名等进行描述；<init-param>标记中可以设置初始化参数，参数可以通过 Servlet 的 getInitParameter()来获取；<load-on-startup>标记用来设置各个 Servlet 被载入的优先级，数值越小，优先级越高；<servlet-mapping>标记用来对 Servlet 进行映射，可以给一个 Servlet 设置多个映射地址。

通过注解配置 Servlet 时，其基本语法为：

```
import javax.servlet.annotation.WebServlet;
//引入时，需要将 Tomcat 服务器提供的 servlet-api.jar 加载加项目中
@WebServlet(
urlPatterns={"/映射地址"},
asyncSupported=true|false,
loadOnStartup=-1,
name="Servlet 名称",
displayName="显示名称",
initParams={@WebInitParam(name="username",value="值")}
)//注解配置 Servlet
```

其中，urlPatterns 属性用于指定映射地址；asyncSupported 属性用于指定是否支持异步操作模式；loadOnStartup 属性用于指定 Servlet 的加载顺序；name 属性用于指定 Servlet 的名称；displayName 属性用于指定该 Servlet 的显示名；initParams 属性用于指定一组 Servlet 初始化参数。

9.2.5 Servlet 的调用

对 Servlet 的调用比较灵活，一般可以通过下列几种方法进行调用。

1. 通过 URL 调用

当在配置文件中指定 Servlet 映射地址后，就可从浏览器中直接调用 Servlet。例如：

```
http://localhost:8080/ServletDemoOne/HelloWorld
```

2. 在<Form>标记中调用 Servlet

可以在网页的<Form>标记中调用 Servlet，例如：

```
<form name="loginForm" method="post" action="mylogin/login.html">
    "用户名: "<input type="text" name="username"><br>
    "密  码: "<input type="password" name="password"><br>
    <input type="submit" name="submit" value="submit">
</form>
```

在网页的表单中输入数据后，单击“提交”按钮就可以向 LoginServlet 提交数据，action 属性表明 Servlet 的映射地址。

3. 在 JSP 文件中调用 Servlet

可以使用<jsp:include>或<jsp:forward>语句在 JSP 页面中调用一个 Servlet。例如：

```
<jsp:include page="HtmlServlet" flush="true"/>
```

在页面执行过程中，当遇到这一语句时会跳转执行相应的 Servlet，当 Servlet 执行结束后控制权又回到原来的 JSP 页面中。

当在 JSP 页面中使用<jsp:forward>语句跳转执行相应的 Servlet 时，当前 JSP 页面的执行过程将终止，例如：

```
<jsp:forward page="mylogin/loginservlet/login.html"/>
```

9.3　Servlet 应用

9.3.1　获取表单数据

当通过浏览器在网页表单中输入内容并提交时，可以将表单数据发送给服务器，服务器接收请求后将对相应的 Servlet 进行调用。如果请求方法是 GET，表单数据会附加到请求行中发送，例如 http://host/path? user=name&pwd=password；如果请求方法是 POST，表单数据通过请求正文发送给服务器。

当 Servlet 被调用时，通过 HttpServletRequest 的 getParameter()方法即可按表单变量名取出对应的变量值。getParameter()方法的返回值是一个字符串，如果指定的表单变量存在，但没有值，返回空字符串；如果指定的表单变量不存在，则返回 null。如果表单变量可能对应多个值，可以用 getParameterValues()返回一个字符串数组。下面举例介绍如何用 Servlet 读取用户提交的表单变量，并列出它们的值。

（1）启动 MyEclipse 10 开发环境，选择 File→New→Web Project 命令，新建项目 ServletDemoTwo。创建 com.ytu.servlet 的包结构，在 servlet 包中新建名为 GetRequestParam.java 的 Servlet 程序，并通过注解进行配置，如例程 9-6 所示。

例程 9-6：GetRequestParam.java。

```
package com.ytu.servlet;
import java.io.*;
import java.util.*;
import javax.servlet.*;
import javax.servlet.http.*;
import javax.servlet.annotation.WebServlet;

@WebServlet(urlPatterns={"/GetRequestParam"},asyncSupported=true,loadOnSta
rtup=10,name="GetRequestParam",displayName="GetRequestParam")
public class GetRequestParam extends HttpServlet {
   public   void   doGet(HttpServletRequest   request,HttpServletResponse
response)
   throws IOException,ServletException {
          doPost(request,response);
   }
   public void doPost(HttpServletRequest request,HttpServletResponse res)
   throws IOException,ServletException {
      Enumeration e=request.getParameterNames();
      PrintWriter out=res.getWriter ();
      while(e.hasMoreElements()) {
         String name=(String)e.nextElement();
         String value=request.getParameter(name);
         out.println(name+"="+value+"<br>");
      }
   }
}
```

（2）在项目 ServletDemoTwo 的 WebRoot 文件夹中新建名为 userLogin.html 的程序，如例程 9-7 所示。通过例程 9-7 的页面来对 Servlet 进行调用，结果如图 9-5 所示。

例程 9-7：userLogin.html。

```
<html>
  <head>
    <title>userLogin</title>
    <meta http-equiv="content-type" content="text/html; charset=UTF-8">
  </head>
  <body>
     <FORM METHOD="POST"  ACTION="GetRequestParam">
       <P>姓名: <INPUT TYPE="TEXT" SIZE="20" NAME="UserID"></P>
       <P>密码: <INPUT TYPE="PASSWORD" SIZE="20" NAME="UserPWD"></P>
       <P><INPUT TYPE="SUBMIT" VALUE="提 交"> </P>
    </FORM>
  </body>
</html>
```

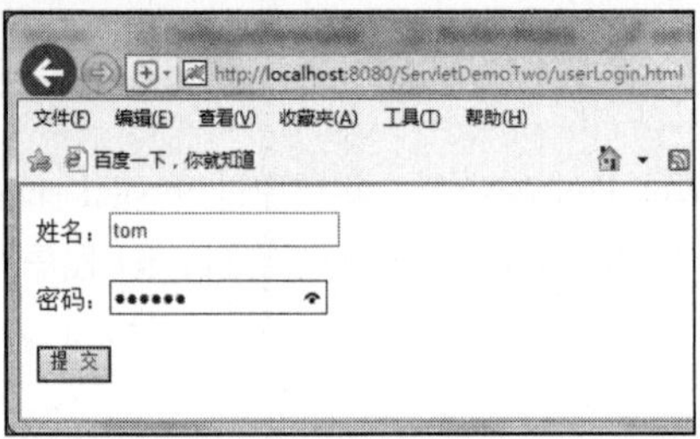

（a）userLogin.html 页面

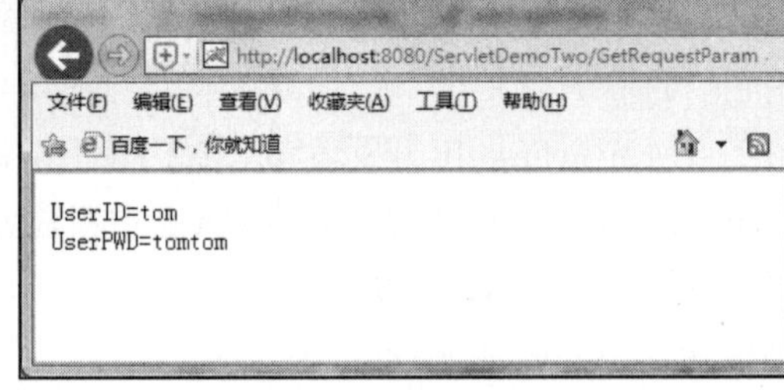

（b）调用 GetRequestParam 的结果

图 9-5 显示页面

9.3.2 读取 HTTP 请求头

HTTP 客户端程序（如浏览器）向服务器发送请求时，除了必须指明请求方法（一般是 GET 或者 POST）外，还可以选择发送其他请求头字段。大多数请求头并不是必需的，但对于 POST 请求来说 Content-Length 必须出现。

在 Servlet 中要读取 HTTP 请求头只需要调用 HttpServletRequest 的 getHeader()方法即可，如果客户请求中提供了指定的头信息，getHeader()返回对应的字符串；否则返回 null。利用 getHeaderNames()还可以得到请求中所有头名字的一个 Enumeration 对象，利用 getMethod()方法返回请求方法，利用 getRequestURI()方法返回 URI，其他方法可参考 Servlet API。下面通过实例介绍 Servlet 实例如何把所有接收到的请求头字段进行输出。

（1）启动 MyEclipse 10 开发环境，打开项目 ServletDemoTwo。在 servlet 包中新建名为 GetRequestHeader.java 的 Servlet 程序，并通过注解进行配置，如例程 9-8 所示。

例程 9-8：GetRequestHeader.java。

```
package com.ytu.servlet;
import java.io.*;
import java.util.*;
import javax.servlet.*;
import javax.servlet.http.*;
import javax.servlet.annotation.WebServlet;
@WebServlet(urlPatterns={"/GetRequestHeader"},asyncSupported=true,loadOnSt
artup=10,name="GetRequestHeader",displayName="GetRequestHeader")
```

```
public class GetRequestHeader extends HttpServlet {
    public  void  doGet(HttpServletRequest  request,  HttpServletResponse
response)
    throws IOException, ServletException{
        response.setContentType("text/html;charset=GBK");
        PrintWriter out=response.getWriter();
        out.println("Request Information Example<br>");
        out.println("Method:"+request.getMethod()+"<br>");
        out.println("Request URI:"+request.getRequestURI()+"<br>");
        out.println("Protocol:"+request.getProtocol()+"<br>");
        out.println("PathInfo:"+request.getPathInfo()+"<br>");
        out.println("Remote Address: " + request.getRemoteAddr()+"<br>");
        Enumeration e=request.getHeaderNames();
        while (e.hasMoreElements()) {
            String name=(String)e.nextElement();
            String value=request.getHeader(name);
            out.println(name+"="+value+"<br>");
        }
    }
    public void doPost(HttpServletRequest request,HttpServletResponse
    response)
    throws IOException,ServletException {
        doGet(request,response);
    }

}
```

（2）部署项目 ServletDemoTwo 到 Tomcat 服务器，通过在浏览器输入地址直接对 Servlet 进行调用，结果如图 9-6 所示。

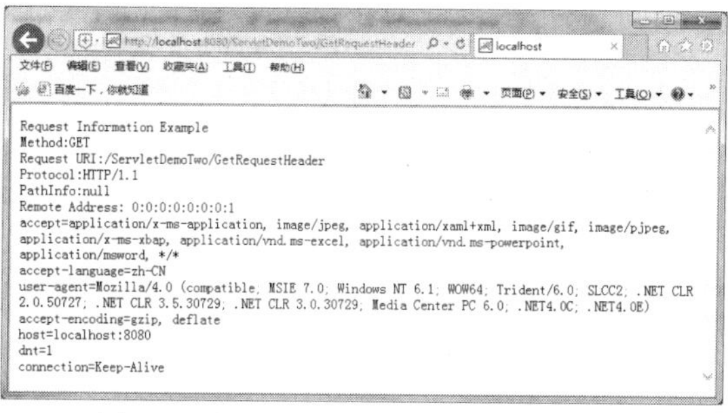

图 9-6　调用 GetRequestHeader 的结果

9.3.3　处理 Cookie

Cookie 是 Servlet 容器发送给浏览器的容量很小的纯文本信息，用户再次访问同一个 Servlet 容器时浏览器会把它们原样发送给服务器。服务器通过读取其原先保存在客户端的信息，能够为访问者提供一系列的方便条件。例如，在线交易过程中标识用户身份、有针对性地投放广告等。

要发送 Cookie 到客户端，先要用合适的名字和值创建一个或多个 Cookie 对象。接下来通过 HttpServletResponse 的 addCookie()方法加入 Set-Cookie 应答头字段中。

要从客户端读入 Cookie，可以通过 HttpServletRequest 的 getCookies()方法，该方法返回一个

Cookie 对象的数组。在大多数情况下，只需要用循环访问该数组的各个元素寻找指定名字的 Cookie，然后调用 Cookie 对象的 getValue()方法取得与指定名字关联的值。下面的实例先是向客户端写入 Cookie，然后从客户端读取 Cookie。

（1）启动 MyEclipse 10 开发环境，打开项目 ServletDemoTwo。在 servlet 包中新建名为 WriteCookie.java 的 Servlet 程序，并通过注解进行配置，如例程 9-9 所示。在 servlet 包中新建名为 ReadCookie.java 的 Servlet 程序，并通过注解进行配置，如例程 9-10 所示。

例程 9-9：WriteCookie.java。

```
package com.ytu.servlet;

import java.io.*;
import javax.servlet.*;
import javax.servlet.http.*;
import javax.servlet.annotation.WebServlet;

@WebServlet(urlPatterns={"/WriteCookie"},asyncSupported=true,loadOnStartup
=10,name="WriteCookie",displayName="WriteCookie")

public class WriteCookie extends HttpServlet {
   public   void   doGet(HttpServletRequest   request,   HttpServletResponse
response)  throws IOException, ServletException{
         response.setContentType("text/html;charset=GBK");
         PrintWriter out=response.getWriter();
         out.println("写入名为 cookiename 的 Cookie 对象");
         String strName="goodcookie";
         Cookie c=new Cookie("cookiename", strName); //产生 Cookie 对象
         response.addCookie(c);                      //发送 Cookie 对象
    }

}
```

例程 9-10：ReadCookie.java。

```
package com.ytu.servlet;

import java.io.*;
import javax.servlet.*;
import javax.servlet.http.*;
import javax.servlet.annotation.WebServlet;

@WebServlet(urlPatterns={"/ReadCookie"},asyncSupported=true,loadOnStartup=
10,name="ReadCookie",displayName="ReadCookie")
public class ReadCookie extends HttpServlet {
    public void doGet(HttpServletRequest request,HttpServletResponse
    response)
    throws IOException, ServletException{
       response.setContentType("text/html;charset=GBK");
       PrintWriter out=response.getWriter();
       out.println("读取名为 cookiename 的 Cookie 对象,值为");
       Cookie[] cookies=request.getCookies();//获取 Cookie 对象
       for(int i=0;i<cookies.length;i++) {
          if(cookies[i].getName().equals("cookiename"))
             out.print(cookies[i].getValue());
```

```
        }
    }
}
```

（2）部署项目 ServletDemoTwo 到 Tomcat 服务器，通过在浏览器输入地址直接对 Servlet 进行调用，结果如图 9-7 所示。

（a）写入 Cookie 结果

（b）读取 Cookie 结果

图 9-7　处理 Cookie 运行结果

9.3.4　Servlet 中的 HTTP 会话管理

HTTP 协议是“无状态”的，Servlet 通过 HttpSession API 提供了维持会话信息的机制。它是一个高级会话状态跟踪接口，自动为 Servlet 访问者提供一个可以方便存储会话信息的地方。

在 Servlet 中可以查看与当前请求关联的会话对象，必要的时候创建新的会话对象，可以查看与某个会话相关的信息，可以在会话对象中保存信息，当会话完成或中止时释放会话对象。

通过调用 HttpServletRequest 的 getSession()方法可以查看当前请求的会话对象，如果 getSession()方法返回 null，可以创建一个新的会话对象。如果按 getSession(true)调用方法，则当不存在现成的会话时自动创建一个会话对象。

HttpSession 对象生存在服务器上，自动关联到请求的发送者，提供一个内建的数据结构，在这个结构中可以保存任意数量的键-值对。通过 HttpSession 对象的 getAttribute()方法和 setAttribute()方法来获取和保存信息。可以根据特定的名字寻找与它关联的值。下面通过实例介绍用于输出显示有关当前会话的信息。

（1）启动 MyEclipse 10 开发环境，打开项目 ServletDemoTwo。在 servlet 包中新建名为 SessionExample.java 的 Servlet 程序，并通过注解进行配置，如例程 9-11 所示。

例程 9-11：SessionExample.java。

```
package com.ytu.servlet;

import java.io.*;
import java.util.*;
import javax.servlet.*;
import javax.servlet.http.*;
import javax.servlet.annotation.WebServlet;

@WebServlet(urlPatterns={"/SessionExample"},asyncSupported=true,loadOnStar
tup=10,name="SessionExample",displayName="SessionExample")

public class SessionExample extends HttpServlet {
```

```
    public  void  doGet(HttpServletRequest  request,  HttpServletResponse
response)
    throws IOException,ServletException {
        response.setContentType("text/html");
        PrintWriter out=response.getWriter();
        HttpSession session=request.getSession(true);
        out.println("print session info<br>");
        Date created=new Date(session.getCreationTime());
        Date accessed=new Date(session.getLastAccessedTime());
        out.println("ID"+session.getId()+"<br>");
        out.println("Created:"+created+"<br>");
        out.println("Last Accessed:"+accessed+"<br>");
        out.println("set session info <br>");
        String dataName=request.getParameter("dataName");
        if (dataName!=null && dataName.length()>0) {
            String dataValue=request.getParameter("dataValue");
            session.setAttribute(dataName,dataValue);
        }
        out.println("print session contents<br>");
        Enumeration e=session.getAttributeNames();
        while (e.hasMoreElements()) {
            String name=(String)e.nextElement();
            String value=session.getAttribute(name).toString();
            out.println(name+"="+value+"<br>");
        }
    }

}
```

（2）部署项目 ServletDemoTwo 到 Tomcat 服务器，通过在浏览器输入以下地址 http://localhost:8080/ServletDemoTwo/SessionExample?dataName=name&dataValue=tom 对 Servlet 进行调用，结果如图 9-8 所示。

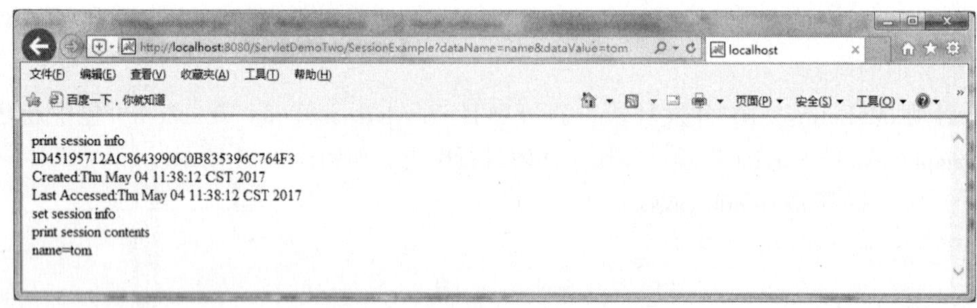

图 9-8 调用 SessionExample 的结果

9.3.5 创建 Web 监听

在 Servlet 容器中，用户可以通过定义监听器对象来对某些事件进行检测并进行处理，当被监听的事件发生时，Servlet 容器会调用相应监听器对象的方法来进行事件处理。监听器对象可以监听 Web 应用的上下文信息、Servlet 会话信息、Servlet 请求信息等，还可以通过它们在后台自动执行某些程序。要使用这些监听器对象，用户必须定义并配置相应的监听器类，监听器类要实现相应的监听器接口。常用的监听接口有：

- ServletContextListener：监听 ServletContext 对象的生命周期，当创建 ServletContext 时，调用 contextInitialized()方法，当销毁 ServletContext 时，调用 contextDestroyed()方法。
- ServletContextAttributeListener：监听对 ServletContext 属性的操作，如增加、删除、修改等。当增加 ServletContext 对象属性时，调用 attributeAdded()方法；当删除 ServletContext 对象属性时，调用 attributeRemoved()方法；当修改 ServletContext 对象属性值时，调用 attributeReplaced()方法。
- HttpSessionListener：监听 HttpSession 的操作。当创建一个 Session 时，调用 sessionCreated()方法；当销毁一个 Session 时，调用 sessionDestroyed()方法。
- HttpSessionAttributeListener：监听 HttpSession 中属性的操作。当增加 Session 属性时，调用 attributeAdded()方法；当删除 Session 属性时，调用 attributeRemoved()方法；当修改 Session 属性时，调用 attributeReplaced()方法。

1. 监听 Servlet 上下文

下面的例子用来实现对 ServletContext 的生命周期及其属性的监听，该监听器需要实现 ServletContextListener 和 ServletContextAttributeListener 接口，其监听的结果输出到 Tomcat 服务器在开发环境的控制台信息输出窗口。

（1）启动 MyEclipse 10 开发环境，打开项目 ServletDemoTwo。创建 com.ytu.listener 包，在 listener 包中新建名为 ContextListener.java 的监听器程序，如例程 9-12 所示。

例程 9-12：ContextListener.java。

```
package com.ytu.listener;
import javax.servlet.*;
import javax.servlet.annotation.*;

@WebListener
public final class ContextListener implements ServletContextAttributeListener,
ServletContextListener {
    private ServletContext context=null;
    public void attributeAdded(ServletContextAttributeEvent event) {
        log("attributeAdded('" + event.getName() + "', '" +event.getValue() + "') ");
    }
    public void attributeRemoved(ServletContextAttributeEvent event) {
        log("attributeRemoved('" + event.getName() + "', '" +event.getValue() + "') ");
    }
    public void attributeReplaced(ServletContextAttributeEvent event) {
        log("attributeReplaced('" + event.getName() + "', '" +event.getValue() + "') ");
    }
    public void contextDestroyed(ServletContextEvent event) {
        log("contextDestroyed()");
        this.context=null;
    }
    public void contextInitialized(ServletContextEvent event) {
        this.context=event.getServletContext();
        log("contextInitialized()");
    }
    private void log(String message) {
        if(context != null)
```

```
            context.log"ContextListener: " + message);
        else
            System.out.println("ContextListener: " + message);
    }
    private void log(String message, Throwable throwable) {
        if(context != null)
            context.log("ContextListener: " + message, throwable);
        else {
            System.out.println("ContextListener: " + message);
            throwable.printStackTrace(System.out);
        }
    }
}
```

（2）对监听器程序进行配置。可以在 web.xml 中配置该监听器，例如：

```
<listener>
    <listener-class>com.ytu.listener.ContextListener</listener-class>
</listener>
```

也可以通过注解@WebListener 对监听器程序进行配置，如例程 9-12 所示，从而取代在 web.xml 中的配置。本例采用注解方式进行配置。

（3）在项目 ServletDemoTwo 的 WebRoot 文件夹中新建 ContextListenerTest.jsp 程序，如例程 9-13 所示，用来对已经配置的监听器进行测试。服务器负责创建监听器的实例，接收事件并自动判断实现监听器接口的类型。运行结果如图 9-9 所示。

例程 9-13： ContextListenerTest.jsp。

```
<%@ page language="java" import="java.util.*" pageEncoding="GBK"%>
<html>
  <head>
    <title>ContextListenerTest</title>
  </head>
  <body>
   <%
    out.println("add attribute");
    getServletContext().setAttribute("userName","hellking");
    out.println("replace attribute");
    getServletContext().setAttribute("userName","asiapower");
    out.println("remove attribute");
    getServletContext().removeAttribute("userName");
 %>
  </body>
 </html>
```

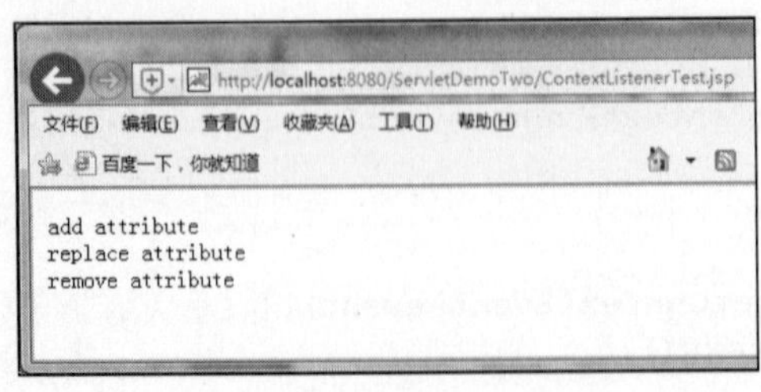

（a）测试页面运行结果

```
Problems  Tasks  Web Browser  Console  Servers
tomcat7Server [Remote Java Application] D:\Java\jdk1.7.0_45\bin\javaw.exe (2017-5-4 上午11:37:06)
五月04, 2017 12:09:22 下午 org.apache.catalina.core.ApplicationContext log
信息: ContextListener: attributeAdded('userName', 'hellking')
五月04, 2017 12:09:22 下午 org.apache.catalina.core.ApplicationContext log
信息: ContextListener: attributeReplaced('userName', 'hellking')
五月04, 2017 12:09:22 下午 org.apache.catalina.core.ApplicationContext log
信息: ContextListener: attributeRemoved('userName', 'asiapower')
五月04, 2017 12:10:29 下午 org.apache.catalina.core.ApplicationContext log
信息: ContextListener: attributeAdded('userName', 'hellking')
五月04, 2017 12:10:29 下午 org.apache.catalina.core.ApplicationContext log
信息: ContextListener: attributeReplaced('userName', 'hellking')
五月04, 2017 12:10:29 下午 org.apache.catalina.core.ApplicationContext log
信息: ContextListener: attributeRemoved('userName', 'asiapower')
```

（b）系统控制台输出监听内容

图 9-9　监听 Servlet 上下文运行结果

2. 监听 HTTP 会话

在 Web 应用中可以监听 Session 会话的生命周期以及会话中属性的设置情况，还可以监听会话的 active、passivate 情况等。通过 HttpSessionListener 接口可以监听会话的创建和销毁，通过 HttpSessionActivationListener 接口可以监听会话的 active、passivate 情况，通过 HttpSessionBinding Listener 可以监听会话中对象的绑定信息，通过 HttpSessionAttributeListener 可以监听会话中属性的设置请求。下面的例子通过监听器实现在线用户数量统计功能。

（1）启动 MyEclipse 10 开发环境，打开项目 ServletDemoTwo。在 listener 包中新建名为 OnlineCounterListener.java 的监听器程序，如例程 9-14 所示。在 listener 包中新建名为 OnlineCounter.java 的程序，用来作为在线人数的计数器，如例程 9-15 所示。

例程 9-14：OnlineCounterListener.java。

```
package com.ytu.listener;
import javax.servlet.http.HttpSessionEvent;
import javax.servlet.http.HttpSessionListener;
import javax.servlet.annotation.*;
@WebListener
public class OnlineCounterListener implements HttpSessionListener{
    public void sessionCreated(HttpSessionEvent hse) {
        OnlineCounter.raise();
    }
   public void sessionDestroyed(HttpSessionEvent hse){
        OnlineCounter.reduce();
    }
}
```

例程 9-15：OnlineCounter.java。

```
package com.ytu.listener;
public class OnlineCounter {
   private static long online = 0;
   public static long getOnline(){
      return online;
   }
   public static void raise(){
       online++;
   }
   public static void reduce(){
        online--;
   }
}
```

（2）对监听器程序进行配置。本例采用注解方式进行配置，如例程 9-14 所示。

（3）在项目 ServletDemoTwo 的 WebRoot 文件夹中，新建 OnlineCounter.jsp 程序，如例程 9-16 所示，用来对已经配置的监听器进行测试。新建 exitSession.jsp 程序，如例程 9-17 所示，用来实现注销用户。运行结果如图 9-10 所示。

例程 9-16：OnlineCounter.jsp。

```
<%@ page language="java" import="java.util.*" pageEncoding="GBK"%>
<html>
  <head>
```

```
    <title>OnlineCounter</title>
  </head>
  <body>
    <%@ page import="com.ytu.listener.OnlineCounter"
         contentType="text/html;charset=GBK"%>
    <%!long count=OnlineCounter.getOnline();%>
        目前在线人数是：<%=count%>
    <form method="get" action="exitSession.jsp">
      <input type="submit" value="注销">
</form>
  </body>
</html>
```

当用户单击“注销”按钮时会跳转到 exitSession.jsp，在该页面中将 Session 对象销毁。

例程 9-17：exitSession.jsp。

```
<%@ page language="java" import="java.util.*" pageEncoding="GBK"%>
<html>
  <head>
    <title>exitSession</title>
  </head>
  <body>
      <%@ page  contentType="text/html;charset=GBK"%>
      <%session.invalidate();%>
              用户已注销
  </body>
</html>
```

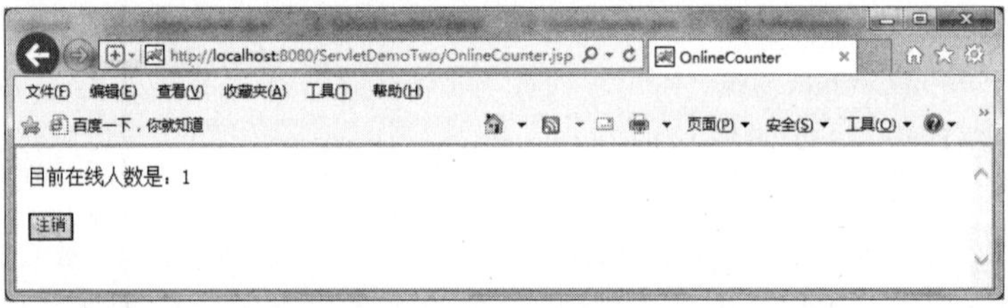

图 9-10 监听 HTTP 会话运行结果

3. 对请求监听

Servlet 2.4 规范中可以监听客户端请求的生命周期，可以从请求中获得客户端的相应信息（如地址），通过这些信息来做相应的处理，可以监听请求对象中属性的设置情况。下面的程序实现对客户请求进行监听。

（1）启动 MyEclipse 10 开发环境，打开项目 ServletDemoTwo。在 listener 包中新建名为 MyRequestListener.java 的监听器程序，如例程 9-18 所示。

例程 9-18：MyRequestListener.java。

```
package com.ytu.listener;

import java.io.*;
import javax.servlet.*;
import javax.servlet.annotation.*;

@WebListener
```

```
public class MyRequestListener implements ServletRequestListener,Servlet
RequestAttributeListener{
   public void requestDestroyed(ServletRequestEvent sre) {
      logout("request destroyed");
   }
   public void requestInitialized(ServletRequestEvent sre) {
      logout("request init");
      ServletRequest sr=sre.getServletRequest();
      if(sr.getRemoteAddr().startsWith("127"))
        sr.setAttribute("isLogin",new Boolean(true));
      else
        sr.setAttribute("isLogin",new Boolean(false));
   }
   public void attributeAdded(ServletRequestAttributeEvent event) {
      logout("attributeAdded('" + event.getName() + "','" +
      event.getValue() + "') ");
   }
   public void attributeRemoved(ServletRequestAttributeEvent event) {
      logout("attributeRemoved('" + event.getName() + "','" +
      event.getValue() + "') ");
   }
   public void attributeReplaced(ServletRequestAttributeEvent event){
      logout("attributeReplaced('" + event.getName() + "','" +
      event.getValue() + "') ");
   }
   private void logout(String msg){
      PrintWriter out=null;
      try{
         out=new PrintWriter(new FileOutputStream("c:\\request.txt",true));
         out.println(msg);
         out.close();
      } catch(Exception e) {
          out.close();
      }
   }
}
```

（2）对监听器程序进行配置。本例采用注解方式进行配置，如例程 9-18 所示。

（3）在项目 ServletDemoTwo 的 WebRoot 文件夹中，新建 login.jsp 程序，如例程 9-19 所示，用来对已经配置的监听器进行测试。新建 welcome.jsp 程序，如例程 9-20 所示。

当访问 http://localhost:8080/ServletDemoTwo/login.jsp 时，如果客户端的 IP 地址以 127 开头，则会自动跳转到 welcome.jsp 页面，结果如图 9-11 所示。

例程 9-19： login.jsp。

```
<%@ page language="java" import="java.util.*" pageEncoding="GBK"%>
<html>
  <head>
     <title>login</title>
  </head>
  <body>
```

```
  <%@ page  contentType="text/html;charset=GBK"%>
<%if             (((Boolean)request.getAttribute("isLogin")).equals(new
Boolean(true))){
  session.setAttribute("isLogin",new Boolean(true));
  response.sendRedirect("welcome.jsp");
}else {
  %>
  请输入登录信息:<form action="login.jsp"method="post">
  <br>用户名: <input type=text name=user>
  <br>密  码: <input type=password name=password>
  <br><br>       <input type=submit name=submit>
  </form>
  <%
  }
  %>
 </body>
</html>
```

例程 9-20： welcome.jsp。

```
<%@ page  contentType="text/html;charset=GBK"%>
<html>
 <head>
   <title>welcome</title>
 </head>
 <body>
  welcome
 </body>
</html>
```

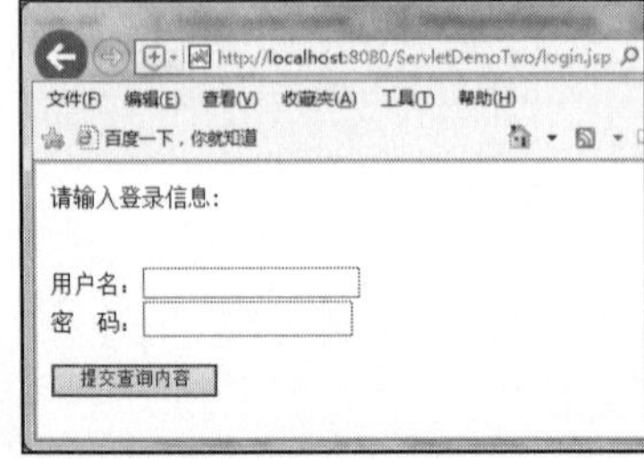

（a）地址以 localhost 开头的运行结果

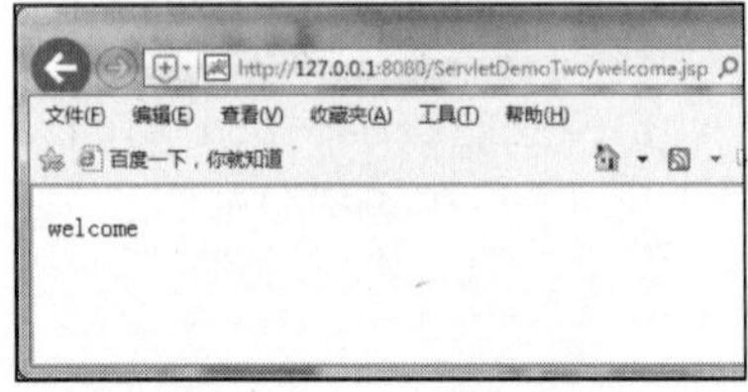

（b）地址以 127.0.0.1 开头的运行结果

图 9-11　请求监听器运行结果

9.3.6　创建过滤程序

Servlet API 提供的另外一个重要功能就是能够为 Servlet 和 JSP 页面定义过滤器。过滤器是一个程序，它比与之相关的 Servlet 或 JSP 页面先运行在服务器上，是外部访问程序组件的第一步，通过它可以验证客户是否来自可信的网络，可以对客户提交的数据进行重新编码，可以验证客户是否已经登录，可以记录系统的日志等。过滤器可部署到一个或多个 Servlet 或 JSP 页面上，截取从客户端进来的请求，并做出处理的答复。

可以为一个 Web 应用组件部署多个过滤器，这些过滤器组成一个过滤链，每个过滤器可以执行某个特定的操作或检查，在请求到达被访问的目标之前需要经过这个过滤链，如果由于安全的问题不能访问目标资源，那么过滤器就可以阻止客户端的请求。

所有过滤器都必须实现 javax.servlet.Filter 接口，这个接口包含 3 个方法：doFilter()、init()和 destroy()。其中，doFilter()方法包含主要的过滤代码，init()方法进行相应初始化操作，destroy()方法用来销毁过滤器。

doFilter()方法为大多数过滤器的关键部分，每当调用一个过滤器时，都要执行该方法，它的第一个参数为 HttpServletRequest 类型。它的第 3 个参数是一个 FilterChain 对象，通过调用 FilterChain 对象的 doFilter()方法时，可以激活下一个相关的过滤器。这个过程一般持续到过滤链的最后一个过滤器为止，在最后一个过滤器调用其 FilterChain 对象的 doFilter()方法时，才会激活 Servlet 或 JSP 页面。

在 web.xml 中，<filter>标记用于向系统注册一个过滤对象，<filter-mapping>标记指定该过滤对象所应用的 URL。<filter>标记位于 web.xml 的前部，在所有<filter-mapping>、<servlet>或<servlet-mapping>标记之前。<filter-mapping>标记位于<filter>标记之后<serlvet>标记之前。下面代码用来对客户请求进行字符编码过滤，使请求的编码格式设置为指定的格式。

（1）启动 MyEclipse 10 开发环境，打开项目 ServletDemoTwo。创建 com.ytu.filter 包结构，在 filter 包中新建名为 SetCharacterEncodingFilter.java 的过滤器程序，如例程 9-21 所示。

例程 9-21：SetCharacterEncodingFilter.java。

```
package com.ytu.filter;
import java.io.*;
import javax.servlet.*;
import javax.servlet.http.*;
import javax.servlet.annotation.*;

@WebFilter(filterName="SetCharacterEncodingFilter",urlPatterns="/*",initPa
rams={@WebInitParam(name="encoding",value="gbk")})
 public class SetCharacterEncodingFilter implements Filter {
   protected String encoding ="GBK";
   protected FilterConfig filterConfig = null;
   public void init(FilterConfig filterConfig) throws ServletException {
      this.filterConfig=filterConfig;
      this.encoding=filterConfig.getInitParameter("encoding");
   }
   public void doFilter(ServletRequest request,ServletResponse response,
FilterChain chain)throws IOException, ServletException {
      HttpServletRequest res=(HttpServletRequest)request;
      res.setCharacterEncoding(encoding);
      chain.doFilter(request, response);
   }
   public void destroy() {
      this.filterConfig=null;
   }
}
```

（2）对过滤器程序进行配置。可以在 web.xml 中进行配置，具体内容如下：

```
<filter>
<filter-name>SetCharacterEncodingFilter</filter-name>
 <filter-class>com.ytu.filter.SetCharacterEncodingFilter</filter-class>
```

```
<init-param>
   <param-name>encoding</param-name>
   <param-value>gbk</param-value>
</init-param>
</filter>
 <filter-mapping>
     <filter-name>SetCharacterEncodingFilter</filter-name>
     <url-pattern>/*</url-pattern>
 </filter-mapping>
```

也可以采用注解方式进行配置。本例采用注解方式进行配置，如例程 9-21 所示。

（3）在项目 ServletDemoTwo 的 WebRoot 文件夹中，新建 EncodingFilterTest.html 程序，如例程 9-22 所示。新建 success.jsp 程序，如例程 9-23 所示。通过访问 EncodingFilterTest.html 页面向 success.jsp 提交信息，在 success.jsp 页面获取的表单参数将以中文方式显示，如图 9-12 所示。需要注意的是在 success.jsp 页面中并没有将 request 对象获得的参数进行编码转换。

例程 9-22：EncodingFilterTest.html。

```
<html>
  <head>
    <title>EncodingFilterTest</title>
  </head>
  <body>
      <FORM METHOD="post"  ACTION="success.jsp">
       <P>姓名: <INPUT TYPE="TEXT" SIZE="20" NAME="username"></P>
       <P>密码: <INPUT TYPE="PASSWORD" SIZE="20" NAME="userpass"></P>
       <P><INPUT TYPE="SUBMIT" VALUE="提 交"> </P>
    </FORM>

  </body>
</html>
```

例程 9-23：success.jsp。

```
<%@ page language="java" import="java.util.*" pageEncoding="GBK"%>

<html>
  <head>
     <title>success</title>
  </head>
  <body>
    <%!String user,pass;%>
     <%
       user=request.getParameter("username");
       pass=request.getParameter("userpass");
       if(user.equals("小明")&&pass.equals("xiaoming")){
           out.println("登录验证通过，欢迎: "+user+"<br>");
           session.setAttribute("key","ok");
           session.setAttribute("user",user);
         out.println("<a href=login/signon.jsp>接下来，可以访问/login/signon.
  jsp</a>");
       }else
         out.println("用户名或密码错误");
     %>

  </body>
 </html>
```

（a）EncodingFilterTest.html 页面

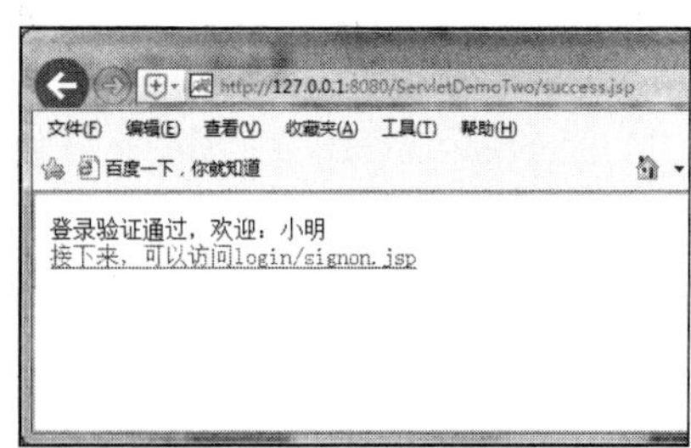

（b）success.jsp 运行结果

图 9-12 运行页面

接下来，通过过滤器程序实现对指定文件夹中的文件访问拦截，实现登录验证、过滤外界非法的进入页面等功能。

（1）启动 MyEclipse 10 开发环境，打开项目 ServletDemoTwo。在 filter 包中新建名为 ManageFilter.java 的过滤器程序，如例程 9-24 所示。

例程 9-24：ManageFilter.java。

```
package com.ytu.filter;
import java.io.IOException;
import javax.servlet.*;
import javax.servlet.http.*;
import javax.servlet.annotation.*;

@WebFilter(filterName="manage",urlPatterns="/login/*")

public class ManageFilter implements Filter{
   String LOGIN_PAGE;
   protected FilterConfig filterConfig;
   public ManageFilter(){
      LOGIN_PAGE="/ServletDemoTwo/EncodingFilterTest.html";
}
   public void doFilter(ServletRequest servletrequest, ServletResponse servletresponse, FilterChain filterchain) throws IOException,ServletException {
      HttpServletRequest request=(HttpServletRequest) servletrequest;
      HttpServletResponse response=(HttpServletResponse) servletresponse;
      HttpSession session = request.getSession();
      String key = "";
      try { //取出登录验证通过时在session中存的一个标志
        key = (String) session.getAttribute("key");
          if (key!= null&&key.equals("ok")){
            System.out.println("请求认证通过");
            filterchain.doFilter(servletrequest,servletresponse);
          }else{
            response.sendRedirect(LOGIN_PAGE);
            System.out.println("被拦截一个未认证的请求");
          }
      }catch (Exception exception){
         exception.printStackTrace();
      }
```

```
    }
    public void setFilterConfig(FilterConfig filterconfig)
    { filterConfig=filterconfig;}
    public void destroy()
    { filterConfig=null;}
    public void init(FilterConfig filterconfig)  throws ServletException
    {  filterConfig=filterconfig;}
}
```

（2）对过滤器程序进行配置。可以在 web.xml 中进行配置，具体内容如下：

```
<filter>
     <filter-name>manage</filter-name>
     <filter-class>com.ytu.filter.ManageFilter</filter-class>
</filter>
 <filter-mapping>
     <filter-name>manage</filter-name>
     <url-pattern>/login/*</url-pattern>
 </filter-mapping>
```

也可以采用注解方式进行配置。本例采用注解方式进行配置，如例程 9-24 所示。

（3）在项目 ServletDemoTwo 的 WebRoot 文件夹中，新建 login 文件夹，在 login 文件夹中创建 signon.jsp，如例程 9-25 所示。

例程 9-25：/login/ signon.jsp。

```
<%@ page language="java" import="java.util.*" pageEncoding="GBK"%>

<html>
  <head>
    <title>signon</title>
  </head>
  <body>
    <%!String user;%>
    <%user=(String)session.getAttribute("user");
      out.println("欢迎: "+user+",你已通过认证可以访问此页");
%>
  </body>
</html>
```

例程 9-23 的 EncodingFilterTest.html 页面进行系统登录时，向例程 9-25 的 success.jsp 提交中文信息，当用户名和密码验证通过后，会在 session 对象中设置名为 key 的属性。例程 9-24 的过滤器程序对 session 对象中名为 key 的属性进行检测，如果存在，则允许访问 login/signon.jsp，如图 9-13 所示。如果用户没有登录成功，直接 login/signon.jsp 时，过滤器会自动将页面跳转到登录页面。

图 9-13　通过认证后访问/login/signon.jsp 运行结果

9.4　Servlet 访问数据库

9.4.1　Servlet 连接数据库

Servlet 是运行在服务器端的组件，可以将对数据库的操作封装到 Servlet 中。在实际应用中为了增强灵活性，一般将建立数据库连接所需的参数以初始化参数的形式配置到 web.xml 中，这样 Servlet 可以方便地对参数进行获取。下面介绍如何用 Servlet 来实现建立数据库连接，并进行相应的操作，其中连接数据库所需的参数可以从 Servlet 配置信息中获取。

（1）启动 MyEclipse 10 开发环境，新建 Web Project 项目 ServletDemoThree。创建 com.ytu.servlet 包结构，在 servlet 包中新建名为 ConnectionServlet.java 的程序，如例程 9-26 所示。

例程 9-26：ConnectionServlet.java。

```
package com.ytu.servlet;

import java.io.*;
import java.sql.*;
import java.util.*;
import javax.servlet.*;
import javax.servlet.http.*;
public class ConnectionServlet extends HttpServlet{
   Connection con;
   public void init() {
      String DRIVER=getInitParameter("driver");
      String URL=getInitParameter("url");
      String USER=getInitParameter("username");
      String PWD=getInitParameter("password");
      try { Class.forName(DRIVER);
         con=DriverManager.getConnection(URL,USER,PWD);
      }catch(Exception e){
         e.printStackTrace();
      }
   }
   public void doGet(HttpServletRequest request, HttpServletResponse response)
throws IOException, ServletException  {
      request.setCharacterEncoding("gbk");
      response.setContentType("text/html;charset=gb2312");
      PrintWriter out=response.getWriter();
      String bookName=request.getParameter("bookName");
      ResultSet rst=getBook(bookName);
      out.println("<table border=1><tr><td>图书名</td><td>出版社</td><td>价格
</td></tr>");
      try{
         while(rst.next()) {
            out.println("<tr>");
            out.println("<td>"+rst.getString("bookname")+"</td>");
            out.println("<td>"+rst.getString("publisher")+"</td>");
            out.println("<td>"+rst.getFloat("price")+"</td>");
            out.println("</tr>");
```

```
            }
            out.println("</table>");
            rst.close();
        } catch(Exception e) { }
    }
    public void doPost(HttpServletRequest request, HttpServletResponse response)
throws IOException, ServletException {
        doGet(request,response);
    }
    public ResultSet getBook(String bookName){ //查询数据库
        try{Statement stm=con.createStatement();
            ResultSet result=stm.executeQuery("select * from books where
            bookname='"+bookName+"'");
            return result;
        }catch(Exception e){}
            return null;
    }
}
```

（2）对 Servlet 程序进行配置。可以在 web.xml 中进行配置，具体内容如下：

```
<servlet>
     <description>配置 ConnectionServlet 的初始化参数</description>
     <display-name> ConnectionServlet</display-name>
     <servlet-name>ConnectionServlet</servlet-name>
     <servlet-class>com.ytu.servlet.ConnectionServlet</servlet-class>
     <init-param>
        <param-name>driver</param-name>
        <param-value>com.mysql.jdbc.Driver</param-value>
     </init-param>
     <init-param>
        <param-name>url</param-name>
        <param-value>jdbc:mysql://localhost:3306/shopdb</param-value>
     </init-param>
     <init-param>
        <param-name>username</param-name>
        <param-value>root</param-value>
     </init-param>
     <init-param>
        <param-name>password</param-name>
        <param-value>root</param-value>
     </init-param>
</servlet>
<servlet-mapping>
     <servlet-name>ConnectionServlet</servlet-name>
     <url-pattern>/ConnectionServlet</url-pattern>
</servlet-mapping>
```

（3）将 MySQL 驱动包加载到项目中。数据库采用例程 5-1 所定义数据库。

（4）在项目 ServletDemoThree 的 WebRoot 文件夹中，新建 ConnectionServletTest.html 程序，如例程 9-27 所示。用来向 Servlet 提交请求，要求按图书名查询图书信息，其执行结果如图 9-14 所示。

例程 9-27：ConnectionServletTest.html。

```
<html>
    <head><title>查询图书信息</title></head>
    <body>
        <hr><center>输入图书名,然后单击对应的操作按钮.<br>
        <form action="ConnectionServlet" method="post">
            <table>
                <tr><td>图书名:<input type="text" name="bookName"></td></tr>
                <tr><td><input type="submit" name="action" value="查询
                      "></td></tr>
            </table>
        </form></center>
    </body>
</html>
```

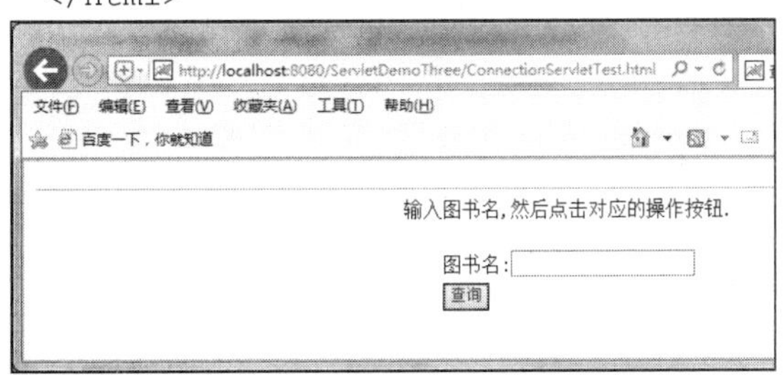

（a）执行界面

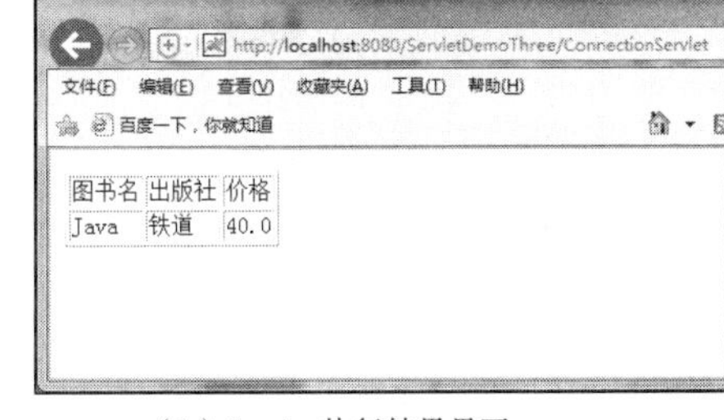

（b）Servlet 执行结果界面

图 9-14　运行结果

9.4.2 Proxool 连接池技术

Proxool 是一个 Java SQL Driver 驱动程序，它提供了对其他类型的驱动程序的连接池封装，可以透明地为现存的 JDBC 驱动程序增加连接池功能。Proxool 同时也是一个开源的连接池，它的性能优异，可实时监控连接池状态。例如，可自动监控各个连接状态的时间间隔，监控到空闲的连接就马上回收，对超时的连接立即销毁。

Proxool 连接池类库的下载地址是 http://proxool.sourceforge.net，根据页面中的提示就可以下载到该连接池的最新类库版本。下载后的文件是一个压缩文件，将解压缩后的文件中的 JAR 包复制到 WEB-INF/lib 文件夹即可。

Proxool 连接池与其他大多数连接池一样，可以通过配置文件显式地指定各个配置选项。该配置文件是创建在 WEB-INF 文件夹中的名称为 proxool.xml 的文件。

（1）启动 MyEclipse 10 开发环境，新建 Web Project 项目 ServletDemoFour。创建 com.ytu.bean 包结构，在 bean 包中新建名为 JdbcConnection.java 的程序，如例程 9-28 所示。在 bean 包中新建名为 bookbean.java 的程序，如例程 9-29 所示。

例程 9-28：JdbcConnection.java。

```
package com.ytu.bean;
import java.sql.*;
import javax.naming.Context;
import javax.naming.InitialContext;
import javax.sql.DataSource;
```

```
public class JdbcConnection {
   private Connection con=null;
   public JdbcConnection() {    //通过构造方法加载数据库驱动
      try {
   con=DriverManager.getConnection("proxool.proxoolConnectionProvider");
      } catch (SQLException e) {
         //TODO Auto-generated catch block
         e.printStackTrace();
      }
   }
   public ResultSet executeQuery(String sql) { //对数据库的查询操作
      ResultSet rs;
      try {
         Statement stmt=con.createStatement();
         rs=stmt.executeQuery(sql);
      } catch (SQLException e) {
         return null;
      }
      return rs;
   }
   public void closeConnection(){
      if(null!=con){
         try {
            con.close();
         } catch (SQLException e) {
            e.printStackTrace();
         }
      }
   }
}
```

例程 9-29：bookbean.java。

```
package com.ytu.bean;
public  class bookbean {
  private int id;
  private String bookname;
  private String publisher;
  private float price;
  public int getId() {
    return id;
  }
  public void setId(int id) {
    this.id=id;
  }
  public String getBookname() {
    return bookname;
  }
  public void setBookname(String bookname) {
    this.bookname=bookname;
  }
  public String getPublisher() {
```

```
    return publisher;
  }
  public void setPublisher(String publisher) {
    this.publisher=publisher;
  }
  public float getPrice() {
    return price;
  }
  public void setPrice(float price) {
    this.price=price;
  }
}
```

（2）将 Proxool 连接池 jar 包、MySQL 驱动包加载到项目中。数据库采用例程 5-1 所定义数据库。

（3）在项目 ServletDemoFour 的 WebRoot 文件夹中 WEB-INF 文件夹中创建名为 proxool.xml 的文件，如例程 9-30 所示。

例程 9-30：proxool.xml。

```
<?xml version="1.0" encoding="UTF-8"?>
<something-else-entirely>
<proxool>
    <!-- 连接池别名 -->
    <alias>proxoolConnectionProvider</alias>
    <driver-url>jdbc:mysql://localhost:3306/shopdb</driver-url>
    <driver-class> com.mysql.jdbc.Driver</driver-class>
    <driver-properties>
        <property name="user" value="root" />
        <property name="password" value="root" />
    </driver-properties>
    <!-- 测试连接的 SQL 语句 -->
    <house-keeping-test-sql>
        select now()
    </house-keeping-test-sql>
    <!-- 设置数据库最大连接数为 10 -->
    <maximum-connection-count>10</maximum-connection-count>
</proxool>
</something-else-entirely>
```

（4）在 web.xml 文件中对 proxool 连接池用到的 Servlet 类进行配置，内容如下：

```
<!-- 配置 ServletConfigurator -->
<servlet>
    <servlet-name>ServletConfigurator</servlet-name>
    <servlet-class>org.logicalcobwebs.proxool.configuration.ServletConfigu
 rator</servlet-class>
    <init-param>
        <param-name>xmlFile</param-name>
        <param-value>WEB-INF/proxool.xml</param-value>
    </init-param>
    <load-on-startup>1</load-on-startup>
</servlet>
<!-- Proxool 提供的管理监控工具，用于查看当前数据库连接情况-->
<servlet>
```

```
        <servlet-name>admin</servlet-name>
        <servlet-class>org.logicalcobwebs.proxool.admin.servlet.AdminServlet</
        servlet-class>
    </servlet>
    <servlet-mapping>
        <servlet-name>admin</servlet-name>
        <url-pattern>/admin</url-pattern>
    </servlet-mapping>
```

（5）在项目 ServletDemoFour 中创建 com.ytu.servlet 包结构，在 servlet 包中新建名为 GetBooks.java 的程序，并通过注解方式对其进行配置，如例程 9-31 所示。

例程 9-31：GetBooks.java。

```
package com.ytu.servlet;

import java.io.*;
import javax.servlet.*;
import javax.servlet.http.*;
import java.sql.*;
import java.util.*;
import com.ytu.bean.*;
import javax.servlet.annotation.WebServlet;

@WebServlet(urlPatterns={"/GetBooks"},asyncSupported=true,loadOnStartup=10
,name="GetBooks",displayName="GetBooks")
public class GetBooks extends HttpServlet {
   public void doGet(HttpServletRequest request, HttpServletResponse response)
         throws ServletException, IOException {
      try {
         JdbcConnection connection=new JdbcConnection();
         String sql="select * from books ";
         ResultSet rs=connection.executeQuery(sql);
         List books=new ArrayList();
         while (rs.next()) {
            bookbean book=new bookbean();
            book.setId(rs.getInt("id"));
            book.setBookname(rs.getString("bookname"));
            book.setPublisher(rs.getString("publisher"));
            book.setPrice(rs.getFloat("price"));
            books.add(book);
         }
         HttpSession session=request.getSession();
         session.setAttribute("books", books);
         response.sendRedirect("showbooks.jsp");
      } catch (Exception e) {
         e.printStackTrace();
      }
   }
   public  void  doPost(HttpServletRequest  request,  HttpServletResponse
 response) throws ServletException, IOException {
      doGet(request,response);
   }
}
```

（6）在项目的 WebRoot 文件夹中创建名为 showbooks.jsp 的程序，用来显示图书信息，如例程 9-32 所示。由于该页面通过 JSTL 标签显示数据，所以需要将 JSTL 标签库的 jar 包导入项目。

例程 9-32：showbooks.jsp。

```
<%@ page language="java"  pageEncoding="GBK" import="java.util.*"%>
<%@ taglib prefix="c" uri="http://java.sun.com/jsp/jstl/core" %>
<html>
  <head>
    <title>showbooks</title>
  </head>
  <body>
  <table border=1>
        <tr>
            <th align="center">id</th>
            <th align="center">bookname</th>
            <th align="center">publisher</th>
            <th align="center">price</th>
        </tr>
      <c:forEach items="${books}" var="book" varStatus="bk">
       <tr>
           <td align="center">${book.id}</td>
           <td align="center">${book.bookname}</td>
           <td align="center">${book.publisher}</td>
           <td align="center">${book.price}</td>
       </tr>
     </c:forEach>
</table>
  </body>
</html>
```

（7）在浏览器地址栏中通过 http://localhost:8080/ServletDemoFour/GetBooks 调用 Servlet，Servlet 接收到请求后，通过 Proxool 连接池获取数据，并跳转到例程 9-32 页面显示相应的图书信息。运行结果如图 9-15 所示。

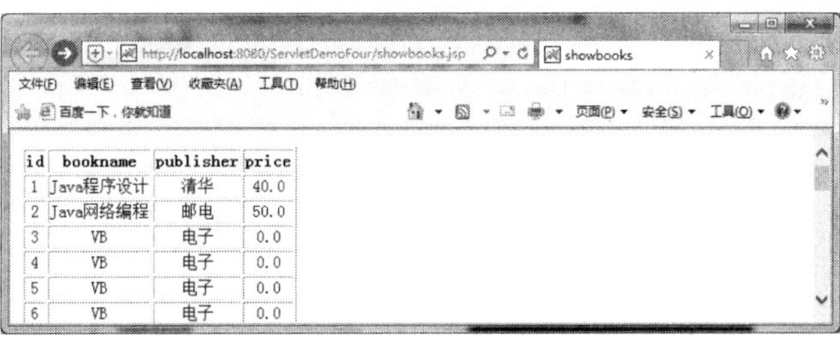

id	bookname	publisher	price
1	Java程序设计	清华	40.0
2	Java网络编程	邮电	50.0
3	VB	电子	0.0
4	VB	电子	0.0
5	VB	电子	0.0
6	VB	电子	0.0

图 9-15 图书信息显示运行结果

9.5 MVC 设计模式

随着 JSP 应用复杂程度的加深、应用范围的扩大，传统的 JSP、JavaBean 设计模式开始显现出越来越多的弊端。为了能更好地提高开发效率，广大开发人员尝试着将现有的 Web 开发技术进行整合，形成一个完整的应用模型。实际开发过程中，只要依照此应用模型进行编码设计，就能够快速开发出满足各种复杂需求的应用程序。这些应用模型被人们统称为框架。在框架的众多设计理念中，MVC 是最优秀、最实用的一种设计模式。基于 MVC 设计模式的框架技术能够有效实现业务逻辑与显示逻辑的分离。在 JSP Web 应用发展过程中，主要产生了两种架构模式，分别是 Model1 模式和 Model2 模式。

9.5.1 Model1 模式

Model1 模式主要采用 JSP+JavaBean 的方式进行应用开发，其工作原理如图 9-16 所示。

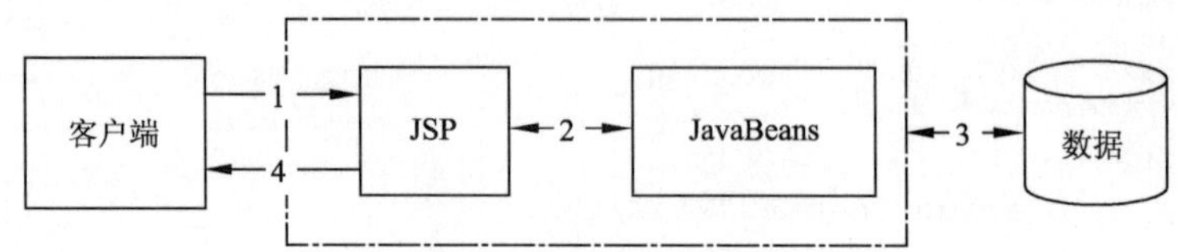

图 9-16 Model1 模式工作原理

Model1 模式的工作流程是按照以下 4 个步骤进行的。

（1）客户端发出请求，该请求由 JSP 页面接收。

（2）JavaBean 用于实现业务模型，JSP 根据请求与不同 Java Bean 进行交互。

（3）业务逻辑操作指定 Java Bean 并改变其模型状态。

（4）JSP 将改变后的结果信息转发给客户端。

Model1 架构模式的实现过程是比较简单的，在这种架构模式中 JSP 集控制和显示于一体。使用 Model1 模式能够快速开发一些小型项目。但是在大型应用中，这种架构模式会为应用程序的开发设计带来负面影响，主要体现在以下几个方面。

（1）JSP 页面中既包含 HTML 标签，又包含 JavaScript 代码，同时还包含了大量 Java 代码，增加了 JSP 页面的维护难度以及程序调试难度。

（2）业务逻辑分布在各个 JSP 页面中，要想理解整个应用的执行流程，必须明白所有 JSP 页面的结构。

（3）各个组件耦合紧密，修改某一业务逻辑或者数据，需要同时修改多个相关页面。

9.5.2 Model2 模式

Model2 模式主要采用 JSP+JavaBean+Servlet 的方式进行应用开发，其工作原理如图 9-17 所示。

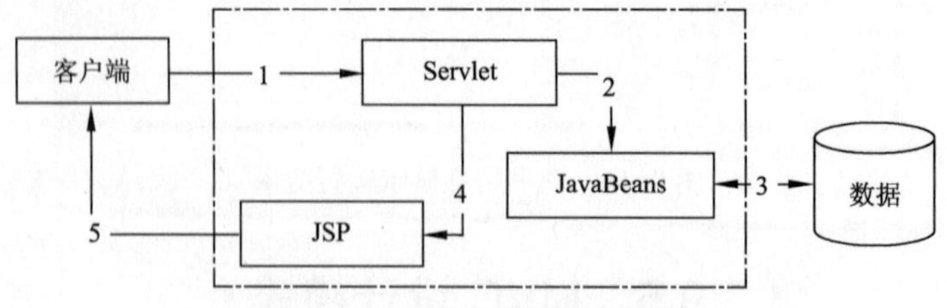

图 9-17 Model2 模式工作原理

Model2 模式的工作流程是按照以下 5 个步骤进行的。

（1）Servlet 接收客户端发出的请求。

（2）Servlet 根据不同的请求调用相应的 JavaBean。

（3）业务逻辑操作指定 JavaBean 并改变其模型状态。

（4）Servlet 将改变后 JavaBean 的业务模型传递给 JSP 视图。

（5）JSP 将后台处理结果呈现给客户端。

与 Model1 模式相比，Model2 引入了一个新的组件 Servlet，能够实现控制逻辑与显示逻辑的分离，从而提高了程序的可维护性。

接下来通过一个用户登录系统的实例来介绍 Model2 模式的实现方式。

（1）启动 MyEclipse 10 开发环境，新建 Web Project 项目 ServletDemoFive。创建 com.ytu.bean 包结构，在 bean 包中新建名为 userBean.java 的程序，如例程 9-33 所示。创建 com.ytu.servlet 包结构，在 servlet 包中新建名为 LoginServlet.java 的 servlet 程序，并通过注解方式进行配置，如例程 9-34 所示。

例程 9-33：userBean.java。

```
package com.ytu.bean;
public class userBean{
   private String userName;
   private String passWord;
   public void setUserName(String name) {
      userName=name;
   }
   public String getUserName() {
      return userName;
   }
   public void setPassWord(String pass) {
      passWord=pass;
   }
   public String getPassWord() {
      return passWord;
   }
}
```

（2）在项目 ServletDemoFive 中创建 com.ytu.servlet 包结构，在 servlet 包中新建名为 LoginServlet.java 的 Servlet 程序，并通过注解方式进行配置，如例程 9-34 所示。

例程 9-34：LoginServlet.java。

```
import com.ytu.bean.*;
import java.io.*;
import javax.servlet.*;
import javax.servlet.http.*;
import javax.servlet.annotation.WebServlet;

@WebServlet(urlPatterns={"/loginServlet"},asyncSupported=true,loadOnStartu
p=10,name="loginServlet",displayName="loginServlet")
public class LoginServlet extends HttpServlet{
public void doPost(HttpServletRequest request,HttpServletResponse response)
throws ServletException,IOException {
      String username=request.getParameter("name");
      String password=request.getParameter("pwd");
      userBean user=new userBean();
```

```
        user.setUserName(username);
        user.setPassWord(password);
        if(username.equals("admin") && password.equals("admin")){
        request.setAttribute ("user", user);
      //下面实现向 JSP 页面的跳转
getServletConfig().getServletContext().getRequestDispatcher("/loginsccess.
jsp").forward(request,response) ;
        }else
getServletConfig().getServletContext().getRequestDispatcher("/login.html").
forward(request,response);
     }
  public void doGet(HttpServletRequest request,HttpServletResponse response)
throws ServletException, IOException {
        doPost(request,response);
  }
}
```

（3）在项目 ServletDemoFive 的 WebRoot 文件夹中分别创建 login.html 和 loginsccess.jsp 的页面程序，如例程 9-35 和例程 9-36 所示。

例程 9-35：login.html。

```
<html>
  <head>
    <TITLE>系统登录页面</TITLE>
    <meta http-equiv="content-type" content="text/html; charset=UTF-8">
  </head>
  <body>
    <FORM METHOD="POST"  ACTION="loginServlet ">
          <P>用户名: <INPUT TYPE="TEXT" SIZE="20" NAME="name"></P>
          <P>密  码: <INPUT TYPE="PASSWORD" SIZE="20" NAME="pwd"></P>
          <P><INPUT TYPE="SUBMIT" VALUE="登录">
             <INPUT TYPE="RESET" VALUE="重置">  </P>
     </FORM>
  </body>
</html>
```

例程 9-36：loginsccess.jsp。

```
<%@ page contentType="text/html;charset=GBK"%>
<%@ page import="com.ytu.bean.userBean"%>
<HTML>
   <HEAD>
      <TITLE>系统登录成功页面</TITLE>
   </HEAD>
   <BODY>
      <%
        userBean user=(userBean)(request.getAttribute("user"));
      %>
      欢迎用户: <%=user.getUserName()%>
   </BODY>
</HTML>
```

例程 9-35 要求用户输入登录信息，包括用户名和密码，当用户在页面中输入信息并单击“登录”按钮时会以 POST 方式将请求提交给例程 9-34 所示对应的 Servlet。

例程 9-34 对客户请求进行分析，从请求对象中获取用户提交的数据，然后生成一个 JavaBean

对象，对 JavaBean 对象的属性进行设置，接下来通过对用户进行合法验证，如果验证通过则跳转到登录成功页面（loginsccess.jsp），如果验证不通过则仍跳转到系统登录页面（login.html）。结果如图 9-18 所示。

这里的用户验证只是通过对固定字符串比较来进行，实际应用中可以考虑从数据库中提取用户信息并进行验证。

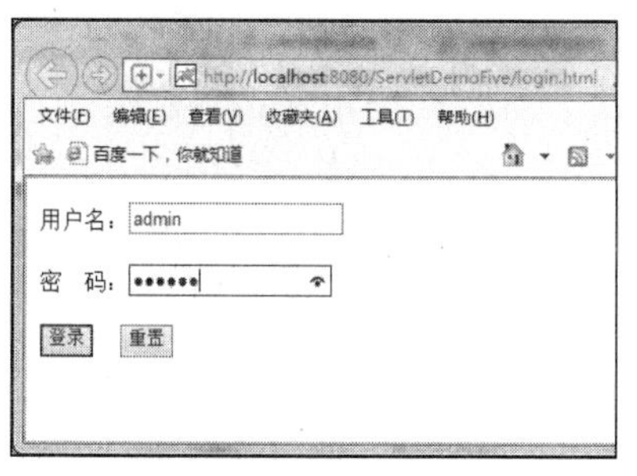

（a）login.html 运行界面

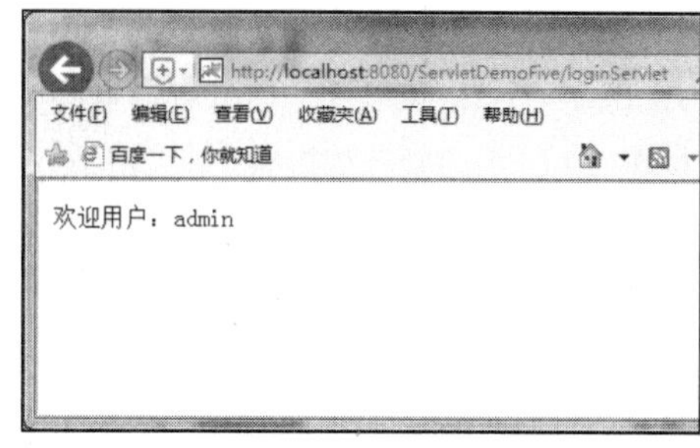

（b）登录成功后的跳转页面

图 9-18　运行结果

9.5.3　MVC 模式

MVC（Model View Controller，模型 - 视图 - 控制器）是 Xerox PARC 在 20 世纪 80 年代为编程语言 Smalltalk - 80 发明的一种软件设计模式，至今已被广泛使用。

1. MVC 模式

在目前的 Web 应用开发中，通常采用的两种 MVC 架构方式为前端控制器模式和页面控制器模式。这两种 MVC 架构方式的工作流程分别如图 9-19 和图 9-20 所示。

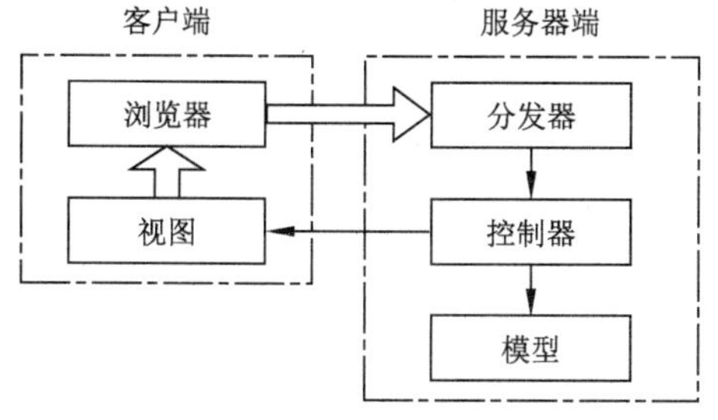

图 9-19　前端控制器模式

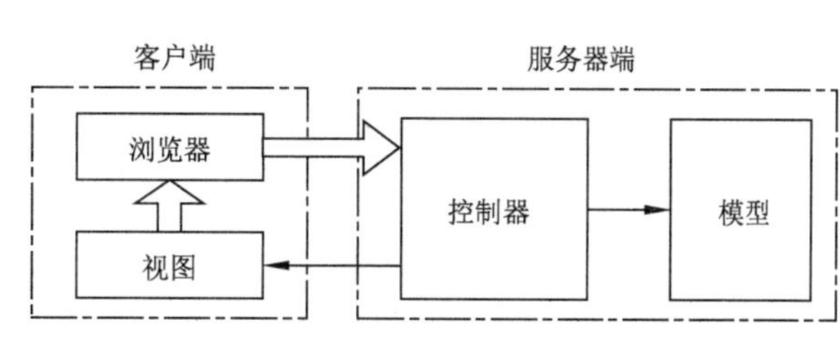

图 9-20　页面控制器模式

在前端控制器模式中，应用程序引入了一个叫做分发器的组件（某些 Web 应用中可以通过 Servlet 实现该功能）。分发器负责接收客户端浏览器发出的请求，并根据请求的 URL 地址将信息转发给特定的控制器。控制器改变相应模型的状态并返回一个标识，该标识与指定视图存在映射关系，通过标识找到对应视图并在客户端浏览器显示执行结果。

页面控制器模式与前端控制器模式稍有不同，在页面控制器模式中不是通过分发器去寻找指定的控制器，而是在客户端浏览器中直接请求某个具体的控制器。页面控制器模式虽然造成了视图组件与控制器组件的耦合过于紧密，但在某些时候能够提高应用程序的执行效率。

2. MVC 组件

MVC 是一个设计模式，它强制性地使应用程序的输入、处理和输出分开。MVC 应用程序可以分成 3 个核心部件：模型、视图、控制器。它们各自处理自己的任务，既相互独立又相互关联。

1）模型

该组件是对软件所处理问题逻辑的一种抽象，封装了问题的核心数据、逻辑和功能实现，独立于具体的界面显示以及 I/O 操作。

模型表示企业数据和业务规则。在 MVC 的 3 个部件中，模型拥有最多的处理任务。被模型返回的数据是中立的，也就是说，模型与数据格式无关，这样一个模型能为多个视图提供数据。由于应用于模型的代码只需写一次就可以被多个视图重用，所以减少了代码的重复性。

2）视图

该组件将表示模型数据，逻辑关系以及状态信息，以某种形式展现给用户。视图组件从模型组件获得显示信息，并且对于相同的显示信息可以通过不同的显示形式或视图展现给用户。

视图是用户看到并与之交互的界面。对传统的 Web 应用程序来说，视图就是由 HTML 元素组成的界面；在新型的 Web 应用程序中，HTML 依旧在视图中扮演着重要的角色，但一些新的技术已层出不穷，它们包括 Macromedia Flash 对象、XHTML、XML/XSL、WML 等一些标识语言。

3）控制器

该组件主要负责用户与软件之间的交互操作，控制模型状态变化的传播，以确保用户界面与模型状态的统一。Web 应用中当用户请求到来时，控制器本身不输出任何东西也不做任何处理，它只是接收请求并决定调用哪个模型去处理该请求，然后用确定使用哪个视图组件来显示模型处理返回的数据。

基于 MVC 模型的 Web 应用的基本工作流程如图 9-21 所示，整个工作流程可以分为 4 个步骤。

（1）用户通过视图（一般是 JSP 页面或 HTML 页面）发出请求。

（2）控制器接收请求后，调用相应的模型并改变其状态。

（3）当模型状态改变后，控制器选择对应的视图组件来反馈改变后的结果。

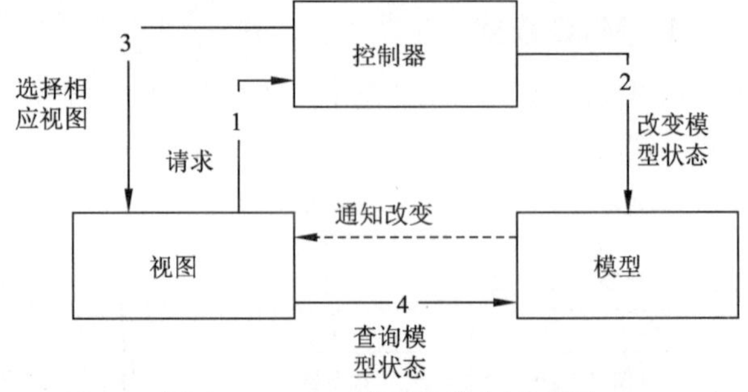

图 9-21　MVC 模型的基本原理图

（4）视图根据改变后的模型，将正确的状态信息显示给用户。

3．MVC 的优缺点

虽然 MVC 设计模式在面向对象程序设计中被广泛应用，但是该设计模式并不是十全十美的。必须要了解掌握它的优点及缺点，这样在实际开发过程中才能扬长避短，充分发挥该设计模式的优势。

1）MVC 的优点

（1）有利于分工部署。使用 MVC 设计模式开发应用程序，不同职能的人员分工非常明确。以 Java Web 应用开发为例，Java 程序员只需将精力集中于业务逻辑，而界面程序员（HTML 和 JSP 开发人员）只需将精力集中在页面表现形式上。

（2）降低耦合，提高可维护性。MVC 设计模式将表现层与业务层有效分离，降低了二者之间的耦合紧密程度。当更改视图层代码时，不需要重新编译模型和控制器代码。同样，一个应用的业务流程或者业务规则的改变只需要改动 MVC 的模型层即可。因为模型与控制器和视图相分离，所以很容易改变应用程序的数据层和业务规则。

（3）提高应用程序的可重用性。对于同一个 Web 应用，客户可能会使用多种方式进行访问，可以通过 PC 的浏览器进行访问，也可以通过智能手机的浏览器进行访问。但是无论通过什么访问方式，应用程序的业务逻辑以及业务流程都是一样的，需要改变的只是表示层的具体实现方式。由于 MVC 实现了业务与视图的分离，所以能够轻松解决这一问题。

（4）较低的生命周期成本。MVC 使降低开发和维护用户接口的技术含量成为可能。

（5）有利于软件工程化管理。由于不同的层各司其职，每一层不同的应用具有某些相同的特征，有利于通过工程化、工具化管理程序代码。

2）MVC 的缺点

（1）MVC 并不适合小型应用程序的开发设计。MVC 要求开发人员完全按照模型、视图及控制器 3 个组件的模式对应用程序进行划分。对于某些小型应用来说，严格区分这 3 个部分会增加一些不必要的工作，影响开发效率。

（2）基于 MVC 设计模式进行程序设计，要求开发人员在开始编程之前必须精心设计程序结构；在设计过程中，由于将一个完整的应用划分为 3 个组件，相应增加了需要管理文件的数量。

4. 常见的 MVC 实现框架

（1）Struts：Apache 最流行的 MVC 组件。

（2）Struts2：Apache 用 Struts 和 WebWork 组合出来的新产品。

（3）WebWork：传统的 MVC 组件，后来组合成了 Struts2，目前自身仍在发展。

（4）Spring MVC：SpringFramework 整合自己 Spring 的优势推出的 MVC 组件。

（5）JSF：一个设计规范，Sun 和 Apache 都有各自的实现。用户量很大，被众多 IDE 支持。

（6）Tapestry：较彻底的 MVC 开发框架，丰富的组件资源，重用性很高。

小　结

本章讲解 JSP 核心技术中的 Servlet 技术。首先介绍了 Servlet 的概念、生命周期、Servlet API、基本结构、部署配置、调用等内容；然后通过实例介绍了 Servlet 的常见应用形式，介绍了 Web 监听器和过滤器的实现原理；接下来介绍了如何通过 Servlet 实现对数据库的访问，包括 Proxool 数据库连接池操作；最后介绍了 MVC 模式，并通过实例讲解 Java Web 应用开发中的两种 MVC 架构方式。

习　题

1. 什么是 Servlet？简述 Servlet 的生命周期。

2. 编写一个名为 MyFirstServlet 的 Servlet，要求在处理 GET 请求时能输出“我的第一个 Servlet”文本，获取并输出 HTTP 请求头字段，获取并输出表单数据，分别通过 web.xml 和注解两种形式对其进行配置，最后通过 http://localhost:8080/myFirstServlet?name=xiaogang&type=admin 进行调用运行。

3. 编写一个图 9-22 所示的用于实现系统登录的名为 MyLogin.html 的网页，当单击“登录”按钮时将表单数据提交到名为 MyLoginServlet 的 Servlet，该 Servlet 能将表单数据（用户名、密码、类型）存储到 session 对象中，如果提交数据为“姜丰”“jiang”“管理员”，则重定向到 /manager/manager.jsp 页面；如果提交数据为：“姜丰”“jiang”“普通用户”，则重定向到 normal.jsp。manager.jsp 和 normal.jsp 的功能是显示用户名、密码和类型。

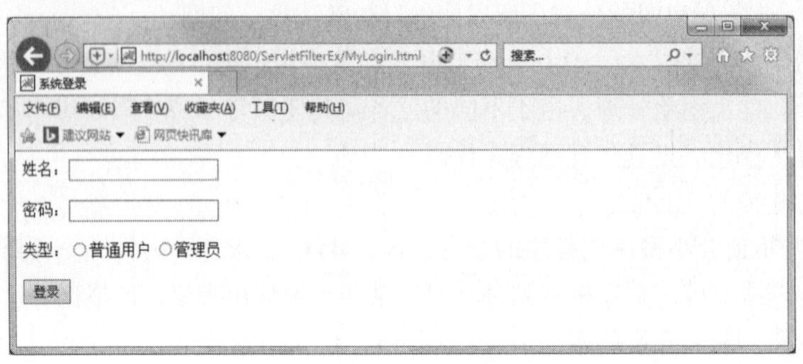

图 9-22　MyLogin.html 运行结果

4. 简述监听器的工作原理及编写部署过程。

5. 简述过滤器的工作原理及编写部署过程。

6. 将例程 9-21 所示对应的过滤器部署到服务器中，使其能对第 3 题的所有页面的页面请求的字符编码设置为 GBK，将例程 9-24 所示对应的过滤器进行修改并部署，使其能对第 3 题中对 /manager/*的访问进行认证，只有用户类型是“管理员”才能进行访问。

7. 基于第 9.4.1 节中的例程进行修改，增加一个“添加图书”的功能，当用户录入图书信息后，单击“添加”按钮将图书信息保存到数据库中。

8. 基于第 9.4.2 节中的例程进行修改，增加一个“添加图书”的功能，当用户录入图书信息后，单击“添加”按钮将图书信息保存到数据库中。

9. 基于第 9.5.2 节中的例程进行修改，使其能够应用 Proxool 连接池技术访问数据库，在用户登录时能通过访问数据库来对用户信息进行验证。

10. 简述 MVC 模式的工作原理。

第 10 章 Java Web 高级开发技术

随着 JSP 规范的不断进展，以及可用的 JSP 开发工具数量不断增多，JSP 技术可涉及的领域也不断地扩展，进一步促进了基于 JSP 技术的高维护性能和标准化网络应用的开发。本章介绍 JSP 的一些高级开发技术，包括 JSP 的 EL 表达式及 JSTL 标签的使用，JSP 实用组件技术，作为 Web 开发比较流行的技术 Ajax 及相关框架，jQuery 技术应用，Struts、Spring、Hibernate 框架技术等。

10.1 EL 表达式及标签

10.1.1 表达式语言

表达式语言简称 EL（Expression Language），下面称为 EL 表达式，它是 JSP 2.0 中引入的一种计算和输出 Java 对象的简单语言，目前已成为标准规范之一。EL 表达式为不熟悉 Java 语言的页面开发人员提供了一个开发 JSP 应用程序的新途径。EL 表达式具有以下特点：

（1）在 EL 表达式中可以获得命名空间（PageContext 对象，它是页面中所有其他内置对象的最大范围的集成对象，通过它可以访问其他内置对象）。

（2）EL 表达式可以访问一般变量，还可以访问 JavaBean 类中的属性以及嵌套属性和集合对象。

（3）在 EL 表达式中可以执行关系、逻辑和算术等运算。

（4）扩展函数可以与 Java 类的静态方法进行映射。

（5）在 EL 表达式中可以访问 JSP 的作用域（request、session、application 以及 page）。

1. EL 表达式的简单使用

在 JSP 2.0 之前，程序员只能使用下面的代码访问系统作用域的值：

```
<%=request.getAttribute("bookid")%>
```

或者使用下面的代码调用 JavaBean 中的属性值或方法：

```
<jsp:useBean id="book" scope="page" class="com.ytu.bookbean"/>
<%book.bookName;%>        <!--获取 bookbean 类中 bookName 属性-->
<%book.getBookName();%> <!--调用 bookbean 类中 getBookName ()方法-->
```

在 EL 表达式中允许程序员使用简单语法访问对象。例如，使用下面的代码访问系统作用域的值：

```
${ requestScope. bookid }
```

甚至可以简化为

```
${ bookid }
```

其中，requestScope 表示范围为 request，即在 request 中查找名为 bookid 的值。如果不指定作用域，则依次在 page、request、session、application 范围查找。如果途中找到 bookid，则直接返回，不再继续找下去，如果全部的范围都没有找到，就会返回 null。

通过 EL 表达式调用 JavaBean 中的属性值或方法的代码如下：

```
<jsp:useBean id=" book" scope="page" class="com.ytu.bookbean"/>
${ book.bookName }          <!--获取 bookbean 类中 bookName 属性-->
${ book.getBookName () } <!--调用 bookbean 类中 getBookName ()方法-->
```

2. EL 表达式的语法

EL 表达式语法很简单，所有 EL 表达式都是以“${”开头，以“}”结尾的，通过“.”或“[ ]”存取数据。表达式语法格式为

```
${expression}
```

例如：

```
${bookid}
${book.bookName}或${book[bookName]}
```

由于“${”符号是表达式的起始点，因此，如果在 JSP 网页中要显示“${”字符串，必须在前面加上“\”符号，即写成“\${”，或者写成“${'${'}”，也就是用表达式来输出“${”符号。在表达式中要输出一个字符串，可以将此字符串放在一对单引号或双引号内。例如，要在页面中输出字符串“图书信息显示”，可以使用下面的代码：

```
${"图书信息显示"}
```

如果想在 JSP 页面中输出 EL 表达式，可以使用“\”符号，即在“${}”之前加“\”，例如“\${1+1}”，将在 JSP 页面中输出“${1+1}”，而不是 1+1 的结果 2。

由于在 EL 表达式是 JSP 2.0 以前没有的，所以，为了和以前的规范兼容，可以通过在页面的前面加入语句声明是否忽略 EL 表达式：

```
<%@ page isELIgnored="true|false" %>
```

在上面的语法中，如果为 true，则忽略页面中的 EL 表达式；如果为 false，则解析页面中的 EL 表达式。

EL 表达式中定义了保留字，当在为变量命名时，应该避免使用这些保留字，具体有 and、eq、gt、true、instanceof、div、or、ne、le、false、lt、empty、mod、not、ge、null 等。

3. EL 表达式的运算符

在 JSP 中，EL 表达式提供了存取数据运算符、算术运算符、关系运算符、逻辑运算符、条件运算符及 Empty 运算符。下面进行详细介绍。

1）存取数据运算符

在 EL 表达式中可以使用运算符“[ ]”和“.”来取得对象的属性。例如，${book.bookName}或者${ book [bookName]}都是表示取出对象 book 中的 bookName 属性值。

当要存取的属性名称中包含一些特殊字符，如“.”或“-”等并非字母或数字的符号，就一定要使用 [ ]，例如：${book.Book-Name }，应表达为：${book["Book-Name"] }。

2）算术运算符

算术运算符可以作用在整数和浮点数上。EL 表达式的算术运算符包括加（+）、减（-）、乘（*）、除（/或 div）和求余（%或 mod）等 5 个。

注意：EL 表达式无法像 Java 一样将两个字符串用“+”运算符连接在一起（"x"+"y"），所以${"x"+"y"}的写法是错误的。但是，可以采用${"x"}${"y"}这样的方法来表示。

3）关系运算符

关系运算符除了可以作用在整数和浮点数之外，还可以依据字母的顺序比较两个字符串的大小，这方面在 Java 中没有体现出来。EL 表达式的关系运算符包括等于（==或 eq）、不等于（!=或 ne）、小于（<或 lt）、大于（>或 gt）、小于或等于（<=或 le）和大于或等于（>=或 ge）等 6 个。

注意：在使用 EL 表达式关系运算符时，不能够写成：

```
${book.price1} == ${book.price2} 或 ${${ book. price1} == ${ book. price2}}
```

而应写成：

```
${ book. price1== book. price2}
```

4）逻辑运算符

逻辑运算符可以作用在布尔值（Boolean）。EL 表达式的逻辑运算符包括与（&&或 and）、或（||或 or）和非（!或 not）等 3 个。

5）empty 运算符

empty 运算符是一个前缀（prefix）运算符，即 empty 运算符位于操作数前方，用来判断一个对象或变量是否为 null 或空。

6）条件运算符

EL 表达式中可以利用条件运算符进行条件求值，其格式如下：

```
${条件表达式 ? 计算表达式1 : 计算表达式2}
```

4. EL 表达式中的隐含对象

为了能够获得 Web 应用程序中的相关数据，EL 表达式中定义了一些隐含对象。这些隐含对象共有 11 个，分为以下 3 类。

1）PageContext 隐含对象

PageContext 隐含对象可以用于访问 JSP 内置对象，例如：request、response、out、session、config、servletContext 等，如${PageContext.session}。

2）访问环境信息的隐含对象

EL 表达式中定义的用于访问环境信息的隐含对象包括以下 6 个：

cookie：用于把请求中的参数名和单个值进行映射。

initParam：把上下文的初始参数和单一的值进行映射。

header：把请求中的 header 名字和单值映射。

param：把请求中的参数名和单个值进行映射。

headerValues：把请求中的 header 名字和一个 Array 值进行映射。

paramValues：把请求中的参数名和一个 Array 值进行映射。

3）访问作用域范围的隐含对象

EL 表达式中定义的用于访问环境信息的隐含对象包括以下 4 个：

applicationScope：映射 application 范围内的属性值。

sessionScope：映射 session 范围内的属性值。

requestScope：映射 request 范围内的属性值。

pageScope：映射 page 范围内的属性值。

5. EL 表达式应用实例

下面通过实例来加深对 EL 表达式基本语法的了解。

（1）启动 MyEclipse 10 开发环境，选择 File→New→Web Project 命令，新建项目 ELDemo。创建 com.ytu.servlet 和 com.ytu.vo 的包结构。在 servlet 包中新建名为 ELServlet.java 的 Servlet 程序，如例程 10-1 所示，并对其进行配置。在 vo 包中分别新建名为 Address.java 和 User.java 的类文件，如例程 10-2 和例程 10-3 所示。

例程 10-1：ELServlet.java。

```
package com.ytu.servlet;
import java.io.*;
import java.util.*;
import javax.servlet.*;
import javax.servlet.http.*;
import com.ytu.vo.Address;
import com.ytu.vo.User;
public class ELServlet extends HttpServlet {
public void doGet(HttpServletRequest request, HttpServletResponse response)
        throws ServletException, IOException {
        doPost(request,response);
}
public void doPost(HttpServletRequest request, HttpServletResponse response)
        throws ServletException, IOException {
      request.setAttribute("hello", "hello world"); //存放属性到 request 中
      User firstuser=new User() ; //生成一个 User 的对象，并给属性赋值
      firstuser.setName("zhangsan") ;
      firstuser.setAge(30) ;
      request.setAttribute("myuser", firstuser) ;

      List all=new ArrayList() ;
      User user=new User() ; //生成一个 User 的对象，并给属性赋值
      user.setName("zhangsan") ;
      user.setAge(30) ;
      all.add(user) ;
      user=new User() ;
      user.setName("lisi") ;
      user.setAge(31) ;
      all.add(user) ;
      request.setAttribute("all", all) ;

      User addressuser=new User(); //生成一个 User 的对象，并给属性赋值
      addressuser.setName("zhangsan") ;
      addressuser.setAge(30) ;
      Address add=new Address() ;
      add.setAddress("北京市") ;
      add.setZipcode("100088") ;
      addressuser.setAddress(add) ;
      request.setAttribute("addressuser", addressuser) ;

      Map mapValue=new HashMap();
      mapValue.put("key1", "value1");
      mapValue.put("key2", "value2");
      request.setAttribute("mapvalue", mapValue);
```

```
        User[] users=new User[10];
          for(int i=0; i<10; i++) {
          User u=new User();
          u.setName("U_" + i);
          users[i]=u;
          }
        request.setAttribute("users", users);
        request.setAttribute("value1", null);
        request.setAttribute("value2", "");
        request.setAttribute("value3", new ArrayList());
        request.setAttribute("value4", "123456");
        request.getRequestDispatcher("first.jsp").forward(request,
response) ;
 }
}
```

例程 10-2：Address.java。

```
package com.ytu.vo;
public class Address {
    private String zipcode ;
    private String address ;
    public String getAddress() {
        return address;
    }
    public void setAddress(String address) {
        this.address=address;
    }
public String getZipcode() {
        return zipcode;
    }
    public void setZipcode(String zipcode) {
        this.zipcode=zipcode;
    }
}
```

例程 10-3：User.java。

```
package com.ytu.vo;
public class User {
    private String name ;
    private int age;
    private Address address ;
    public int getAge() {
        return age;
    }
    public void setAge(int age) {
        this.age=age;
    }
    public String getName() {
        return name;
    }
    public void setName(String name) {
        this.name=name;
```

```
    }
    public Address getAddress() {
        return address;
    }
    public void setAddress(Address address) {
        this.address = address;
    }
}
```

（2）在项目 ELDemo 的 WebRoot 目录中分别创建 index.jsp、first.jsp、second.jsp 的页面文件，如例程 10-4、10-5 和 10-6 所示。

例程 10-4：index.jsp。

```
<%@ page language="java" import="java.util.*" pageEncoding="UTF-8"%>
<html>
    …
    <body>
        <li><a href="ELServlet">ELServlet</a></li>
        <p>
        <li><a href="second.jsp?ref=java param&count=20">传参数给second.jsp</a></li>
        <p>
        <li>提交到second.jsp页面传参数</a></li>
        <form action="second.jsp" method="post">
            <input type="text" name="sampleValue" value="10" /><br>
            <input type="text" name="sampleValue" value="11" /><br>
            <input type="text" name="sampleValue" value="12" /><br>
            <input type="text" name="sampleSingleValue" value="SingleValue"/><br>
            <input type="submit" value="提交"/><br>
        </form>
        <p>
        <li><a href="second.jsp?ref=java param&count=20&op=2">传参数op</a></li>
        <p>
    </body>
</html>
```

例程 10-5：first.jsp。

```
<%@ page language="java" import="java.util.*" pageEncoding="UTF-8"%>
<html>
  …
  <body>
 <li>普通字符串，分别通过jsp脚本、el表达式、隐含对象输出</li><br>
hello(jsp脚本):<%=request.getAttribute("hello") %><br>
hello(el表达式,使用 $和{}):${hello }<br>
hello(el表达式,使用隐含对象: ${requestScope.hello }<br>
hello(el表达式,scope=session):${sessionScope.hello }<br>
<li>普通表达式</li><br>
\${21 * 2}<br>
${21 * 2}<br>
<li>el表达式对运算符的支持</li><br>
 1+2=${1+2 }<br>
 10/5=${10/5 }<br>
 10 div 5=${10 div 5}<br>
```

```
 10%3=${10 % 3 }<br>
 10 mod 3=${10 mod 3}<br>
 <li>从 request 中获取单个对象</li><br>
 <h2>姓名: ${myuser.name}</h2>
 <h2>年龄: ${myuser.age}</h2>
 <li>从 request 中获取多个对象</li><br>
<%
  if(request.getAttribute("all")!=null){
     List all=(List)request.getAttribute("all") ;
     Iterator iter=all.iterator() ;
     while(iter.hasNext()){
       pageContext.setAttribute("user",iter.next()) ;
 %>
      <h2>姓名: ${user.name}</h2>
      <h2>年龄: ${user.age}</h2>
      <hr>
 <%
      }
 }
 %>
 <li>访问 all 中第 1 个对象中属性</li><br>
 <h2>${requestScope.all[0].name}</h2>
<li>访问对象中内置对象的属性</li><br>
 <h2>姓名: ${addressuser.name}</h2>
 <h2>年龄: ${addressuser.age}</h2>
 <h2>地址: ${addressuser.address.address}</h2>
 <h2>邮编: ${addressuser.address.zipcode}</h2>
 <h2>邮编: ${requestScope.addressuser.address["zipcode"]}</h2>
 <li>输出 map,采用.进行导航，也称存取器</li><br>
   <h2>mapvalue.key1:${mapvalue.key1 }</h2>
   <h2>mapvalue.key2:${mapvalue.key2 }</h2>
 <li>输出对象数组,采用[]和下标</li><br>
<h2>userarray[3].username:${users[2].name}</h2>
  <li>测试 empty 运算符</li><br>
  value1:${empty value1 }<br>
  value2:${empty value2 }<br>
  value3:${empty value3 }<br>
  value4:${empty value4 }<br>
  value4:${!empty value4 }<br>
  </body>
</html>
```

例程 10-6：second.jsp。

```
<%@ page language="java" import="java.util.*" pageEncoding="UTF-8"%>
<html>
   …
   <body>
 <li>获取参数</li><br>
 <h2>${param.ref}</h2>
 <li>比较运算符</li><br>
 <h2>${param.ref==param.ref} </h2>
```

```
 <li>自动类型转换</li><br>
 <h2>${param.count + 20}</h2>
   <li>从表单中获取提交的数据</li><br>
    <h2>${paramValues.sampleValue[2]}</h2>
    <h2>${param.sampleSingleValue }</h2>
第一个EL表达就相当于在servlet中使用request.getParameterValues("sampleValue");<br>
第二个EL表达式就相当于在servlet中使用request.getParameter("sampleSingleValue");<br>
<br>
    <form action="second.jsp" method="post">
<select >
    <option value="1" ${param.op==1 ?
"selected" : ""}>选项一</option>
    <option value="2" ${param.op==2 ?
"selected" : ""}>选项二</option>
</select >
</form>
  </body>
</html>
```

部署项目，在浏览器地址栏中输入 http://localhost:8080/ELDemo/，运行结果如图 10-1 所示。

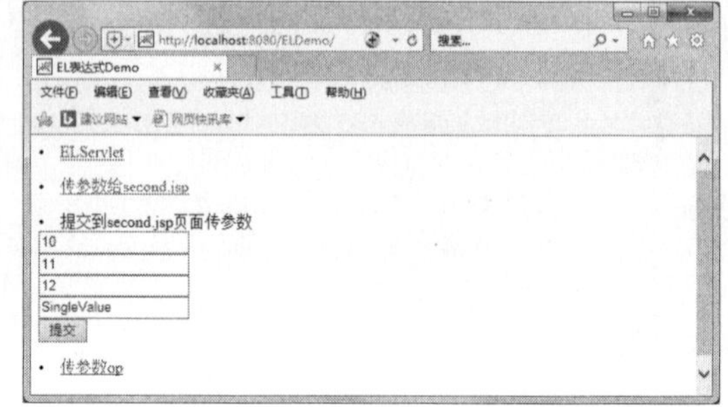

图 10-1 EL 表达式实例

10.1.2 JSTL 标准标签库

JSTL（JavaServer Pages Standard Tag Library）是由 Apache 的 Jakarta 小组负责维护的，它是一个不断完善的开放源代码的 JSP 标准标签库，主要给 Java Web 开发人员提供一个标准的通用的标签库。通过 JSTL，可以取代传统 JSP 程序中嵌入 Java 代码的做法，大大提高程序的可维护性，目前已被广泛使用。

JSTL 主要包括以下 5 种标签库。

1）核心标签库

核心标签库主要用于完成 JSP 页面的基本功能，包含 JSTL 的表达式标签、条件标签、循环标签和 URL 操作共 4 种标签。

2）格式标签库

格式标签库提供了一个简单的标记集合国际化（I18N）标记，用于处理和解决国际化相关的问题。另外，格式标签库中还包含用于格式化数字和日期的显示格式的标签。

3）SQL 标签

SQL 标签封装了数据库访问的通用逻辑，使用 SQL 标签，可以简化对数据库的访问。如果结合核心标签库，可以方便地获取结果集、迭代输出结果集中的数据结果。

4）XML 标签库

XML 标签库可以处理和生成 XML 的标记，使用这些标记可以很方便地开发基于 XML 的 Web 应用。

5）函数标签库

函数标签库提供了一系列字符串操作函数，用于分解和连接字符串、返回子串、确定字符串是否包含特定的子串等。

在使用这些标签之前必须在 JSP 页面的首行使用<%@ taglib%>指令定义标签库的位置和访问

前缀，例如：

```
<%@ taglib prefix="c" uri="http://java.sun.com/jsp/jstl/core" %>//核心标签库
<%@ taglib prefix="fmt" uri="http://java.sun.com/jsp/jstl/fmt"%>//格式标签库
<%@ taglib prefix="sql" uri="http://java.sun.com/jsp/jstl/sql"%>//SQL 标签库
<%@ taglib prefix="xml" uri="http://java.sun.com/jsp/jstl/xml"%>//XML 标签库
<%@ taglib prefix="fn" uri="http://java.sun.com/jsp/jstl/functions"%> //函数标签库
```

下面对 JSTL 中最常用的核心标签库的标签进行介绍。

1. 表达式标签

表达式标签包括<c:out>、<c:set>、<c:remove>等标签，下面分别介绍它们的语法及应用。

1）<c:out>标签

<c:out>标签用于将计算的结果输出到 JSP 页面中，该标签可以替代<%=%>。<c:out>标签有两种语法格式。

格式一：

```
<c:out value="value" [escapeXml="true|false"] [default="defaultValue"]/>
```

格式二：

```
<c:out value="value" [escapeXml="true|false"]>
    defalultValue
</c:out>
```

2）<c:set>标签

<c:set>标签用于定义和存储变量，它可以定义变量是在 JSP 会话范围内还是 JavaBean 的属性中，可以使用该标签在页面中定义变量，而不用在 JSP 页面中嵌入 Java 代码。<c:set>标签有 4 种语法格式。

格式一：该语法格式在 scope 指定的范围内将变量值存储到变量中。

```
<c:set value="value" var="name" [scope="page|request|session|application"]/>
```

格式二：该语法格式在 scope 指定的范围内将标签主体存储到变量中。

```
<c:set var="name" [scope="page|request|session|application"]>
    标签主体
</c:set>
```

格式三：该语法格式将变量值存储在 target 属性指定的目标对象的 propName 属性中。

```
<c:set value="value" target="object" property="propName"/>
```

格式四：该语法格式将标签主体存储到 target 属性指定的目标对象的 propName 属性中。

```
<c:set target="object" property="propName">
    标签主体
</c:set>
```

3）<c:remove>标签

<c:remove>标签可以从指定的 JSP 范围中移除指定的变量，其语法格式如下：

```
<c:remove var="name" [scope="page|request|session|application"]/>
```

其中，var 用于指定存储变量值的变量名称；scope 用于指定变量存在于 JSP 的范围，可选值有 page、request、session、application。默认值是 page。

2. 条件标签

条件标签在程序中会根据不同的条件去执行不同的代码来产生不同的运行结果，使用条件标签可以处理程序中的任何可能发生的事情。

在 JSTL 中，条件标签包括<c:if>标签、<c:choose>标签、<c:when>标签和<c:otherwise>标签等 4 种，下面将详细介绍这些标签的语法及应用。

1）<c:if>标签

这个标签可以根据不同的条件去处理不同的业务，也就是执行不同的程序代码。它和 Java 基础中 if 语句的功能一样。<c:if>标签有两种语法格式。

语法 1：该语法格式会判断条件表达式，并将条件的判断结果保存在 var 属性指定的变量中，而这个变量存在于 scope 属性所指定范围中。

```
<c:if test="condition" var="name" [scope=page|request|session|application]/>
```

语法 2：该语法格式不但可以将 test 属性的判断结果保存在指定范围的变量中，而且可以根据条件的判断结果去执行标签主体。标签主体可以是 JSP 页面能够使用的任何元素，例如 HTML 标记、Java 代码或者嵌入其他 JSP 标签。

```
<c:if test="condition" var="name" [scope=page|request|session|application]>
    标签主体
</c:if>
```

2）<c:choose>标签

<c:choose>标签可以根据不同的条件去完成指定的业务逻辑，如果没有符合的条件会执行默认条件的业务逻辑。<c:choose>标签只能作为<c:when>和<c:otherwise>标签的父标签，可以在它之内嵌套这两个标签完成条件选择逻辑。<c:choose>标签的语法格式如下：

```
<c:choose>
    <c:when>
        业务逻辑
    </c:when>
    …   <!--多个<c:when>标签-->
    <c:otherwise>
        业务逻辑
    </c:otherwise>
</c:choose>
```

<c:choose>标签中可以包含多个<c:when>标签来处理不同条件的业务逻辑，但是只能有一个<c:otherwise>标签处理默认条件的业务逻辑。

3）<c:when>标签的语法格式如下：

```
<c:when test="condition">
    标签主体
</c:when>
```

在该语法中，test 属性用于指定条件表达式，该属性为<c:when>标签的必选属性，可以引用 EL 表达式。

4）<c:otherwise>标签

<c:otherwise>标签也是一个包含在<c:choose>标签的子标签，用于定义<c:choose>标签中的默认条件处理逻辑，如果没有任何一个结果满足<c:when>标签指定的条件，将会执行这个标签主体中定义的逻辑代码。在<c:choose>标签范围内只能存在一个该标签的定义。<c:otherwise>标签的语法格式如下：

```
<c:otherwise>
标签主体
</c:otherwise>
```

注意：<c:otherwise>标签必须定义在所有<c:when>标签的后面，也就是说它是<c:choose>标签的最后一个子标签。

例程 10-7 应用<c:choose>标签、<c:when>标签和<c:otherwise>标签根据当前时间显示不同的问候。

启动 MyEclipse 10 开发环境，选择 File→New→Web Project 命令，新建项目 JSTLDemo。将 JSTL 标签库所需的 jar 包加载到项目中。在项目 JSTLDemo 的 WebRoot 目录中创建 JSTLwhen.jsp 的页面文件，如例程 10-7 所示。

例程 10-7：JSTLwhen.jsp。

```
<%@ page language="java"  pageEncoding="UTF-8"%>
<%@ taglib prefix="c" uri="http://java.sun.com/jsp/jstl/core" %>
<html>
    …
    <body>
    <c:set var="hours">
        <%=new java.util.Date().getHours()%>
    </c:set>
    <c:choose>
        <c:when test="${hours>6 && hours<=11}" >上午好! </c:when>
        <c:when test="${hours>11  && hours<=17}">下午好! </c:when>
        <c:otherwise>晚上好! </c:otherwise>
    </c:choose>
    现在时间是: ${hours}时
  </body>
</html>
```

部署项目，在浏览器地址栏中输入 http://localhost:8080/JSTLDemo/JSTLwhen.jsp，运行结果如图 10-2 所示。

图 10-2 JSTLwhen.jsp 运行结果

3. 循环标签

JSP 页面开发经常需要使用循环标签生成大量的代码，例如，生成 HTML 表格等。JSTL 标签库中提供了<c:forEach>和<c:forTokens>两个循环标签。

1）<c:forEach>标签

<c:forEach>标签可以枚举集合中的所有元素，也可以循环指定的次数，这可以根据相应的属性确定。<c:forEach>标签的语法格式如下：

```
<c:forEach items="data" var="name" begin="start" end="finish" step="step"
varStatus="statusName">
     标签主体
</c:forEach>
```

在项目 JSTLDemo 的 WebRoot 目录中创建 JSTLforeach.jsp 的页面文件，如例程 10-8 所示。例程 10-8 应用<c: forEach >标签循环输出 List 集合中的内容，并通过<c: forEach >标签循环输出字符串“生生不息”4 次。

例程 10-8：JSTLforeach.jsp。

```
<%@ page language="java"  pageEncoding="UTF-8" import="java.util.*"%>
<%@ taglib prefix="c" uri="http://java.sun.com/jsp/jstl/core" %>
<html>
   ……
   <body>
      <%List list=new ArrayList();
      list.add("春生");
      list.add("夏长");
      list.add("秋收");
      list.add("冬藏");
      request.setAttribute("list",list);%>
      利用&lt;c:forEach&gt;标签遍历 List 集合的结果如下: <br>
      <c:forEach items="${list}" var="tag" varStatus="id">
         ${id.count } ${tag }<br>
      </c:forEach>
      <c:forEach begin="1" end="4" step="1" var="str">
         <c:out value="${str}"/>生生不息
      </c:forEach>
   </body>
</html>
```

部署项目，在浏览器地址栏中输入 http://localhost:8080/JSTLDemo/ JSTLforeach.jsp，运行结果如图 10-3 所示。

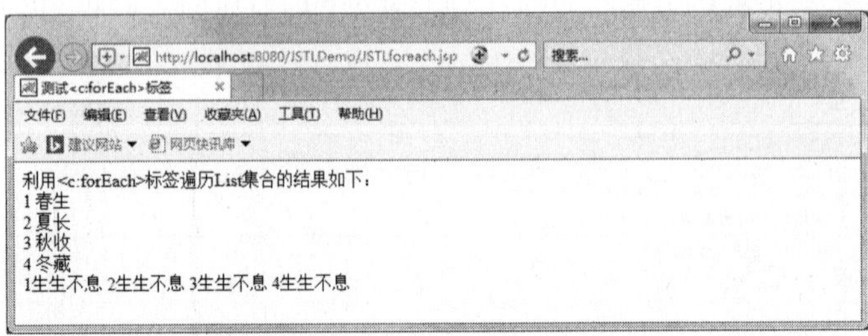

图 10-3 JSTLforeach.jsp 运行结果

2）<c:forTokens>标签。

<c:forTokens>标签可以用指定的分隔符将一个字符串分割开，根据分割的数量确定循环的次数。<c:forTokens>标签的语法格式如下：

```
<c:forTokens  items="String"  delims="char"  [var="name"]  [begin="start"]
[end="end"] [step="len"] [varStatus="statusName"]>
   标签主体
</c:forTokens>
```

在项目 JSTLDemo 的 WebRoot 目录中创建 JSTLfortokens.jsp 的页面文件，如例程 10-9 所示。例程 10-9 应用<c: forTokens >标签分割字符串并显示。

例程 10-9：JSTLfortokens.jsp。

```
<%@ page language="java"  pageEncoding="UTF-8"%>
```

```
<%@ taglib prefix="c" uri="http://java.sun.com/jsp/jstl/core" %>
<html>
    ……
    <body>
        <c:set var="sourceStr" value="春生|夏长|秋收|冬藏"/>
        原字符串：<c:out value="${sourceStr}"/>
        <br>分割后的字符串：
        <c:forTokens var="str" items="${sourceStr}" delims="|" varStatus="status">
            <c:out value="${str}"></c:out> ☆
            <c:if test="${status.last}">
                <br>总共输出<c:out value="${status.count}"></c:out>个元素。
            </c:if>
        </c:forTokens>
    </body>
</html>
```

部署项目，在浏览器地址栏中输入 http://localhost:8080/JSTLDemo/ JSTLfortokens.jsp，运行结果如图 10-4 所示。

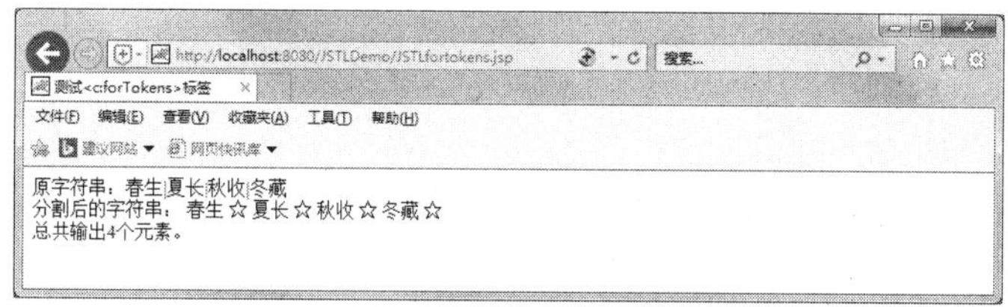

图 10-4　JSTLfortokens.jsp 运行结果

4. URL 操作标签

JSTL 标签库包括<c:import>、<c:redirect>和<c:url>共 3 种 URL 标签，它们分别实现导入其他页面、重定向和产生 URL 的功能。

1）<c:import>标签

<c:import>标签可以导入站内或其他网站的静态和动态文件到 JSP 页面中，例如，使用<c:import>标签导入其他网站的天气信息到自己的 JSP 页面中。与此相比，<jsp:include>只能导入站内资源，<c:import>的灵活性要高很多。<c:import>标签有两种语法格式。

语法 1：

```
<c:import url="url" [context="context"] [var="name"]
 [scope="page|request|session|application"] [charEncoding="encoding"]
标签主体
</c:import>
```

语法 2：

```
<c:import url="url" varReader="name" [context="context"] [charEncoding="encoding"]
```

2）<c:redirect>标签

<c:redirect>标签可以将客户端发出的 request 请求重定向到其他 URL 服务端，由其他程序处理客户的请求。而在这期间可以对 request 请求中的属性进行修改或添加，然后把所有属性传递到目标路径。该标签有两种语法格式。

语法 1：该语法格式没有标签主体，并且不添加传递到目标路径的参数信息。

```
<c:redirect url="url" [context="/context"]/>
```

语法 2：该语法格式将客户请求重定向到目标路径，并且在标签主体中使用<c:param>标签传递其他参数信息。

```
<c:redirect url="url" [context="/context"]>
    …<c:param>
</c:redirect>
```

上面语法中，url 属性用于指定待定向资源的 URL，它是标签必须指定的属性，可以使用 EL 表达式；context 属性用于在使用相对路径访问外部 context 资源时，指定资源的名字。

3）<c:url>标签

<c:url>标签用于生成一个 URL 路径的字符串，这个生成的字符串可以赋予 HTML 的<a>标记实现 URL 的连接，或者用这个生成的 URL 字符串实现网页转发与重定向等。在使用该标签生成 URL 时还可以搭配<c:param>标签动态添加 URL 的参数信息。<c:url>标签有两种语法格式。

语法 1：

```
<c:url value="url" [var="name"] [scope="page|request|session|application"] [context=
    "context"]/>
```

该语法将输出产生的 URL 字符串信息，如果指定了 var 和 scope 属性，相应的 URL 信息就不再输出，而是存储在变量中以备后用。

语法 2：

```
<c:url value="url" [var="name"] [scope="page|request|session|application"] [context=
    "context"]>
    <c:param>
</c:url>
```

语法格式 2 不仅实现了语法格式 1 的功能，而且还可以搭配<c:param>标签完成带参数的复杂 URL 信息。

4）<c:param>标签

<c:param>标签只用于为其他标签提供参数信息，它与其他 3 个标签组合可以实现动态定制参数，从而使标签可以完成更复杂的程序应用。<c:param>标签的语法格式如下：

```
<c:param name="paramName" value="paramValue"/>
```

在上面的语法中，name 属性用于指定参数名称，可以引用 EL 表达式；value 属性用于指定参数值。

10.1.3 自定义标签库的开发

自定义标签是程序员自己定义的 JSP 语言元素，它的功能类似于 JSP 自带的<jsp:forward>等标准动作元素。实际上自定义标签就是一个扩展的 Java 类，它是运行一个或者两个接口的 JavaBean。使用自定义标签可以加快 Web 应用开发的速度，提高代码重用性，使得 JSP 程序更加容易维护。引入自定义标签后的 JSP 程序更加清晰、简洁、便于管理维护以及日后的升级。

1. 自定义标签的定义格式

自定义标签在页面中通过 XML 语法格式来调用。它们由一个开始标签和一个结束标签组成，具体定义格式如下。

1）无标签体的标签

无标签体的标签有两种格式，一种是没有任何属性的，另一种是带有属性的。例如下面的代码：

```
<ytu:displayDate/>                                    <!--无任何属性-->
<ytu:displayDate name="contact" type="com.ytu.UserInfo"/>  <!--带属性-->
```

在上面的代码中，ytu 为标签前缀，displayDate 为标签名称，name 和 type 是自定义标签使用的两个属性。

2）带标签体的标签

自定义的标签中可包含标签体，例如下面的代码：

```
<ytu:iterate>Welcome to ytu</ytu:iterate>
```

2. 自定义标签的构成

自定义标签由实现自定义标签的 Java 类文件和自定义标签的 TLD 文件构成。

1）实现自定义标签的 Java 类文件

任何一个自定义标签都要有一个相应的标签处理程序，自定义标签的功能是由标签处理程序定义的。因此自定义标签的开发主要就是标签处理程序的开发。

标签处理程序的开发有固定的规范，即开发时需要实现特定接口的 Java 类。开发标签的 Java 类时，必须实现 Tag 或者 BodyTag 接口类（它们存储在 javax.servlet.jsp.tagext 包下）。BodyTag 接口是继承了 Tag 接口的子接口，如果创建的自定义标签不带标签体，则可以实现 Tag 接口，如果创建的自定义标签包含标签体，则需要实现 BodyTag 接口。

2）自定义标签的 TLD 文件

自定义标签的 TLD 文件包含了自定义标签的描述信息，它把自定义标签与对应的处理程序关联起来。一个标签库对应一个标签库描述文件，一个标签库描述文件可以包含多个自定义标签声明。

自定义标签的 TLD 文件的扩展名必须是.tld。该文件存储在 Web 应用的 WEB-INF 目录下或者子目录下，并且一个标签库要对应一个标签库描述文件，而在一个描述文件中可以保存多个自定义标签的声明。

在 JSP 文件中，可以通过<%@ taglib uri="tld uri" prefix="prefix"%>引用自定义标签。

（1）启动 MyEclipse 10 开发环境，在项目 JSTLDemo 的 src 中创建 com.ytu.tag 包，并在 tag 包中创建 ShowDateTag.java 的程序，如例程 10-10 所示。例程 10-10 创建用于显示当前系统日期的自定义标签，并在 JSP 页面中调用该标签显示当前系统日期。

例程 10-10：ShowDateTag.java。

```
package com.ytu.tag;
import javax.servlet.jsp.*;
import javax.servlet.jsp.tagext.*;
import java.util.*;
public class ShowDateTag  extends TagSupport {
public int doStartTag() throws JspException{
    JspWriter out=pageContext.getOut();
    try{
        Date dt=new Date();
        java.sql.Date date=new java.sql.Date(dt.getTime());
        out.print(date);
    }catch(Exception e){
        System.out.println("显示系统日期时出现异常"+e.getMessage());
    }
    return (SKIP_BODY);
```

```
    }
}
```

（2）在项目 JSTLDemo 的 WebRooT 的 WEB-INF 目录下编写标签库描述文件 showDate.tld，主要代码如下：

```
<?xml version="1.0" encoding="UTF-8" ?>
<taglib xmlns="http://java.sun.com/xml/ns/j2ee"
   xmlns:xsi="http://www.w3.org/2001/XMLSchema-instance"
   xsi:schemaLocation="http://java.sun.com/xml/ns/j2ee web-jsptaglibrary_2_0.xsd"
   version="2.0">
   …
   <tag>
      <description>显示当前日期</description>
      <name>showDate</name>
      <tag-class>com.ytu.tag.ShowDateTag</tag-class>
      <body-content>empty</body-content>
   </tag>
</taglib>
```

（3）在项目 JSTLDemo 的 WebRooT 中创建引用自定义标签的页面文件 useShowDateTag.jsp，如例程 10-11 所示。

例程 10-11：useShowDateTag.jsp。

```
<%@ page language="java" import="java.util.*" pageEncoding="UTF-8"%>
<%@ taglib uri="/WEB-INF/showDate.tld"  prefix="ytu"%>
<html>
   ……
   <body>
      今天是<ytu:showDate/>
   </body>
</html>
```

部署项目，在浏览器地址栏中输入 http://localhost:8080/JSTLDemo/useShowDateTag.jsp，运行结果如图 10-5 所示。

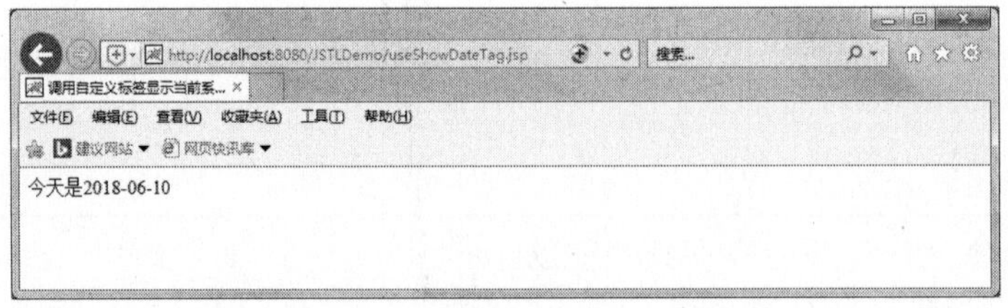

图 10-5　useShowDateTag.jsp 运行结果

10.2　JSP 实用组件

10.2.1　文件的上传

Commons-FileUpload 组件是 Apache 组织下的 jakarta-commons 项目组下的一个小项目，该组件可以方便地将 multipart/form-data 类型请求中的各种表单域解析出来，并实现一个或多个文件的上传，同时也可以限制上传文件的大小等。在使用 Commons-FileUpload 组件时，需要先下载该组件。该组件可以到 http://commons.apache.org/fileupload/网站下载。

（1）启动 MyEclipse 10 开发环境，选择 File→New→Web Project 命令，新建项目 FileUploadDemo。将 Commons-FileUpload 所需的 jar 包加载到项目中。创建 com.ytu.servlet 包结构，在 servlet 包中创建名为 UploadServlet.java 程序，并通过注解方式进行配置，如例程 10-12 所示。

例程 10-12：UploadServlet.java。

```
package com.ytu.servlet;
import java.io.*;
import java.util.*;
import javax.servlet.*;
import javax.servlet.annotation.WebServlet;
import javax.servlet.http.*;
import org.apache.commons.fileupload.*;
import org.apache.commons.fileupload.disk.DiskFileItemFactory;
import org.apache.commons.fileupload.servlet.ServletFileUpload;
@WebServlet("/UploadServlet")
public class UploadServlet extends HttpServlet {
private static final long serialVersionUID=7042756416806244618L;
public void doGet(HttpServletRequest request, HttpServletResponse response)
        throws ServletException, IOException {
    doPost(request,response);
}
public void doPost(HttpServletRequest request, HttpServletResponse response)
    throws ServletException, IOException {
String adjunctname ;
String fileDir=request.getRealPath("upload/"); //指定上传文件的保存地址
String message="文件上传成功";
String address="";
if(ServletFileUpload.isMultipartContent(request)){ //判断是否是上传文件
    DiskFileItemFactory factory=new DiskFileItemFactory();//创建一个工厂对象
    factory.setSizeThreshold(20*1024);             //设置内存中允许存储的字节数
    factory.setRepository(factory.getRepository());//设置存放临时文件的目录
    ServletFileUpload upload=new ServletFileUpload(factory);   //创建新的上
传文件句柄
    int size=2*1024*1024;                          //指定上传文件的大小
    List formlists=null;                           //创建保存上传文件的集合对象
    try {
        formlists=upload.parseRequest(request);//获取上传文件集合
    } catch (FileUploadException e) {
        e.printStackTrace();
    }
    Iterator iter=formlists.iterator();            //获取上传文件迭代器
    while(iter.hasNext()){
        FileItem formitem=(FileItem)iter.next();   //获取每个上传文件
        if(!formitem.isFormField()){               //忽略不是上传文件的表单域
            String name=formitem.getName();//获取上传文件的名称
             if(formitem.getSize()>size){   //如果上传文件大于规定的上传文件的大小
                message="您上传的文件太大，请选择不超过 2M 的文件";
                break;                     //退出程序
            }
        String adjunctsize=new Long(formitem.getSize()).toString();
              if((name=null) ||(name.equals(""))&&(adjunctsize.equals("0")))
```

```
                continue;                                   //退出程序
                adjunctname=name.substring(name.lastIndexOf("\\")+1,name.length());
                address=fileDir+"\\"+adjunctname;           //创建上传文件的保存地址
                File saveFile=new File(address);            //根据文件保存地址，创建文件
                try {
                    formitem.write(saveFile);               //向文件写数据
                } catch (Exception e) {
                    e.printStackTrace();
                }
            }
        }
    }
    request.setAttribute("result", message);     //将提示信息保存在 request 对象中
    RequestDispatcher requestDispatcher=request
            .getRequestDispatcher("uploadFile.jsp");       //设置相应返回地址
    requestDispatcher.forward(request, response);
    }
    }
```

（2）在项目 FileUploadDemo 的 WebRoot 中创建名为 upload 的文件夹，用来存放上传的文件。在 WebRoot 中创建名为 uploadFile.jsp 的页面文件，如例程 10-13 所示。

例程 10-13：uploadFile.jsp。

```
<%@ page language="java" import="java.util.*" pageEncoding="UTF-8"%>
<!DOCTYPE HTML>
<html>
<head>
<title>应用 commons-fileUpload 实现文件上传</title>
<style type="text/css">
ul{list-style: none;}
li{padding:5px;}
</style>
</head>
<body>
<script type="text/javascript">
    function validate() {
        if(form1.file.value == "") {
            alert("请选择要上传的文件");
            return false;
        }
    }
</script>
<!-- 定义表单，必须将 enctype 属性设置为"multipart/form-data" -->
<form action="UploadServlet" method="post"
    enctype="multipart/form-data" name="form1" id="form1"
    onsubmit="return validate()">
    <ul>
        <li>请选择要上传的附件：</li>
        <li>上传文件： <input type="file" name="file" /> <!-- 文件上传组件 --></li>
        <li><input type="submit" name="Submit" value="上传" />
<input  type="reset" name="Submit2" value="重置" /></li>
    </ul>
    <%
        if(request.getAttribute("result") != null) {
            out.println("<script >alert('" + request.getAttribute("result")
```

```
                    + "');</script>"); //页面显示提示信息
        }
    %>
</form>
</body>
</html>
```

上传的文件名如果包含中文，可能会出现乱码的情况，可以考虑在项目中配置字符编码过滤器来解决此类问题。篇幅所限，不再详解，读者可参考项目案例。

部署项目，在浏览器地址栏中输入 http://localhost:8080/FileUploadDemo/uploadFile.jsp，运行结果如图 10-6 所示。

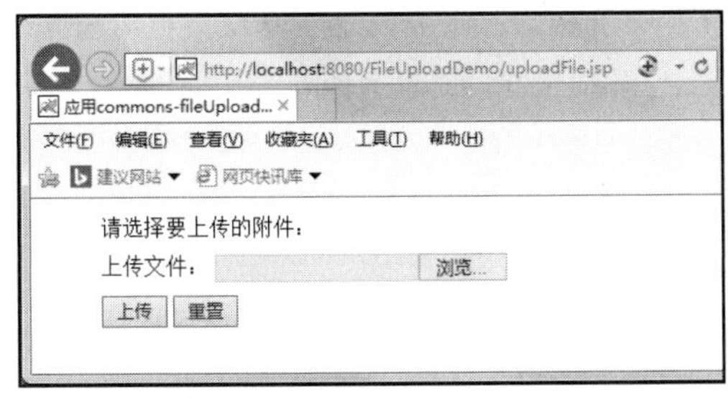

（a）选择文件

（b）上传成功结果

图 10-6　文件上传运行结果

10.2.2　JSP 的邮件发送技术

在现今的网络社会，E-mail 已经成为人与人之间通信交流的一种重要方式。Java Mail 是 Sun 公司发布用来处理 E-mail 的 API，是一种可选的，用于读取、编写和发送电子消息的包（标准扩展）。使用 Java Mail 可以创建 MUA（邮件用户代理 Mail User Agent 的简称）类型的程序，它类似于 Eudora、Pine 及 Microsoft Outlook 等邮件程序。邮件客户程序能够链接到邮件服务器接收和发送邮件，还能管理邮件和邮件文件夹。本节介绍 JavaMail API 的主要类及其功能，然后讲解在 JSP 页面中如何应用 JavaMail 组件发送电子邮件。

1. JavaMail API 简介

JavaMail API 是 Sun 开发的标准扩展 API 之一，它给 Java 应用程序开发者提供了独立于平台和协议的邮件/通信解决方案。它封装了按照各种邮件通信协议，如 SMTP、POP3、IMAP 和 MIME，与邮件服务器通信的细节，为 Java 应用程序提供了编写和收发电子邮件的公共接口。因而，使用 JavaMail API 包简化了邮件客户程序开发，避免了用 Java 语言从头编写邮件客户程序，以及通过 Socket 来与邮件服务器通信。

可在网站 http://www.oracle.com/technetwork/java/index-138643.html 下载最新版本的 JavaMail，下载后可将其中的 mail.jar 文件配置到 Web 项目中。

安装 JavaMail 之后，还需要安装 JAF（JavaBeans Activation Framework）。这个框架是 JavaMail API 所需的，为 JavaMail 提供了基本的 MIME 类型支持。

需要从 http://www.oracle.com/technetwork/java/jaf11-139815.html 下载 jaf-1_1_1.zip 文件，下载后可将其中的 activation.jar 文件配置到 Web 项目中。

2. JavaMail API 结构

Java Mail API 中提供很多用于处理 E-mail 的类，主要位于 javax.mail 包和 javax.mail.internet 包中，其中比较常用的有 Session（会话）类、Message（消息）类、Address（地址）类、Authenticator（认证方式）类、Transport（传输）类、Store（存储）类和 Folder（文件夹）类等 7 个类。

1）javax.mail.Session 类

Session 类用于定义保存诸如 SMTP 主机和认证信息的基本邮件会话。通过 Session 会话可以阻止恶意代码窃取其他用户在会话中的信息（包括用户名和密码等认证信息）。

每个基于 Java Mail 的程序都需要创建一个 Session 或多个 Session 对象。由于 Session 对象利用 java.util.Properties 对象获取诸如邮件服务器、用户名、密码等信息，以及其他可在整个应用程序中共享的信息，所以在创建 Session 对象前，需要先创建 java.util.Properties 对象。创建 java.util.Properties 对象的代码如下：

```
Properties props=new Properties();
```

创建 Session 对象可以通过以下两种方法，通常会使用第二种方法创建共享会话。

（1）使用静态方法创建 Session，语句如下：

```
Session session=Session.getInstance(props,authenticator);
```

props 为 java.util. Properties 类的对象，authenticator 为 Authenticator 对象，用于指定认证方式。

（2）创建默认的共享 Session，语句如下：

```
Session defaultSession=Session.getDefaultInstance(props,authenticator);
```

其中，props 为 java.util. Properties 类的对象，authenticator 为 Authenticator 对象，用于指定认证方式。

如果在进行邮件发送时不需要指定认证方式，可以使用空值（null）作为参数 authenticator 的值。例如，创建一个不需要指定认证方式的 Session 对象的代码如下：

```
Session mailSession=Session.getDefaultInstance(props,null);
```

2）javax.mail. Authenticator 类

Authenticator 类通过用户名和密码来访问受保护的资源。Authenticator 类是一个抽象类，要使用该抽象类首先需要创建一个 Authenticator 的子类，并重载 getPasswordAuthentication()方法，具体代码如下：

```
class YtuAuthenticator extends Authenticator {
   public PasswordAuthentication getPasswordAuthentication() {
      String username="ytu";    //邮箱登录账号
      String pwd="111";         //登录密码
      return new PasswordAuthentication(username, pwd);
   }
}
```

然后通过以下代码实例化新创建的 Authenticator 的子类，并将其与 Session 对象绑定：

```
Authenticator auth=new YtuAuthenticator();
Session session=Session.getDefaultInstance(props, auth);
```

3）javax.mail.Message 类

Message 类是电子邮件系统的核心类，用于存储实际发送的电子邮件信息。Message 类是一个抽象类，要使用该抽象类可以使用其子类 MimeMessage，该类保存在 javax.mail.internet 包中，可以存储 MIME 类型和报头（在不同的 RFC 文档中均有定义）消息，并且将消息的报头限制成只能使用 US-ASCII 字符（尽管非 ASCII 字符可以被编码到某些报头字段中）。

如果想对 MimeMessage 类进行操作，首先要实例化该类的一个对象，在实例化该类的对象时，需要指定一个 Session 对象，这可以通过将 Session 对象传递给 MimeMessage 的构造方法来实现。例如，实例化 MimeMessage 类的对象 message 的代码如下：

```
MimeMessage msg=new MimeMessage(mailSession);
```

实例化 MimeMessage 类的对象 msg 后，可以通过该类的相关方法设置电子邮件信息的详细信息。MimeMessage 类中常用的方法包括以下几个。

（1）setText()方法。setText()方法用于指定纯文本信息的邮件内容。该方法只有一个参数，用于指定邮件内容。setText()方法的语法格式如下：

```
setText(String content)
```

其中，content 为纯文本的邮件内容。

（2）setContent()方法。setContent()方法用于设置电子邮件内容的基本机制，多数应用在发送 HTML 等纯文本以外的信息。该方法包括两个参数，分别用于指定邮件内容和 MIME 类型。setContent()方法的语法格式如下：

```
setContent(Object content, String type)
```

其中，content 用于指定邮件内容，type 用于指定邮件内容类型。

例如，指定邮件内容为“你现在好吗”，类型为普通的文本，代码如下：

```
message.setContent("你现在好吗", "text/plain");
```

（3）setSubject ()方法。setSubject()方法用于设置邮件的主题。该方法只有一个参数，用于指定主题内容。setSubject()方法的语法格式如下：

```
setSubject(String subject)
```

其中，subject 用于指定邮件的主题。

（4）setFrom()方法。setFrom()方法用于设置发件人地址。该方法只有一个参数，用于指定发件人地址，该地址为 InternetAddress 类的一个对象。setFrom()方法的语法格式如下：

```
msg.setFrom(new InternetAddress(from));
```

（5）setRecipients()方法。setRecipients()方法用于设置收件人地址。该方法有两个参数，分别用于指定收件人类型和收件人地址。setRecipients()方法的语法格式如下：

```
setRecipients(RecipientType type,InternetAddress addres);
```

其中，type 为收件人类型。可以使用以下 3 个常量来区分收件人的类型。

① `Message.RecipientType.TO    //发送`

② `Message.RecipientType.CC    //抄送`

③ `Message.RecipientType.BCC   //暗送`

addres 为收件人地址，可以为 InternetAddress 类的一个对象或多个对象组成的数组。

例如，设置收件人的地址为 xiaoming@126.com 的代码如下：

```
address=InternetAddress.parse("xiaoming@126.com",false);
msg.setRecipients(Message.RecipientType.TO,toAddrs);
```

（6）setSentDate()方法。setSentDate()方法用于设置发送邮件的时间。该方法只有一个参数，用于指定发送邮件的时间。setSentDate()方法的语法格式如下：

```
setSentDate(Date date);
```

其中，date 用于指定发送邮件的时间。

4）javax.mail.Address 类

Address 类用于设置电子邮件的响应地址。Address 类是一个抽象类，要使用该抽象类可以使用其子类 InternetAddress，该类保存在 javax.mail.internet 包中，可以按照指定的内容设置电子邮件的地址。

如果想对 InternetAddress 类进行操作，首先要实例化该类的一个对象，在实例化该类的对象时，有以下两种方法。

（1）创建只带有电子邮件地址的地址，可以把电子邮件地址传递给 InternetAddress 类的构造方法，代码如下：

```
InternetAddress address = new InternetAddress("xiaoming@126.com");
```

（2）创建带有电子邮件地址并显示其他标识信息的地址，可以将电子邮件地址和附加信息同时传递给 InternetAddress 类的构造方法，代码如下：

```
InternetAddress address = new InternetAddress("xiaoming @126.com"," xiaoming ");
```

说明：JavaMail API 没有提供检查电子邮件地址有效性的机制。如果需要可以自己编写检查电子邮件地址是否有效的方法。

5）javax.mail.Transport 类

Transport 类用于使用指定的协议（通常是 SMTP）发送电子邮件。Transport 类提供了以下两种发送电子邮件的方法。

（1）只调用其静态方法 send()，按照默认协议发送电子邮件，代码如下：

```
Transport.send(message);
```

（2）首先从指定协议的会话中获取一个特定的实例，然后传递用户名和密码，再发送信息，最后关闭连接，代码如下：

```
Transport transport=sess.getTransport("smtp");
transport.connect(servername,from,password);
transport.sendMessage(message,message.getAllRecipients());
transport.close();
```

在发送多个消息时，建议采用第二种方法，因为它将保持消息间活动服务器的连接，而使用第一种方法时，系统将为每一个方法的调用建立一条独立的连接。

6）javax.mail.Store 类

Store 类定义了用于保存文件夹间层级关系的数据库，以及包含在文件夹之中的信息，该类也可以定义存取协议的类型，以便存取文件夹与信息。

在获取会话后，就可以使用用户名和密码或 Authenticator 类来连接 Store 类。与 Transport 类一样，首先要告诉 Store 类将使用什么协议。

使用 POP3 协议连接 Stroe 类，代码如下：

```
Store store=session.getStore("pop3");
store.connect(host,username,password);
```

使用 IMAP 协议连接 Stroe 类，代码如下：

```
Store store=session.getStore("imap");
store.connect(host,username,password);
```

说明：如果使用 POP3 协议，只可以使用 INBOX 文件夹，但是使用 IMAP 协议，则可以使用其他文件夹。

在使用 Store 类读取完邮件信息后，需要及时关闭连接。关闭 Store 类的连接可以使用以下代码：

```
store.close();
```

7）javax.mail.Folder 类

Folder 类定义了获取（fetch）、备份（copy）、附加（append）及以删除（delete）信息的方法。

在连接 Store 类后，就可以打开并获取 Folder 类中的消息。打开并获取 Folder 类中的信息的代码如下：

```
Folder folder=store.getFolder("INBOX");
folder.open(Folder.READ_ONLY);
Message message[]=folder.getMessages();
```

在使用 Folder 类读取完邮件信息后，需要及时关闭对文件夹存储的连接。关闭 Folder 类的连接的语法格式如下：

```
folder.close(Boolean boolean);
```

其中，boolean 用于指定是否通过清除已删除的消息来更新文件夹。

3. JavaMail API 应用实例

启动 MyEclipse 10 开发环境，选择 File→New→Web Project 命令，新建项目 JavaMailDemo。将 JavaMail 所需的 mail.jar 和 activation.jar 包加载到项目中。在 WebRoot 目录中创建 sendmail.html 和 sendmail.jsp 页面文件，分别如例程 10-14 和例程 10-15 所示。

例程 10-14：sendmail.html。

```
<html>
  <head>
    <title>撰写邮件</title>
  </head>
  <body>
    <form name="form1" method="post" action="sendmail.jsp">
      <table  width="75"  border="0"  align="center"  cellspacing="1"
bgcolor="#006600" class="black">
     <tr bgcolor="#FFFFFF"> <td width="24%">发信人地址:</td>
     <td width="86%"><input name="from" type="text" id="to"></td></tr>
     <tr bgcolor="#FFFFFF"> <td width="24%">发信人密码:</td>
     <td width="86%"><input name="pwd" type="password" id="to"></td></tr>
      <tr bgcolor="#FFFFFF"> <td width="24%">收信人地址:</td>
      <td width="86%"><input name="to" type="text" id="to"></td></tr>
      <tr bgcolor="#FFFFFF"><td>主题:</td>
      <td><input name="title" type="text" id="title"></td></tr>
      <tr><td height="107" colspan="2" bgcolor="#FFFFFF">
      <textarea name="content" cols="50" rows="5" id="content"> </textarea></td></tr>
             <tr align="center"><td colspan="2" bgcolor="#FFFFFF">
                 <input type="submit" name="Submit" value="发送">
                 <input type="reset" name="Submit2" value="重置"></td></tr>
     </table>
    </form>
  </body>
</html>
```

例程 10-15：sendmail.jsp。

```
<%@ page language="java" import="java.util.*" pageEncoding="UTF-8"%>
<%@ page import="java.util.*,javax.mail.*"%>
<%@ page import="javax.mail. internet.*"%>
<%@ page import="javax.activation.*" %>
```

```
<html>
  <body>
        <%request.setCharacterEncoding("UTF-8");%><!--中文处理代码-->
        <%!String username="",pwd=""; %>
    <%
        try{   //从 html 表单中获取邮件信息
          String sender=request.getParameter("from");
          pwd=request.getParameter("pwd");
          String tto=request.getParameter("to");
          String ttitle=request.getParameter("title");
          String tcontent=request.getParameter("content");
          username=sender.substring(0,sender.indexOf('@'));
          String
mailserver="smtp."+sender.substring(sender.indexOf('@')+1,sender.length());

          Properties props=new Properties();// 也 可 用 Properties props =
System.getProperties();
          props.put("mail.smtp.host",mailserver);//存储发送邮件服务器的信息
          props.put("mail.smtp.auth","true");//同时通过验证
          //根据属性新建一个邮件会话
          Session s=Session.getInstance( props,new Authenticator() {
          protected PasswordAuthentication getPasswordAuthentication() {
          return new  PasswordAuthentication (username, pwd);
           } });
          s.setDebug(true);
      MimeMessage message=new MimeMessage(s);  //由邮件会话新建一个消息对象
      //设置邮件
      InternetAddress from=new InternetAddress(sender);
      message.setFrom(from);                     //设置发件人
      InternetAddress to=new InternetAddress(tto);
      //设置收件人,并设置其接收类型为 TO，普通收件人
      message.setRecipient(Message.RecipientType.TO,to);
      message.setSubject(ttitle);                //设置主题
      message.setText(tcontent);                 //设置信件内容
      message.setSentDate(new Date());           //设置发信时间
      //发送邮件
      message.saveChanges();                     //存储邮件信息
      Transport transport=s.getTransport("smtp");//以 smtp 方式登录邮箱
      transport.connect(mailserver,username, pwd);
      // 发送邮件,其中第二个参数是所有已设好的收件人地址
      transport.sendMessage(message,message.getAllRecipients());
      transport.close();
      %>
      <div align="center">
      <p><font color="#FF6600">发送成功!</font></p>
        <br> <a href="sendmail.html">再发一封</a></p></div>
      <%  }catch(MessagingException e){
            out.println(e.toString());
       }%>
   </body>
</html>
```

在浏览器中执行 sendmail.html，在图 10-7（a）所示的页面中，输入收件人电子邮件地址、

邮件主题和邮件正文等内容。单击“发送”按钮后，页面信息会提交到 sendmail.jsp 页面进行请求处理，发送邮件，显示发送成功页面，如图 10-7（b）所示。

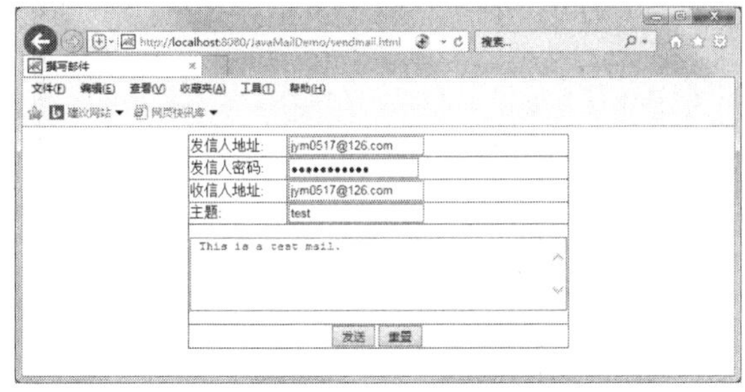

（a）sendmail.html 运行页面

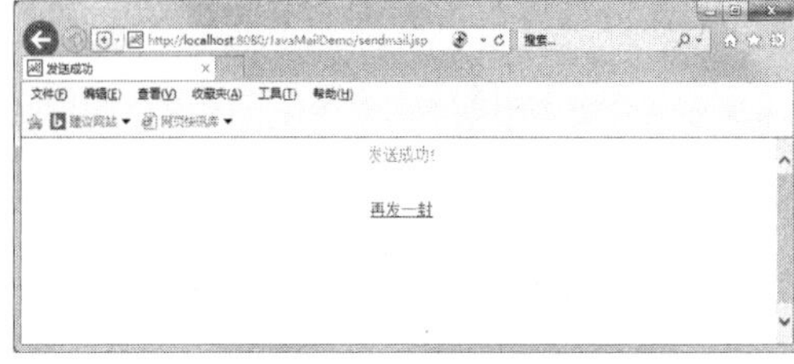

（b）发送邮件成功的页面

图 10-7　运行页面

发送包含附件的 E-mail 需要用到 MimeMultiPart、MimeBodyPart、DataHandler 等类（接口）的支持，限于篇幅，不再详细列举，读者可查阅相关资料了解相关类的使用。

10.2.3　JSP 动态图表

JFreeChart 是开源站点 SourceForge.net 上的一个 Java 项目，是一款优秀的 Java 图表生成插件，它提供了在 Java Application、Servlet 和 JSP 下生成各种图片格式的图表，包括柱形图、饼图、线图、区域图、时序图和多轴图等，可以在官方网站中下载。例如，输入其官方网站的主页地址 http://www.jfree.org/jfreechart/index.html，将进入到其官方网站主页，在该页面单击 DownLoad 导航链接将进入下载页面，选择所要下载的产品 JFreeChart 即可进行下载，在本书编写时它的最新版本为 1.0.19 版本，下面以此版本为例进行讲解。

在下载成功后将得到一个名称为 jfreechart-1.0.19.zip 的压缩包，此压缩包中包含 JFreeChart 组件源码、示例、支持类库等文件。

JFreeChart 中的图表对象用 JFreeChart 对象表示，图表对象由 Title（标题或子标题）、Plot（图表的绘制结构）、BackGround（图表背景）、toolstip（图表提示条）等几个主要的对象组成。其中 Plot 对象又包括了 Render（图表的绘制单元——绘图域）、Dataset（图表数据源）、domainAxis（x 轴）、rangeAxis（y 轴）等一系列对象组成，而 Axis（轴）是由更细小的刻度、标签、间距、刻度单位等一系列对象组成。限于篇幅，不再详细介绍，请查阅相关资料。

利用 JFreeChart 组件生成动态统计图表的基本步骤如下：

（1）创建绘图数据集合。

（2）创建 JFreeChart 实例。

（3）自定义图表绘制属性，该步可选。

（4）生成指定格式的图片，并返回图片名称。

（5）组织图片浏览路径。

（6）通过 HTML 中的<img>标记显示图片。

启动 MyEclipse 10 开发环境，选择 File→New→Web Project 命令，新建项目 FreeChartDemo。将 JFreeChart 所需的 jar 包加载到项目中，创建 com.ytu.util 包结构，在 util 包中创建名为 chart.java

程序，如例程 10-16 所示。在 WebRoot 目录中创建名为 showChart.jsp 的页面文件，如例程 10-17 所示。在 WEB-INF 中 web.xml 文件中</web-app>前面添加如下代码：

```
<servlet>
    <servlet-name>DisplayChart</servlet-name>
    <servlet-class>org.jfree.chart.servlet.DisplayChart</servlet-class>
</servlet>
<servlet-mapping>
    <servlet-name>DisplayChart</servlet-name>
    <url-pattern>/DisplayChart</url-pattern>
</servlet-mapping>
```

例程 10-16：chart.java。

```
package com.ytu.util;
import java.awt.BasicStroke;
import java.awt.Color;
import java.awt.Font;
import java.io.IOException;
import javax.servlet.http.HttpSession;
import org.jfree.chart.ChartFactory;
import org.jfree.chart.ChartRenderingInfo;
import org.jfree.chart.JFreeChart;
import org.jfree.chart.entity.StandardEntityCollection;
import org.jfree.chart.plot.PiePlot;
import org.jfree.chart.servlet.ServletUtilities;
import org.jfree.chart.title.TextTitle;
import org.jfree.data.general.DefaultPieDataset;

public class chart {
    int width;                                    //图像宽度
    int height;                                   //图像高度
    String chartTitle;                            //图表标题
    String subtitle;                              //副标题
    String[] cutline;                             //图例
    Double[] data;                                //绘图数据
    String servletURI = "/DisplayChart";          //映射路径
    public chart() {
        width=600;
        height=400;
        chartTitle="";
        chartTitle="月销售额占比";
        subtitle="—山东地区";
        cutline=new String[] { "张三", "李四", "王五"};
        data=new Double[] { 2.0, 4.0, 4.0 };
    }
    public String draw(HttpSession session, String contextPath) {
        Font font=new Font("SimSun", 20, 13);
        //创建绘图数据集
        DefaultPieDataset dataset=new DefaultPieDataset();
        for(int i=0; i<cutline.length; i++) {
            dataset.setValue(cutline[i], data[i]);
        }
        //创建图表对象
        JFreeChart chart=ChartFactory.createPieChart(chartTitle, dataset,
```

```
            false, false, false);
        //添加副标题
        chart.addSubtitle(new TextTitle(subtitle, font));
        //设置图表的背景色
        chart.setBackgroundPaint(new Color(200, 200, 200));
        //自定义图表的标题的字体和颜色
        TextTitle title=chart.getTitle();
        title.setFont(font);
        title.setPaint(Color.RED);
        //获得绘图区对象
        PiePlot plot=(PiePlot) chart.getPlot();
        //设置绘图区背景色
        plot.setBackgroundPaint(new Color(255, 255, 0));
        //设置饼图标签的字体
        plot.setLabelFont(font);
        //设置图例名称背景色
        plot.setLabelBackgroundPaint(Color.YELLOW);
        //设置饼图轮廓线的相关属性
        plot.setBaseSectionOutlinePaint(new Color(0, 0, 0));// 设置线条颜色
        plot.setBaseSectionOutlineStroke(new BasicStroke(1.0f));// 设置线条粗细
        //固定用法
        ChartRenderingInfo info=new ChartRenderingInfo(
                new StandardEntityCollection());
        //生成指定格式的图片，并返回图片名称
        String fileName="";
        try {
            fileName=ServletUtilities.saveChartAsPNG(chart, width, height,
                    info, session);
        } catch (IOException e) {
            e.printStackTrace();
        }
        //组织图片浏览路径
        String graphURL=contextPath + servletURI + "?filename=" + fileName;
        //返回图片浏览路径
        return graphURL;
    }
}
```

例程 10-17：showChart.jsp。

```
<%@ page language="java" pageEncoding="gbk" import="com.ytu.util.*"%>
<html>
<% chart c=new chart (); %>
<head>
    <title>图表</title>
</head>
<body>
    <table>
        <tr align="center"><td>
                <img src="<%=c.draw(session, request.getContextPath())%>"
                    border="1">
            </td></tr>
    </table>
</body>
</html>
```

部署项目，在浏览器地址栏中输入 http://localhost:8080/FreeChartDemo/showChart.jsp，运行结果如图 10-8 所示。

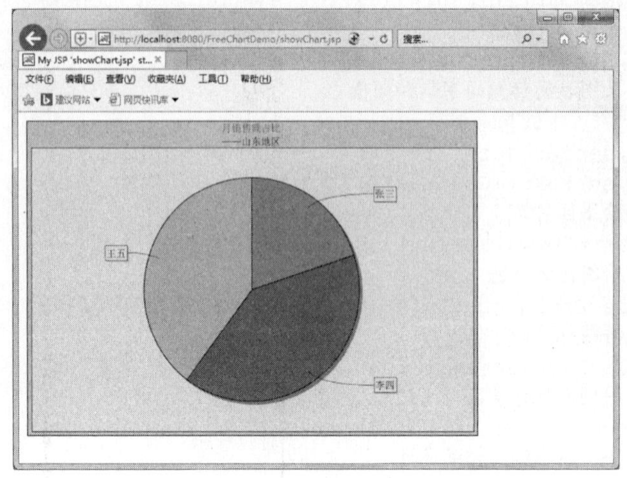

图 10-8　showChart.jsp 运行结果

10.2.4　JSP 输出报表

iText 是一个能够快速产生 PDF 文件的 Java 类库，是开放源码站点 sourceforge 的一个项目。通过 iText 提供的 Java 类不仅可以生成包含文本、表格、图形等内容的只读文档，而且可以将 XML、HTML 文件转化为 PDF 文件。它的类库与 Java Servlet 有很好的给合。使用 iText 与 PDF 能够使用户正确地控制 Servlet 的输出。

iText 组件可以到 https://sourceforge.net/网站下载。本节以 iText-2.0.7.jar 版本为例进行介绍。如果想真正了解 iText 组件，阅读 iText 文档显得非常重要，读者在下载类库的同时，也可以下载类库文档。

应用 iText 组件生成 JSP 报表时，首先需要建立 com.lowagie.text.Document 对象的实例。建立 com.lowagie.text.Document 对象的实例时，可以通过以下 3 个构造方法实现：

```
public Document();
public Document(Rectangle pageSize);  //定义页面的大小
public  Document(Rectangle  pageSize,int  marginLeft,int  marginRight,int
marginTop,int marginBottom);    //定义页面的大小，分别设置左、右、上、下的页边距
```

其中，通过 Rectangle 类对象的参数可以设置页面大小、背景色，以及页面横向/纵向等属性。

iText 组件定义了 A0–A10、AL、LETTER、HALFLETTER、_11x17、LEDGER、NOTE、B0–B5、ARCH_A–ARCH_E、FLSA 和 FLSE 等纸张类型，也可以指定纸张大小来自定义，例如：

```
Rectangle pageSize=new Rectangle(144,720);
```

在 iText 组件中，可以将 PDF 文档设置成 A4 页面大小，也可以通过 Rectangle 类中的 rotate() 方法将页面设置成横向。例如：

```
Rectangle rectPageSize=new Rectangle(PageSize.A4); //定义 A4 页面大小
rectPageSize=rectPageSize.rotate();     //加上这句可以实现 A4 页面的横置
Document doc=new Document(rectPageSize,50,50,50,50);//其余 4 个参数设置了页面的
4 个边距
```

文档（document）对象建立好之后，在文档打开之前，可以设置文档的标题、主题、作者、

关键字、装订方式、创建者、生产者、创建日期等属性。例如：

```
public boolean addTitle(String title)
public boolean addSubject(String subject)
public boolean addKeywords(String keywords)
public boolean addAuthor(String author)
public boolean addCreator(String creator)
…
```

文档对象建立好之后，还需要建立一个或多个书写器与对象相关联。通过书写器可以将具体的文档存盘成需要的格式。例如，om.lowagie.text.PDF.PDFWriter 可以将文档存成 PDF 格式，而 com.lowagie.text.html.HTMLWriter 可以将文档存成 HTML 格式。

iText 组件本身不支持中文，为了解决中文输出的问题，需要下载 iTextAsian.jar 组件。下载后将其放入项目目录下的 WEB-INF/lib 路径中。使用这个中文包可以实例化一个字体类，把字体类应用到相应的文字中，从而可以正常显示中文。可以通过以下代码解决中文输出问题：

```
BaseFont  bfChinese=BaseFont.createFont("STSong-Light",  "UniGB-UCS2-H",
BaseFont. NOT_EMBEDDED);
//用中文的基础字体实例化了一个字体类
Font FontChinese=new Font(bfChinese, 12, Font.NORMAL);
Paragraph par=new Paragraph("简单快乐",FontChinese);//将字体类用到一个段落中
document.add(par);      //将段落添加到文档中
```

在上面的代码中，STSong-Light 定义了使用的中文字体，UniGB-UCS2-H 定义文字的编码标准和样式，GB 代表编码方式为 gb2312，H 是代表横排字，V 代表竖排字。

iText 组件中处理图像的类为 com.lowagie.text.Image，目前 iText 组件支持的图像格式有 GIF、JPEG、PNG、WMF 等格式，对于不同的图像格式，iText 组件用同样的构造函数自动识别图像格式，通过下面的代码可以分别获得 GIF、JPG、PNG 图像的实例：

```
Image gif=Image.getInstance("face1.gif");
Image jpeg=Image.getInstance("bookCover.jpg");
Image png=Image.getInstance("ico01.png");
```

图像的位置主要是指图像在文档中的对齐方式、图像和文本的位置关系。iText 组件中通过方法 setAlignment(int alignment)设置图像的位置，参数 alignment 为 Image.RIGHT、Image.MIDDLE、Image.LEFT 分别指右对齐、居中、左对齐；参数 alignment 为 Image.TEXTWRAP、Image.UNDERLYING 分别指文字绕图形显示、图形作为文字的背景显示，也可以使这两种参数结合使用以达到预期的效果，如 setAlignment(Image.RIGHT|Image.TEXTWRAP)显示的效果为图像右对齐，文字围绕图像显示。

如果图像在文档中不按原尺寸显示，可以通过下面的方法进行设定：

```
public void scaleAbsolute(int newWidth,int newHeight)
public void scalePercent(int percent)
public void scalePercent(int percentX,int percentY)
```

其中，方法 scaleAbsolute(int newWidth, int newHeight)直接设定显示尺寸；方法 scalePercent(int percent)设定显示比例，如 scalePercent(50)表示显示的大小为原尺寸的 50%；而方法 scalePercent(int percentX, int percentY)则表示图像高宽的显示比例。

如果图像需要旋转一定角度之后在文档中显示，可以通过方法 setRotation(double r)设定，参数 r 为弧度，如果旋转角度为 30°，则参数 r= Math.PI / 6。

iText 组件中创建表格的类包括 com.lowagie.text.Table 和 com.lowagie.text.PDF.PDFPTable 两种。

对于比较简单的表格可以使用 com.lowagie.text.Table 类创建，但是如果要创建复杂的表格，就需要用到 com.lowagie.text.PDF.PDFPTable 类。

1）com.lowagie.text.Table 类

com.lowagie.text.Table 类的构造函数有 3 个：

```
Table(int columns)
Table(int columns,int rows)
Table(Properties attributes)
```

其中，参数 columns、rows、attributes 分别为表格的列数、行数、表格属性。创建表格时必须指定表格的列数，行数可以不用指定。

创建表格之后，还可以设定表格的属性，如边框宽度、边框颜色、间距（padding space，即单元格之间的间距）大小等属性。

2）com.lowagie.text.PDF.PDFPTable 类

文档中可以有很多个表格，一个表格可以有很多个单元格，一个单元格里面可以放很多个段落，一个段落里面可以放一些文字。在 iText 组件中没有行的概念，一个表格里面直接放单元格。如果一个 5 列的表格中放进 10 个单元格，那么就是两行的表格；如果一个 5 列的表格放入 4 个最基本的没有任何跨列设置的单元格，那么这个表格根本添加不到文档中，而且不会有任何提示。

启动 MyEclipse 10 开发环境，选择 File→New→Web Project 命令，新建项目 iTextDemo。将 iText 所需的 jar 包加载到项目中。将名为 no1.jpg 的图片文件复制到 WebRoot 目录中，在 WebRoot 目录中创建名为 showiText.jsp 的页面文件，如例程 10-18 所示。

例程 10-18: showiText.jsp。

```
<%@ page language="java"  pageEncoding="gb2312"%>
<%@ page language="java"  pageEncoding="gb2312"%>
<%@ page import="java.io.*,com.lowagie.text.*,com.lowagie.text.pdf.*"%>
<%
response.reset();
response.setContentType("application/pdf");     //设置文档格式
Document document=new Document();               //创建 Document 实例
//进行中文输出设置
BaseFont bfChinese=BaseFont.createFont("STSong-Light",
        "UniGB-UCS2-H", BaseFont.NOT_EMBEDDED);
Paragraph  par=new  Paragraph(" 学 生 基 本 信 息 表 ",new  Font(bfChinese,  12,
Font.NORMAL));
//获取图片的路径
String filePath=pageContext.getServletContext().getRealPath("no1.jpg");
Image jpg=Image.getInstance(filePath);
jpg.setAlignment(Image.MIDDLE);                 //设置图片居中
//进行表格设置
Table table=new Table(3);                       //建立列数为 3 的表格
table.setBorderWidth(2);                        //边框宽度设置为 2
table.setPadding(3);                            //表格边距离为 3
table.setSpacing(3);
Cell cell=new Cell();                           //创建单元格作为表头
cell.addElement(par);
cell.setHorizontalAlignment(Cell.ALIGN_CENTER);
cell.setHeader(true);                           //表示该单元格作为表头信息显示
cell.setColspan(3);                             //合并单元格，使该单元格占用 3 个列
table.addCell(cell);
```

```
    table.endHeaders();          //表头添加完毕，必须调用此方法，否则跨页时，表头联显示
    cell=new Cell(jpg);          //添加一个一行两列的单元格，其中显示图片
    cell.setRowspan(2);          //合并单元格，向下占用 2 行
    table.addCell(cell);
    table.addCell("cell2.1.1");
    table.addCell("cell2.2.1");
    table.addCell("cell2.1.2");
    table.addCell("cell2.2.2");
    ByteArrayOutputStream buffer=new ByteArrayOutputStream();
    PdfWriter.getInstance(document, buffer);                 // 书写器
    document.open();                                         //打开文档
    document.add(table);                                     //添加内容
    document.close();                                        //关闭文档
    //解决抛出 IllegalStateException 异常的问题
    out.clear();
    out=pageContext.pushBody();
        DataOutput output = new DataOutputStream(response.getOutputStream());
    byte[] bytes=buffer.toByteArray();
    response.setContentLength(bytes.length);
    for(int i=0; i<bytes.length; i++) {
        output.writeByte(bytes[i]);
    }
%>
```

部署项目，在浏览器地址栏中输入 http://localhost:8080/iTextDemo/showiText.jsp，运行结果如图 10-9 所示。

图 10-9　showiText.jsp 运行结果

10.3　Ajax　技　术

Ajax 是 Asynchronous JavaScript and XML 的缩写，意思是异步的 JavaScript 与 XML。Ajax 并不是一门新的语言或技术，它是 JavaScript、XML、CSS、DOM 等多种已有技术的组合，可以实现客户端的异步请求操作。这样可以实现在不需要刷新页面的情况下与服务器进行通信，从而减少用户的等待时间。本节主要介绍 Ajax 的关键技术和框架，以及在 JSP 页面中的应用。

10.3.1　Ajax 概述

在传统的 Web 应用模式中，页面中用户的每一次操作都将触发一次返回 Web 服务器的 HTTP

请求，服务器进行相应的处理（获得数据、运行与不同系统的会话）后，返回一个 HTML 页面给客户端，如图 10-10 所示。

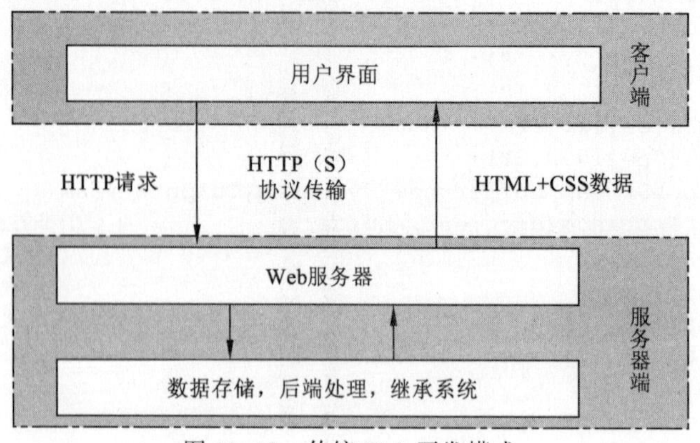

图 10-10　传统 Web 开发模式

而在 Ajax 应用中，页面中用户的操作将通过 Ajax 引擎与服务器端进行通信，然后将返回结果提交给客户端页面的 Ajax 引擎，再由 Ajax 引擎来决定将这些数据插入页面的指定位置，如图 10-11 所示。

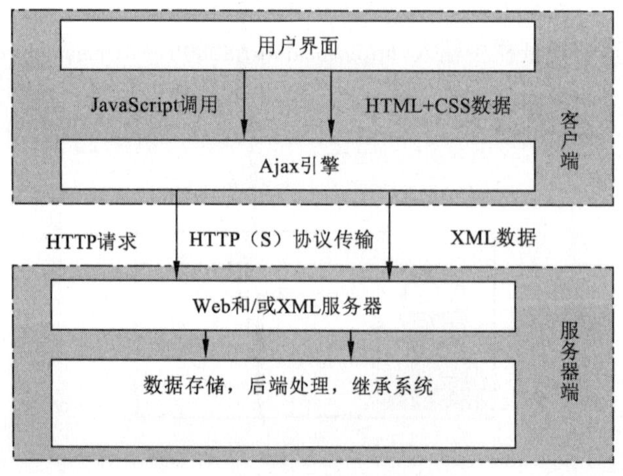

图 10-11　Ajax 应用的开发模式

从上面两个图中可以看出，对于每个用户的行为，在传统的 Web 应用模式中，将生成一次 HTTP 请求，而在 Ajax 应用开发模式中，将变成对 Ajax 引擎的一次 JavaScript 调用。在 Ajax 应用开发模式中通过 JavaScript 实现在不刷新整个页面的情况下，对部分数据进行更新，从而降低了网络流量，给用户带来了更好的体验。

10.3.2 Ajax 的关键技术

1. JavaScript 脚本语言

JavaScript 是 Ajax 工具箱中的核心技术。Ajax 应用程序完全下载到客户端的内存中，由数据、表现和程序逻辑三者组成，JavaScript 就是用来实现逻辑的工具。

JavaScript 是一种在 Web 页面中添加动态脚本代码的解释性程序语言，其核心已经嵌入目前主流的 Web 浏览器中。虽然平时应用最多的是通过 JavaScript 实现一些网页特效及表单数据验证等功能，其实 JavaScript 可以实现的功能远不止这些。JavaScript 是一种具有丰富的面向对象特性的程序设计语言，利用它能执行许多复杂的任务。例如，Ajax 就是利用 JavaScript 将 DOM、XHTML（或 HTML）、XML 以及 CSS 等技术综合起来，并控制它们的行为。因此，要开发一个复杂高效的 Ajax 应用程序，必须对 JavaScript 有深入的了解。

2. CSS 样式

CSS 是 W3C（World Wide Web Consortium，万维网联盟）为弥补 HTML 在显示属性设置上的不足而制定的一套扩展样式标准，全称是 Cascading Style Sheet，即“层叠样式表”。CSS 标准中重新定义了 HTML 中原有的文字显示样式，增加了一些新概念，如类、层等。所谓“层叠”，实际就是将显示样式独立于显示的内容，进行分类管理，例如定义一个独立的 CSS 样式表文件，这样可以把显示的内容和显示样式定义分离。一个独立的样式表可以用于多个 HTML 文件，为整个 Web 站点定义一致的外观，更改 CSS 样式表的内容，与之相连接文件的文本将自动分离。CSS 样式表可以使任何浏览器都听从指令，知道该如何显示元素及其内容，使页面具有动态效果。

CSS 是用于（增强）控制网页样式并允许将样式信息与网页内容分离的一种标记性语言。在 Ajax 出现以前，CSS 已经广泛地应用到传统的网页中了。在 Ajax 中，通常使用 CSS 进行页面布局，并通过改变文档对象的 CSS 属性控制页面的外观和行为。

3. 文档对象模型 DOM

DOM 是 Document Object Model（文档对象模型）的缩写，是表示文档（如 HTML 文档）和访问、操作构成文档的各种元素（如 HTML 标记和文本串）的应用程序接口（API）。W3C 定义了标准的文档对象模型，它以树形结构表示 HTML 和 XMLds 文档，定义了遍历树和添加、修改、查找树的结点的方法和属性。在 Ajax 应用中，通过 JavaScript 操作 DOM，可以达到在不刷新页面的情况下实时修改用户界面的目的。

4. XMLHttpRequest

Ajax 技术中，最核心的技术就是 XMLHttpRequest，它是一个具有应用程序接口的 JavaScript 对象，能够使用超文本传输协议（HTTP）连接一个服务器，是微软公司为了满足开发者的需要，于 1999 年在 IE 5.0 浏览器中率先推出的。现在许多浏览器都对其提供了支持，不过实现方式与 IE 有所不同。

在使用 XMLHttpRequest 对象发送请求和处理响应之前，首先需要初始化该对象，由于 XMLHttpRequest 不是一个 W3C 标准，所以对于不同的浏览器，初始化的方法也是不同的。

1）IE 浏览器

IE 浏览器把 XMLHttpRequest 实例化为一个 ActiveX 对象。具体方法如下：

```
var http_request=new ActiveXObject("Msxml2.XMLHTTP");
```

或者

```
var http_request=new ActiveXObject("Microsoft.XMLHTTP");
```

上面语法中的 Msxml2.XMLHTTP 和 Microsoft.XMLHTTP 是针对 IE 浏览器的不同版本而进行设置的，目前比较常用的是这两种。

2）Mozilla、Safari 等其他浏览器

Mozilla、Safari 等其他浏览器把 XMLHttpRequest 实例化为一个本地 JavaScript 对象。具体方法如下：

```
var http_request=new XMLHttpRequest();
```

为了提高程序的兼容性，可以创建一个跨浏览器的 XMLHttpRequest 对象。创建一个跨浏览器的 XMLHttpRequest 对象其实很简单，只需要判断一下不同浏览器的实现方式，如果浏览器提供了 XMLHttpRequest 类，则直接创建一个实例，否则使用 IE 的 ActiveX 控件。具体代码如下：

```
if(window.XMLHttpRequest) { // Mozilla、Safari...
    http_request=new XMLHttpRequest();
} else if (window.ActiveXObject) { //IE 浏览器
    try {
        http_request=new ActiveXObject("Msxml2.XMLHTTP");
    } catch(e) {
        try {
            http_request=new ActiveXObject("Microsoft.XMLHTTP");
        } catch (e) {}
    }
}
```

下面对 XMLHttpRequest 对象的常用方法进行详细介绍。

1）open()方法

open()方法用于设置进行异步请求目标的 URL、请求方法以及其他参数信息，具体语法如下：

```
open("method","URL"[,asyncFlag[,"userName"[, "password"]]]);
```

在上面的语法中，method 用于指定请求的类型，一般为 get 或 post；URL 用于指定请求地址，可以使用绝对地址或者相对地址，并且可以传递查询字符串；asyncFlag 为可选参数，用于指定请求方式，同步请求为 true，异步请求为 false，默认情况下为 true；userName 为可选参数，用于指定请求用户名，没有时可省略；password 为可选参数，用于指定请求密码，没有时可省略。

2）send()方法

send()方法用于向服务器发送请求。如果请求声明为异步，该方法将立即返回，否则将等到接收到响应为止。具体语法格式如下：

```
send(content);
```

其中，content 用于指定发送的数据，可以是 DOM 对象的实例、输入流或字符串。如果没有参数需要传递可以设置为 null。

3）setRequestHeader()方法

setRequestHeader()方法为请求的 HTTP 头设置值。具体语法格式如下：

```
setRequestHeader("label", "value");
```

其中，label 用于指定 HTTP 头，value 用于为指定的 HTTP 头设置值。

注意：setRequestHeader()方法必须在调用 open()方法之后才能调用。

4）abort()方法

abort()方法用于停止当前异步请求。

5）getAllResponseHeaders()方法

getAllResponseHeaders()方法用于以字符串形式返回完整的 HTTP 头信息，当存在参数时，表示以字符串形式返回由该参数指定的 HTTP 头信息。

XMLHttpRequest 对象的常用属性如表 10-1 所示。

表 10-1　XMLHttpRequest 对象的常用属性

属　　性	说　　明
onreadystatechange	每个状态改变时都会触发这个事件处理器，通常会调用一个 JavaScript 函数
readyState	请求的状态。有以下 5 个取值： 0 = "未初始化" 1 = "正在加载" 2 = "已加载" 3 = "交互中" 4 = "完成"
responseText	服务器的响应，表示为字符串
responseXML	服务器的响应，表示为 XML，这个对象可以解析为一个 DOM 对象
status	返回服务器的 HTTP 状态码，如： 200 = "成功" 202 = "请求被接收，但尚未成功" 400 = "错误的请求" 404 = "文件未找到" 500 = "内部服务器错误"
statusText	返回 HTTP 状态码对应的文本

5. 可扩展性标记语言 XML

XML 是 Extensible Markup Language（可扩展的标记语言）的缩写，它提供了用于描述结构化数据的格式。XMLHttpRequest 对象与服务器交换的数据，通常采用 XML 格式，但也可以是基于文本的其他格式。

10.3.3 Ajax 技术应用

通过一个简单的应用 Ajax 技术实现不刷新页面检测用户名是否唯一的例子说明在 JSP 中如何实现 Ajax 技术。

启动 MyEclipse 10 开发环境，选择 File→New→Web Project 命令，新建项目 AjaxDemo。在 WebRoot 目录中创建名为 register.jsp 和 checkName.jsp 的页面文件，分别如例程 10-19 和例程 10-20 所示。

例程 10-19：register.jsp。

```
<%@ page contentType="text/html; charset=gb2312" language="java" import=
"java.sql.*" errorPage="" %>
<html>
<head>
    <title>检测用户名</title>
    <meta http-equiv="Content-Type" content= "text/html; charset=gb2312">
    <script language="javascript">
        var http_request=false;
        function createRequest(url) {     //初始化对象并发出 XMLHttpRequest 请求
            http_request=false;
            if(window.XMLHttpRequest) {    //Mozilla 或其他除 IE 以外的浏览器
                http_request=new XMLHttpRequest();
                if(http_request.overrideMimeType) {
```

```
                http_request.overrideMimeType("text/xml");
            }
        } else if(window.ActiveXObject) {      //IE 浏览器
                try {
                    http_request=new ActiveXObject("Msxml2.XMLHTTP");
                } catch(e) {
                try {
                    http_request=new ActiveXObject("Microsoft.XMLHTTP");
            } catch(e) {} }
        }if(!http_request) {
            alert("不能创建 XMLHTTP 实例!");
            return false;
        }http_request.onreadystatechange=alertContents; //指定响应方法
        http_request.open("GET", url, true); //发出 HTTP 请求
        http_request.send(null);
    }
    function alertContents() {                 //处理服务器返回的信息
        if(http_request.readyState == 4) {
            if(http_request.status == 200) {
                alert(http_request.responseText);
            } else {  alert('您请求的页面发现错误');
    }}}
    </script>
   <script language="javascript">
    function checkName() {
        var username = form1.username.value;
        if(username=="") {
            window.alert("请添写用户名!");
            form1.username.focus();
            return false;
        }else {
            createRequest('checkName.jsp?username='+username);
    }}
  </script>
  <script language="javaScript">
     function mycheck(){
        if(form1.username.value==""){
            alert("请输入用户名! ");form1.username.focus();return;   }
        if(form1.PWD1.value==""){
            alert("请输入密码! ");form1.PWD1.focus();return;}
        if(form1.PWD2.value==""){
            alert("请确认密码! ");form1.PWD2.focus();return;}
        if(form1.PWD1.value!=form1.PWD2.value){
            alert("您两次输入的密码不一致，请重新输入! ");
            form1.PWD1.value="";form1.PWD2.value="";form1.PWD1.focus();return;}
        form1.submit();
   }</script>

</head>
<body>
  <table width="599" border="0" align="center" cellpadding="0" cellspacing="0">
```

```
    <form name="form1" method="post" action="">
        <table width="76%" height="295" border="0" cellpadding="0" cellspacing="0">
         <tr><td width="22%" align="center">用户名: </td>
             <td     width="78%"><input     name="username"     type="text"
id="username" onblur="checkName()">
             </td></tr>
         <tr><td align="center">密码: </td>
             <td ><input name="PWD1" type="password" id="PWD1">*</td></tr>
         <tr><td align="center">确认密码: </td>
              <td ><input name="PWD2" type="password" id="PWD2">*</td>
         </tr>
         <tr><td  align="center">
         <input name="save" type="button" onClick="mycheck()" value="保存"> 
           <input name="re" type="reset"  value="重置"></td></tr></table>
   </form>
           </td> </tr>
           </table>
   </body>
</html>
```

例程 10-20：checkName.jsp。

```
<%@ page contentType="text/html; charset=gb2312" language="java"  errorPage="" %>
<%
request.setCharacterEncoding("GB2312");
String username=request.getParameter("username");
if(username.equals("admin")){
   out.println("很报歉!用户名["+username+"]已经被注册!");
}else{
   out.println("祝贺您!用户名["+username+"]没有被注册!");
}
%>
```

部署项目，在浏览器地址栏中输入 http://localhost:8080/AjaxDemo/register.jsp，运行结果如图 10-12 所示。

图 10-12　应用 Ajax 技术检测用户名

10.3.4　DWR 框架

为了减轻开发人员的开发难度，提高开发效率，Ajax 已经产生出大量框架，其中有些基于客户端，有些基于服务器端；有些专门为特定语言设计，另外一些则与语言无关。其中，绝大多数都有开源实现，但也有少数是专用的。

DWR（Direct Web Remoting，直接 Web 远程控制）是在 Apache 许可下的一个开源解决方案，它主要提供给那些想以一种简单的方式使用 Ajax 和 XMLHttpRequest 对象的开发者。利用这个框架可以让 Ajax 开发变得很简单。利用 DWR 可以在客户端使用 JavaScript 直接调用服务端的 Java 方法并返回值给 JavaScript，就好像直接调用本地客户端一样（DWR 根据 Java 类动态生成 JavaScript 代码），其工作原理如图 10-13 所示。DWR 框架组件可以到 http://directwebremoting.org/dwr/网站下载。本节以 DWR 3.0 为例介绍。

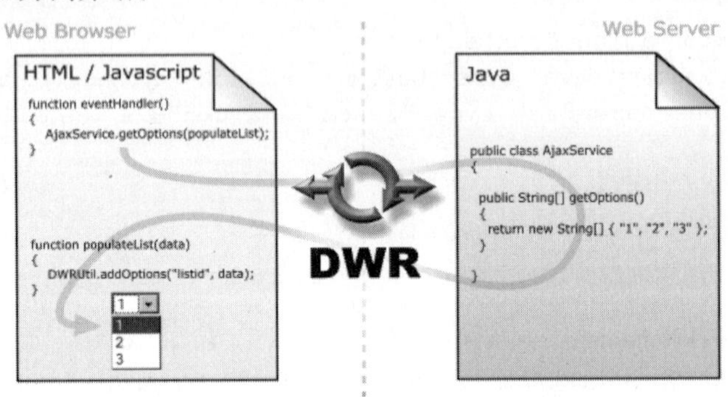

图 10-13 DWR 工作原理

DWR 具有一套 JavaScript 功能集，它们简化了从 HTML 页面调用应用服务器上 Java 对象方法的过程。它能操控不同类型的参数，并同时保持 HTML 代码的可读性。

DWR 动态在 JavaScript 里生成一个 AjaxService 类，去匹配服务器端的代码。由 eventHandler 去调用它，然后 DWR 处理所有的远程细节，包括倒置（converting）所有的参数以及返回 JavaScript 和 Java 的值。在示例中，先在 eventHandler 方法里调用 AjaxService 的 getOptions() 方法，然后通过反调（callback）方法 populateList(data) 得到返回的数据，其中 data 就是 String[]{"1", "2", "3"}，最后再使用 DWR utility 把 data 加入下拉列表。

（1）启动 MyEclipse 10 开发环境，选择 File→New→Web Project 命令，新建项目 DWRDemo。将下载的 dwr.jar 配置到项目中。WebRoot\WEB-INF 中配置 web.xml，内容如下：

```
<?xml version="1.0" encoding="UTF-8"?>
<!DOCTYPE web-app PUBLIC
    "-//Sun Microsystems, Inc.//DTD Web Application 2.3//EN"
    "http://java.sun.com/dtd/web-app_2_3.dtd">
<web-app id="dwr">
  <display-name>DWR (Direct Web Remoting)</display-name>
  <description>A Simple Demo DWR</description>
  <listener>
    <listener-class>org.directwebremoting.servlet.DwrListener</listener-class>
  </listener>
  <servlet>
    <servlet-name>dwr-invoker</servlet-name>
    <display-name>DWR Servlet</display-name>
    <description>Direct Web Remoter Servlet</description>
    <servlet-class>org.directwebremoting.servlet.DwrServlet</servlet-class>
```

```
    <init-param>
      <param-name>debug</param-name>
      <param-value>true</param-value>
    </init-param>
    <load-on-startup>1</load-on-startup>
  </servlet>
  <servlet-mapping>
    <servlet-name>dwr-invoker</servlet-name>
    <url-pattern>/dwr/*</url-pattern>
  </servlet-mapping>
</web-app>
```

（2）在项目 DWRDemo 中创建 com.ytu.dwr 的包结构，并编写服务器端程序 Service.java，如例程 10-21 所示。

例程 10-21：Service.java。

```
package  com.ytu.dwr;
public class Service{
String sayHello(String str){
       return  "hello"+str;
    }
}
```

（3）在 WebRoot/WEB-INF 目录中创建名为 dwr.xml 的配置文件，内容如下：

```
<?xml version="1.0" encoding="UTF-8"?>
<!DOCTYPE dwr PUBLIC "-//GetAhead Limited//DTD Direct Web Remoting 3.0//EN"
"http://getahead.org/dwr/dwr30.dtd">
<dwr>
   <allow>
       <create creator="new" javascript="Service" scope="application">
          <param name="class"   value="com.ytu.dwr.Service" />
          <include method="sayHello" />
       </create>
  </allow>
</dwr>
```

（4）在 WebRoot 中创建名为 hellodwr.html 的页面代码，如例程 10-22 所示。

例程 10-22：hellodwr.html。

```
<html>
<head>
    <meta http-equiv="Content-Type" content="text/html; charset=gb2312">
    <title>DWR CASE</title>
    <!-- 这两个是必需的，来自官方，路径的写法为相对路径,且开始第一个字符不为"/" -->
    <script type='text/javascript' src='dwr/util.js'></script>
    <script type='text/javascript' src='dwr/engine.js'></script>
    <!-- 这个文件不存在，当必须设定 Hello.js 的名称为后台类名，且路径一定是
dwr/interface/类名.js -->
    <script type='text/javascript' src='dwr/interface/Service.js'></script>
    <script>
    function hello() {
    var input=dwr.util.getValue("input");
        service.sayHello(input, callback);
    }
    function callback(str) {
        dwr.util.setValue("test", str);
```

```
        }</script>
    </head>
    <body >
        用户名:
        <input id="input" type="text" onblur="hello();"/>
        <font color="red">
            <div id="test"></div>
        </font>
        <p>
        <input type='button' value='运行' onclick="hello();" />
        <p>
    </body>
    </html>
```

部署项目，在浏览器地址栏中输入 http://localhost:8080/DWRDemo/hellodwr.html，运行结果如图 10-14 所示。

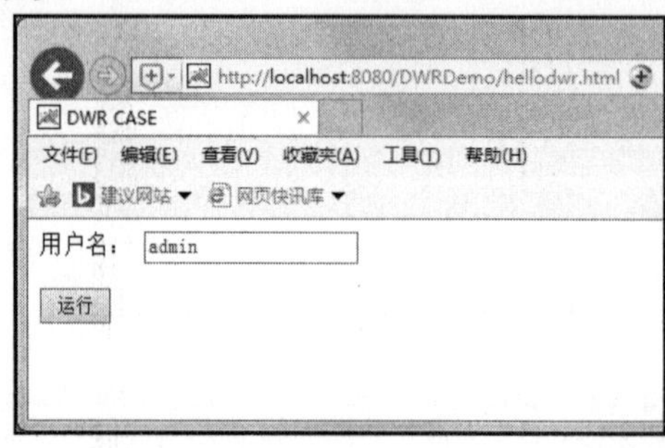

（a）输入内容页面

（b）DWR 运行返回结果

图 10-14 hellodwr.html 运行结果

10.4 jQuery 框 架

10.4.1 jQuery 介绍

jQuery 是一套简洁、快速、灵活、开源的 JavaScript 脚本库，它是由 John Resig 于 2006 年创建的，它简化了 JavaScript 代码。可以在 jQuery 的官方网站（http://jquery.com）中下载到最新版本的 jQuery 库。

在需要应用 jQuery 的页面中使用下面的语句，将其引用到文件中：

```
<script language="javascript" src="JS/jquery-1.7.2.min.js"></script>
```

或者

```
<script src="JS/jquery-1.7.2.min.js" type="text/javascript"></script>
```

在 jQuery 中，无论使用哪种类型的选择符都需要从一个 "$" 符号和一对 "()" 开始。在 "()" 中通常使用字符串参数，参数中可以包含任何 CSS 选择符表达式。例如：

$("div")：在参数中使用标记名，用于获取文档中全部的<div>。

$("#username")：在参数中使用 ID，用于获取文档中 ID 属性值为 username 的一个元素。

$(".btn_grey")：在参数中使用 CSS 类名，用于获取文档中使用 CSS 类名为 btn_grey 的所有元素。

启动 MyEclipse 10 开发环境，选择 File→New→Web Project 命令，新建项目 jQueryDemo。将下载的 jquery-3.2.1.min.js 配置到 WebRoot 的 JS 文件夹中。在 WebRoot 中创建名为 jQueryDemo.html 页面文件，如例程 10-23 所示。

例程 10-23：jQueryDemo.html。

```
<html>
<head>
    <script type="text/javascript" src="JS/jquery-3.2.1.min.js"></script>
    <script type="text/javascript">
        $(document).ready(function(){
            $("button").click(function(){
                $("p").hide(1000);
            });
        });
    </script>
</head>
<body>
    <h2>This is a heading</h2>
    <p>This is a paragraph.</p>
    <p>This is another paragraph.</p>
    <button type="button">Click me</button>
</body>
</html>
```

部署项目，在浏览器地址栏中输入 http://localhost:8080/jQueryDemo/jQueryDemo.html，运行结果如图 10-15 所示。

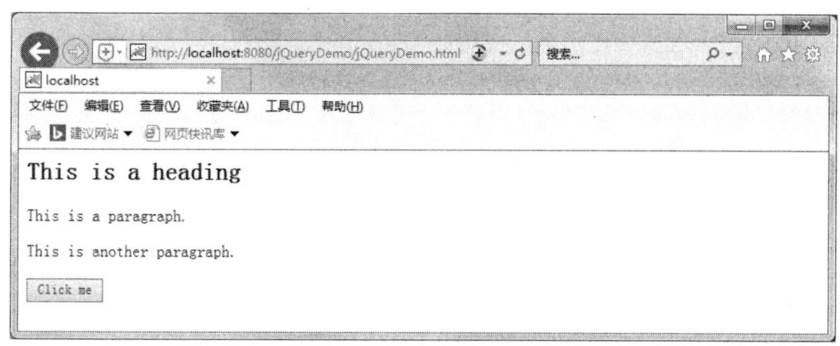

图 10-15 jQueryDemo.html 运行结果

10.4.2 jQuery 实现 Ajax

jQuery 库拥有完整的 Ajax 兼容套件。其中的函数和方法允许用户在不刷新浏览器的情况下从服务器加载数据。

jQuery 提供的 load()方法可通过 Ajax 请求从服务器加载数据，并把返回的数据放置到指定的元素中。它的语法格式如下：

```
load( url [, data] [, complete(responseText, textStatus, XMLHttpRequest)] )
```

jQuery 还提供了全局的、专门用于发送 GET 请求和 POST 请求的 get()方法和 post()方法。在$.get()方法和$.post()方法中可以设置服务器返回数据的格式。常用的格式有 HTML、XML、JSON 这三种格式。

$.get()方法用于通过 GET 方式来进行异步请求，它的语法格式如下。

```
$.get(url [, data] [, success(data, textStatus, jqXHR)] [, dataType] )
```

$.post()方法用于通过 POST 方式进行异步请求，它的语法格式如下：

```
$.post( url [, data] [, success(data, textStatus, jqXHR)] [, dataType] )
```

JSON 没有变量或其他控制，只用于数据传输。JSON 由两个数据结构组成，一种是对象（“名称/值”形式的映射），另一种是数组（值的有序列表）。例如：

```
{"属性 1":属性值 1,"属性 2":属性值 2,…"属性 n":属性值 n}
{"数组名":[对象 1,对象 2,…,对象 n]}
```

jQuery 提供的$.ajax()方法使用户可以根据功能需求自定义 Ajax 操作，$.ajax()方法的语法格式如下：

```
$.ajax( url [, settings] )
```

启动 MyEclipse 10 开发环境，打开项目 jQueryDemo。在 src 中创建 com.ytu.servlet 包结构，在 servlet 包中创建名为 ajaxServlet.java 程序，如例程 10-24 所示。在 WebRoot 中创建名为 jQueryAjaxDemo.jsp 页面文件，如例程 10-25 所示。

例程 10-24：ajaxServlet.java。

```
package com.ytu.servlet;
import java.io.IOException;
import java.io.PrintWriter;
import javax.servlet.ServletException;
import javax.servlet.http.HttpServlet;
import javax.servlet.http.HttpServletRequest;
import javax.servlet.http.HttpServletResponse;
import net.sf.json.*;
public class ajaxServlet  extends HttpServlet {
public void doGet(HttpServletRequest request, HttpServletResponse response)
        throws ServletException, IOException {
      response.setContentType("text/html");
      PrintWriter out=response.getWriter();
      request.setCharacterEncoding("utf-8");
      String username=request.getParameter("username");
      String password=request.getParameter("password");
      JSONObject jsonObject=new JSONObject();
         jsonObject.put("username", username);
         jsonObject.put("password", password);
      out.println(jsonObject.toString());
}
public void doPost(HttpServletRequest request, HttpServletResponse response)
        throws ServletException, IOException {
      doGet(request,response);
   }
}
```

例程 10-25：jQueryAjaxDemo.jsp。

```
<%@ page language="java" import="java.util.*" pageEncoding="UTF-8"%>
<html>
<head>
<title>jQuery Ajax 实例演示</title>
</head>
<script type="text/javascript" src="JS/jquery-3.2.1.min.js"></script>
```

```
<script type="text/javascript">
    $(document).ready(function() {//这个就是jQueryready ，所有操作包含在它里面
        $("#button_login").mousedown(function() {
            login(); //单击ID为"button_login"的按钮后触发函数 login();
        });
    });
    function login() {                          //函数 login();
        var username = $("#username").val(); //取框中的用户名
        var password = $("#password").val(); //取框中的密码
        $.ajax({                                //一个Ajax过程
            type : "post",                      //以post方式与后台沟通
            url : "ajaxServlet",                //与此Servlet沟通
            dataType : 'json',                  //从Servlet返回的值以 JSON方式解释
            data : 'username=' + username + '&password=' + password, //要发给后台的数据
            success : function(json) {          //如果调用成功
                $('#result').html("姓名:" + json.username + "<br/>密码:" + json.password);
                //把返回值显示在预定义的result定位符位置
            }
        });
    //$.post()方式
    $('#test_post').mousedown(
            function() {
                $.post(' ajaxServlet ', {
                    username : $('#username').val(),
                    password : $('#password').val()
                }, function(data)              //回传函数
                {
                    var myjson='';
                    eval('myjson=' + data + ';');
                    $('#result').html(
                            "姓名1:" + myjson.username + "<br/>密码1:"
                                    + myjson.password);
                });
            });
        //$.get()方式
        $('#test_get').mousedown(
            function() {
                $.get(' ajaxServlet ', {
                    username : $('#username').val(),
                    password : $('#password').val()
                }, function(data) //回传函数
                {
                    var myjson='';
                    eval("myjson=" + data + ";");
                    $('#result').html(
                            "姓名2:" + myjson.username + "<br/>密码2:"
                                    + myjson.password);
                });
            });
    }
</script>
<body>
    <div id="result"
```

```
        style="background:orange;border:1px solid red;width:300px;height:200px;"></div>
    <form id="formtest" action="" method="post">
        <p>
            <span>输入姓名:</span><input type="text" name="username" id="username" />
        </p>
        <p>
            <span>输入密码:</span><input type="text" name="password" id="password" />
        </p>
    </form>
    <button id="button_login">ajax 提交</button>
    <button id="test_post">post 提交</button>
    <button id="test_get">get 提交</button>
</body>
</html>
```

部署项目，在浏览器地址栏中输入 http://localhost:8080/jQueryDemo/jQueryAjaxDemo.jsp，运行结果如图 10-16 所示。

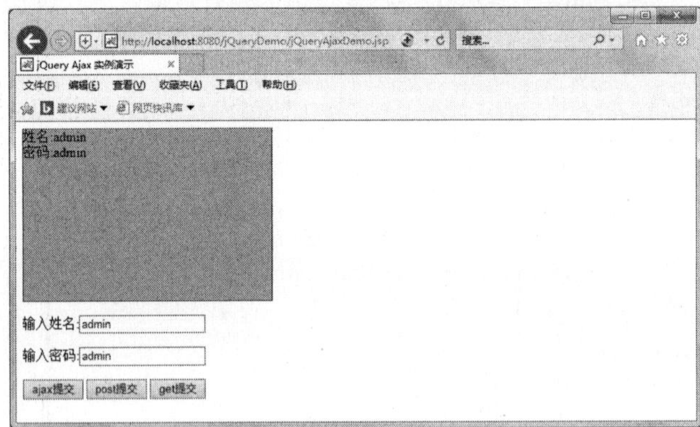

图 10-16 jQueryAjaxDemo.jsp 运行结果

10.4.3 EasyUI 介绍

jQuery EasyUI 是一个基于 jQuery 的框架，集成了各种用户界面插件，为创建现代化、互动的 JavaScript 应用程序提供了必要的功能。使用 EasyUI 不需要写很多代码，只需要通过编写一些简单 HTML 标记，就可以定义用户界面。其完美支持 HTML5，可以节省网页开发的时间和规模。可以通过 http://www.jeasyui.com 下载所需要的 jQuery EasyUI 版本。

启动 MyEclipse 10 开发环境，打开项目 jQueryDemo。在 WebRoot 中创建 jquery-easyui 文件夹，将下载的 jquery-easyui 解压后放至该文件夹。在 WebRoot 中创建名为 jQueryEasyUIDemo.jsp 页面文件，如例程 10-26 所示。

例程 10-26：jQueryEasyUIDemo.jsp。

```
<!DOCTYPE html>
<html>
<head>
    <meta charset="UTF-8">
    <title>Basic Layout - jQuery EasyUI Demo</title>
    <link rel="stylesheet" type="text/css" href="jquery-easyui/themes/default/easyui.css">
    <link rel="stylesheet" type="text/css" href="jquery-easyui/themes/icon.css">
    <link rel="stylesheet" type="text/css" href="jquery-easyui/demo.css">
```

```
    <script type="text/javascript" src="jquery-easyui/jquery.min.js"></script>
    <script type="text/javascript" src="jquery-easyui/jquery.easyui.min.js"></script>
</head>
<body>
    <h2>Basic Layout</h2>
    <p>The layout contains north,south,west,east and center regions.</p>
    <div style="margin:20px 0;"></div>
    <div class="easyui-layout" style="width:700px;height:350px;">
        <div data-options="region:'north'" style="height:50px"></div>
        <div data-options="region:'south',split:true" style="height:50px;"></div>
        <div data-options="region:'east',split:true" title="East" style="width:100px;"></div>
        <div data-options="region:'west',split:true" title="West" style="width:100px;"></div>
        <div data-options="region:'center',title:'Main Title',iconCls:'icon-ok'">
            <table class="easyui-datagrid"
    data-options="url:'datagrid_data1.json',method:'get',border:false,
singleSelect:true,fit:true,fitColumns:true">
        <thead>
            <tr>
                <th data-options="field:'itemid'" width="80">Item ID</th>
                <th data-options="field:'productid'" width="100">Product ID</th>
                <th data-options="field:'listprice',align:'right'" width="80">List Price</th>
                <th data-options="field:'unitcost',align:'right'" width="80">Unit Cost</th>
                <th data-options="field:'attr1'" width="150">Attribute</th>
                <th data-options="field:'status',align:'center'" width="60">Status</th>
            </tr>
                </thead>
            </table>
        </div>
    </div>
</body>
</html>
```

部署项目，在浏览器地址栏中输入 http://localhost:8080/jQueryDemo/jQueryEasyUIDemo.html，运行结果如图 10-17 所示。

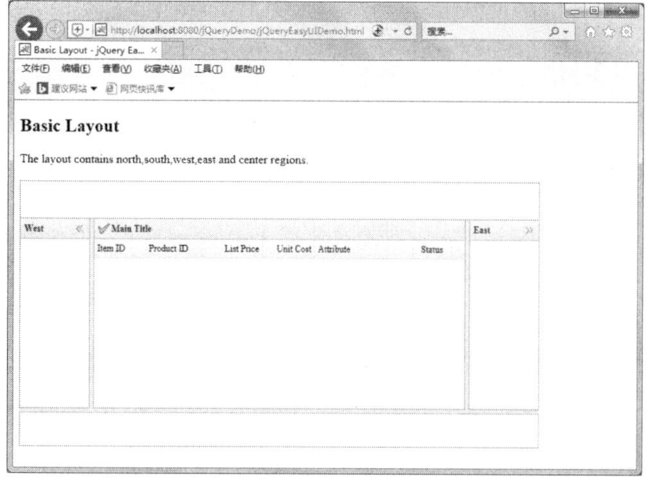

图 10-17 jQueryEasyUIDemo.html 运行结果

10.5 Java EE 框架技术

在 Java Web 开发过程中，采用合适的开发框架可以提高开发效率。Struts 2、Spring 和 Hibernate 是 Java Web 开发中比较优秀的开源框架，这些框架各有特点，各自实现了不同的功能。在开发的过程中，如果能够将这些框架集成起来，将会使开发过程大大简化，并可以降低开发成本。

10.5.1 Struts 框架技术

Struts 2 框架起源于 WebWork 框架，也是一个 MVC 框架。下面对 MVC 原理、Struts 2 框架的产生及其结构体系进行介绍。

到目前为止，Struts 框架拥有两个主要的版本，分别为 Struts 1 与 Struts 2，它们都是遵循 MVC 设计理念的开源 Web 框架。

1. Struts 1

2001 年 6 月发布的 Struts 1 是基于 MVC 设计理念而开发的 Java Web 应用框架，其 MVC 架构如图 10-18 所示。

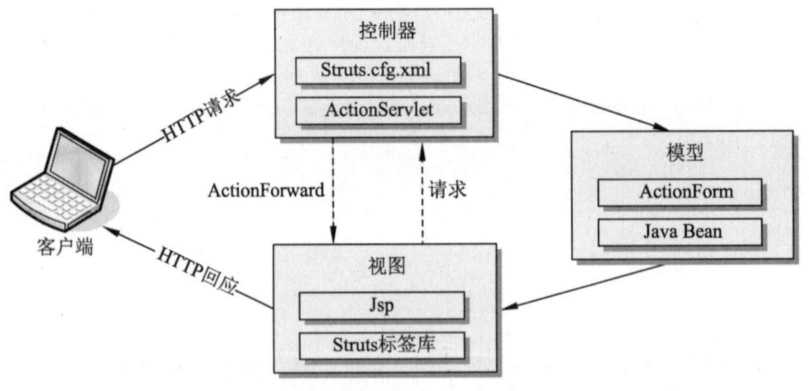

图 10-18　Struts1 的 MVC 结构

1）控制器

在 Struts 1 的 MVC 架构中，使用中央控制器 ActionServlet 充当控制层，将请求分发配置在配置文件 struts.cfg.xml 文件中。当客户端发送一个 HTTP 请求时，将由 Struts 的中央控制器分发处理请求。处理后返回 ActionForward 对象将请求转发到指定的 JSP 页面回应客户端。

2）模型

模型层主要由 Struts 中的 ActionForm 对象及业务 Java Bean 实现，其中前者封装表单数据，能够与网页表单交互并传递数据；后者用于处理实际的业务请求，由 Action 调用。

3）视图

视图指用户看到并与之交互的界面，即 Java Web 应用程序的外观。在 Struts 1 框架中 Struts 提供的标签库增强了 JSP 页面的功能，并通过该标签库与 JSP 页面实现视图层。

由于 Struts 1 的架构是真正意义上的 MVC 架构模式，所以在其发布以后受到了广大开发人员的认可，在 Java Web 开发领域之中拥有大量的用户。

2. Struts 2 的结构体系

Struts 2 是基于 WebWork 技术开发的全新 Web 框架，其结构体系如图 10-19 所示。

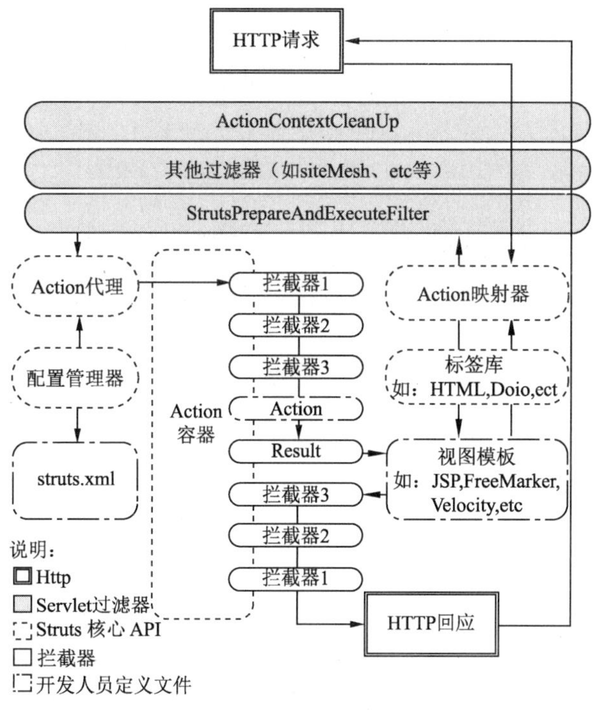

图 10-19 Struts2 的结构体系

Struts 2 通过过滤器拦截要处理的请求，当客户端发送一个 HTTP 请求时，需要经过一个的过滤器链。这个过滤器链包括 ActionContextClearUp 过滤器、其他 Web 应用过滤器及 StrutsPrepareAndExecuteFilter 过滤器，其中 StrutsPrepareAndExecuteFilter 过滤器是必须配置的。当 StrutsPrepareAndExecuteFilter 过滤器被调用时，Action 映射器将查找需要调用的 Action 对象，并返回该对象的代理。然后 Action 代理将从配置管理器中，读取 Struts 2 的相关配置（struts.xml）。

Action 容器调用指定的 Action 对象，在调用之前需要经过 Struts 2 的一系列拦截器。拦截器与过滤器的原理相似，从图 10-17 中可以看出两次执行顺序是相反的。

当 Action 处理请求后，将返回相应的结果视图（JSP 和 FreeMarker 等），在这些视图之中可以使用 Struts 标签显示数据并控制数据逻辑。然后 HTTP 请求回应给浏览器，在回应的过滤中同样经过过滤器链。

10.5.2 Spring 框架技术

Spring 是一个开源的框架，由 Rod Johnson 创建，从 2003 年初正式启动。它能够降低开发企业应用程序的复杂性，可以使用 Spring 替代 EJB 开发企业级应用，而不用担心工作量太大、开发进度难以控制和复杂的测试过程等问题。它以 IoC（反向控制）和 AOP（面向切面编程）两种先进的技术为基础，完美地简化了企业级开发的复杂度。

Spring 框架主要由核心模块、上下文模块、AOP 模块、DAO 模块、Web 模块、O/R 映射模块、

MVC 框架等 7 大模块组成，它们提供了企业级开发需要的所有功能，而且每个模块都可以单独使用，也可以和其他模块组合使用，灵活且方便的部署可以使开发的程序更加简洁灵活。

Spring 7 个模块的部署如图 10-20 所示。

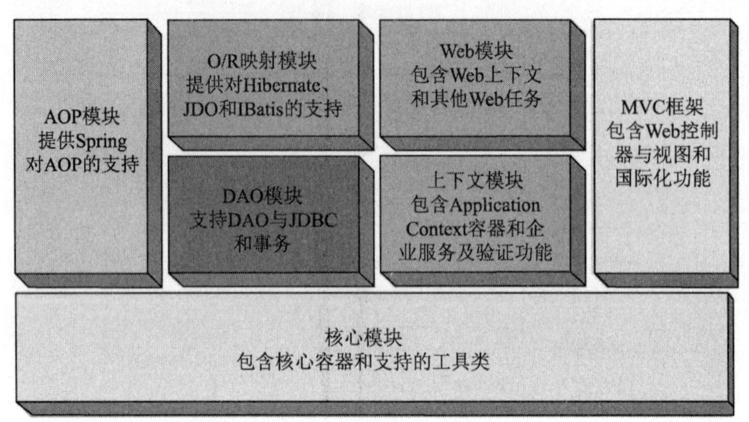

图 10-20 Spring 7 个模块的部署

10.5.3 Hibernate 框架技术

Java 是一种面向对象的编程语言，但是通过 JDBC 方式操作数据库，运用的是面向过程的编程思想，为了解决这一问题，提出了对象-关系映射（Object Relational Mapping，ORM）模式。通过 ORM 模式，可以实现运用面向对象的编程思想操作关系型数据库。Hibernate 技术为 ORM 提供了具体的解决方案，实际上就是将 Java 中的对象与关系数据库中的表做一个映射，实现它们之间自动转换的解决方案。

Hibernate 在原有 3 层架构（MVC）的基础上，从业务逻辑层又分离出一个持久层，专门负责数据的持久化操作，使业务逻辑层可以真正地专注于业务逻辑的开发。增加了持久层的软件分层结构如图 10-21 所示。

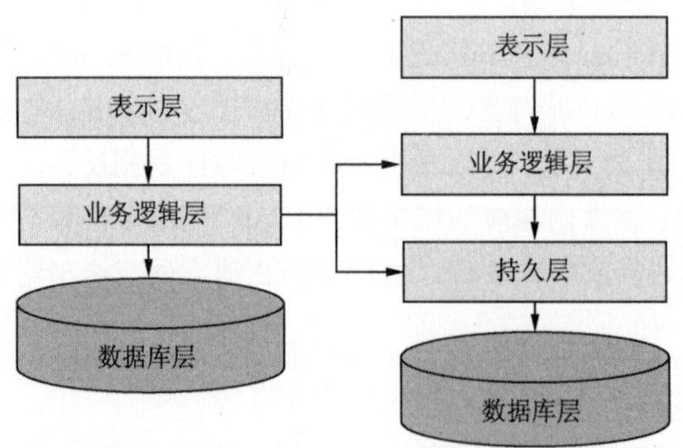

图 10-21 增加了持久层的软件分层结构

Hibernate 在 Java 对象与关系数据库之间起到了一个桥梁的作用，负责两者之间的映射，在 Hibernate 内部还封装了 JDBC 技术，向上一层提供面向对象的数据访问 API 接口。Hibernate 的特点如下：

（1）它负责协调软件与数据库的交互，提供了管理持久性数据的完整方案，让开发者能够专著于业务逻辑的开发，不再需要考虑所使用的数据库及编写复杂的 SQL 语句，使开发变得更加简单和高效。

（2）应用者不需要遵循太多的规则和设计模式，让开发人员能够灵活地运用。

（3）Hibernate 支持各种主流的数据源，目前所支持的数据源包括 DB2、MySQL、Oracle、Sybase、SQL Server、PostgreSQL、WebLogic Driver 和纯 Java 驱动程序等。

（4）它是一个开放源代码的映射框架，对 JDBC 只做了轻量级的封装，让 Java 程序员可以随心所欲地运用面向对象的思想操纵数据库，无须考虑资源的问题。

10.5.4 Struts2+Spring+Hibernate 框架整合实例

（1）启动 MyEclipse 10 开发环境，选择 File→New→Web Project 命令，新建项目 SSH2Demo。

（2）搭建 struts-2.3.4.1，配置 Struts2 框架所需要的 jar 包，在 web.xml 中配置 struts2.3 的过滤器，内容如下：

```
<?xml version="1.0" encoding="UTF-8"?>
<web-app  version="3.0"  xmlns="http://java.sun.com/xml/ns/javaee"
xmlns:xsi="http://www.w3.org/2001/XMLSchema-instance"
xsi:schemaLocation="http://java.sun.com/xml/ns/javaee
http://java.sun.com/xml/ns/javaee/web-app_3_0.xsd">
<display-name></display-name>
<welcome-file-list>
<welcome-file>index.jsp</welcome-file>
</welcome-file-list>
<!-- struts2 拦截器 -->
<filter>
<filter-name>struts2</filter-name>
<filter-class>org.apache.struts2.dispatcher.ng.filter.StrutsPrepareAndExec
uteFilter</filter-class>
</filter>
<filter-mapping>
<filter-name>struts2</filter-name>
<url-pattern>/*</url-pattern>
</filter-mapping>
</web-app>
```

（3）在 src 目录下配置 struts.xml，内容如下：

```
<?xml version="1.0" encoding="UTF-8"?>
<!DOCTYPE struts PUBLIC
    "-//Apache Software Foundation//DTD Struts Configuration 2.3//EN"
    "http://struts.apache.org/dtds/struts-2.3.dtd">
<struts>
    <package name="struts2" extends="struts-default">
        <action name="TestAction" class="com.ytu.action.TestAction">
            <result name="success">/testStruts2.jsp</result>
        </action>
    </package>
</struts>
```

（4）在 src 目录下创建 com.ytu.action 的包结构，并创建名为 TestAction.java 程序，如例程 10-27 所示。

例程 10-27：TestAction.java。

```
package com.ytu.action;
import com.opensymphony.xwork2.ActionSupport;
public class TestAction extends ActionSupport {
  @Override
    public String execute() throws Exception {
        return super.execute();
    }
}
```

（5）在 WebRoot 目录中创建名为 testStruts2.jsp 的页面文件，如例程 10-28 所示。

例程 10-28：testStruts2.jsp。

```
<html>
  <body>
    <P>Hello,this is my Struts2 demo.</P>
  </body>
</html>
```

（6）部署并运行项目，在浏览器地址栏中访问 http://localhost:8080/SSH2Demo/TestAction.action，如果能正常显示 testStruts2.jsp 页面，则说明 Struts2 配置成功。

（7）整合 Spring 3.2.3 和 Struts-2.3.4.1，配置 Spring 的 jar 包以及额外的 Struts jar 包 struts2-spring-plugin-2.3.4.1.jar 和 commons-logging-1.1.1.jar。在 web.xml 中进行如下配置：

```
<!-- 创建 spring 工厂监听器 -->
<listener>
<listener-class>org.springframework.web.context.ContextLoaderListener</lis
tener-class>
</listener>
<!-- 告知 spring context config location 的存储位置 -->
<context-param>
<param-name>contextConfigLocation</param-name>
<param-value>/WEB-INF/classes/applicationContext.xml</param-value>
</context-param>
```

在 src 目录中配置 spring 的 applicationContext.xml，内容如下：

```
<?xml version="1.0" encoding="UTF-8"?>
<beans xmlns="http://www.springframework.org/schema/beans"
xmlns:xsi="http://www.w3.org/2001/XMLSchema-instance"
xmlns:p="http://www.springframework.org/schema/p"
xmlns:tx="http://www.springframework.org/schema/tx"
xmlns:context="http://www.springframework.org/schema/context"
xsi:schemaLocation="http://www.springframework.org/schema/beans
http://www.springframework.org/schema/beans/spring-beans-3.0.xsd
http://www.springframework.org/schema/tx
http://www.springframework.org/schema/tx/spring-tx-3.0.xsd
http://www.springframework.org/schema/aop
http://www.springframework.org/schema/aop/spring-aop-3.0.xsd
http://www.springframework.org/schema/context
http://www.springframework.org/schema/context/spring-context-3.0.xsd">
</beans>
```

（8）整合 Hibernate4.1.9，添加 Hibernate jar 文件，Spring 中支持 Hibernate 的 JAR 文件，数据库连接池支持文件，以及连接 MySQL 的 JAR 文件。配置文件 applicationContext.xml，内容如下：

```
<!-- 数据库连接 -->
<bean id="dataSource" class="org.apache.commons.dbcp.BasicDataSource" destroy-method="close">
    <property name="driverClassName">
    <value>com.mysql.jdbc.Driver</value>
    </property>
    <property name="url">
    <value>jdbc:mysql://localhost:3306/ssh2?characterEncoding=utf8</value>
    </property>
    <property name="username">
    <value>root</value>
    </property>
    <property name="password">
    <value>root</value>
    </property>
</bean>
<!--Hibernate 的 Spring 配置 -->
<bean id="sessionFactory" class="org.springframework.orm.hibernate4.Local
SessionFactoryBean">
    <!-- 数据库连接 -->
    <property name="dataSource">
        <ref local="dataSource"/>
    </property>
    <!—Hibernate 的自身属性 -->
    <property name="hibernateProperties">
        <props>
        <prop key="hibernate.show_sql">true</prop>
        <prop key="hibernate.format_sql">true</prop>
        <prop key="hibernate.dialect">org.hibernate.dialect.MySQL5Dialect</prop>
        <!-- 解决 no session found -->
        <prop key="hibernate.current_session_context_class">thread</prop>
        </props>
    </property>
    <!-- 映射文件 -->
    <property name="annotatedClasses">
        <list>
        <value>com.ytu.bean.User</value>
        </list>
    </property>
</bean>
<!-- 用户 Dao -->
<bean id="userDao" class="com.ytu.dao.impl.UserDaoImpl" scope="singleton">
    <property name="sessionFactory">
        <ref local="sessionFactory"/>
    </property>
</bean>
<!-- 用户 Service -->
<bean id="userService" class="com.ytu.service.impl.UserServiceImpl" scope=
"singleton">
    <property name="userDao">
        <ref local="userDao"/>
```

```
    </property>
</bean>
<!-- 用户 Action -->
<bean id="saveUserAction" class="com.ytu.action.SaveUserAction" scope=
"prototype">
    <property name="userService">
        <ref local="userService"/>
    </property>
</bean>
```

（9）在 MySQL 数据库中创建测试数据库，内容如下：

```
create database  ssh2;
create table users (
userid  int(11)  not null auto_increment,
  username  varchar(20) default null,
  userpwd  varchar(20) default null,
  primary key (userid)
)
insert  into users(userid,username,userpwd) values (1,'terwer','123456');
```

（10）在 com.ytu.bean 包中创建名为 User.java 的程序，内容如例程 10-29 所示。

例程 10-29：User.java。

```
package com.ytu.bean;
import javax.persistence.Column;
import javax.persistence.Entity;
import javax.persistence.Id;
import javax.persistence.Table;
@Entity
@Table(name="users")
public class User {
   @Id
   private int userId;
   @Column(name="username")
   private String username;
   @Column(name="userpwd")
   private String userpwd;
   public int getUserId() {
       return userId;
   }
   public void setUserId(int userId) {
       this.userId=userId;
   }
   public String getUsername() {
       return username;
   }
   public void setUsername(String username) {
       this.username=username;
   }
   public String getUserpwd() {
       return userpwd;
   }
   public void setUserpwd(String userpwd) {
       this.userpwd=userpwd;
```

```
    }
}
```

（11）在 com.ytu.dao 包中创建 UserDao.java，在 com.ytu.dao.impl 包中创建 UserDaoImpl.java，内容分别如例程 10-30 和例程 10-31 所示。

例程 10-30：UserDao.java。

```
package com.ytu.dao;
import java.util.List;
import com.ytu.bean.User;
public interface UserDao {
  public List<User> queryAllUsers();
  boolean saveUser(User user);
}
```

例程 10-31：UserDaoImpl.java。

```
package com.ytu.dao.impl;
import java.util.List;
import org.hibernate.Session;
import org.hibernate.SessionFactory;
import org.hibernate.Transaction;
import com.ytu.bean.User;
import com.ytu.dao.UserDao;
public class UserDaoImpl implements UserDao {
  private SessionFactory sessionFactory;
  public SessionFactory getSessionFactory() {
    return sessionFactory;
  }
  public void setSessionFactory(SessionFactory sessionFactory) {
    this.sessionFactory=sessionFactory;
  }
  public List<User> queryAllUsers() {
    return null;
  }
  public boolean saveUser(User user) {
    Session session=sessionFactory.getCurrentSession();
    Transaction tx=session.beginTransaction();
    try {
      session.save(user);
      tx.commit();
      return true;
    } catch (Exception e) {
      if(e != null) {
        tx.rollback();
      }
    }
    return false;
  }
}
```

（12）在 com.ytu.service 包中创建 UserService.java，内容如例程 10-32 所示。

例程 10-32：UserService.java。

```
package com.ytu.service;
import java.util.List;
```

```
import com.ytu.bean.User;
public interface UserService {
  public List<User> queryAllUsers();
  boolean saveUser(User user);
}
```

（13）在 com.ytu.service.impl 包中创建 UserServiceImpl.java，内容如例程 10-33 所示。

例程 10-33：UserServiceImpl.java。

```
package com.ytu.service.impl;
import java.util.List;
import com.ytu.bean.User;
import com.ytu.dao.UserDao;
import com.ytu.service.UserService;
public class UserServiceImpl implements UserService {
    private UserDao userDao;
    public UserDao getUserDao() {
     return userDao;
   }
   public void setUserDao(UserDao userDao) {
      this.userDao=userDao;
   }
   public List<User> queryAllUsers() {
     return userDao.queryAllUsers();
   }
   public boolean saveUser(User user) {
   return userDao.saveUser(user);
   }
}
```

（14）在 com.ytu.action 包中创建 SaveUserAction.java，内容如例程 10-34 所示。

例程 10-34：SaveUserAction.java。

```
package com.ytu.action;
import com.opensymphony.xwork2.ActionSupport;
import com.ytu.bean.User;
import com.ytu.service.UserService;
public class SaveUserAction extends ActionSupport {
   private UserService userService;
   private String username;
   private String userpwd;
   public UserService getUserService() {
     return userService;
   }
   public void setUserService(UserService userService) {
     this.userService=userService;
   }
   public String getUsername() {
     return username;
   }
   public void setUsername(String username) {
     this.username=username;
   }
```

```
    public String getUserpwd() {
        return userpwd;
    }
    public void setUserpwd(String userpwd) {
        this.userpwd=userpwd;
    }
    @Override
    public String execute() throws Exception {
        User user=new User();
        user.setUsername(this.getUsername());
        user.setUserpwd(this.getUserpwd());
        boolean status=userService.saveUser(user);
        System.out.println(status);
        return SUCCESS;
    }
}
```

（15）在 WebRoot 文件夹中创建 addUser.jsp，内容如例程 10-35 所示。

例程 10-35：addUser.jsp。

```
<%@ page language="java" import="java.util.*" pageEncoding="utf-8"%>
<%@taglib prefix="s" uri="/struts-tags" %>
<html>
<body>
    <s:form action="SaveUserAction.action">
    <s:textfield name="username" label="用户名"/>
    <s:password name="userpwd" label="密码"/>
    <s:submit label="注册"/>
    </s:form>
</body>
</html>
```

（16）在 struts.xml 中配置 SaveUserAction，内容如下：

```
<action name="SaveUserAction" class="com.ytu.action.SaveUserAction">
    <result name="success">/success.jsp</result>
</action>
```

部署项目，在浏览器地址栏中输入 http://localhost:8080/SSH2Demo/addUser.jsp，运行结果如图 10-22 所示。

（a）addUser.jsp 运行结果

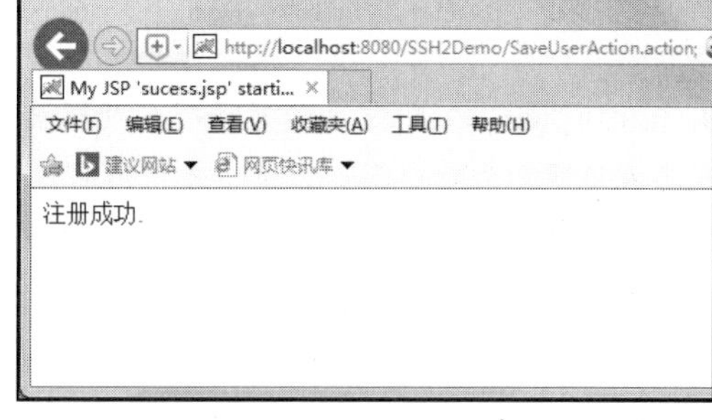

（b）注册成功页面

图 10-22 SSH2 整合运行结果

小　　结

本章介绍了 Java Web 开发中所用到的一些高级开发技术。首先介绍 JSP 的 EL 表达式基本语法、JSTL 标签库常见标签的使用、如何实现自定义标签开发；然后介绍 JSP 实用组件技术，包括文件上传、邮件发送、图表和报表输出等；接下来介绍作为 Web 开发比较流行的 Ajax 技术及相关框架，jQuery 框架技术；最后介绍了 SSH 框架，并通过实例讲解如何实现 Struts2、Spring、Hibernate 框架的整合。

习　　题

1. 创建并运行 10.1 中的 Web 项目 ELDemo，了解 EL 表达式的基本语法、运算符和隐含对象的使用。查询图书，并使用 EL 表达式输出多条数据库记录。

2. 设计一个基于 MVC 的图书查询系统，在查询页面 A 中输入查询条件后，提交给相应的 Servlet，Servlet 进行数据库查询操作，将查询结果传送到查询结果显示页面 B，在查询结果显示页面 B 中使用 JSTL 标签实现多条记录的输出显示。

3. 创建并运行 10.2.1 中的 Web 项目 FileUploadDemo 实现文件上传，对该项目进行改进，要求上传过程中检测文件类型是否是指定类型（例如.jpg 格式），如果文件类型不符合要求，提示错误信息。

4. 创建并运行 10.2.2 中的 Web 项目 JavaMailDemo，对该项目进行改进，发送邮件的操作由 Servlet 完成，且要求实现带附件的电子邮件的发送。

5. 创建并运行 10.2.3 中的 Web 项目 FreeChartDemo，对该项目进行改进，要求图表以柱状图形式输出。

6. 创建并运行 10.2.4 节中的 Web 项目 iTextDemo，对该项目进行改进，实现“个人简历”的报表输出。

7. 创建并运行 10.3.3 节中的 Web 项目 AjaxDemo，对该项目进行改进，要求在注册页面加上验证码显示功能，用户检测部分通过 Servlet 实现，并通过数据库操作检测用户是否已注册，完成用户注册信息的保存操作（通过 Servlet 将用户注册信息保存到数据库）。

8. 创建并运行 10.3.4 节中的 Web 项目 DWRDemo，对该项目进行改进，要求实现用户注册时的重名检测功能。

9. 通过 jQuery 的 Ajax 功能实现列表的联动显示功能，例如，当在页面省份列表中选择了某省份，则在地市列表中会联动显示该省份所对应的所有地市。

10. 查阅资料，了解并练习 jQuery 的各种应用实例。

11. 查阅资料，了解并练习 jQuery EasyUI 框架的部署及各种应用实例。

12. 创建并运行 10.5.4 节中的 Web 项目 SSH2Demo，练习 Struts2+String+Hibernate 的框架整合操作，对该项目进行改进，实现查询并显示所有用户信息。